"十二五"职业教育国家规划教材
经全国职业教育教材审定委员会审定

"十二五"江苏省高等学校重点教材（编号：2013-1-045）

传热应用技术

薛叙明　主编　　　　丁章勇　李平辉　主审

CHUANRE
YINGYONG JISHU

化学工业出版社
·北京·

本系列教材是以化工过程单元操作为主线，辅以设备、电器、仪表等相关知识与操作为一体的项目化教学课程教材，包括《流体输送与非均相分离技术》、《传热应用技术》和《传质分离技术》。整套教材以“项目载体、任务驱动”方式展开，通过“项目导言”情境设计、“工作任务要求”布置、“技术理论与必备知识”介绍、“项目任务实施”安排等全新的思路组织编写，充分体现高职高专人才培养目标和落实化工技术类专业标准，倡导技能训练与技术应用，更加突出“实用、实际和实践”的高职特色，强调对学生职业素质及学习能力的培养。本书为《传热应用技术》分册，其内容包括：传热操作与控制、蒸发操作与控制、结晶操作与控制和干燥操作与控制四个项目。

本系列教材适用于化工技术、生物与制药技术、环保及其相关专业的高职教材，也可用于其他各类化工及制药技术类职业学校参考教材和职工培训教材。可供化工及其相关专业工程应用型本科学生和其他相关工程技术人员参考阅读。

图书在版编目（CIP）数据

传热应用技术/薛叙明主编. —2版. —北京：化学工业出版社，2014.8（2017.8重印）

“十二五”职业教育国家规划教材“十二五”江苏省高等学校重点教材

ISBN 978-7-122-21118-7

Ⅰ. ①传… Ⅱ. ①薛… Ⅲ. ①传热学-高等职业教育-教材 Ⅳ. ①TK124

中国版本图书馆CIP数据核字（2014）第142232号

责任编辑：旷英姿 窦 臻　　文字编辑：孙凤英

责任校对：徐贞珍　　装帧设计：王晓宇

出版发行：化学工业出版社（北京市东城区青年湖南街13号 邮政编码100011）

印 装：大厂聚鑫印刷有限责任公司

787mm×1092mm 1/16 印张15½ 字数 390千字 2017年8月北京第2版第2次印刷

购书咨询：010-64518888（传真：010-64519686） 售后服务：010-64518899

网 址：http://www.cip.com.cn

凡购买本书，如有缺损质量问题，本社销售中心负责调换。

定 价：31.00元

前　言 FOREWORD

本系列教材自2008年出版以来，承广大读者及全国众多兄弟职业院校师生的厚爱，被选为化工单元操作及其相关专业核心课程教材或参考书，至今已重印数次；2013年分别被教育部和江苏省教育厅确定为"'十二五'职业教育国家规划教材"和"'十二五'江苏省高等学校重点建设教材"。能为我国高等职业教育的发展和高职化工技术类及其相关专业的建设与发展贡献微薄力量，我们感到由衷欣慰。

作为第二版教材，我们在力求保持原有教材特点的基础上，根据教育部《高等职业学校专业教学标准（试行）》目录和读者的反馈意见，对照化工技术类及相关专业人才培养目标及化工行业通用岗位职业标准，对原教材作了必要的修订，并调整了编写思路，整套教材以"项目载体、任务驱动"方式展开，通过"项目导言"情境设计、"工作任务要求"布置、"技术理论与必备知识"介绍、"项目任务实施"安排、"项目任务拓展"的思路组织教学内容，力求实现化工职业岗位典型工作任务与工作过程和课程教学内容与教学过程的有机融合，力求体现本课程教学目标和遵循学生职业成长规律。

本系列教材仍沿用第一版方式，分为《流体输送与非均相分离技术》、《传热应用技术》和《传质分离技术》三个分册，由常州工程职业技术学院薛叙明教授担任总主编，负责整套教材的编写协调工作。

本册为《传热应用技术》分册。其教学项目调整为包括以传热规律为主体的四大单元操作，即传热操作与控制、蒸发操作与控制、结晶操作与控制和干燥操作与控制。本册第二版教材仍由常州工程职业技术学院薛叙明教授担任主编，并负责了项目一传热操作与控制及附录的编写和全书的统稿工作，常州工程职业技术学院刘长春老师和贺新老师、健雄职业技术学院刘尚莲老师参编，并分别负责了项目四干燥操作与控制（刘长春）、项目三结晶操作与控制（贺新）和项目二蒸发操作与控制（刘尚莲）的编写工作。中盐集团常州化工有限公司丁章勇工程师和中山职业技术学院李平辉教授担任本书的主审，并提出许多宝贵的修改意见。常州工程职业技术学院化工原理教研室的刘媛、蒋晓帆等老师参与了审稿。

为方便教学，本书配套有电子教学资源，也可参看教育部高等职业教育教学资源中心（网站：www.cchve.com.cn/hep/portalcourseId_498）。

本教材在修订与编写过程中，得到了化学工业出版社及有关单位领导、工程技术人员和老师的大力支持与帮助，特别是中盐常州化工有限公司生产部副部长丁章勇工程师、常州工程职业技术学院刘媛老师，对本册教材的修订与编写工作也提供了许多支持和帮助。同时，参考借鉴了大量国内各类院校的相关教材和文献资料，参考文献名录列于书后。在此谨向上述各位领导、专家及参考文献作者表示衷心的感谢。

由于编者水平有限，加之时间仓促，不妥之处在所难免，敬请读者批评指正。

编　者

2014年4月

第一版前言 FOREWORD

本教材是化工技术类专业模块化课程教学改革的产物。是对常州工程职业技术学院校本讲义进行整理、提炼，并参照国内相关院校教材和工程手册的基础上编写的。全书分《流体输送与非均相分离技术》、《传热应用技术》和《传质分离技术》三个模块，并以系列教材的形式出版。

整套教材以化工过程单元操作为主线，整合了化工设备、参数测量与控制仪表的相关知识与操作技术，采用了“过程的认识”、“装备的感知”、“操作知识的准备”、“过程操作控制与设备维护”、“安全生产”及“技术应用与知识拓展”等全新的思路组织编写。教材依据高职高专人才培养目标，倡导能力本位，其教学内容的安排更注重与生产实际的结合，并将各类单元操作设备的工艺计算与安全操作等内容重点编入，更加突出了“实用、实际和实践”的高职特色。

全书力求强调学生能力、知识、素质培养的有机统一。以“能”做什么、“会”做什么明确了学生的能力目标；以“掌握”、“理解”、“了解”三个层次明确了学生的知识目标；并从注重学生的学习方法与创新思维的养成，情感价值观、职业操守的培养，安全节能环保意识的树立和团队合作精神的渗透明确了学生的素质培养目标。

为便于教学和学生对所学内容的掌握理解，在本模块章前设立了学习目标，章后列出较多数量的复习思考题和习题。

整套教材中，除特别指明以外，计量单位统一使用我国的法定计量单位。物理量符号的使用是以在 GB 3100～3102—93 规定的基础上，尊重习惯表示方法为原则，并在每模块开始前列有“本模块主要符号意义说明”以供查询。设备与材料的规格、型号尽可能采用最新标准，以利于实际应用。

本册教材为《传热应用技术》模块。它包括以传热规律为主体的三大单元操作模块，即换热技术、蒸发技术与干燥技术。本册教材由常州工程职业技术学院薛叙明老师主编，并负责了模块一换热技术及附录的编写和全书的统稿工作，模块二蒸发技术由健雄职业技术学院刘尚莲老师编写，模块三干燥技术由常州工程职业技术学院刘长春老师执笔。湖南化工职业技术学院李平辉副教授担任本书的主审，并提出许多宝贵的修改意见。常州工程职业技术学院化工原理教研室的蒋晓帆、贺新、姜春扬等老师参与了审稿。

本书在编写过程中，还得到了化学工业出版社及有关单位领导和老师的大力支持与帮助，参考借鉴了大量国内各类院校的相关教材和文献资料，参考文献名录列于书后。在此谨向上述各位领导、专家及参考文献作者表示衷心的感谢。

由于编者水平有限，加之时间仓促，不妥之处在所难免，敬请读者批评指正。

编　者

2008 年 4 月

目　录 CONTENTS

项目一
传热操作与控制

项目学习目标

知识目标

1. 掌握传热操作的基本知识、基本理论与工艺计算；掌握传热过程的操作要领、常见事故及其处理方法；掌握热电阻、热电偶等常用温度测量仪表的使用方法。

2. 理解间壁传热的热阻构成、强化传热的方法与途径，设备与管道的热损失及其保温措施；理解列管式换热器的选型方法。

3. 了解工业换热器的类型、结构、特点、操作原理及其适用范围，新型换热器的发展；了解工业上常用测温仪表的分类、结构、工作原理适用范围及安装维护；了解换热器的自动控制方案及其选用方法。

能力目标

1. 能根据生产任务对列管换热器、套管换热器、板式换热器等常用换热器实施基本操作，能正确使用各类常见的温度测量仪表和对换热器实施自动控制，并能根据生产工艺与设备特点制定传热过程的安全操作规程。

2. 能运用传热基本理论与工程技术观点分析和解决传热操作中诸如传热效率下降、振动、工艺介质控制参数不达标等常见故障。

3. 能根据工艺过程需要正确查阅和使用一些常用的工程计算图表、手册、资料等，并进行必要的换热计算，如传热量的计算、载热体用量计算、平均传热温差计算、换热面积计算、对流传热系数与总传热系数的计算及列管换热器的选型计算。

素质目标

1. 帮助学生逐步建立工程技术观念，培养学生追求知识、严谨治学、勇于创新的科学态度和理论联系实际的思维方式。

2. 培养学生逐步形成安全生产、节能环保的职业意识和敬业爱岗、严格遵守操作规程的职业操守。

3. 培养学生团结协作、积极进取的团队合作精神。

主要符号说明

英文字母

b'——管束中心线上最外层管子中心至壳体内壁的距离，m；
c_p——定压比热容；J/（kg·K）；
d——管径，m；
D——换热器壳体内径，m；
f——校正系数；
F——管子排列方式对压降的校正系数；
F_s——壳程结垢校正系数；
F_t——管程结垢校正系数；
g——重力加速度，m/s^2；
Gr——格拉斯霍夫数；
h——挡板间距，m；
h——冷流体的焓，kJ/kg；
H——热流体焓，kJ/kg；
K——总传热系数，$W/(m^2 \cdot K)$；
l——特征尺寸，m；
L——管子的长度，m；
M——千摩尔质量，kg/kmol；
n——管子根数；
n_c——横过管束中心线的管数；
N_B——折流挡板数；
N_p——管程数；
N_s——串联的壳程数；
Nu——努赛尔特准数；
p——压强，Pa；
P——因数；
Pr——普兰特准数；
q——热通量，W/m^2；
q_V——流体的体积流量，m^3/s；
Q——传热速率，J/s 或 W；
Q_L——热损失，J/s 或 W；
r——半径，m；
r——汽化潜热，kJ/kg；
R——因数；
R——热阻，K/W；
R'——单位传热面积热阻，$m^2 \cdot K/W$；
Re——雷诺数；
S——传热面积，m^2；
t——相邻两管间的中心距，m；
t——冷流体温度，℃或 K；
T——热流体温度，℃或 K；
u——流体流速，m/s；
W——流体的质量流量，kg/s；
y_i——气体混合物中 i 组分的摩尔分数。

希文字母

α——对流给热系数，$W/(m^2 \cdot K)$；
β——流体的体积膨胀系数，1/K；
δ——厚度，m；
Δ——有限差值；
θ——时间，s；
λ——热导率，J/(s·m·K) 或 W/(m·K)；
λ——摩擦系数
μ——流体的黏度，Pa·s；
ρ——流体的密度，kg/m^3；
ϕ——校正系数。

下标

c——冷流体的；
e——当量的；
h——热流体的；
i——管内的；
m——平均的；
o——管外的；
w——壁面的；
Δt——温度差，℃或 K。

项目导言

传热，即热交换或热传递，是自然界与工业过程中一种最普遍的传递过程。热力学第二定律指出，只要有温差存在，热量总能自发地从高温物体传向低温物体。由于温差是普遍存在的一种自然现象，因此，传热现象是一种普遍存在的自然现象。无论是在能源、石油、化工、食品、船舶、矿山、机械、冶金、轻工、动力、建筑、航空等工业领域，还是在农业、环境保护等其他部门，都涉及很多传热问题。

一、传热在化工生产中的应用

化学工业与传热的关系尤为密切。无论是化工生产中的化学反应过程，还是原料的预处理与产品提纯过程（即化工单元操作），几乎都伴有热量的传递。如为提高反应速率，必须维持一定的温度，故必须向系统输入或输出热量；又如为提纯某产品采用蒸馏，必须既输入热量又输出热量；在干燥、蒸发等单元操作中，同样要向系统输入或输出热量；此外，反应设备、蒸汽管道的保温，余热回收利用等过程均涉及传热问题。由此可见，传热过程普遍存在于化工生产中，且具有极其重要的作用。

化工生产过程中对传热的要求可分为两种情况：一是强化传热，在传热设备中加热或冷却物料，希望以高传热速率来进行热量传递，使物料达到指定温度或回收热量，同时使传热设备紧凑，节省设备费用；另一种是削弱传热，如设备和管道的保温，要求传热速率慢，以减少热量（或冷量）的损失。

化工传热过程既可连续进行也可间歇进行。对于连续进行的过程，换热器中传热壁面各点温度仅随位置变化而不随时间变化，这种传热称为稳定传热，其特点是系统中能量不积累，即输入的能量等于输出的能量，传热速率（即单位时间传递的热量）为定值。对于间歇过程，换热器中各点的温度既随位置变化又随时间变化，这种传热称为不稳定传热。连续生产过程中的传热一般可看作稳定传热；间歇生产过程中的传热和连续生产过程中的开、停车阶段的传热一般属于不稳定传热。

在化工生产过程中，传热通常在冷、热两种流体间进行，其具体形式不外乎加热、冷却、汽化与冷凝。在加热与冷却过程中，物料的温度发生变化而相态不变；对于汽化与冷凝，物料的温度不变而相态发生变化。凡是参与热交换的介质统称为载热体；温度较高放出热量的载热体称为热载热体或称加热剂，亦称热流体；而温度较低吸收热量的载热体称为冷载热体或称冷却剂，亦称冷流体。

二、传热的基本方式

热量传递是由于系统内部或物体内两部分温度不同而引起的，热量总是自发地由高温传向低温。温度差是传热过程的推动力。根据传热机理的不同，热量传递有三种基本方式：热传导、对流传热和辐射传热。

1. 热传导

热传导简称导热，是借助物质的分子、原子或自由电子的运动将热能以动能的形式传递给相邻温度较低的分子的过程。导热的特点是：在传热过程中，物体内的分子或质点并不发生宏观相对位移。热传导不仅发生在固体中，静止流体内的传热也属于导热。

气体、液体、固体的热传导机理各不相同。在静止流体或作层流运动的流体层中，热传导是由分子的振动或热运动来实现的；在非金属固体中，热传导是由晶格的振动来实现的；在金属固体中，热传导主要依靠自由电子的迁移来实现。因此，良好的导电体也是良好的导热体。

2. 对流传热

由于流体质点之间产生宏观相对位移而引起的热量传递，称为对流传热。对流传热仅发生在流体中。根据引起流体质点相对位移的原因不同，又可分为强制对流传热和自然对流传热。若相对运动是由外力作用（如泵、风机、搅拌器等）而引起的，称为强制对流传热；若相对运动是由于流体内部各部分温度不同而产生密度的差异，使流体质点发生相对运动的，则称为自然对流传热（如水壶中烧开水的过程）。流体在发生强制对流传热时，往往伴随着自然对流传热，但一般强制对流传热的强度比自然对流传热的强度大得多。

3. 辐射传热

热量以电磁波形式传递的现象称为辐射。辐射传热是不同物体间相互辐射和吸收能量的结果。由此可知，辐射传热不仅是能量的传递，同时还伴有能量形式的转换。辐射传热的特点是不需要任何介质作为媒介，可以在真空中进行。这是热辐射不同于其他传热方式的另一特点。只要温度在绝对零度以上的物体，都具有辐射的能力。但只有当物体温度较高时，辐射传热才能成为主要的传热方式。

实际上，传热过程往往不是以某种传热方式单独进行，而是两种或三种传热方式的组合。如化工生产中广泛使用的间壁式换热器中的传热，主要是以流体与管壁间的对流传热和管壁的热传导相结合的方式进行的；又如，热量在设备保层中的传递，以导热为主；而由保温层外表面向周围空气的散热，则是对流与辐射联合传热的结果。

三、项目情境设计

某化工公司以苯、空气为原料生产顺丁烯二酸酐，反应时需将流量为14800kg/h的空气从室温（20℃）预热至180℃，并与苯蒸气充分混合后进入反应器进行反应。学生将以车间技术员的身份进入顺酐车间，并负责氧化吸收工段原料预热岗位的技术改造、工艺管理与操作工作。现接到公司技改部门的技改任务，要求根据装置扩产情况，对空气预热器进行工艺改造，并按下列要求完成相应的工作任务：

（1）根据生产工艺要求确定换热方式和初步选取换热设备；

（2）根据初步方案确定换热工艺条件；

（3）根据换热工艺条件完成换热器的选型；

（4）换热器安全控制方案的确定；

（5）换热器的操作与维护；

（6）任务拓展：换热设备的保温与节能。

任务一 依据生产特点初定换热方案

工作任务要求

通过本任务的实施，应完成如下工作要求：

（1）查阅苯法氧化制顺酐的工艺过程及相关工艺信息；

（2）识别各种换热流程、换热器及相关部件以及应用范围；

（3）根据生产要求选择合理的换热方法、传热介质、换热设备以及冷热介质的流通空间，并编制初步方案。

技术理论与必备知识

一、工业换热方法

传热过程必须通过一定的设备来实现，此类设备称为热交换器或称换热器。就设备内冷、热流体的换热方式而言，可分为间壁式、直接接触式和蓄热式三种类型。

1. 直接接触式换热

在此类换热器中，参与换热的冷、热流体直接接触，相互混合而换热。故又称为混合式传热。该类型换热器结构简单，设备及操作费用均较低，传热效率高，适用于两流体允许直接混合的场合。如热气体的水冷或热水的空气冷却，工业上首选此类换热方式。常见的这类换热器有凉水塔、喷洒式冷却塔、喷射冷凝器等。如图 1-1 所示，为各种直接接触式换热器。

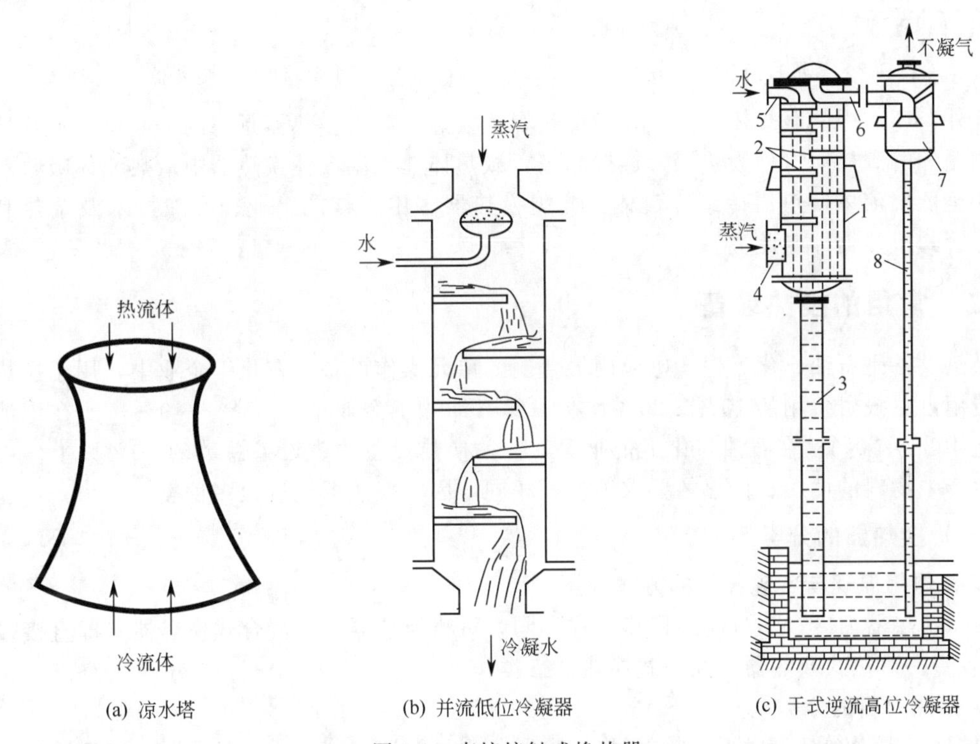

图 1-1 直接接触式换热器

1—外壳；2—淋水板；3，8—气压管；4—蒸汽进口；5—进水口；6—不凝气出口；7—分离罐

2. 蓄热式换热

在此类换热器中，充填有耐火砖等固体蓄热材料。热、冷流体交替进入蓄热室，热流体将热量储存在蓄热体中，然后通入冷流体吸取热量，从而达到换热的目的。通常在生产中采用两个并联的蓄热器交替使用，如图 1-2 所示。此类换热器结构简单，可耐高温，其缺点是设备体积庞大，传热效率低且不能完全避免两流体的混合。常用于高温气体热量的回收或冷却，如煤制气过程的气化炉等。在冶金行业中比较常用。

3. 间壁式换热

在多数情况下，化工工艺上不允许冷、热流体直接接触，故直接接触式传热和蓄热式传热在工业上并不很多，工业上应用最多的是间壁式传热过程。这类换热器的特点是在冷、热两种流体之间用一金属壁（或石墨等导热性能好的非金属壁）隔开，以便使两种流体在不相混合的情况下进行热量传递，热量由热流体通过壁面传给冷流体。它适合化工生产中要求两流体进行换热时不能有混合的场合。因此，间壁式换热器应用最广泛，形式多样，各种管式和板式结构的换热器均属此类。如图 1-3 所示的套管式换热器及后面重点介绍的列管式换热器都是典型的间壁式换热器。

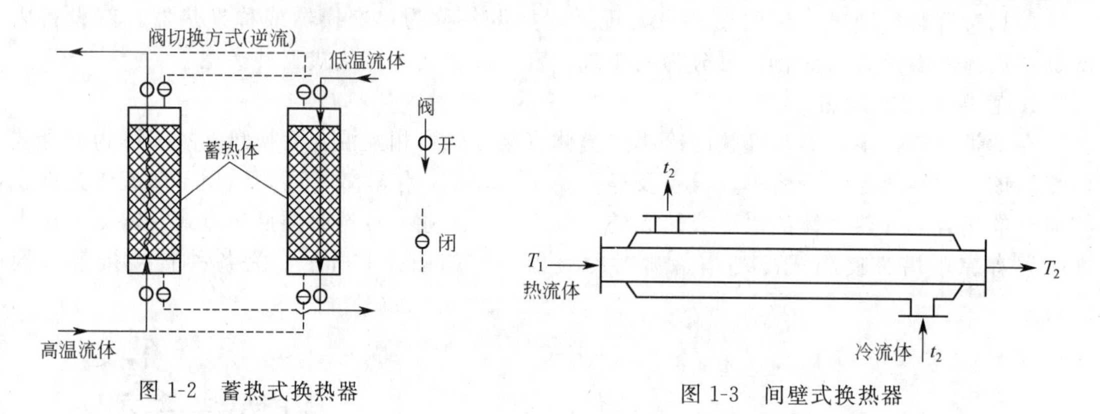

图 1-2　蓄热式换热器

图 1-3　间壁式换热器

此外，还有中间载热体式换热，又称热媒式换热。此类换热器是将两个间壁式换热器由在其中循环的载热体（称为热媒）连接起来，载热体在高温流体换热器中从热流体吸收热量后，带至低温流体换热器传给冷流体。此类换热器多用于核能工业、冷冻技术及余热利用中。热管式换热器即属此类。

二、常用的换热设备

换热设备是石油、化工生产中应用最普遍的单元操作设备。在化工企业中，用于换热设备的费用占总投资费用的 10%～20%，在一般石油化工企业中占 35%～40%，而在炼油厂中高达 40%～50%；在石油与化工企业中，各种换热设备约占设备总数的 40%以上。由于化工生产中物料的性质、传热的要求等各不相同，因此换热器也有很多种类。

（一）换热器的分类

1. 按作用原理与实现传热的方式分类

根据换热器内冷、热流体的换热方式不同，可将换热器分为混合式换热器（即直接接触式换热器）、蓄热式换热器与间壁式换热器三类。

2. 按使用目的分类

根据换热器的使用目的不同，可将换热器分为加热器、冷却器、再沸器、蒸发器、过热器、蒸汽发生器、废热锅炉、冷凝器和分凝器等。

3. 按传热面的形状与结构分类

间壁式换热器可按传热面的形态与结构不同加以分类，可分为管式换热器、板式换热器、液膜式换热器、板壳式换热器及热管换热器等。

4. 按换热器所用材料分类

按换热器所用材料不同，可分为金属材料换热器和非金属材料换热器两类。

（二）常用的间壁式换热设备

换热器的种类繁多，各种换热器各自适用于某一种工况。为此，生产上应根据工作介质、温度、压力的不同，选择不同种类的换热器，以实现更大的经济效益。

1. 管式换热器

(1) 管壳式换热器　管壳式换热器又称列管式换热器，是目前化工生产中应用最为广泛的一种通用标准换热设备。它的主要优点是单位体积具有的传热面积较大以及传热效果较好，结构简单、坚固、制造较容易，操作弹性较大，适应性强等。因此在高温、高压和大型装置上多采用管壳式换热器，在生产中使用的换热设备中占主导地位。

① 管壳式换热器的结构　管壳式换热器结构如图 1-4 所示，主要由壳体、管束、管板、折流挡板和封头等部件组成。壳体内装有管束，管束两端固定在管板上。管子在管板上的固定方法可采用胀接、焊接或胀焊结合法。管壳式换热器中，一种流体在管内流动，其行程称为管程；另一种流体在管外流动，其行程称为壳程。管束的壁面即为传热面。

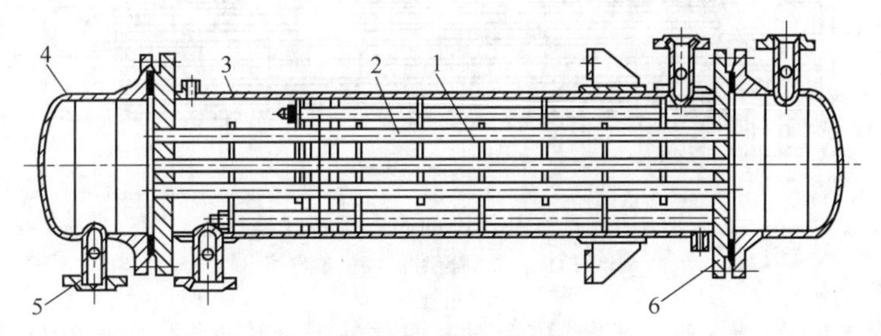

图 1-4　管壳式换热器

1—折流挡板；2—管束；3—壳体；4—封头；5—接管；6—管板

在管壳式换热器中，通常在其壳体内均安装一定数量与管束相互垂直的折流挡板，以防止流体短路，迫使流体按规定路径多次错流通过管束，同时还有增加流体流速、增大流体的湍动程度的作用。折流挡板的形式较多，如图 1-5 所示，其中以圆缺形（弓形）挡板为最常用。

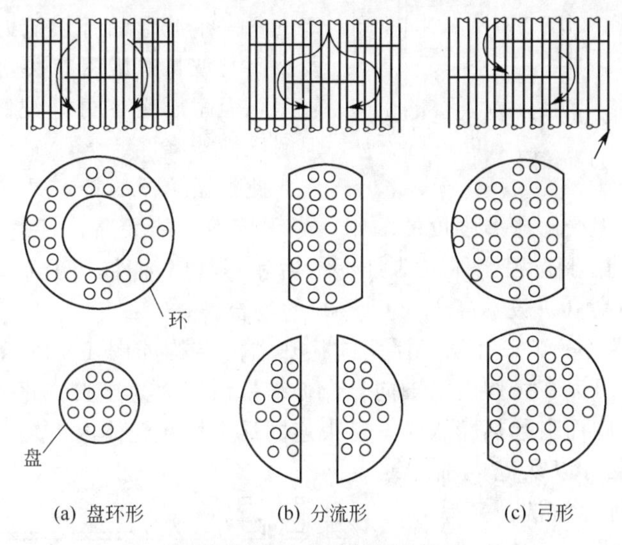

(a) 盘环形　(b) 分流形　(c) 弓形

图 1-5　折流挡板的形式

② 管壳式换热器的热补偿装置　管壳式换热器操作时，由于冷热流体温度不同，使壳体和管束受热程度不同，其膨胀程度也不同。若冷热流体温差较大（50℃以上），就可能由于热应力而引起设备变形，或使管子弯曲，从管板上松脱，甚至造成管子破裂或设备毁坏。因此必须从结构上考虑这种热膨胀的影响，采取各种补偿的办法，消除或减小热应力。常见的温差补偿措施有：补偿圈补偿、浮头补偿和 U 形管补偿等。由此，列管式换热器也可分

为以下三种形式。

a. 固定管板式换热器——补偿圈补偿。此类换热器的结构特点是两端管板和壳体连接成一体，管束两端固定在两管板上。当换热器的壳体与传热管壁之间的温差大于 50℃时，则需加补偿圈（也称膨胀节）。图 1-6 为具有补偿圈的固定管板式换热器，即在外壳的适当部位焊上一个补偿圈，当外壳和管束热膨胀不同时，补偿圈发生弹性变形（拉伸或压缩），以适应外壳和管束不同的热膨胀程度。

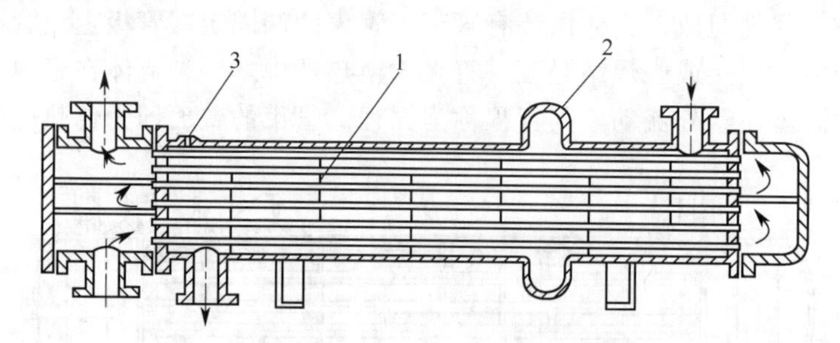

图 1-6 具有补偿圈的固定管板式换热器

1—挡板；2—补偿圈；3—放气嘴

补偿圈的形式较多，一般有 U 形补偿圈（亦称波形补偿圈）、Ω 形补偿圈、平板形补偿圈，见图 1-7，其中波形补偿圈使用得最为普遍。为了减少壳程中的流体阻力，避免流体走旁路，减少膨胀节的磨损，在膨胀节内侧常加一衬筒，在衬筒迎着来流的一端与壳体焊接，另一端自由伸缩。一般平板式膨胀节挠性差，只适用于直径小、应力不大的场合。波形膨胀节的每一个波形的补偿能力与使用压力、材料及波高与波长等因素有关，波高低则补偿能力较差，但耐压性能好，波高高则补偿能力大，但耐压性能降低。

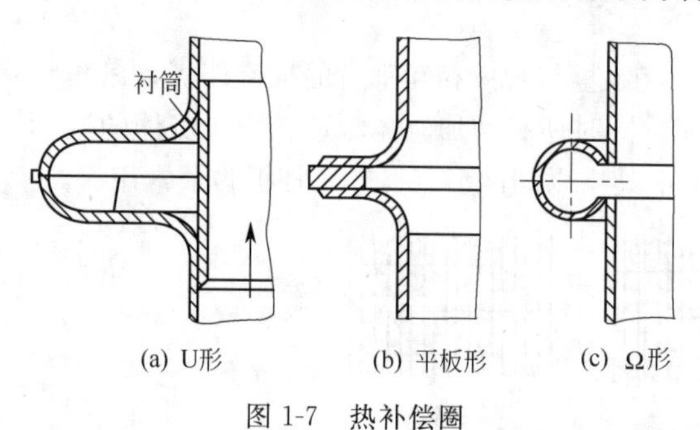

图 1-7 热补偿圈

此类换热器的特点是：热补偿方法与设备结构简单，成本低，但受膨胀节强度的限制，壳程压力不能太高，且壳程检修和清洗困难。因此，此类换热器适用于壳程流体清洁且不结垢和不具腐蚀性，两流体温差不大（不大于 70℃）和壳程压力不高（一般不高于 600kPa）的场合。

b. 浮头式换热器——浮头补偿。浮头式换热器的结构如图 1-8 所示。其两端管板之一不与壳体固定连接，可以在壳体内沿轴向自由伸缩，该端称为浮头。此类换热器的优点是当壳体与管束因温度不同而引起热膨胀时，管束连同浮头可在壳体内沿轴向自由伸缩，不会产生温差应力；且管束可以从壳内抽出，便于管内和管间的清洗。其缺点是结构复杂，用材量大，造价高。浮头式换热器适用于壳体与管束温差较大或壳程流体容易结垢的场合。

c. U 形管式换热器——U 形管补偿。图 1-9 所示为一 U 形管式换热器。把每根管子都弯成 U 形，两端固定在同一管板上，因此，每根

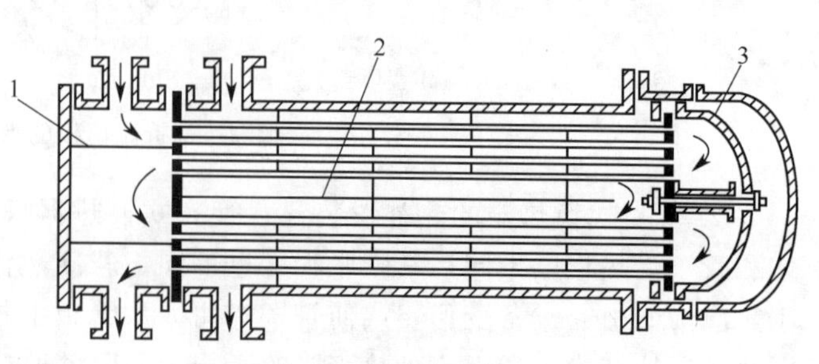

图 1-8 浮头式换热器

1—管程隔板；2—壳程隔板；3—浮头

管子皆可自由伸缩，从而解决了热补偿问题。U形管式换热器的优点是结构简单，运行可靠，造价低，重量轻，管间清洗较方便。其缺点是管内清洗较困难，可排管子数目较少，管束最内层管间距大，壳程易短路，且因管子需一定的弯曲半径，故管板利用率较差。U形管式换热器适用于管、壳程温差较大或壳程介质易结垢而管程介质不易结垢的场合，尤其适用于高温高压气体的换热。

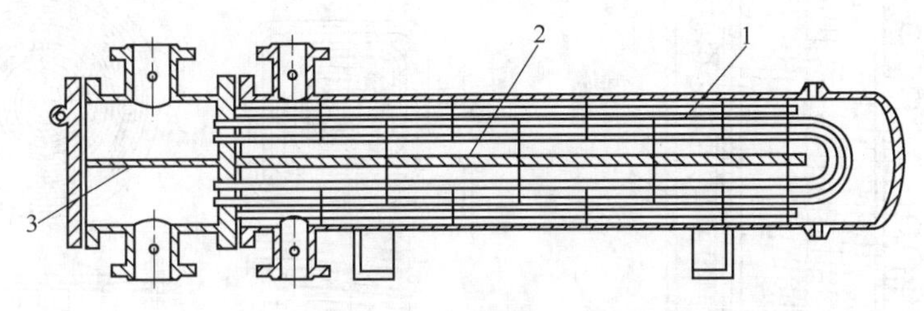

图 1-9　U形管式换热器

1—U形管；2—壳程隔板；3—管程隔板

浮头式和U形管式列管换热器，我国已有系列标准，可供选用。

除上述三种常见的热补偿方式外，工业上有时还采用类似于浮头补偿的填料函式换热器。填料函式换热器的结构如图 1-10 所示。其结构特点是管板只有一端与壳体固定，另一端采用填料函密封。管束可以自由伸缩，不会产生温差应力。该换热器的优点是结构较浮头式换热器简单，造价低；管束可以从壳体内抽出，管、壳程均能进行清洗。其缺点是填料函耐压不高，一般小于 4.0MPa；壳程介质可能通过填料函向外泄漏。填料函式换热器适用于管、壳程温差较大或介质易结垢需要经常清洗且壳程压力不高的场合。

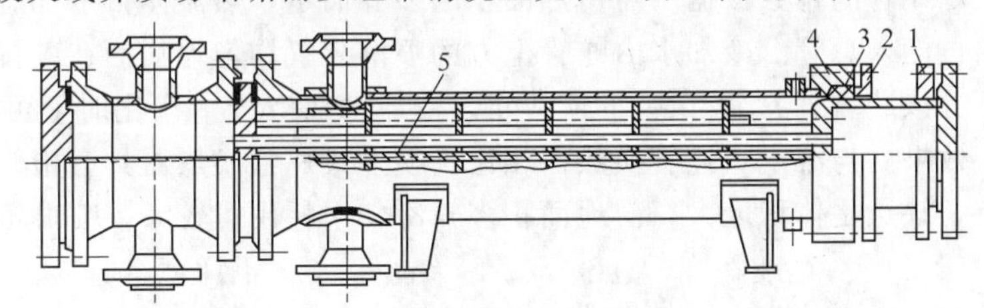

图 1-10　填料函式换热器

1—活动管板；2—填料压盖；3—填料；4—填料函；5—纵向隔板

（2）套管式换热器　套管换热器是由两种直径不同的标准管套在一起组成同心圆套管，然后将若干段这样的套管用U形肘管连接而成，其结构如图 1-11 所示。每一段套管称为一程，程数可根据所需传热面积的多少而增减。

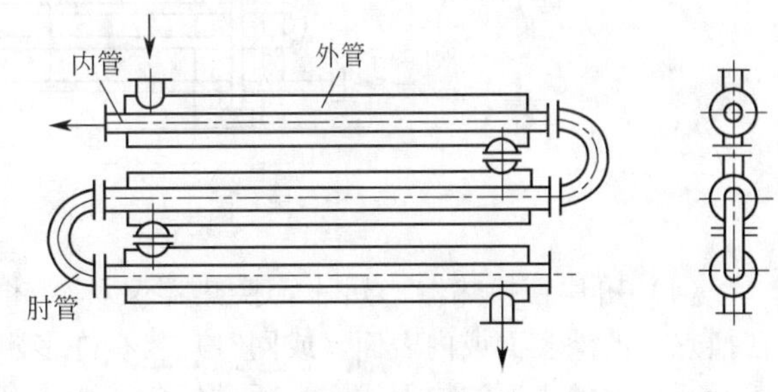

图 1-11　套管式换热器

套管换热器的优点是结构简单，能耐高压，传热面积可根据需要增减，适当选择内管和外管的直径，可使流体的流速增大，而且冷、热流体可作严格逆流，传热效果较好。其缺点是单位传热面积的金属耗量大；管子接头多，易泄漏，占地面积大，检修清洗不方便。此类换热器适用于高温、高压及流量较小的场合。

（3）蛇管换热器　蛇管换热器根据操作方式不同，分为沉浸式和喷淋式两类。

① 沉浸式蛇管换热器　沉浸式蛇管换热器的结构如图 1-12（a）所示。此种换热器通常以金

属管自弯绕而成，制成适应容器的形状沉浸在容器内的液体中。管内流体与容器内液体隔着管壁进行换热。几种常用的蛇管形状如图 1-12（b）所示。此类换热器的优点是结构简单，造价低廉，便于防腐，能承受高压。缺点是管外对流传热系数小，常需加搅拌装置，以提高传热系数。

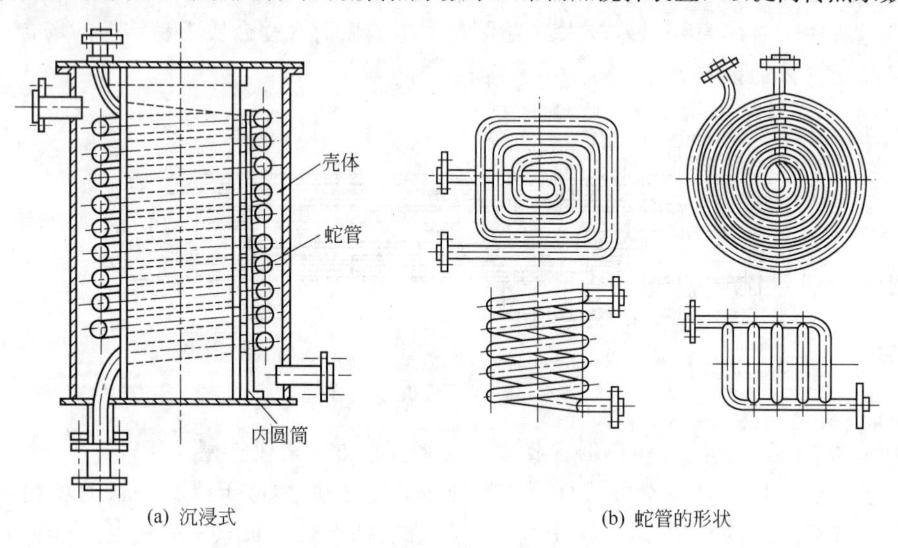

图 1-12 沉浸式蛇管换热器

② 喷淋式蛇管换热器 喷淋式蛇管换热器的结构如图 1-13 所示。此类换热器常用作冷却器冷却管内热流体，且常用水作为喷淋冷却剂，故常称为水冷器。它是将若干排蛇管垂直地固定在支架上，蛇管的排数根据所需传热面积的多少而定。热流体自下部总管流入各排蛇管，从上部流出再汇入总管。冷却水由蛇管上方的喷淋装置均匀地喷洒在各排蛇管上，并沿着管外表面淋下。该装置通常置于室外通风处，冷却水在空气中汽化时，可以带走部分热量，以提高冷却效果。与沉浸式蛇管换热器相比，喷淋式蛇管换热器具有检修清洗方便，传热效果好等优点。缺点是体积庞大，占地面积多，冷却水耗用量较大，喷淋不均匀等。

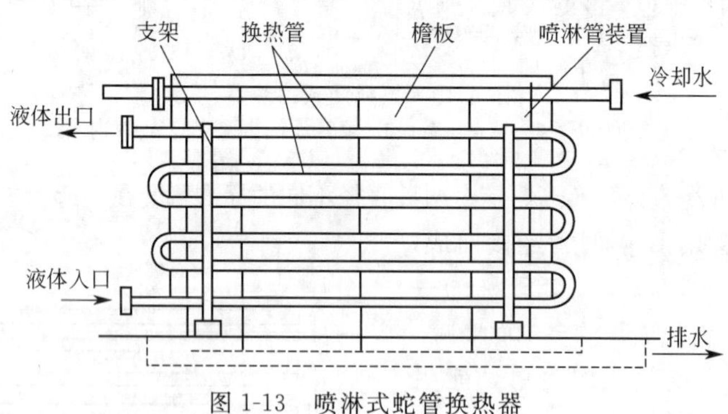

图 1-13 喷淋式蛇管换热器

（4）翅片管换热器 翅片管换热器又称管翅式换热器，如图 1-14 所示。其结构特点是在换热管的外表面或内表面（或同时）装有许多翅片，常用翅片有轴向和径向两类，如图 1-15 所示。翅片的主要结构形式在本项目任务三中介绍。

化工生产中常遇到气体的加热或冷却。因气体的对流传热系数较小，所以当换热的另一方为液体或发生相变时，换热器的传热热阻主要集中在气体一侧。此时，在气体一侧设置翅片，既可增大传热面积，又可增加气体的湍动程度，减少气体侧的热阻，提高传热效率。一般来说，当两种流体的对流传热系数之比超过 3∶1时，可采用翅片换热器。

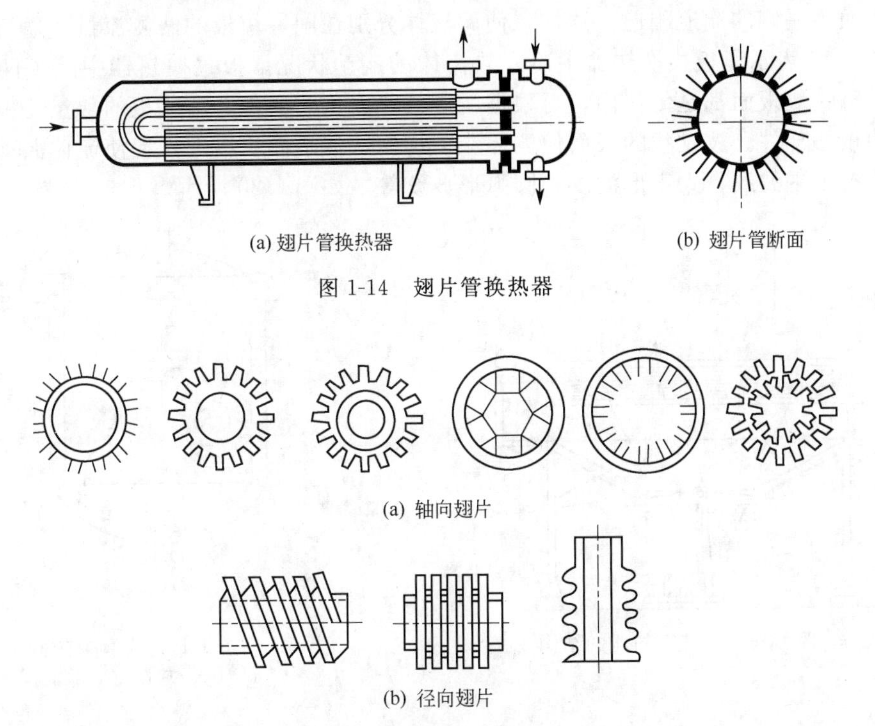

(a) 翅片管换热器　　(b) 翅片管断面

图 1-14　翅片管换热器

(a) 轴向翅片

(b) 径向翅片

图 1-15　常见的几种翅片

工业上常用翅片换热器作为空气冷却器（空冷器），用空气代替水，不仅可在缺水地区使用，即使在水源充足的地方也较经济。空冷器主要由翅片管束、风机和构架组成。管材本身大多采用碳钢，但翅片多为铝制，可以用缠绕、镶嵌的办法将翅片固定在管子的外表面上，也可以用焊接固定。热流体通过封头分配流入各管束，冷却后汇集在封头后排出。冷空气由安装在管束排下面的轴流式通风机强制向上吹过管束及其翅片，通风机也可以安装在管束上面，而将冷空气由底部引入。空冷器的主要缺点是装置比较庞大，占空间多，动力消耗也大，如图 1-16 所示。

2. 板式换热器

(1) 夹套换热器　这种换热器结构简单，其结构如图 1-17 所示。它由一个装在容器外部的夹套构成，夹套与器壁间形成的密封空间为载热体之通道。容器内的物料和夹套内的加热剂或冷却剂隔着器壁进行换热，器壁就是换热器的传热面。

其优点是结构简单，容易制造，可与反应器或容器构成一个整体，主要应用于反应过程的加热或冷却。其缺点是传热面积小；器内流体处于自然对流状态，传热效率低；夹套内部清洗困难。夹套内的加热剂和冷却剂一般只能使用不易结垢的水蒸气、冷却水和氨等。夹套内用蒸汽加热时，应从上部进入，冷凝水从底部排出；当夹套用作冷却时，冷却剂应从底部进入，从上部排出。为了提高其传热性能，可在容器内安装搅拌器，使器内液体作强制对流；为了弥补传热面的不足，还可在器内安装蛇管等。

(2) 平板式换热器　平板式换热器简称板式换热器，是一种新型的高效换热器。其结构和板框压滤机相似，如图 1-18 所示，主要由传热板片、垫片和压紧装置三部分组成。板片为 1～2mm 厚的金属薄板，并冲压出凹凸不平的规则波纹。若干板片叠加排列，夹紧组装于支架上，两相邻板的边缘衬有垫片，压紧后板间形成流体通道。每块板的四个角上各开一个孔，借助于垫片的配合，使两个对角方向的孔与板面一侧的流道相通，另两个对角方向的孔则与板面另一侧的流道相通。这样，使两流体分别在同一块板的两侧流过，通过板面进行换热。图 1-19 表示了板式换热器中冷、热流体的流动状况。板式换热器中除了两端的两个板面外，每一块板面都是传热面，可根据所需传热面积的变化，增减板的数量。板片是板式换热器的核心部件。波纹状的板面使流体流动均匀，传热面积增大，促使流体湍动。常见的波纹形状有水平波纹、人字形波纹和圆弧形波纹等，如图 1-20 所示。

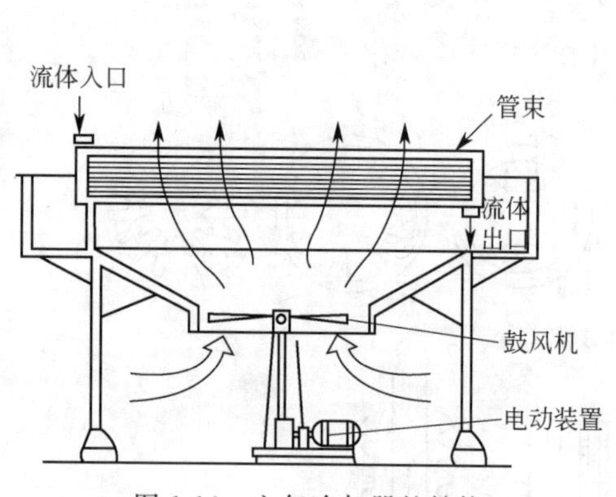

图 1-16　空气冷却器的结构

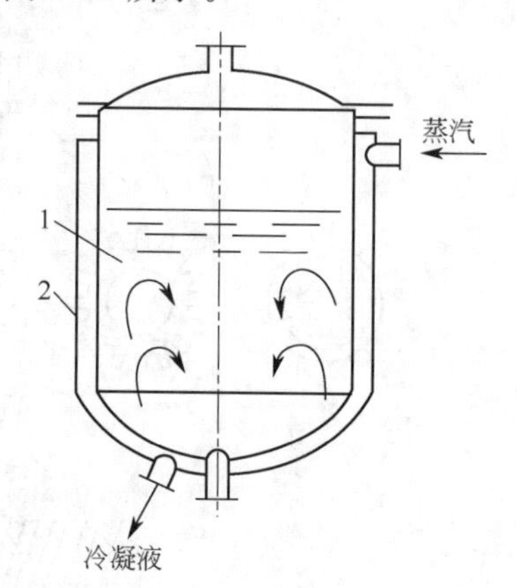

图 1-17　夹套换热器

1—反应器；2—夹套

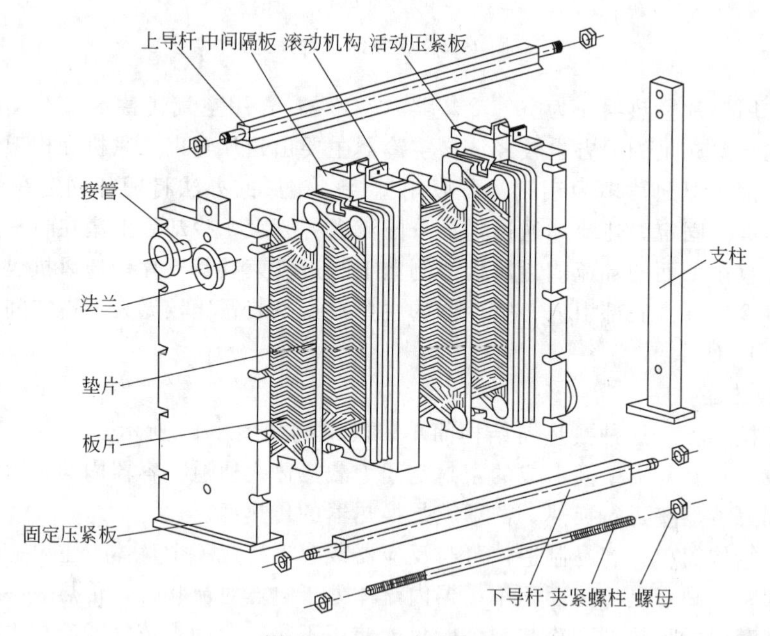

图 1-18　平板式换热器

板式换热器的优点是结构紧凑，板面很薄，两块板面之间的流道空隙只有 4～6mm，因而单位体积设备提供的传热面积很大，每立方米体积可具有 $250m^2$ 以上，甚至高达 $1000m^2$，而列管式换热器每立方米体积只能达到 $40\sim150m^2$；此外，它的板面加工容易，组装灵活，可随时增减板数；板面波纹使流体湍动程度增强，从而具有较高的传热效率；拆装方便，有利于清洗和维修。其缺点是处理量小；受垫片材料性能的限制，操作压力和温度不能过高。此类换热器适用于需要经常清洗、工作环境要求十分紧凑、操作压力较低（一般低于 1.5MPa），温度在－35～200℃的场合。

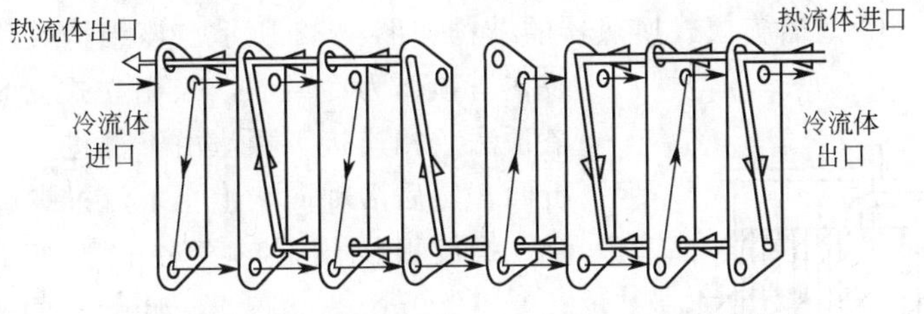

图 1-19　板式换热器中冷、热流体的流向示意

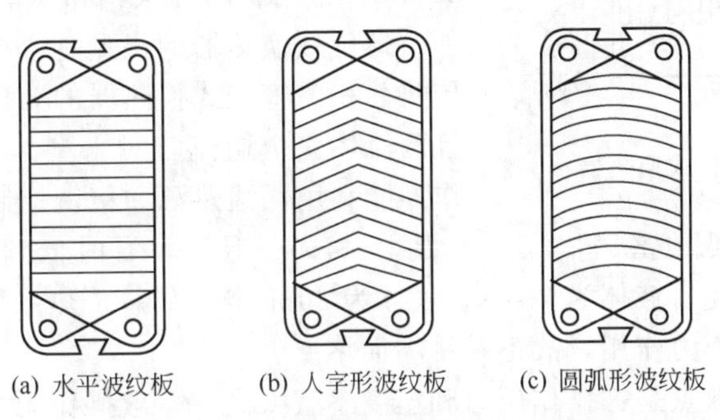

图 1-20　常见板片的形状

（3）螺旋板式换热器　螺旋板式换热器是由两块薄金属板焊接在一块分隔挡板（图中心的短板）上并卷成螺旋形而成的，如图 1-21 所示。它由螺旋形传热板、中心隔板、顶底部盖板（或封头）、定距柱和连接管等部件构成。操作时两流体分别在两通道内流动，隔着薄板进行换热。其中一种流体由外层的一个通道流入，顺着螺旋通道流向中心，最后由中心的接管流出；另一种流体则由中心的另一个通道流入，沿螺旋通道反方向向外流动，最后由外层接管流出。两流体在换热器内作逆流流动。

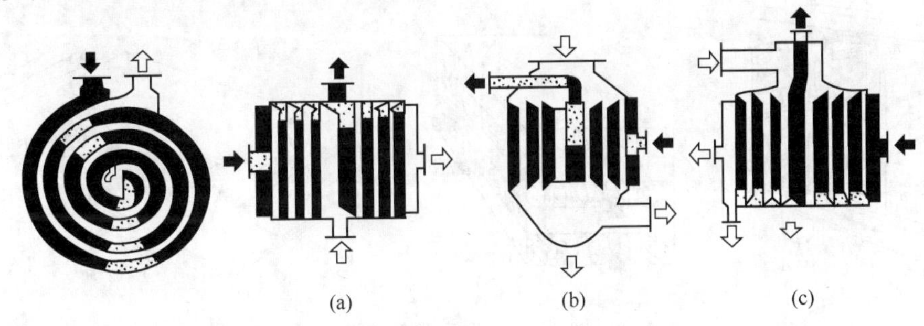

图 1-21　螺旋板式换热器

按流体在流道内的流动方式和使用条件的不同，螺旋板式换热器可分为Ⅰ、Ⅱ、Ⅲ和 G 四种结构形式。

① Ⅰ型结构　两个螺旋流道的两侧完全为焊接密封的不可拆结构，如图 1-21（a）所示。传热操作时两流体均作螺旋流动，通常冷流体由外周流向中心，热流体从中心流向外周，即完全逆流流动。这种形式主要应用于液体与液体间传热。

② Ⅱ型结构　一个螺旋流道的两侧为焊接密封，另一流道的两侧是敞开的，如图 1-21（b）所示。可对敞开通道进行清洗，因而一流体在螺旋流道中作螺旋流动，另一流体则在另一流道中作轴向流动。这种形式适用于两流体流量差别很大的场合，常用作冷凝器、气体冷却器等。

③ Ⅲ型结构　此型结构如图 1-21（c）所示。在这种形式中，一种流体在螺旋形流道中作螺旋流动，另一流体是轴向流动和螺旋流动的组合。适用于蒸汽的冷凝冷却。

④ G型结构　G型螺旋板式换热器的结构如图1-22所示。该结构又称塔上型，常被安装在塔顶作为冷凝器，采用立式安装，下部有法兰与塔顶法兰相连接。蒸汽由下部进入中心管上升至顶盖折回，然后沿轴向从上至下流过螺旋通道被冷凝。

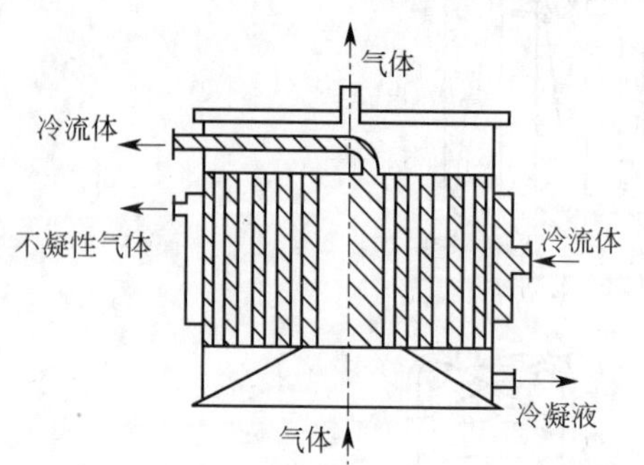

图1-22　G型螺旋板式换热器

螺旋板换热器的直径一般在1.6m以内，板宽200～1200mm，板厚2～4mm，两板间的距离为5～25mm。常用材料为碳钢和不锈钢。

螺旋板换热器的优点是：结构紧凑，单位体积的传热面积为管壳式换热器的3倍；流体流动的流道长且两流体完全逆流（对Ⅰ型），可在较小的温差下操作，能利用低温热源和精密控制温度；由于流体在螺旋通道中流动，在较低的雷诺值（一般 $Re=1400\sim1800$，有时低到500）下即达到湍流，并且可选用较高的流速（液体为2m/s，气体为20m/s），故总传热系数高；由于流体的流速较高，且具有惯性离心力作用，故不易结垢而堵塞。

螺旋板换热器的缺点是：操作压力和温度不宜太高，一般操作压力在2MPa以下，温度在400℃以下；不易检修，因整个换热器为卷制而成，一旦发生泄漏，修理内部很困难。

（4）板翅式换热器　板翅式换热器也是一种新型的高效换热器，隔板、翅片和封条（侧条）构成了其结构的基本单元，如图1-23所示。在翅片两侧各安置一块金属平板，两边以侧条密封，并用钎焊焊牢，从而构成一个换热单元体。根据工艺的需要，将一定数量的单元体组合起来，并进行适当排列，然后焊在带有进出口的集流箱上，便构成具有逆流、错流或错逆流等多种形式的换热器。目前常用的翅片形式有光直形翅片、锯齿形翅片和多孔形翅片，如图1-24所示。

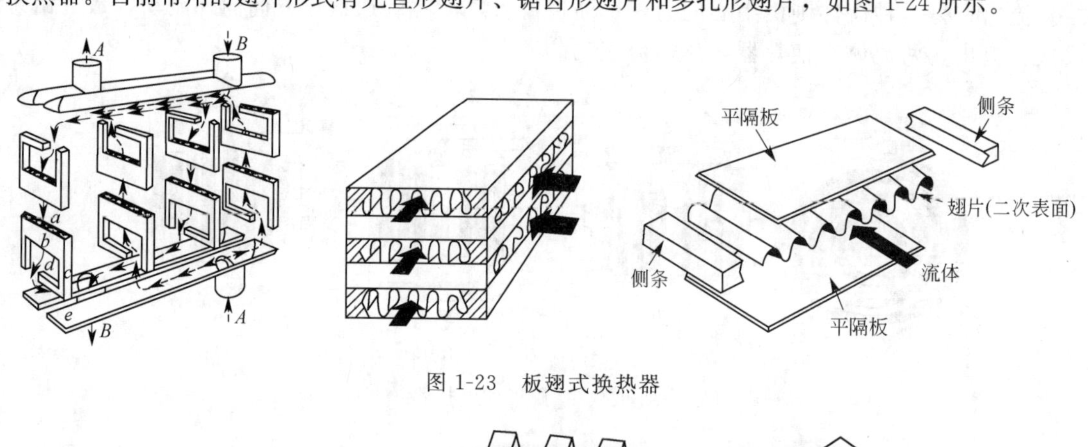

图1-23　板翅式换热器

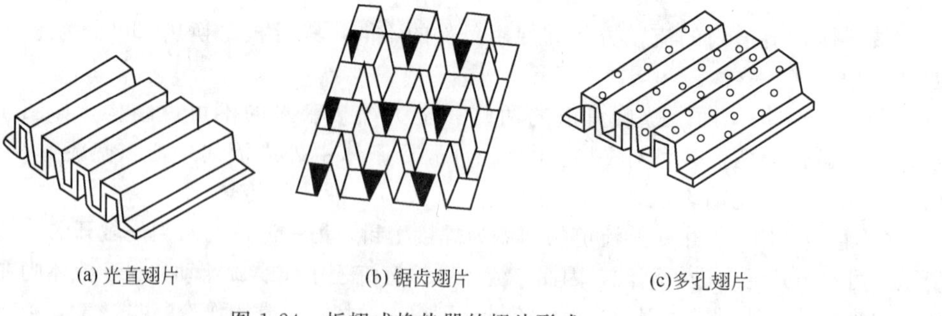

(a) 光直翅片　(b) 锯齿翅片　(c)多孔翅片

图1-24　板翅式换热器的翅片形式

板翅式换热器的主要优点如下。

① 总传热系数高，传热效果好　由于翅片在不同程度上促进了湍流并破坏了传热边界层的发展，故总传热系数高。同时冷、热流体间换热不仅以平隔板为传热面，而且大部分热量通过翅片传递，因此提高了传热效果。

② 结构紧凑　单位体积设备提供的传热面积一般能达到2500m^2，最高可达4300m^2。

③ 轻巧牢固　此类换热器通常采用铝合金制造，故重量轻。在相同的传热面积下，其质量约为管壳式换热器的1/10。同时由于波形翅片对隔板的支撑作用，故强度很高，其操作压力可达5MPa。

④ 适应性强，操作范围广　由于铝合金在低温下的延展性和抗拉强度都很高，故此类换热器操作范围广，适用于低温和超低温的场合。且可用于各种情况下的热交换，也可用于蒸发或冷凝；操作方式可以是逆流、并流、错流或错逆流同时并进等；此外还可用于多种不同介质在同一设备内进行换热。

板翅式换热器的缺点如下。

① 由于设备流道很小，故易堵塞，而且增大了压强降；换热器一旦结垢，清洗和检修很困难，所以处理的物料应较洁净或预先进行净制。

② 由于隔板和翅片都由薄铝片制成，故要求介质对铝不发生腐蚀。

板翅式换热器因其轻巧、传热效率高等许多优点，其应用领域已从航空、航天、电子等少数部门逐渐发展到石油化工、天然气液化、气体分离等更多的工业部门。

(5) 伞板换热器　伞板换热器是我国独创的一种新型高效换热器，是由板式换热器演变而来。伞板换热器和板式换热器一样，关键零件是传热板片，只有形状不同，用伞面（锥面）代替平面。伞面实际上是半锥角为75°（或80°）的锥面。在其上滚有螺旋形的槽。

伞板换热器主要由伞形板片、异形垫片、端板、拉紧螺栓及接管组成。按结构和形式分，伞板换热器可分为蜂螺型伞板换热器、复波型伞板换热器、蛛网型伞板换热器。

蜂螺型伞板换热器外形见图1-25所示，它是由若干个带有螺旋槽的相同规格的伞形板叠合而成。在叠合时，将板片交替旋转180°，使其板槽的峰谷相互对顶，由此换热器的断面成为蜂窝状，而峰谷之间则形成螺旋通道，见图1-26所示。板片间用异形垫片隔开成通道，将板片安装在上、下盖之间，用螺栓压紧，板片数量可根据传热面积要求而定。

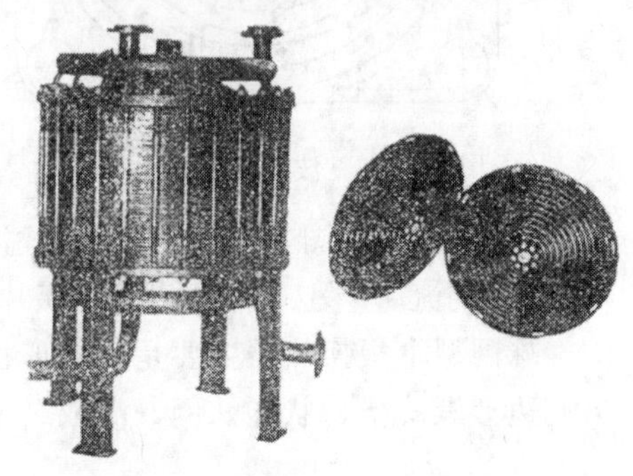

图1-25　蜂螺型伞板换热器外形

这种换热器的工作原理如图1-27所示，一种介质沿板槽的通道螺旋上升，而另一种介质沿板背面的通道螺旋下降，两种介质在板片的中心与边缘之处是以异形垫片密封，使之各不相混，如此两种介质以伞形板片为传热面进行逆流传热。应当指出，介质除沿螺旋通道流动外，还会产生径向“串流”，大量的径向“串流”会造成短路，影响传热效率。实践证明，径向“串流”量与板片精度有关，精度越高，“串流”量越小，对传热效率影响也越小。但少量的径向“串流”存在对传热效率影响不大，而对阻力的减小是有利的。螺旋通道内具有湍流花纹，增加介质扰动程度，提高传热效率。

复波型伞板换热器也是由伞形板片叠合而成，其板形如图1-28所示。该换热器与蜂螺型的不同之处是其板片的叠合，不是波峰对波谷，而是波峰顺波峰，波谷顺波谷（见图1-29）。两相邻板片不必错180°，故称复波型。而在螺旋通道上每隔一定距离设有一个鼓泡（支承点），是为了保持通道截面积不变。

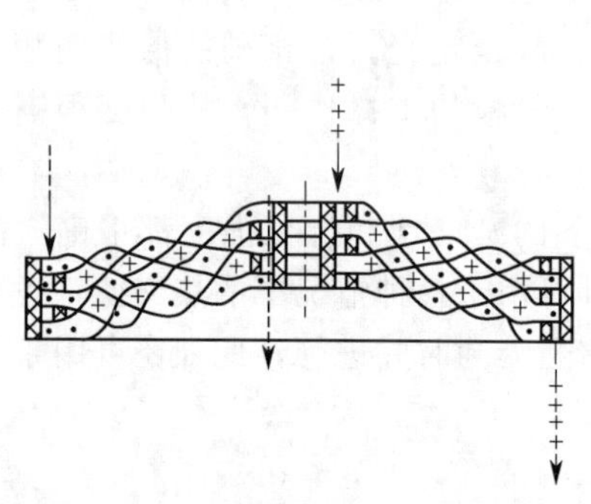

图 1-26　蜂螺型伞板换热器结构

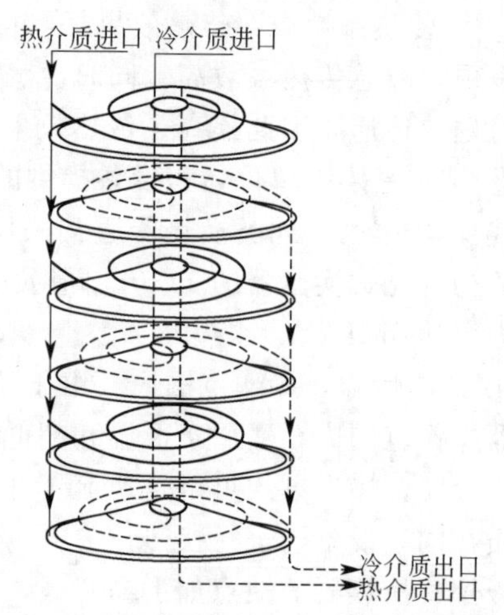

图 1-27　蜂螺型伞板换热器工作原理

图 1-28　复波型伞板换热器板形

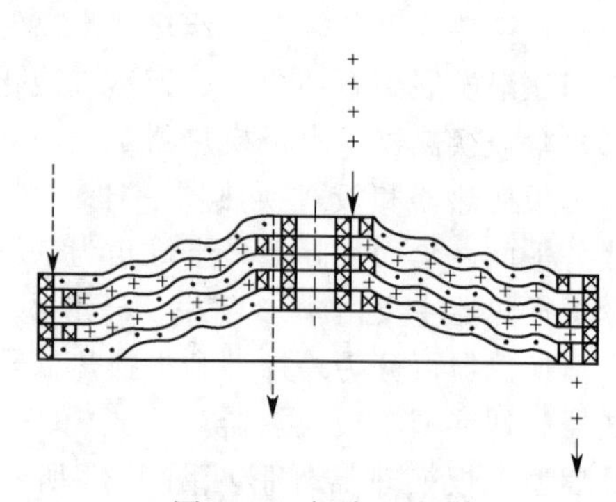

图 1-29　复波型通道

其工作原理如图 1-30 所示。该形式换热器基本上与板式换热器相同，即一种介质沿伞形板片的对角线方向流动，另一种介质沿伞形板片背面的另一对角线流动，两种流体流动方向是交叉的。

蜘网型伞板换热器主要是由伞形板片、垫片、头盖、紧固件等构成。板片的伞面上旋压出九边形螺旋槽，状如蛛网，故取名为蛛网型，如图 1-31 所示。这种换热器的板片交替旋

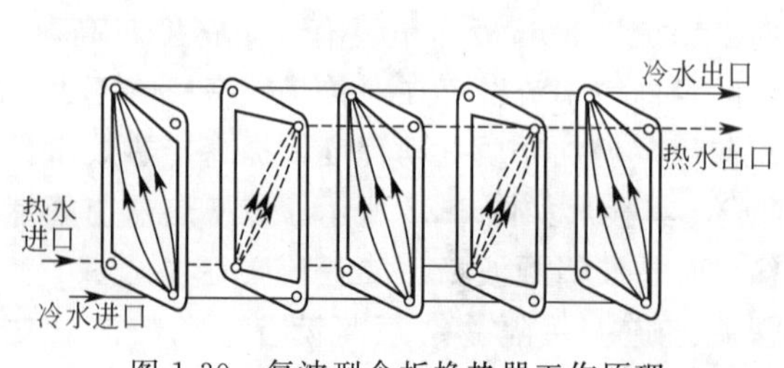

图 1-30　复波型伞板换热器工作原理

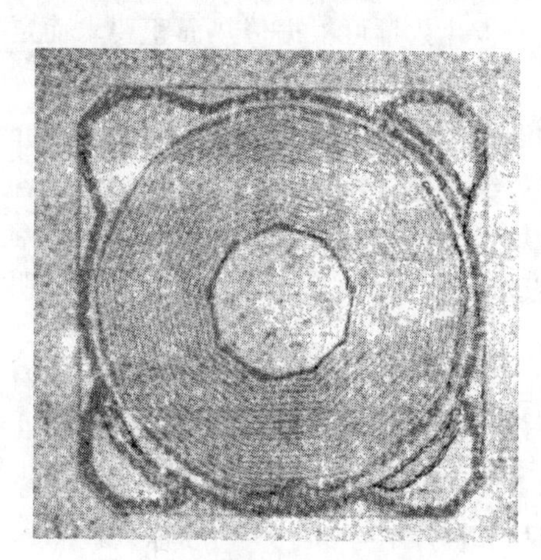

图 1-31　蛛网型伞板换热器板片

转 180°叠加，由于这种叠加致使各板片上的沟槽相互交叉，峰谷点顶，支撑点很多，故保证了板片承受力的能力。

3. 热管换热器

热管是一种新型换热元件，由热管组合而成的换热装置称为热管换热器。

（1）热管的结构与工作原理　热管的类型很多，但其基本结构和工作原理大致相同。下面以吸液芯热管为例，说明其工作原理。如图 1-32 所示，是一根热管的结构示意图。在一根密闭的金属管内充以适量特定的工作液体，紧靠管子内壁处装有金属丝网或纤维、布等多孔物质的吸液芯。全管沿轴向分成三段：蒸发段（又称热端）、绝热段（又称蒸汽输送段）和冷凝段（又称冷端）。当热源流体从管外流过时，热量通过管壁和吸液芯传给工作液体，并使其汽化，蒸汽沿管子的轴向流动，在冷端向冷流体释放出冷凝潜热而被冷源流体冷凝，然后在吸液芯的毛细管力作用下冷凝液流回蒸发段。从而完成了一个工作循环。如此反复循环，热量便不断地从热源流体传给冷源流体。

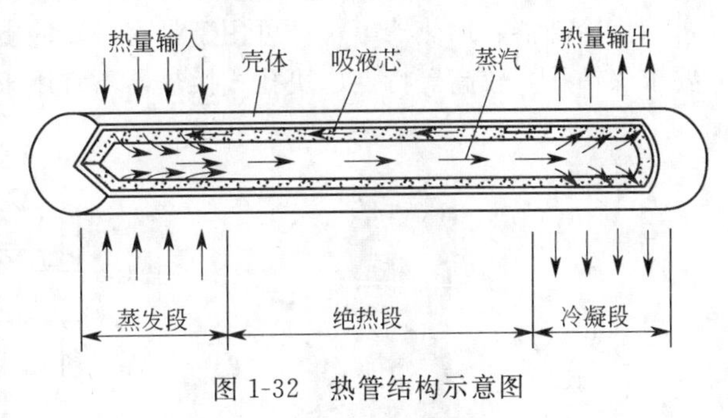

图 1-32　热管结构示意图

由此可见，热管是将传统的固体壁面两侧之间的传热，巧妙地改变成两个管外表面的传热。由于过程传送的是汽化潜热，因此，它的传热能力比一般间壁传热要高出几个数量级。

热管的管壳是一个完全密封的容器，它的几何形状无特殊的限制，管内保持高真空，其材质是根据使用温度范围和选用工作性质来确定。一般由导热性能好、耐压、耐热应力、防腐的不锈钢、铜、铅、镍、铌、钽或玻璃、陶瓷等材料构成。

在热管内传递热量的工质是决定热管可在多大温度范围内应用的重要因素。热管内的液汽两相共存的工作介质始终是饱和的。工质要求具有较高的汽化潜热和热导率、较低的黏度和熔点，具有较大的表面张力，以及有较好的润湿毛细结构的能力等。

（2）热管换热器形式及应用　目前使用的热管换热器多为箱式结构，如图 1-33 所示。把一组热管组合成一个箱形，中间用隔板分为冷、热两个流体通道，所有管壳外壁上装有翅片，以强化传热效果。热管换热器的传热特点是分热量传递汽化、蒸汽流动和冷凝三步进行，由于汽化和冷凝的对流强度都很大，蒸汽的流动阻力又较小，因此热管的传热热阻很小，即使在两端温度差很小的情况下，也能传递很大的热流量。因此，它特别适用于低温差传热的场合。热管换热器具有传热能力大、结构简单、工作可靠等优点。图 1-34 为热管换热器的两个应用实例。

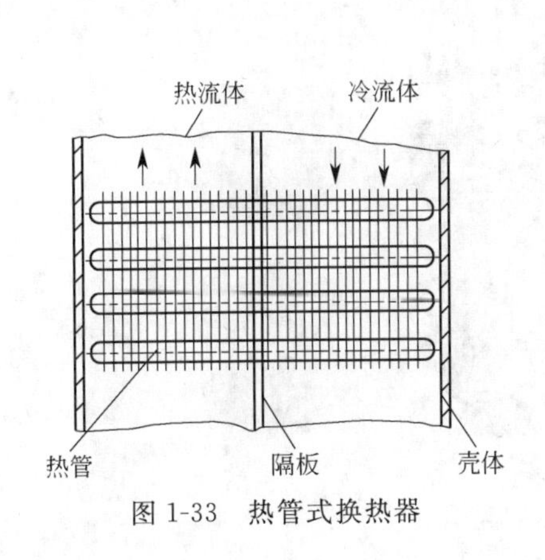

图 1-33　热管式换热器

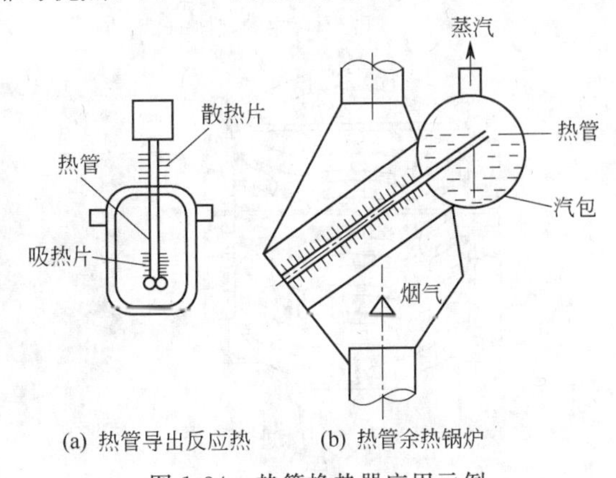

(a) 热管导出反应热　(b) 热管余热锅炉

图 1-34　热管换热器应用示例

4. 其他换热器

(1) 石墨换热器　石墨换热器按结构可分为列管式石墨热交换器、喷淋式石墨冷却器及块孔式石墨换热器。图 1-35 为圆块孔式石墨换热器的结构。它由不透性石墨块、金属外壳、顶盖及紧固拉杆等元件组成。在不透性石墨块的两个侧面（圆周面及圆平面）上，分别钻有同面平行、异面相交叉而不贯通的小孔，作为冷、热流体的通道。块孔式石墨换热器的特点是：体积小，结构紧凑，传热系数大；耐一定压力（$PN \leqslant 0.4$MPa），耐温性较高；适应性强，可用作冷却器、加热器等，且可用于具有一定冲击振动场合；但由于其流体阻力大，制造加工要求（钻孔）较高等特点，块孔式换热器不宜用于黏度大或含有杂质、结晶较多的物料。

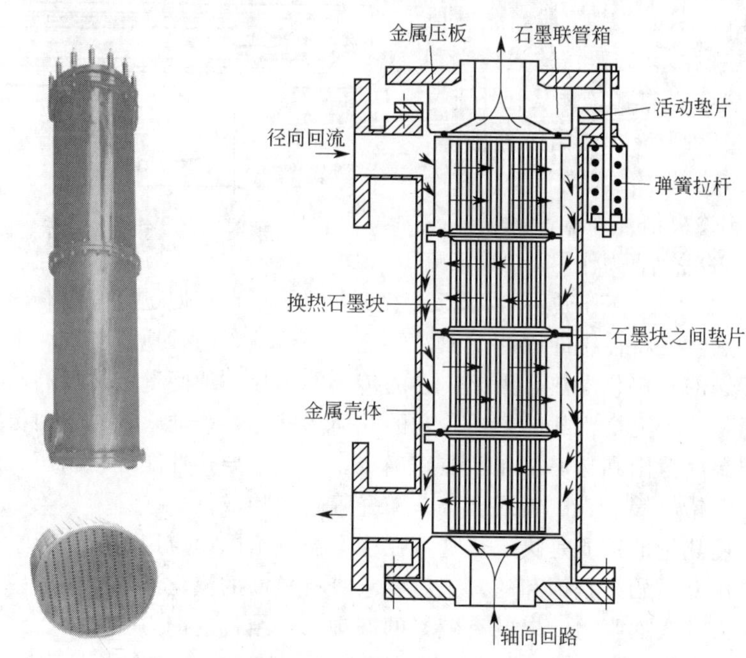

图 1-35　圆块孔式石墨换热器

(2) 搪玻璃换热器　常见的搪玻璃换热器有片式、筒式和管式三种，其中以片式的使用最为广泛。图 1-36 为片式搪玻璃换热器的结构与工作原理。它由盖、器身（双面搪玻璃带夹层的弧形片）、器底及垫圈（外包四氟橡胶垫）、U 形铸铁管和紧固件等组成的中叠式组装结构。片式换热器具有结构紧凑、重量轻、热交换效率高、污垢系数小、耐压高、装修简

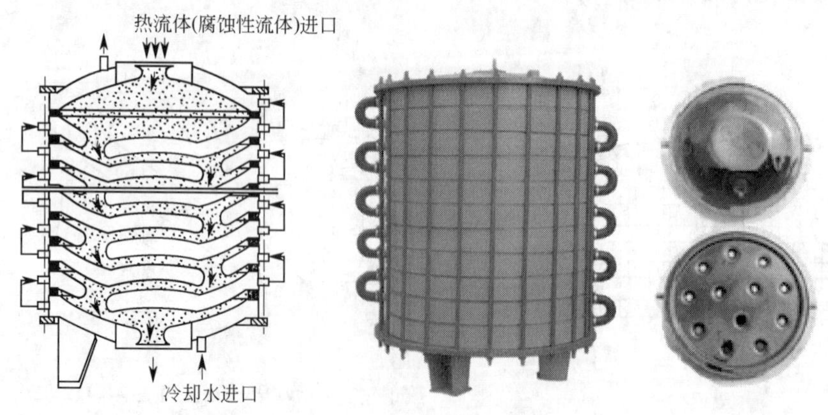

图 1-36　片式搪玻璃换热器

便、防腐蚀性能优良、密封可靠等优点。适用于各种有机、无机、化工、石油化工、医药、农药、染料、食品等工业系统中，带有腐蚀性的气相或液相介质在工艺流程中的热交换。

各类换热设备的主要特点及适用范围见表 1-1。

表 1-1　换热设备的分类、主要特点及一般适用场合

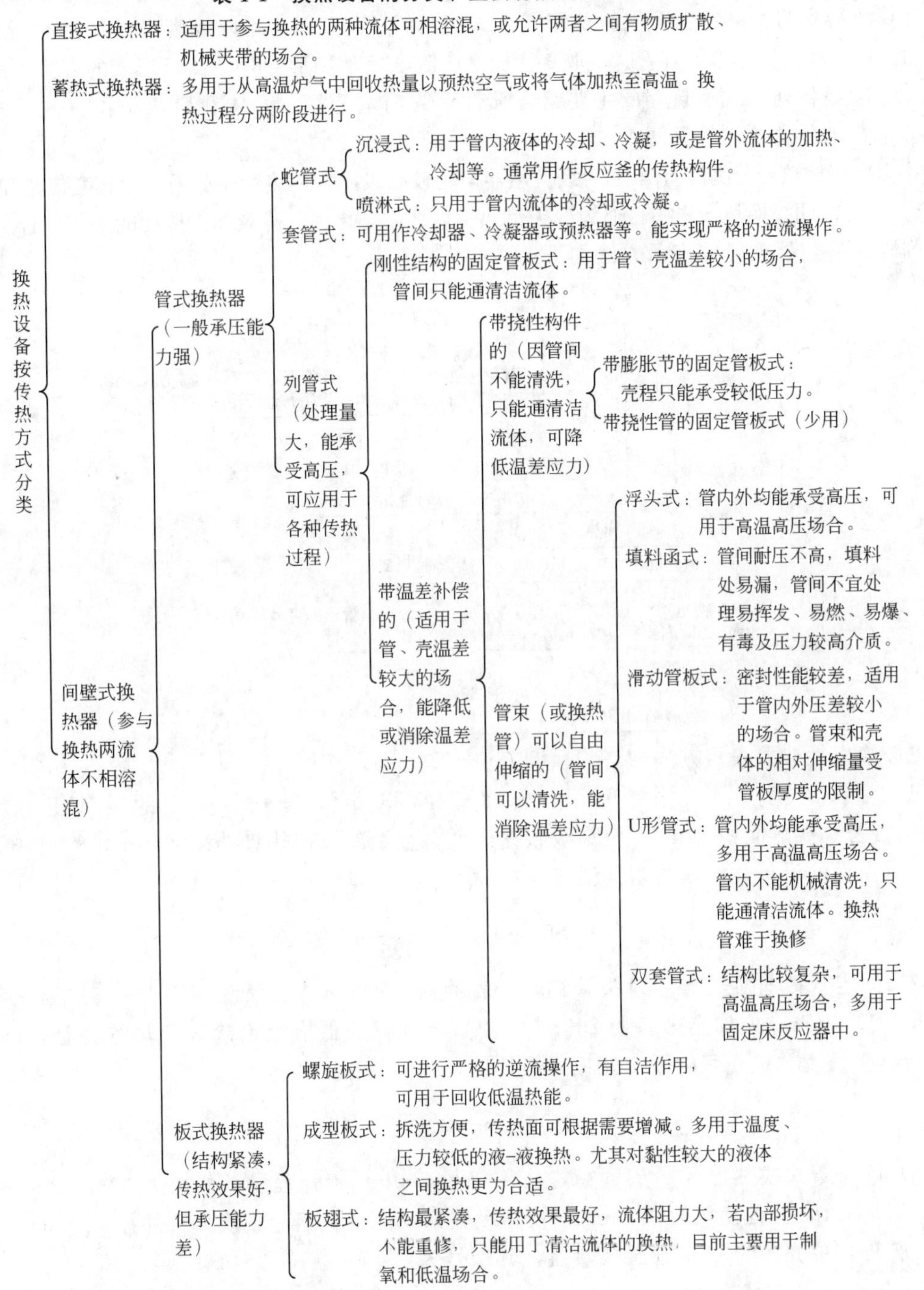

换热设备按传热方式分类

- 直接式换热器：适用于参与换热的两种流体可相溶混，或允许两者之间有物质扩散、机械夹带的场合。
- 蓄热式换热器：多用于从高温炉气中回收热量以预热空气或将气体加热至高温。换热过程分两阶段进行。
- 间壁式换热器（参与换热两流体不相溶混）
  - 管式换热器（一般承压能力强）
    - 蛇管式
      - 沉浸式：用于管内液体的冷却、冷凝，或是管外流体的加热、冷却等。通常用作反应釜的传热构件。
      - 喷淋式：只用于管内流体的冷却或冷凝。
    - 套管式：可用作冷却器、冷凝器或预热器等。能实现严格的逆流操作。
    - 列管式（处理量大，能承受高压，可应用于各种传热过程）
      - 刚性结构的固定管板式：用于管、壳温差较小的场合，管间只能通清洁流体。
      - 带温差补偿的（适用于管、壳温差较大的场合，能降低或消除温差应力）
        - 带挠性构件的（因管间不能清洗，只能通清洁流体，可降低温差应力）
          - 带膨胀节的固定管板式：壳程只能承受较低压力。
          - 带挠性管的固定管板式（少用）
        - 管束（或换热管）可以自由伸缩的（管间可以清洗，能消除温差应力）
          - 浮头式：管内外均能承受高压，可用于高温高压场合。
          - 填料函式：管间耐压不高，填料处易漏，管间不宜处理易挥发、易燃、易爆、有毒及压力较高介质。
          - 滑动管板式：密封性能较差，适用于管内外压差较小的场合。管束和壳体的相对伸缩量受管板厚度的限制。
          - U形管式：管内外均能承受高压，多用于高温高压场合。管内不能机械清洗，只能通清洁流体。换热管难于换修
          - 双套管式：结构比较复杂，可用于高温高压场合，多用于固定床反应器中。
  - 板式换热器（结构紧凑，传热效果好，但承压能力差）
    - 螺旋板式：可进行严格的逆流操作，有自洁作用，可用于回收低温热能。
    - 成型板式：拆洗方便，传热面可根据需要增减。多用于温度、压力较低的液-液换热。尤其对黏性较大的液体之间换热更为合适。
    - 板翅式：结构最紧凑，传热效果最好，流体阻力大，若内部损坏，不能重修，只能用于清洁流体的换热，目前主要用于制氧和低温场合。

三、管壳式换热器的标准

在我国对列管式换热器的分类与设计是按照 GB 151—1999《钢制管壳式（即列管式）

换热器》进行的。

该标准规定：换热器的公称直径（DN），卷制圆筒是以圆筒内径作为换热器公称直径（mm）；钢管制圆筒是以钢管外径作为换热器的公称直径（mm）。公称传热面积（A）是指经圆整后的计算传热面积，计算传热面积是以传热管外径为基准，扣除伸入管板内的换热管长度后，计算所得到的管束外表面积的总和（m^2）。公称长度（LN）是以传热管长度（m）作为换热器的公称长度。传热管为直管时，取直管长度；传热管为U形管时，取U形管的直管段长度。

该标准还将列管式换热器的主要组合部件分为前端管箱、壳体和后端结构（包括管束）三部分，详细分类及代号见图1-37。

该标准将换热器分为Ⅰ、Ⅱ两级，Ⅰ级换热器采用较高级冷拔传热管，适用于无相变传热和易产生振动的场合。Ⅱ级换热器采用普通级冷拔传热管，适用于再沸、冷凝和无振动的一般场合。

列管式换热器型号的表示方法如下：

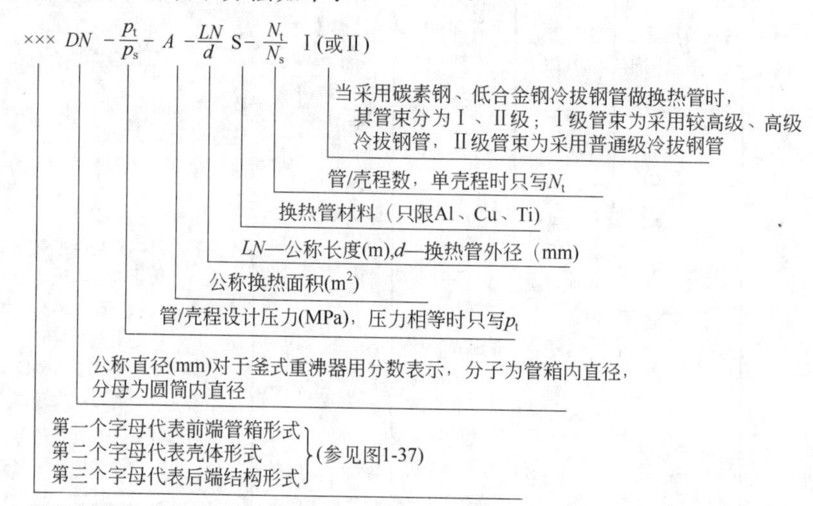

下面给出换热器表示方法的一些示例。

（1）浮头式换热器　平盖管箱，公称直径500mm，管程和壳程的设计压力均为1.6MPa，公称换热面积54m^2，较高级碳钢或低合金钢冷拔换热管外径25mm，管长6m，4管程，单壳程的浮头式换热器，其型号为：

$$\text{AES500-1.6-54-}\frac{6}{25}\text{-4I}$$

（2）固定管板式换热器　封头管箱，公称直径700mm，管程设计压力2.5MPa，壳程设计压力1.6MPa，公称换热面积200m^2，较高级碳钢或低合金钢冷拔换热管外径25mm，管长9m，4管程，单壳程的固定管板式换热器，其型号为：

$$\text{BEM700-}\frac{2.5}{1.6}\text{-200-}\frac{9}{25}\text{-4I}$$

（3）U形管式换热器　封头管箱，公称直径500mm，管程设计压力4.0MPa，壳程设计压力1.6MPa，公称换热面积75m^2，较高级碳钢或低合金钢冷拔换热管外径19mm，管长6m，2管程，单壳程的U形管式换热器，其型号为：

$$\text{BIU500-}\frac{4.0}{1.6}\text{-75-}\frac{6}{19}\text{-2I}$$

（4）釜式重沸器　平盖管箱，管箱内径600mm，圆筒内直径1200mm，管程设计压力2.5MPa，壳程的设计压力1.0MPa，公称换热面积90m^2，普通级碳钢或低合金钢冷拔换热

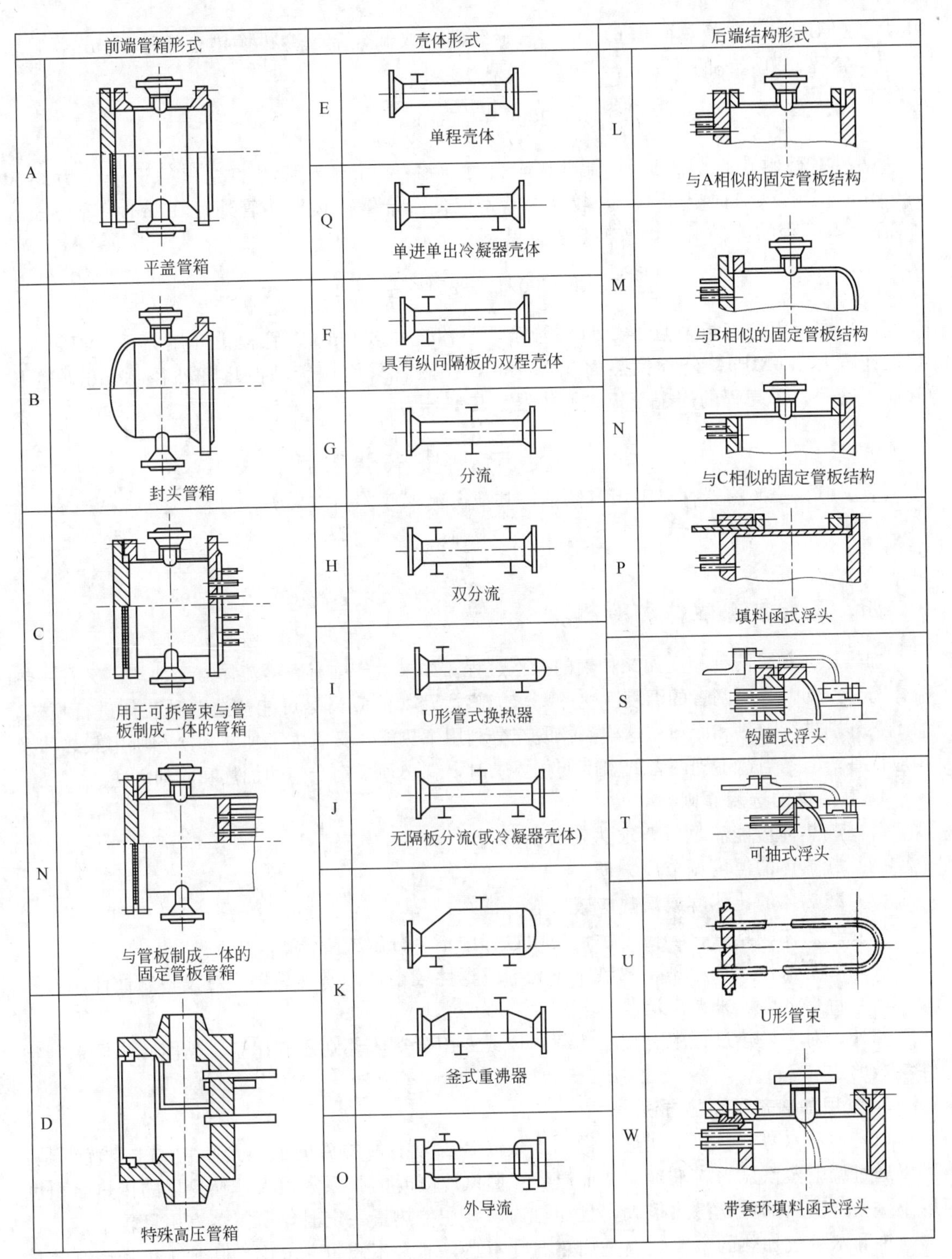

图 1-37　主要部件的分类和代号

管外径 25mm，管长 6m，2 管程的釜式重沸器，其型号为：

$$\mathrm{AKT}\,\frac{600}{1200}\text{-}\frac{2.5}{1.0}\text{-}90\text{-}\frac{6}{25}\text{-}2\,\mathrm{II}$$

（5）浮头式冷凝器　封头管箱，公称直径 1200mm，管程设计压力 2.5MPa，壳程设计压力1.0MPa，公称换热面积610m²，普通级碳钢或低合金钢冷拔换热管外径25mm，管长9m，4管程，单壳程的浮头式冷凝器，其型号为：

$$BJS1200-\frac{2.5}{1.0}-610-\frac{6}{25}-4\text{Ⅱ}$$

（6）填料函式换热器　平盖管箱，公称直径600mm，管程和壳程的设计压力均为1.0MPa，公称换热面积254m²，较高级碳钢或低合金钢冷拔换热管外径25mm，管长6m，2管程，2壳程的填料函式浮头换热器，其型号为：

$$AFP600-1.0-254-\frac{6}{25}-\frac{2}{2}\text{I}$$

（7）铜管固定管板换热器　封头管箱，公称直径800mm，管程设计压力2.0MPa，壳程设计压力1.0MPa，公称换热面积254m²，换热管采用铜管，换热管外径19mm，管长6m，4管程，单壳程的固定管板式换热器，其型号为：

$$BEM800-\frac{2.0}{1.0}-254-\frac{6}{19}Cu-4$$

上例中，若换热器材料采用不锈钢，其他参数不变，则型号为：

$$BEM800-\frac{2.0}{1.0}-254-\frac{6}{19}-4$$

四、工业加热载体和冷却剂

加热和冷却是两种相反而又相辅的操作过程。如果生产中有一冷流体需要加热，又有一热流体需要冷却，只要两者的温度变化的要求能够达到，就应当尽可能让这两种流体进行换热，而不必分别进行加热和冷却。这样操作既充分利用了热能，又省去了加热和冷却所用载热体及相应设备。但是当达不到两者的温度变化要求时，就必须采用专门的加热和冷却方法。

1. 载热体的选用原则

（1）载热体应能满足所要求达到的温度。

（2）载热体的温度调节应方便。

（3）载热体的比热容或潜热应较大。

（4）载热体应具有化学稳定性，使用过程中不会分解或变质。

（5）为了操作安全起见，载热体应无毒或毒性较小，不易燃易爆，对设备腐蚀性小。

（6）价格低廉，来源广泛。

此外，对于换热过程中有相变的载热体或专用载热体，则还有比容、黏度、热导率等物性参数的要求。

2. 常用加热剂和加热方法

（1）饱和水蒸气及热水加热　饱和水蒸气是工业上最常用的加热剂。它的主要优点是：可以通过调节蒸汽压力，准确地调节温度；蒸汽冷凝时的膜系数很大，换热器的传热面积可以小一些；蒸汽的汽化潜热很大，且加热均匀，在传热量一定时，所需蒸汽用量较小。

饱和水蒸气加热的主要缺点是加热温度不高，通常不超过180℃。根据饱和蒸汽温度与压力的对应关系可知，随着水蒸气温度的升高，饱和蒸汽的压力急剧升高，若蒸汽温度达180℃，其对应的压力已约为1003kPa。对设备的耐压要求高。所以，常在加热温度低于180℃时采用饱和水蒸气作为加热剂。

水蒸气加热的方法可分为直接加热和间接加热两种。直接水蒸气加热用于两流体可以混合的场合；而间接加热则适合于两流体不能直接混合的场合，应用较广。

用饱和水蒸气加热时，应及时排除冷凝水及饱和水蒸气中所含的不凝性气体，以免降低加热效果。

因热水对流传热膜系数不很高，加热温度有限，热水加热法的工业应用受到限制。一般用于利用饱和水蒸气的冷凝水和废热水的余热及某些需要缓慢加热的场合。

(2) 矿物油加热　由于水蒸气加热的温度受到一定的限制，当物料加热需要超过180℃时，可考虑采用矿物油加热。生产上常用高温45号机油和高温60号机油，其加热温度可达250℃。矿物油的饱和蒸气压比水的低，其饱和蒸气来源较容易、加热均匀、不需加压；缺点是油的黏度大，且随使用时间增加而增大，对流传热膜系数逐渐减小，热稳定性差，存在安全隐患（高于250℃易分解、易燃）。加热效果不如水蒸气，易着火，只能利用显热。

(3) 导生油加热　由于上述两种加热法的局限，化工生产上还常用导生油加热。导生油即二苯混合物，它是26.5%联苯和73.5%二苯醚的混合物。导生油可以是液态或气态。导生油具有沸点高（258℃），蒸气压低（在200℃和350℃时的蒸气压分别是25.3kPa和537kPa，约为同温下水蒸气的1/60和1/30）等特点；化学稳定性好，在380℃以下可长期使用不变质（370℃可使用750～1100天）；可燃但无爆炸危险；其毒性很轻微；加热温度范围很广，液态导生油可用于加热250℃以内的场合，气态导生油的加热温度可高达380℃；导生油的黏度比矿物油小，故传热效果较好。其主要缺点是极易渗透软性石棉填料，使用时所有管道法兰连接处需用金属垫片。

此外，甘油也可用作加热剂。甘油无毒、无爆炸危险、易得、价格较低（约为二苯混合物的1/4)，且加热均匀，可用于220～250℃范围内的场合。

(4) 无机熔盐加热　常用的熔盐为7% $NaNO_3$、40% $NaNO_2$和53% KNO_3组成的低熔点混合物。其熔点为142℃。当要求加热温度超过380℃时，可考虑选用这种载热体。它的最高加热温度达530℃。但比热容小，仅为1.3kJ/(kg·K)。熔盐加热装置应具有高度的气密性，并用惰性气体保护。由于硝酸盐和亚硝酸盐混合物具有强氧化性，因此，应避免和有机物质接触。

(5) 烟道气加热　烟道气加热又称炉灶加热。这种加热方法是利用燃料在热炉中燃烧所产生的火焰和烟道气直接加入物料中进行加热。加热温度可达1000℃以上。通常以500～1000℃较为适宜。

烟道气容易获取且能产生高温。其缺点是温度不易控制，被加热物料易变质，且大部分热量被废气带走，烟道气的对流传热膜系数很小，用量很大，输送比较困难，且不能用于加热易燃易爆物料。使用烟道气加热应防止局部过热，当用气体或液体燃料时，可采用自控系统调节和控制温度。

(6) 电加热　电加热法是将电能转变为热能加热物料。电加热的特点是清洁、方便、利用率高，加热温度可以精确调节。这种加热方法通常用于1000℃以上。

① 电阻加热　将电阻丝绕在被加热的设备上，通电后能转变为热能，即达到加热目的。其最高加热温度可达1100℃，但在防火防爆的环境中使用很不安全。

② 电感加热　当电流通过导体时，在导体周围产生磁场。若为交流电，则在导体四周产生的磁场为交变磁场。在这交变磁场的感应下，金属表面产生感应的交变涡电流，涡流损耗转变为热能，称为电感加热。

电感加热装置比较简单，将电阻较小的导线（铜或铝等），缠绕在金属（铸铁或钢）容器的外面，组成圆柱形的与金属容器不直接接触的螺旋线圈。当导线内通过交流电时，由于电磁感应作用使容器壁面产生热能，以加热容器内的物料。

电感加热施工简单，无明火，在防火防爆的环境中使用较电阻加热安全。通常加热温度在500℃以下时，可考虑采用。其主要缺点是能量利用率不高。

3. 常用冷却剂与冷却方法

(1) 水　水是化工生产中使用最广泛的冷却剂，用量很大，约占总耗水量的80%。水的比热容和膜系数都比较大，能够将流体冷却到较低温度，因此得到广泛应用。冷却水可以是江水、河水、海水、井水或循环水等。水温随地区和季节而变化，所以只适用于冷却温度在15～30℃以上的场合。为了防止溶解在水中的盐类析出，在换热器的传热表面形成水垢，一般控制冷却水的终温不超过40～50℃。

为了节约用水和保护环境，生产上大多使用循环水。此外，应值得注意的是，工业用水常常会被污染，要求在最终排放前必须进行水质净化，达到排放标准。

(2) 空气　空气是取之不竭的冷却剂，用空气代替水作冷却剂可以减少污水处理的问题。在水源不足的地区，更显出它的优越性。空气的温度随地区和季节而变化，所以只适用于冷却温度在30℃以上的场合。由于空气的对流传热效果差，要求庞大的换热设备。大型企业中采用空气冷却在经济上是合理的，所以正得到逐步推广。

(3) 冷冻盐水冷却　若需要将流体冷却到5～10℃或更低的温度时，则需采用经冷却降温的冷冻盐水或冷冻剂作冷却剂。由于盐的存在，使水的凝固点大为下降（其具体数值视盐的种类和含量而定），盐水的低温由致冷系统提供。

此外，若需得到更低的冷却温度或更好的冷却效果，还可使用沸点更低的致冷剂，例如液氨和氟里昂等，当然，也得借助于致冷技术。

任务实施

一、资讯

在教师指导与帮助下学生解读工作任务要求，了解工作任务的相关工作情境和背景知识，明确工作任务中核心信息与要点。

二、决策、计划与实施

根据工作任务要求和生产特点初步确定换热方法及设备；通过分组讨论和学习，进一步了解所确定换热方法的工艺特点、传热流程与设备特点、冷热流体的流向，确定工作方案。

具体工作时，可根据本生产工艺特点，首先确定采用间壁式换热方式，并选择列管式换热（最常用）。其次选择加热剂，在本工艺中，由于氧化反应为放热反应，反应生成气作为热源被用于空气的预热，也可选用高压蒸汽加热，等等。再确定冷热流体的流向与流动空间等。完成初步方案的确定。

1. 换热器形式的选择

选择换热器的形式应根据操作温度、操作压力，冷、热两流体的温度差，腐蚀性、结垢情况和检修清洗等因素进行了综合考虑。例如，两流体的温度差较小，又较清洁，不需经常检修，可选结构简单的固定管板式换热器。否则，可考虑选择浮头式换热器。从经济角度看，只要工艺条件允许，一般优先选用固定管板式换热器。

2. 加热剂（或冷却剂）的选择

为实现工艺提出的换热任务要求，首先应根据具体的传热任务选择合适的加热剂（或冷却剂）。加热剂（或冷却剂）的选择应考虑能量的综合利用，即应尽可能选用工艺上要求冷却降温的高温流体作加热剂，选用工艺上要求加热升温的低温流体作冷却剂，以达到节约能源，降低生产成本，提高经济效益的目的。

当生产系统中没有可利用作为加热剂（或冷却剂）的流体时，一般以水蒸气为加热剂，也可以用矿物油、熔盐、烟道气以及电加热等；冷却剂常用的则有水、空气等。

3. 流体流动空间的选择

流动空间的选择是指某一种流体适合在管程还是壳程流动，这个问题的制约因素很多，通常可用以下原则确定。

（1）不洁净或易结垢的流体宜走管内，因为管子清洗较方便。

（2）腐蚀性流体宜走管内，以免管子和壳体同时被腐蚀。

（3）压力高的流体宜走管内，以免壳体受压，且可节省壳体金属消耗量。

（4）有毒有害的流体宜走管内，易防止或减少泄漏。

（5）高温加热剂与低温冷却剂宜走管内，以减少设备的热量或冷量的损失。

（6）饱和蒸汽宜走管间，以便及时排除冷凝水。蒸汽冷凝的膜系数很大，可使管和壳的温度都接近蒸汽的温度，这样能减小管壳间的温差应力；且能提高冷凝传热膜系数。

（7）被冷却的流体宜走管间，便于散热，增强冷却效果。

（8）黏度大的液体宜走管间，因流体在有折流挡板的壳程中流动，流速与流向不断改变，在低 Re（$Re>100$）的情况下即可达到湍流，以提高传热效果。

（9）需要提高流速以增大膜系数的流体宜走管内，可采用多管程来增大流速。

在选择流体流动空间时，上述原则往往不能同时兼顾，应视具体情况分析。一般应首先考虑操作压力、防腐及清洗等方面的要求。

4. 流体流向的选择

流体流向有并流、逆流、错流与折流四种基本形式。若工艺上无特殊要求，一般采用逆流操作。但在换热器设计中有时为了有效地增加传热系数或使换热器结构合理，也常采用多程结构，这时采用折流比采用逆流更为有利。

三、检查

教师可通过检查各小组的工作方案与听取小组研讨汇报，及时掌握学生的工作进展，适时地归纳讲解相关知识与理论，并提出建议与意见。

四、实施与评估

学生在教师的检查指点下继续修订与完善项目实施初步方案，并最终完成初步方案的编制。教师对各小组完成情况进行检查与评估，及时进行点评、归纳与总结。

任务二 换热工艺条件的确定

工作任务要求

通过本任务的实施，应满足如下工作要求：

（1）确定换热负荷；

（2）计算确定加热剂的用量或加热剂进出口温度；

（3）初步估算换热器的换热面积。

技术理论与必备知识

要完成本项目任务，还需具备相关知识以解决如下问题：①冷、热流体在换热器中是以何种方式完成热量交换的，其过程受哪些因素的影响；②如何根据生产任务来确定冷、热流体的流量与温度；③进行换热器传热面积的计算等。

一、间壁两侧流体换热过程分析

间壁式换热是最常见的工业换热方式。冷、热流体的间壁式换热过程如图 1-38 所示。图（a）表示间壁两侧流体换热过程中壁面两侧流体的流动状况，图（b）表示传热壁任一截面在传热方向上温度分布规律。从图中可知，间壁传热的过程为：热流体以对流传热方式将热量传给壁面一侧，壁面以导热方式将热量传到壁面另一侧，壁面另一侧再以对流传热方式将热量传给冷流体。即间壁传热由对流—传导—对流三个阶段组成。在稳定传热条件下，每个阶段在单位时间里传过的热量是相等的。因此，只要算出某个阶段的传热速率，整个换热器的间壁传热速率也就知道了。由于计算对流传热或热传导都必须知道传热壁面的温度，而壁面温度很难确定。故实际应用中，常依据容易测定的冷、热流体主体温度来计算间壁传热的推动力，从而得到以冷、热流体主体的平均温差为推动力的（总）传热速率式。

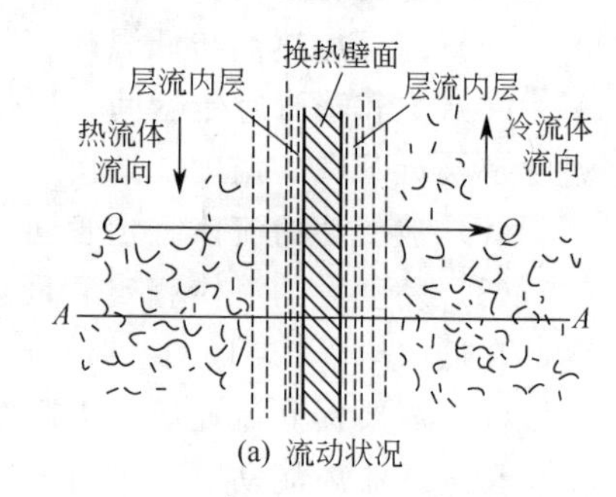

(a) 流动状况

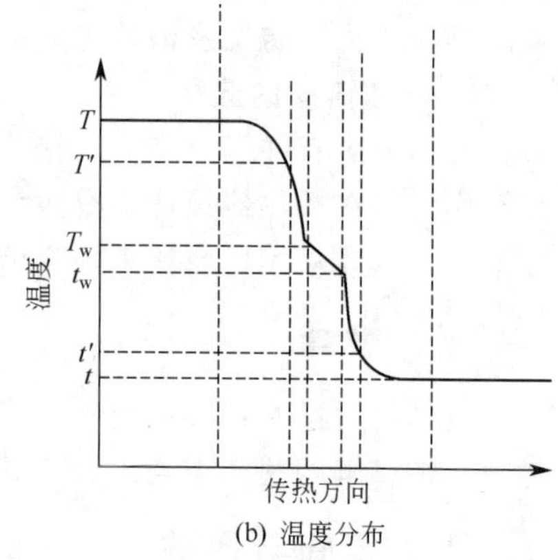

(b) 温度分布

图 1-38　间壁式换热时流体流动状况和温度分布

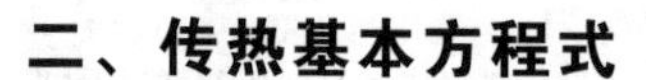

二、传热基本方程式

1. 传热速率与热通量

传热过程中，热量传递的快慢用单位时间的传热量即传热速率来表示，符号为 Q，单位为 J/s 或 W。

单位时间、单位传热面积传递的热量称为热通量（或热流强度），用 q 表示，单位为 W/m^2。

依据过程速率等于过程推动力与过程阻力之比的规律，传热速率可表示为：

$$传热速率=\frac{传热推动力(温度差)}{传热阻力(热阻)}=\frac{\Delta t}{R} \tag{1-1}$$

由上式可知，传热速率大小取决于传热温差和热阻，因此，要想提高换热器的传热速率，就必须增加传热推动力和降低传热的热阻。以后将分别予以讨论。

2. 传热基本方程式

生产实践和科学实验表明，间壁换热时的传热速率与换热器的传热面积和传热推动力成正比。而其中的传热推动力，在不同的传热壁面位置会随流体的进、出口温度发生变化而不同，也即传热温度差随位置的不同而变化。工程计算中，常采用整个换热器中冷、热流体在各个传热截面传热温度差的平均值来计算传热速率，称为传热平均推动力或传热平均温度差，以 Δt_m 表示，故有：

$$Q \propto S\Delta t_m$$

引入比例系数 K，上式变成为等式，即

$$Q=KS\Delta t_{\mathrm{m}} \tag{1-2}$$

或

$$Q=\frac{\Delta t_{\mathrm{m}}}{1/(KS)}=\frac{\Delta t_{\mathrm{m}}}{R} \tag{1-3}$$

$$q=\frac{Q}{S}=\frac{\Delta t_{\mathrm{m}}}{1/K}=\frac{\Delta t_{\mathrm{m}}}{R'} \tag{1-4}$$

式中 Q——传热速率，J/s 或 W；

q——热通量，W/m^2；

K——传热系数，$W/(m^2 \cdot K)$，是一个表示传热过程强弱程度的物理量；

S——传热面积，m^2；

Δt_{m}——传热平均温度差，K；

R——换热器的总热阻，K/W；

R'——单位传热面积热阻，$m^2 \cdot K/W$。

式（1-2）～式（1-4）统称为传热基本方程式或称传热速率方程式，是间壁传热计算的基本公式，有关传热计算以及强化传热过程的探讨等都是以该公式为基础的。

将式（1-2）改写成：

$$K=\frac{Q}{S\Delta t_{\mathrm{m}}} \tag{1-5}$$

由式（1-5）可看出 K 的物理意义为：单位传热面积、单位传热温度差时的传热速率。所以 K 值越大，在相同的温度差条件下，所传递的热量越多，热交换程度越强烈。因此，在传热操作中，总是设法提高传热系数 K，以强化传热过程。

三、传热基本计算

（一）热负荷及传热量

1. 热负荷与传热速率

生产上每一台换热器内的冷、热两股流体间在单位时间内所交换的热量是根据生产上换热任务的需要提出的。这种为达到一定的换热目的，要求换热器在单位时间内传递的热量称为换热器的热负荷。由此可见，热负荷是由生产工艺条件决定的，是换热器的生产任务。

应该指出，工业上常用传热速率来表征换热器的生产能力。而换热器的传热速率是换热器单位时间内能够传递的热量。它是换热器本身的特性。

为确保换热器能完成生产任务，必须使其传热速率等于（或略大于）热负荷。在实际设计换热器时，通常将传热速率和热负荷数值上认为相等，通过计算热负荷可确定换热器应具有的传热速率，再依据传热速率来计算换热器所需的传热面积。

2. 热量衡算与热负荷的确定

（1）热量衡算　根据能量守恒定律，在两种流体之间进行稳定传热时，单位时间内热流体放出的热量 Q_{h}，一定等于冷流体吸收的热量 Q_{c} 和损失于周围介质中的热量 Q_{L} 两者之和，即

$$Q_{\mathrm{h}}=Q_{\mathrm{c}}+Q_{\mathrm{L}} \tag{1-6}$$

式中 Q_{h}——热流体放出的热量，kJ/s 或 kW；

Q_{c}——冷流体吸收的热量，kJ/s 或 kW；

Q_{L}——热损失，kJ/s 或 kW。

上式称为传热过程的热量衡算方程式。热量衡算用于确定加热剂或冷却剂的用量或确定一端的温度。

(2) 热负荷的确定　当换热器保温性能良好，热损失忽略不计时，则 $Q_L=0$，此时，热负荷取 Q_h或 Q_c均可。

当换热器的热损失不能忽略时，则 $Q_L\neq0$，此时，热负荷取 Q_h还是 Q_c，需根据具体情况而定。

必须指出，热负荷是要求换热器传热面承担的传热量。以套管换热器为例，我们来分析热负荷应如何确定。如图 1-39(a) 所示，热流体走管程，冷流体走壳程，可以看出，此时经过传热面传递的热量为热流体放出的热量，因此热负荷应取 Q_h；再如图 1-39(b) 所示，冷流体走管程，热流体走壳程，此时经过传热面传递的热量即为冷流体吸收的热量，因此热负荷应取 Q_c。总之，应取管程流体的传热量作为换热器的热负荷。

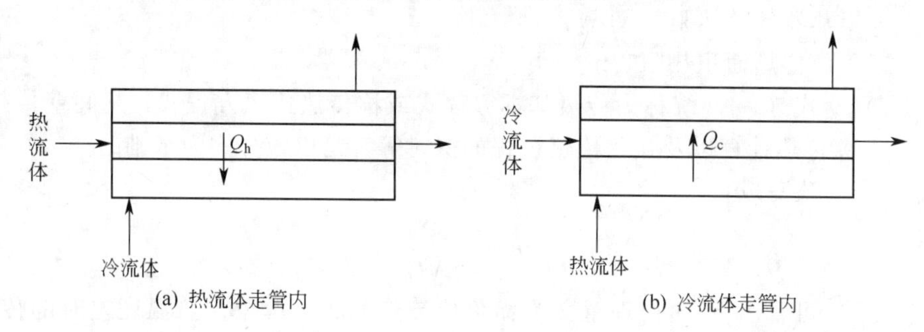

图 1-39　热负荷的确定

3. 传热量的计算

Q_h和 Q_c可以根据以下四种方法，从载热体的流量、恒压热容（比热容）、温度变化和焓值计算。如图 1-40 所示。

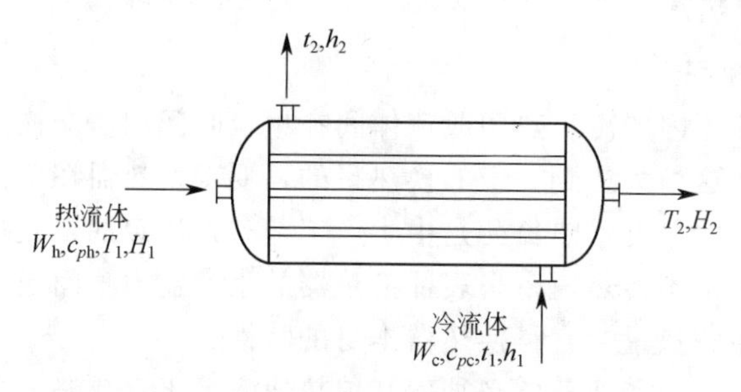

图 1-40　传热量的计算示意图

(1) 焓差法　由于工业换热器中流体的进出口压力相差不大，故可近似为恒压过程。此时热量可按下式计算：

$$Q_h=W_h(H_1-H_2) \tag{1-7}$$

$$Q_c=W_c(h_2-h_1) \tag{1-8}$$

式中 W_h，W_c——热、冷流体的质量流量，kg/s；

H_1，H_2——热流体的进、出口焓，kJ/kg；

h_1，h_2——冷流体的进、出口焓，kJ/kg。

焓差法计算传热量较为简便，但仅适用于流体的焓值可查取的情况，本教材附录中列出了空气、水及水蒸气的焓值数据，可供读者参考。对于部分无从查取焓值的流体，则必须采用其他方法来确定换热器的传热量。

(2) 显热法　若流体在换热过程中没有相变，且流体的比热容可视为常数或可取为流体进出口平均温度下的比热容时，其传热量可按下式计算：

$$Q_h = W_h c_{ph}(T_1 - T_2) \tag{1-9}$$

$$Q_c = W_c c_{pc}(t_2 - t_1) \tag{1-10}$$

式中　c_{ph}，c_{pc}——热、冷流体的恒压比热容，kJ/(kg·K)；

T_1，T_2——热流体的进、出口温度，K；

t_1，t_2——冷流体的进、出口温度，K。

注意比热容 c_{ph}、c_{pc}的求取：一般由冷、热流体进出换热器的平均温度 $T_{均}[=(T_1+T_2)/2]$或 $t_{均}[=(t_1+t_2)/2]$查得。教材附录中列有部分物质比热容的图（表），供读者查用。

(3) 潜热法　若流体在换热过程中仅仅发生恒温相变，其传热量可按下式计算：

$$Q_h = W_h r_h \tag{1-11}$$

$$Q_c = W_c r_c \tag{1-12}$$

式中　r_h，r_c分别为热、冷流体的汽化潜热，kJ/kg。

(4) 两步法　若流体在换热过程中既有相变又有温变则可用（2）、（3）两种方法联合起来求取其热量，称为“两步法”。对温变过程采用显热法计算，恒温相变过程采用潜热法计算，总热量为两者之和。例如：饱和蒸汽冷凝后，冷凝液出口温度低于冷凝饱和温度时，其传热量可按下式计算：

$$Q_h = W_h[r_h + c_{ph}(T_{饱} - T_2)] \tag{1-13}$$

式中　$T_{饱}$——冷凝液的饱和温度，K。

注意：对混合流体的比热容、汽化潜热和焓值，工程上可采用加和法近似计算：

$$B_m = \sum (B_i x_i) \tag{1-14}$$

式中　B_m——混合物的 c_{pm}或 r_m或 H_m（h_m）

B_i——混合物中 i 组分的c_{pi}或 r_i或 H_i（h_i）

x_i——混合物中 i 组分的质量分数或摩尔分数。

4. 载热体用量的计算

载热体用量 W_h或 W_c的计算，可根据某一载热体的流量及其状态变化，计算出传热量后，再利用热量衡算方程式计算另一载热体的流量。根据题目给出的条件，选用潜热法、显热法或焓变法进行计算。

例 1-1　将 0.417kg/s、80℃的硝基苯，通过一换热器冷却到 40℃，冷却水初温为 30℃，出口温度不超过 35℃。如热损失可以忽略，试求该换热器的热负荷及冷却水用量。

解　(1) 从附录查得硝基苯和水的比热容分别为 1.6kJ/(kg·K) 和 4.187kJ/(kg·K) 由式 (1-9) 得：

$$\begin{aligned} Q_h &= W_h c_{ph}(T_1 - T_2) \\ &= 0.417 \times 1.6 \times 10^3 \times (80 - 40) \\ &= 26.7(\mathrm{kW}) \end{aligned}$$

(2) 热损失 Q_L可以忽略时，冷却水用量可以 $Q=Q_h=Q_c$计算：

$$Q = W_h c_{ph}(T_1 - T_2) = W_c c_{pc}(t_2 - t_1)$$

$$26.7 \times 10^3 = W_c \times 4.187 \times 10^3 \times (35 - 30)$$

$$W_c = 1.275\text{kg/s} = 4590\text{kg/h} \approx 4.59\text{m}^3/\text{h}$$

例 1-2 在一套管换热器内用 0.16MPa 的饱和蒸汽加热空气，饱和蒸汽的消耗量为 10kg/h，冷凝后进一步冷却到 100℃，空气流量为 420kg/h，进、出口温度分别为 30℃和 80℃。空气走管程，蒸汽走壳程。试求：(1) 热损失 Q_L；(2) 换热器的热负荷。

解 (1) 在本题中，要求热损失，必须先求出两流体的传热量。

① 蒸汽的放热量。蒸汽及冷凝水的放热量可用焓差法计算。

从附录七查得 $p=0.16$MPa 的饱和蒸汽的有关参数：$T_s=113$℃，$H_1=2698.1$kJ/kg；100℃时水的焓 $H_2=418.68$kJ/kg。

由式 (1-7) 可得：

$$Q_h = W_h(H_1 - H_2) = (10/3600) \times (2698.1 - 418.68) = 6.33(\text{kW})$$

② 空气的吸热量。空气的进出口平均温度为 $t_{均}=(30+80)/2=55$ (℃)

从附录中查得 55℃下空气的比热容 $c_{pc}=1.005$kJ/(kg·K)

由式 (1-10) 得：

$$Q = W_c c_{pc}(t_2 - t_1) = (420/3600) \times 1.005 \times (80 - 30) = 5.86(\text{kW})$$

故热损失为：$Q_L = Q_h - Q_c = 6.33 - 5.86 = 0.47$ (kW)

(2) 因为空气走管程，所以换热器的热负荷应为空气的吸热量，即

$$Q = Q_c = 5.86\text{kW}$$

(二) 传热平均温差

在传热基本方程中，Δt_m 为换热器的传热平均温度差，传热平均温度差的大小及计算方法与两流体间的温度变化及相对流动方向有关。

1. 恒温传热过程的传热平均温度差

当冷、热两流体在换热过程中均只发生恒温相变时，热流体温度 T 和冷流体温度 t 沿管壁始终保持不变，称为恒温传热。此时，各传热截面的传热温度差完全相同，并且流体的流动方向对传热温度差也没有影响。换热器的传热推动力可取任一传热截面上的温度差（常见于蒸发器的情况）：

$$\Delta t_m = T - t \tag{1-15}$$

2. 变温传热过程的传热平均温度差

在大多数情况下，间壁一侧或两侧流体的温度通常沿换热器管长而变化，对此类传热则称为变温传热。对于两侧流体的温度均发生变化的传热过程，传热平均温度差的大小还与两流体间的相对流动方向有关。

(1) 间壁两侧流体的相对流动方式　在间壁式换热器中，两流体间可以有四种不同的相对流动方式。若两流体的流动方向相同，称为并流；若两流体的流动方向相反，则称为逆流；若两流体的流动方向垂直交叉，称为错流；若一流体沿一方向流动，另一流体反复折流，称为简单折流；若两流体均作折流，或既有折流，又有错流，称为复杂折流。列管换热器中可采用以上所介绍的各种流动形式，而套管换热器中可实现完全的并流或逆流，如图 1-41 所示。变温传热时，各传热截面的传热温度差不同。由于发生温度变化的两流体的流向不同，对平均温度差的影响也不相同，故需分别讨论。

(2) 并、逆流时的传热平均温度差　在很多情况下，间壁一侧或两侧的流体温度要随传热过程的进行而改变。热流体从 T_1 被冷却至 T_2，而冷流体则从 t_1 被加热至 t_2。在壁面两侧流体成逆流 [图 1-41(a)]或并流 [图 1-41(b)]流动的情况下，工程上是以换热器两端温

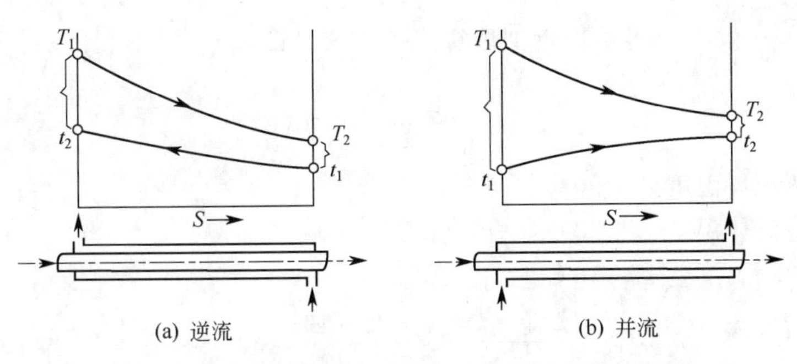

图 1-41　两侧流体变温传热过程的温差变化示意图

度差 Δt_1和 Δt_2为依据，按照下列公式来计算有效平均温度差：

$$\Delta t_m=\frac{\Delta t_1-\Delta t_2}{\ln\dfrac{\Delta t_1}{\Delta t_2}} \tag{1-16}$$

式中　Δt_m——传热对数平均温度差，K 或℃。

逆流时：$\Delta t_1=T_1-t_2$，$\Delta t_2=T_2-t_1$；

并流时：$\Delta t_1=T_1-t_1$，$\Delta t_2=T_2-t_2$。

当间壁一侧流体有相变时，如热流体侧为蒸汽恒温冷凝或冷流体侧为液体沸腾汽化，也可利用式（1-16）来计算平均温度差，这时换热器两端的温差可分别表示如下：

热流体侧有相变时　$\Delta t_1=T-t_1$，$\Delta t_2=T-t_2$

冷流体侧有相变时　$\Delta t_1=T_1-t$，$\Delta t_2=T_2-t$

式中，T 和 t 分别表示热流体的冷凝温度及冷流体的沸腾温度。

在进行传热平均温度差的计算时，要特别注意正确计算两流体不同流向时的换热器两端的温度差 Δt_1和 Δt_2。为了避免错误，计算时最好先画出两流体的流向及温度变化图。为计算方便起见，通常可取换热器两端 Δt 中的数值较大者作为 Δt_1。

此外，当换热器两端温度差 $\Delta t_1/\Delta t_2\leqslant 2$ 时，可近似用算术平均值来代替对数平均值，即：

$$\Delta t_m=\frac{\Delta t_1+\Delta t_2}{2} \tag{1-17}$$

这样计算的相对误差不超过 4%。

例 1-3 在一换热器内，用热水来加热某种溶液，已知热水的进口温度为 90℃，出口温度为 70℃，溶液的温度则从 20℃上升至 60℃。试计算：①两流体分别作逆流和并流流动时的传热平均温度差。②通过本题的计算，你有什么体会？

解　①传热平均温度差。

逆流时：热流体温度　　90℃ → 70℃

　　　　冷流体温度　　60℃ ← 20℃

　　　　两端温度差　　Δt 30℃ 50℃

所以：

$$\Delta t_m=\frac{\Delta t_1-\Delta t_2}{\ln\dfrac{\Delta t_1}{\Delta t_2}}=\frac{50-30}{\ln\dfrac{50}{30}}=39.2(℃)$$

或：由于 $\frac{\Delta t_1}{\Delta t_2}=\frac{50}{30}<2$，也可以近似取算术平均值，即：

$$\Delta t_m=\frac{50+30}{2}=40(℃)$$

并流时：热流体温度　90℃ → 70℃

冷流体温度　20℃ → 60℃

两端温度差 Δt　70℃　10℃

所以：
$$\Delta t_m=\frac{\Delta t_1-\Delta t_2}{\ln\frac{\Delta t_1}{\Delta t_2}}=\frac{70-10}{\ln\frac{70}{10}}=30.8(℃)$$

② 通过这个例题说明，在同样的进出口温度下，逆流时的传热推动力比并流时要大。在热负荷一定的前提下，可减少所需传热面积。因此，生产中一般都选择逆流操作。

(3) 错、折流时的传热平均温度差　在实际生产中，为了强化传热等目的，有时两流体并非作简单的并流和逆流，或是互相垂直的交叉流动，或是复杂的多程流动，如图 1-42 所示，分别称为错流和折流。当两流体做错流和折流流动时，传热平均温度差的求取比较复杂，不能像并、逆流那样直接推导出计算式。通常是先按逆流流动计算出对数平均温度差 $\Delta t'_m$，再乘以一个恒小于 1 的校正系数 $\phi_{\Delta t}$，即：

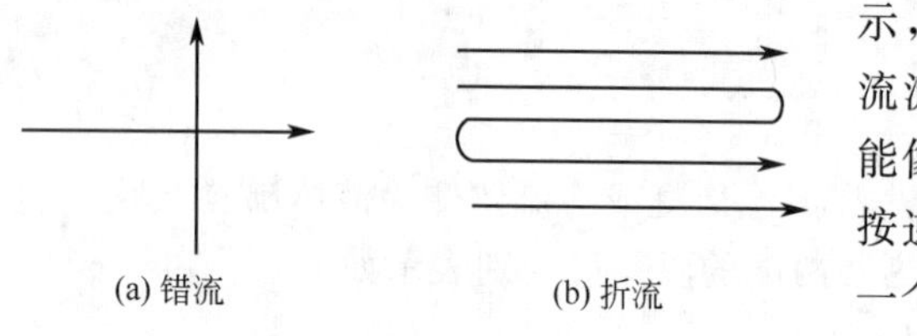

图 1-42　错流和折流示意图

$$\Delta t_m=\phi_{\Delta t}\Delta t'_m \tag{1-18}$$

式中，$\phi_{\Delta t}$ 称为温差校正系数，其大小与流体的温度变化有关，可表示为两参数 R 和 P 的函数，即

$$\phi_{\Delta t}=f(R,P)$$

$$P=\frac{t_2-t_1}{T_1-t_1}=\frac{\text{冷流体的温升}}{\text{两流体的最初温度差}} \tag{1-19}$$

$$R=\frac{T_1-T_2}{t_2-t_1}=\frac{\text{热流体的温降}}{\text{冷流体的温升}} \tag{1-20}$$

$\phi_{\Delta t}$ 可根据 R 和 P 两参数由图 1-43 查取。图 1-43 中 (a) ～ (d) 为折流过程的 $\phi_{\Delta t}$ 算图，分别为单壳程、双壳程、三壳程、四壳程，每个壳程内的管程可以是 2、4、6、8 程；图 1-43 (e) 为错流过程的 $\phi_{\Delta t}$ 算图。

例 1-4　在一单壳程、四管程的列管换热器中，用水冷却热油。冷水在管内流动，进口温度为 15℃，出口温度为 32℃；热油走壳程，进口温度为 120℃，出口温度为 40℃。试求两流体间的传热平均温度差。

解：本题为折流流动，先按逆流计算 $\Delta t'_m$，即

$$\Delta t'_{均}=\frac{\Delta t_1-\Delta t_2}{\ln\frac{\Delta t_1}{\Delta t_2}}=\frac{(120-32)-(40-15)}{\ln\frac{120-32}{40-15}}=50(℃)$$

$$P=\frac{t_2-t_1}{T_1-t_1}=\frac{32-15}{120-15}=0.162 \qquad R=\frac{T_1-T_2}{t_2-t_1}=\frac{120-40}{32-15}=4.71$$

由图 1-43 (a) 查得：$\phi_{\Delta t}=0.89$

所以：$\Delta t_m=\phi_{\Delta t}\Delta t'_m=0.89\times50=44.5$ (℃)

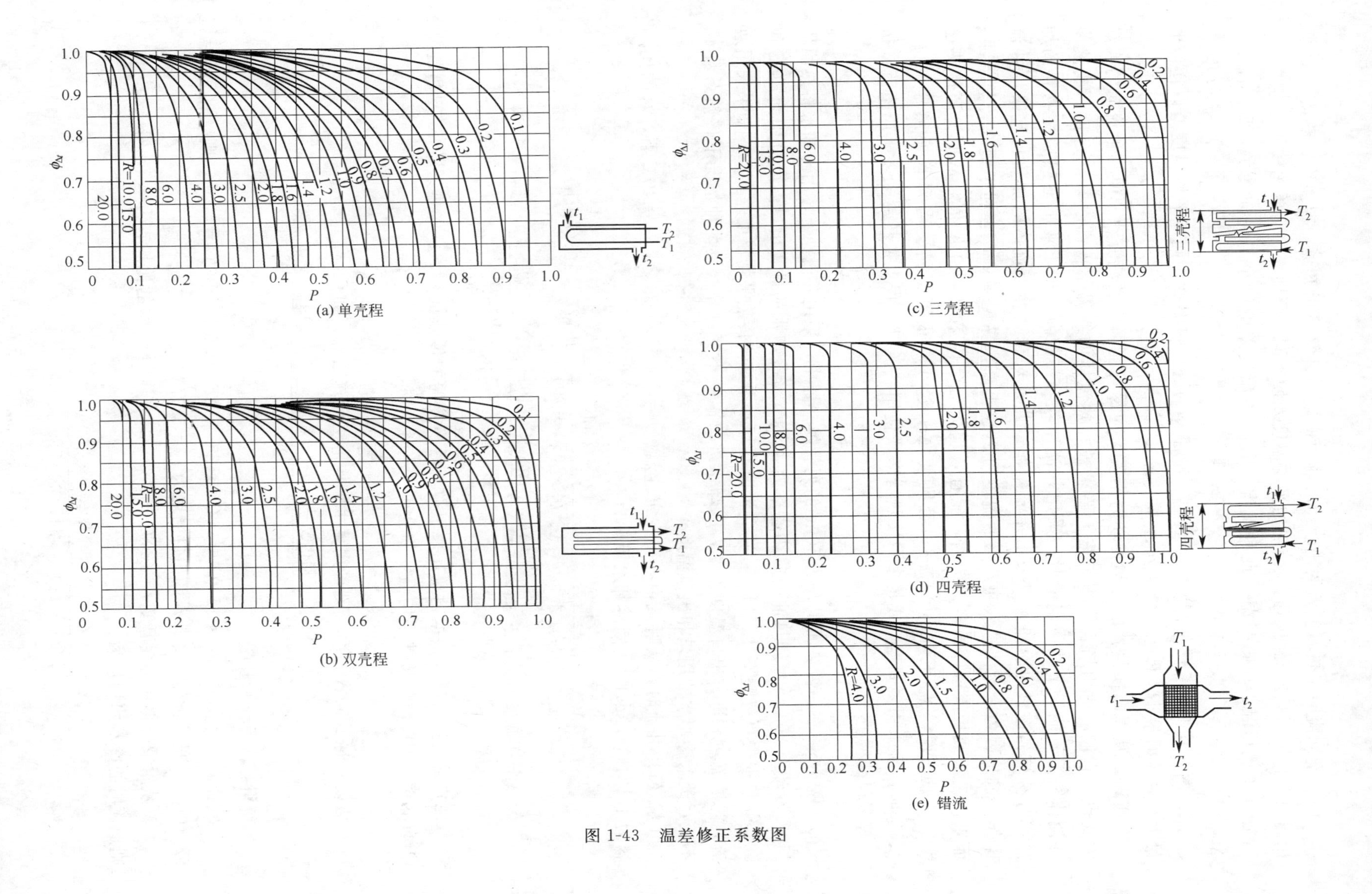

图 1-43 温差修正系数图

（4）不同流向传热温度差的比较　从前面例题的计算可以知道，即便冷、热流体的进、出口温度相同，只要流向不同，传热的平均温度差便不同。下面作一简单比较。

① 一侧恒温、一侧变温　此种情况下，平均温度差的大小与流向无关，即 $\Delta t_{m逆}=\Delta t_{m并}=\Delta t_{m错、折}$，$\phi_{\Delta t}=1.0$。

② 两侧均变温　此种情况下，若热、冷流体的进出口温度相同，平均温度差以逆流时最大，并流时最小，即 $\Delta t_{m逆}>\Delta t_{m错、折}>\Delta t_{m并}$。

所以，从提高换热器的传热推动力出发，应尽可能采用逆流流动。但其他流向的换热方式也有它们的适用场合。当工艺上要求被加热流体的终温不得高于某一定值，或被冷却流体终温不能低于某一定值时，采用并流比较容易控制。即工业上对热敏性物料的加热或对易结晶物料的冷却，宜采用并流操作；此外对高黏性冷流体的加热也宜采用并流操作。这是因为冷流体进入换热器后温度可迅速提高，黏度降低，有利于提高传热效果。而采用错流或折流这样的多程结构，能有效增大对流传热的 α 和 K 值，从而提高传热速率。一般来说，$\phi_{\Delta t}$ 不宜小于 0.8，否则使 $\Delta t_{均}$ 过小，很不经济。当列管换热器的 $\phi_{\Delta t}<0.8$时，应采用多壳程，或将多台换热器串联使用。所以工程上换热器大多采用错流或折流等多程结构。

例 1-5　在一传热面积 S 为 50m² 的列管换热器中，采用并流操作，用冷却水将热油从110℃冷却至 80℃。已知热油的放热速率为 400kW，冷却水的进、出口温度分别为 30℃和 50℃，热损失可忽略不计。（1）计算并流时冷却水用量和传热平均温度差；（2）如果采用逆流，热油流量和进、出口温度不变，冷却水进口温度不变，并假设两种情况下传热系数 K 不变，试求冷却水的用量和出口温度。

解（1）并流时，从附录中查得在定性温度 $t=(30℃+50℃)/2=40℃$下，水的比热容为 4.174kJ/(kg·K)，则冷却水用量为：

$$W=\frac{Q}{c_p(t_2-t_1)}=\frac{400\times3600}{4.174\times(50-30)}=1.725\times10^4(\text{kg/h})$$

传热平均温度差为：
$$\Delta t_{均}=\frac{\Delta t_1-\Delta t_2}{\ln\dfrac{\Delta t_1}{\Delta t_2}}=\frac{(110-30)-(80-50)}{\ln\dfrac{110-30}{80-50}}=51\ (℃)$$

（2）采用逆流时，根据题意，采用逆流后换热器的传热面积 S、传热系数 K 及热负荷 Q 均不变，则此时的传热平均温度差也和并流时相同，即

$$\Delta t_m=51℃$$

假设此时 $\Delta t_1/\Delta t_2\leqslant2$，则可用算术平均值法计算 Δt_m，即

$$\Delta t_m=\frac{(110℃-t_2)+(80℃-30℃)}{2}=51℃$$

解得：$t_2=58℃$。

验证假设：此时 $\Delta t_1=110℃-58℃=52℃$，$\Delta t_2=80℃-30℃=50℃$，则 $\Delta t_1/\Delta t_2=52/50<2$，假设正确。冷却水的出口温度为 $t_2=58℃$。

又从附录查得在定性温度 $t=(30℃+58℃)/2=44℃$下，水的比热容为 4.174kJ/(kg·K)，则逆流时的冷却水用量为：

$$W=\frac{Q}{c_p(t_2-t_1)}=\frac{400\times3600}{4.174\times(58-30)}=1.232\times10^4(\text{kg/h})$$

（三）传热面积

计算热负荷、平均温度差和传热系数的目的，都在于最终确定换热器所需要的传热面积。换热器传热面积可以通过传热速率式得出：

$$S=\frac{Q}{K\Delta t_{m}} \tag{1-21}$$

为了安全可靠以及在生产发展时留有余地，实际生产中还往往考虑10%～25%的安全系数，即实际采用的传热面积要比计算得到的传热面积大10%～25%。

在化工生产中使用广泛的套管式和列管式换热器，其面积可按下式计算：

$$S=n\pi dL \tag{1-22}$$

式中 n——管子的根数；

d——管子的直径，m；

L——管子的长度，m。

在实际生产中，确定换热器的传热面积是一个复杂的反复核算过程，这里从略。

（四）总传热系数

传热系数是评价换热器传热性能的重要参数，也是对传热设备进行工艺计算的依据。换热器的总传热系数 K 值主要取决于换热器的类型、流体的种类和性质以及操作条件等。在换热器的工艺计算中，为了计算传热面积，必须首先确定传热系数的数值。目前，确定总传热系数 K 主要有三种途径：一是选取经验值，即生产设备中所用的经过实践证实并总结出来的生产实践数据；二是实验测定 K 值；三是理论计算 K 值。工业生产用列管式换热器中总传热系数 K 的大致范围列于表1-2，可供使用中查阅。理论计算 K 值将在任务三中讨论。

表1-2　列管换热器中 K 值的大致范围

热流体	冷流体	传热系数 K /[W/(m^2·K)]	热流体	冷流体	传热系数 K /[W/(m^2·K)]
水	水	850～1700	低沸点烃类蒸气冷凝（常压）	水	455～1140
轻油	水	340～910	高沸点烃类蒸气冷凝（减压）	水	60～170
重油	水	60～280	水蒸气冷凝	水沸腾	2000～4250
气体	水	17～280	水蒸气冷凝	轻油沸腾	455～1020
水蒸气冷凝	水	1420～4250	水蒸气冷凝	重油沸腾	140～425
水蒸气冷凝	气体	30～300			

任务实施

在完成任务一的前提下，按照行动导向教学要求，展开项目教学。首先，根据所提供的条件，计算出14800kg/h的原料空气从20℃预热至180℃所需的加热量。其次，确定热流体（生成气）通过换热器的出口温度（若选择生成气作为加热剂），或计算出加热高压蒸汽的用量（若选择高压蒸汽为加热剂）。第三，利用传热基本方程初步计算换热器所需传热面积。

任务三 换热器的选型

工作任务要求

通过本任务的实施，应完成如下工作要求：

(1) 根据生产工艺要求对换热器进行选型计算，初选换热器型号；

(2) 对选用的换热器进行管壳程压降核算、核算传热系数和传热面积核算。

技术理论与必备知识

一、传热基本理论

(一) 热传导

前已述及，热传导在固体和静止流体中均可发生。但严格说来，只有固体中传热才是纯粹的热传导，而流体即使处于静止状态，其中也会有因温差而引起的自然对流。所以，在流体传热中对流传热与热传导是同时发生的。这里只讨论固体内的热传导问题，并结合实际情况，介绍其在工程中的应用。

1. 导热基本定律——傅里叶定律

(1) 温度场与温度梯度　只要物体内部存在温度差，就有热量从高温部分向低温部分传递，即产生热流。以热传导方式产生的热流大小取决于物体内部的温度分布。物体内部各点的温度在任一瞬间的分布情况称为温度场。温度场是空间位置和时间的函数，故温度场可用下式表示：

$$t=f(x, y, z, \theta) \tag{1-23}$$

式中　t——温度，℃或K；

x、y、z——任一点的空间坐标；

θ——时间，s。

若温度场内各点的温度随时间而变，则此温度场为非定态温度场。若温度内各点的温度不随时间而变，则此温度场为定态温度场。定态温度场的数学表达式为：

$$t=f(x, y, z) \tag{1-24}$$

当物体内温度仅沿一个坐标方向发生变化时，则此时的温度场为一维定态温度场。即：

$$t=f(x) \tag{1-25}$$

同一时刻，温度场中具有相同温度的各点组成的面称为等温面。显然，沿等温面没有热量的传递，而且各等温面也互不相交。

不难看出，沿与等温面相交的任何方向上，均有温度变化，即存在热量传递。这种温度随距离的变化在垂直方向上为最大。我们把两等温面之间的温度差 Δt 和其间的垂直距离 Δn 之比的极限称为温度梯度，记作 $\mathrm{grad}t$，数学表达式为：

$$\mathrm{grad}t=\lim_{n\to 0}\frac{\Delta t}{\Delta n}=\frac{\partial t}{\partial n} \tag{1-26}$$

温度梯度是个向量，其垂直于等温面，且以温度增加的方向为正，即与热流方向相反（见图 1-44）。

对于定态的一维温度场，温度梯度可表示为：

$$\mathrm{grad}t=\frac{\mathrm{d}t}{\mathrm{d}x} \tag{1-27}$$

（2）傅里叶定律　傅里叶定律是热传导的基本定律，它表示单位时间内传导的热量与温度梯度及垂直于热流方向的截面积成正比，即

$$\mathrm{d}Q \propto \mathrm{d}S \times \frac{\partial t}{\partial n}$$

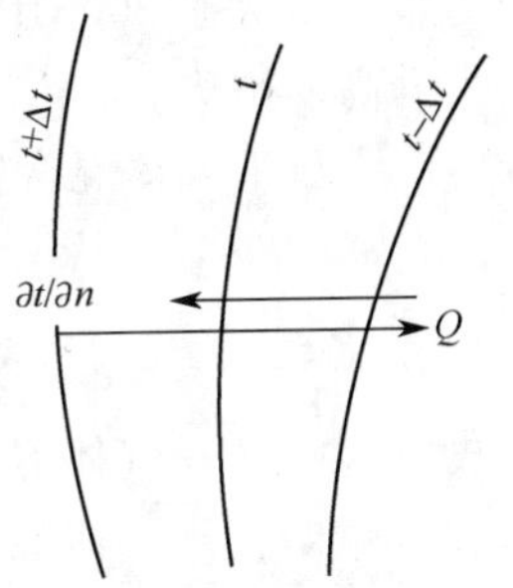

图 1-44　热流方向与温度梯度方向

引入比例系数 λ（称热导率），得：

$$\mathrm{d}Q=-\lambda \mathrm{d}S\ \frac{\partial t}{\partial n} \tag{1-28}$$

式中　Q——导热速率，J/s 或 W；

λ——热导率，J/(s·m·K) 或 W/(m·K)；

S——导热面积，m^2。

式（1-28）中的负号表示热流方向与温度梯度方向相反，即热量总是从高温向低温传递。

（3）热导率　热导率是表征物质导热性能的一个物性参数，它是物质的物理性质之一。λ 值越大，该物质的导热性能越好。热导率在数值上等于单位温度梯度下的热通量。热导率的大小与物质的组成、结构、温度及压力等有关。

常用物质的热导率通常由实验测定。各种物质的热导率数值差别极大，一般而言，金属的热导率最大，非金属的次之，液体的较小，而气体的最小。工程上常见物质的热导率可从有关手册中查得，本书附录亦有部分摘录。各种物质的热导率的大致范围如下：金属 2.3～420W/(m·℃)；建筑材料 0.25～3W/(m·℃)；绝热材料 0.025～0.25W/(m·℃)；液体 0.09～0.6W/(m·℃)；气体 0.006～0.4W/(m·℃)。

① 固体的热导率　在所有固体中，金属的导热性能最好，大多数纯金属的热导率随温度升高而降低，也随纯度的降低而降低，如普通碳钢的 λ 为 46.5W/(m·K)，而在碳钢中掺入了其他合金元素的不锈钢的 λ 只有 17.4W/(m·K)。导热性能与导电性能密切相关，一般而言，良好的导电体必然是良好的导热体。

非金属固体的热导率与其组成、结构的紧密程度及温度有关，一般其热导率随密度增加而增大，亦随温度升高而增大。

对大多数均质固体材料，其热导率与温度呈线性关系。

应予指出，在导热过程中，固体壁面内的温度沿传热方向发生变化，其热导率也相应变化，但在工程计算中，为简便起见，通常使用平均热导率，即取壁面两侧温度下 λ 的平均值或平均温度下的 λ 值。

② 液体的热导率　液体可分为金属液体和非金属液体。大多数金属液体的热导率随温度的升高而降低；在非金属液体中，水的热导率最大；除水和甘油外，大多数非金属液体的热导率亦随温度的升高而降低；液体的热导率与压力基本无关。

③ 气体的热导率　与液体和固体相比，气体的热导率最小，对导热不利，但却有利于保温、绝热。工业上所使用的保温材料（如玻璃棉等）就是因为其空隙中有大量空气，所以其热导率很小，适用于保温隔热。理论和实验都已证明，气体的热导率随温度的升高而增

大，而在相当大的压力范围内，气体的热导率随压力的变化很小，可以忽略不计，只有当压力很高（大于200MPa）或很低（小于2.7kPa）时，才应考虑压力的影响，此时热导率随压力升高而增大。

常压下气体混合物的热导率可用下式估算：

$$\lambda_m = \frac{\sum \lambda_i y_i M_i^{1/3}}{\sum y_i M_i^{1/3}} \tag{1-29}$$

式中 λ_m——气体混合物的平均热导率，W/(m·K)；

λ_i——气体混合物中 i 组分的热导率，W/(m·K)；

y_i——气体混合物中 i 组分的摩尔分数；

M_i——气体混合物中 i 组分的千摩尔质量，kg/kmol。

2. 傅里叶定律的应用

(1) 平壁导热

① 单层平壁导热　平面壁如图1-45所示，其厚度为 δ，假设组成平壁的材质均匀，热导率不随温度而变，两侧表面温度恒定，分别为 t_{w1}、t_{w2}，且 $t_{w1}>t_{w2}$。平壁内的温度只沿与表面垂直的方向变化，为一维定态温度场。单位时间内通过此平壁所传递的热量 Q 为定值。由傅里叶定律：

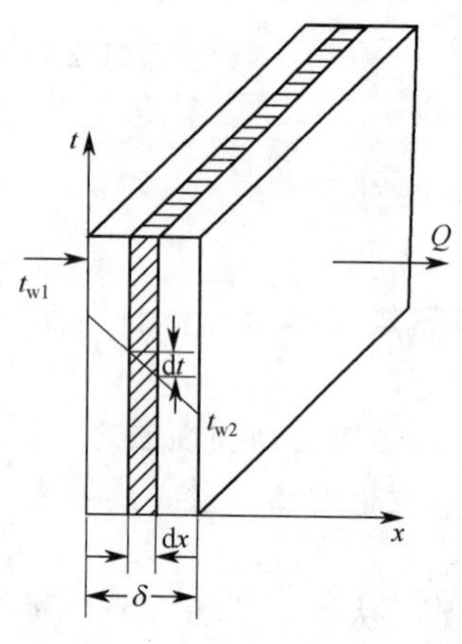

图1-45　单层平壁的热传导

$$Q = -\lambda S \frac{dt}{dx} \tag{1-30}$$

当 $x=0$ 时，$t=t_{w1}$；$x=\delta$ 时，$t=t_{w2}$；且 $t_{w1}>t_{w2}$。按此边界条件积分，可得：

$$Q = \frac{\lambda}{\delta} S (t_{w1} - t_{w2}) \tag{1-31}$$

或

$$Q = \frac{t_{w1} - t_{w2}}{\frac{\delta}{\lambda S}} = \frac{\Delta t}{R} \tag{1-32}$$

$$q = \frac{Q}{S} = \frac{t_{w1} - t_{w2}}{\frac{\delta}{\lambda}} = \frac{\Delta t}{R'} \tag{1-33}$$

式中 δ——平壁厚度，m；

Δt——平壁两侧的温度差，K；

R——导热热阻，$R=\frac{\delta}{\lambda S}$，K/W；

R'——单位传热面积的导热热阻，$R'=\frac{\delta}{\lambda}$，$m^2 \cdot K/W$。

热阻的概念对传热过程的分析和计算都是非常有用的。由式（1-32）可以看出，导热壁面越厚、导热面积和热导率越小，其热阻越大。

例1-6　普通砖平壁厚度为500mm，一侧为300℃，另一侧温度为30℃，已知平壁的平均热导率为0.9W/(m·℃)，试求：(1) 通过平壁的导热通量；(2) 平壁内距离高温侧300mm处的温度。

解　(1) 由式 (1-33)：$q=\dfrac{t_{w1}-t_{w2}}{\dfrac{\delta}{\lambda}}=\dfrac{300-30}{\dfrac{0.5}{0.9}}=486\ (\mathrm{W/m^2})$

(2) 由式 (1-33) 可得：$t=t_{w1}-q\dfrac{\delta}{\lambda}=300-486\times\dfrac{0.3}{0.9}=138\ (℃)$

② 多层平壁导热　实际生产中常常遇到多层不同材料组成的平壁，例如工业用的加热炉常为三层平壁，其炉壁由里向外分别由耐火砖、保温砖以及普通建筑砖砌成，其中的导热即为多层平壁导热。

下面以图 1-46 所示的三层平壁为例，说明多层平壁导热的计算方法。由于是平壁，各层壁面面积可视为相同，设为 S，各层壁面厚度分别为 δ_1、δ_2 和 δ_3，热导率分别为 λ_1、λ_2 和 λ_3，假设层与层之间接触良好，即互相接触的两表面温度相同。各接触表面温度分别为 t_{w1}、t_{w2}、t_{w3}、t_{w4}，且 $t_{w1}>t_{w2}>t_{w3}>t_{w4}$，则在稳定导热时，各层的导热速率必然相等，即 $Q_1=Q_2=Q_3=Q$。故有：

$$Q=\frac{\Delta t_1}{R_1}=\frac{\Delta t_2}{R_2}=\frac{\Delta t_3}{R_3}=\frac{t_{w1}-t_{w4}}{\dfrac{\delta_1}{\lambda_1 S}+\dfrac{\delta_2}{\lambda_2 S}+\dfrac{\delta_3}{\lambda_3 S}}\qquad(1\text{-}34)$$

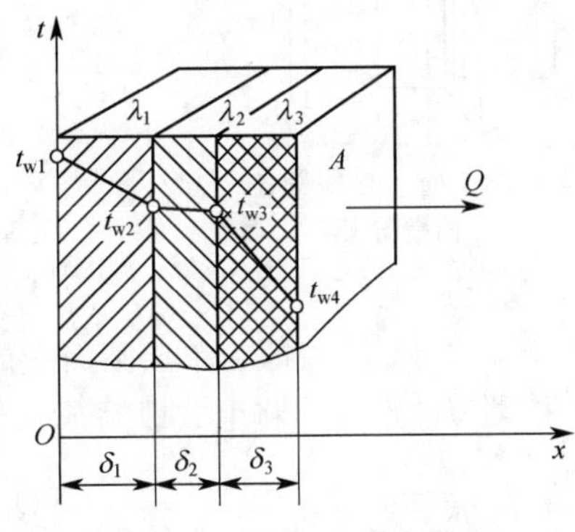

图 1-46　多层平壁的热传导

或

$$q=\frac{Q}{S}=\frac{t_{w1}-t_{w4}}{\dfrac{\delta_1}{\lambda_1}+\dfrac{\delta_2}{\lambda_2}+\dfrac{\delta_3}{\lambda_3}}=\frac{\sum\Delta t}{\sum R}\qquad(1\text{-}35)$$

由式 (1-35) 可以知道，多层平壁导热过程中，其推动力为各层推动力之和（总温差），总的热阻为各层热阻之和。

例 1-7　燃烧炉的平壁由三种材料的平砖构成，内层为耐火砖，厚度为 150mm；中间层为绝热砖，厚度为 130mm；外层为普通砖，厚度为 230mm。已知炉内、外壁表面温度分别为 900℃和 40℃，试求耐火砖和绝热砖间、绝热砖和普通砖间界面的温度。假设各层接触良好，且耐火砖的热导率 $\lambda_1=1.15\mathrm{W/(m\cdot K)}$，绝热砖的热导率 $\lambda_2=0.15\mathrm{W/(m\cdot K)}$，普通砖的热导率 $\lambda_3=0.80\mathrm{W/(m\cdot K)}$。

解　设耐火砖和绝热砖间的界面温度为 t_{w2}，绝热砖和普通砖间的界面温度 t_{w3}。

又 $t_{w1}=900℃$，$t_{w4}=40℃$，则三层平壁的导热通量为：

$$q=\frac{t_{w1}-t_{w4}}{\dfrac{\delta_1}{\lambda_1}+\dfrac{\delta_2}{\lambda_2}+\dfrac{\delta_3}{\lambda_3}}=\frac{t_{w1}-t_{w4}}{R_1'+R_2'+R_3'}$$

$$=\frac{900-40}{\dfrac{0.15}{1.15}+\dfrac{0.13}{0.15}+\dfrac{0.23}{0.80}}=\frac{860}{0.130+0.867+0.288}=669.5(\mathrm{W/m^2})$$

由式 (1-33) 得：

$$t_{w2}=t_{w1}-R'_1 q=900-0.130\times669.5=813.0(℃)$$

$$t_{w3}=t_{w2}-R'_2 q=813.0-0.867\times669.5=232.5(℃)$$

(2) 圆筒壁导热

① 单层圆筒壁导热　化工生产中，经常用到圆筒形的设备和管道，其导热过程与平壁

导热的不同之处在于圆筒壁的传热面积不再是常量，而是随半径而变，同时温度也随半径而变，但在稳定传热时传热速率依然是一定的。

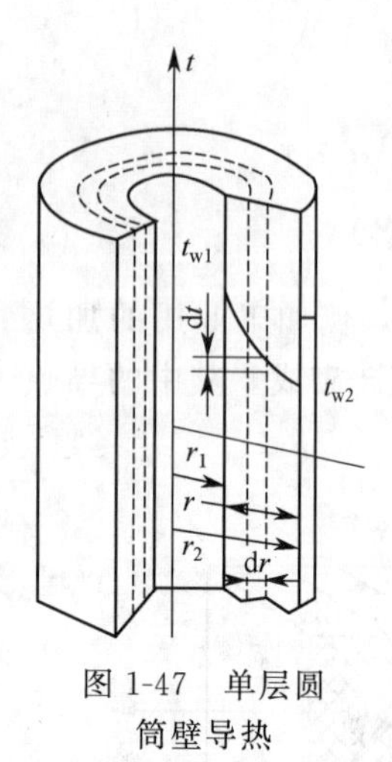

图 1-47　单层圆筒壁导热

如图 1-47 所示，设圆筒壁的内、外半径分别为 r_1 和 r_2，长度为 l，内、外表面温度分别为 t_{w1}、t_{w2}。若在圆筒壁半径 r 处沿半径方向取微元厚度 dr 的薄层圆筒，其传热面积可视为定值，等于 $2\pi rl$；同时通过该薄层的温度变化为 dt，则通过该薄层的导热速率可表示为：

$$Q=-\lambda S\frac{dt}{dr}=-\lambda(2\pi rl)\frac{dt}{dr} \tag{1-36}$$

将式 (1-36) 分离变量积分并整理得：

$$Q=\frac{2\pi l\lambda(t_{w1}-t_{w2})}{\ln\frac{r_2}{r_1}}=\frac{(t_{w1}-t_{w2})}{\frac{\ln(r_2/r_1)}{2\pi l\lambda}}=\frac{\Delta t}{R} \tag{1-37}$$

式中，$\frac{\ln(r_2/r_1)}{2\pi l\lambda}=R$，即为圆筒壁的导热热阻。

式 (1-37) 即为单层圆筒壁的导热速率方程式，该式也可以写成与平壁导热速率方程式相类似的形式，将上式改写成：

$$Q=\frac{\lambda}{r_2-r_1}\times 2\pi l\times\frac{r_2-r_1}{\ln\frac{r_2}{r_1}}\Delta t \tag{1-38}$$

式中，r_2-r_1 为筒壁的厚度 δ，$\frac{r_2-r_1}{\ln\frac{r_2}{r_1}}$ 为筒壁的对数平均半径 r_m，$2\pi l\, r_m$ 即为筒壁的平均导热面积 S_m。则：

$$Q=\frac{\lambda}{\delta}S_m(t_{w1}-t_{w2}) \tag{1-39}$$

这样，从上式可以看出，圆筒壁的导热计算式和平壁的计算式完全相似。

式中　δ——圆筒壁的厚度，m；

S_m——圆筒壁的平均导热面积，m^2；

r_m——圆筒壁的对数平均半径，m。

计算中，当 $r_2/r_1\leqslant 2$ 时，上式中半径的对数平均值可用算术平均值 $(r_1+r_2)/2$ 代替，与使用对数平均半径比较，误差不大于 4%，在工程上是允许的。

② 多层圆筒壁导热　在工程上，多层圆筒壁的导热情况也比较常见，例如：在高温或低温管道的外部包上一层乃至多层保温材料，以减少热量损失（或冷量损失）；在反应器或其他容器内衬以工程塑料或其他材料，以减小腐蚀；在换热器内换热管的内、外表面形成污垢层等等。

下面以三层圆筒壁为例，如图 1-48 所示，说明多层圆筒壁的导热方程。假设各层之间接触良好，各层的热导率分别为 λ_1、λ_2 和 λ_3，厚度分别为：$\delta_1=r_2-r_1$，$\delta_2=r_3-r_2$，$\delta_3=r_4-r_3$，参照多层平壁总温差、总热阻为各层壁面温差、热阻串联的规律，可写出三层圆筒壁的导热速率方程式为：

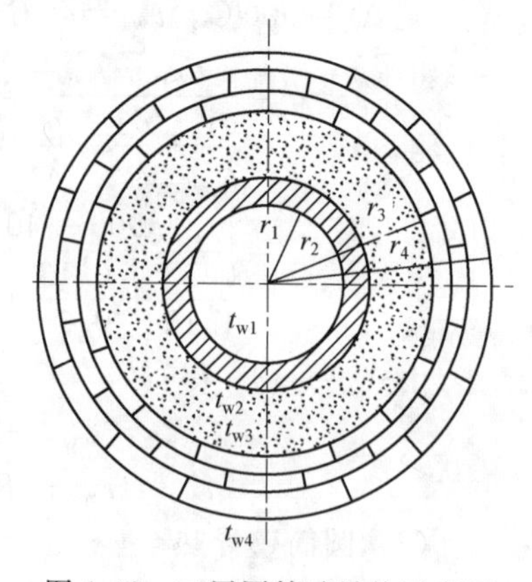

图 1-48　三层圆筒壁导热示意图

$$Q=\frac{\Delta t_1+\Delta t_2+\Delta t_3}{R_1+R_2+R_3}=\frac{t_{w1}-t_{w4}}{\frac{\ln (r_2/r_1)}{2\pi l\lambda_1}+\frac{\ln (r_3/r_2)}{2\pi l\lambda_2}+\frac{\ln (r_4/r_3)}{2\pi l\lambda_3}} \tag{1-40}$$

整理得：

$$Q=\frac{2\pi l(t_{w1}-t_{w4})}{\frac{1}{\lambda_1}\ln\frac{r_2}{r_1}+\frac{1}{\lambda_2}\ln\frac{r_3}{r_2}+\frac{1}{\lambda_3}\ln\frac{r_4}{r_3}} \tag{1-41}$$

对 n 层圆筒壁：

$$Q=\frac{2\pi l(t_{w1}-t_{wn+1})}{\sum_{i=1}^{n}\frac{1}{\lambda_i}\ln\frac{r_{i+1}}{r_i}} \tag{1-42}$$

例 1-8 外径为426mm的蒸汽管道，其外包上一层厚度为426mm的保温层，保温层材料的热导率为0.615W/（m·℃）。若蒸汽管道与保温层交界面处温度为180℃，保温层的外表面温度为40℃，试求每米管长的热损失。假定层间接触良好。

解 已知 $r_2=0.426\text{m}/2=0.213\text{m}$，$t_{w2}=180℃$，$t_{w3}=40℃$

$r_3=0.213\text{m}+0.426\text{m}=0.639\text{m}$

由式（1-37）可算得每米管长的热损失为：

$$Q/l=\frac{2\pi\lambda(t_{w2}-t_{w3})}{\ln\frac{r_3}{r_2}}=\frac{2\times 3.14\times 0.615\times(180-40)}{\ln\frac{0.639}{0.213}}=491.5(\text{W/m})$$

例 1-9 有一 $\phi 60\times 3.5$mm 的钢管，其外包有两层绝热材料，里层为40mm厚的氧化镁粉，平均热导率 $\lambda=0.07$W/(m·℃)；外层为20mm厚的石棉层，其平均热导率 $\lambda=0.15$W/（m·℃）。若管内壁温度为500℃，最外层温度为80℃，管壁的热导率 $\lambda=45$W/(m·℃)，试求每米管长的热损失及两保温层界面的温度。

解 （1）每米管长的热损失：本题为三层圆筒壁导热。

已知 $r_1=0.053\text{m}/2=0.0265\text{m}$，$r_2=0.06\text{m}/2=0.03\text{m}$，$r_3=0.03\text{m}+0.04\text{m}=0.07\text{m}$，$r_4=0.07\text{m}+0.02\text{m}=0.09\text{m}$；$t_{w1}=500℃$，$t_{w4}=80℃$，$\lambda_1=45$W/(m·℃)，$\lambda_2=0.07$W/(m·℃)，$\lambda_3=0.15$W/(m·℃)

由式（1-41）可得：

$$Q/l=\frac{2\pi(t_{w1}-t_{w4})}{\frac{1}{\lambda_1}\ln\frac{r_2}{r_1}+\frac{1}{\lambda_2}\ln\frac{r_3}{r_2}+\frac{1}{\lambda_3}\ln\frac{r_4}{r_3}}$$

$$=\frac{2\times 3.14\times(500-80)}{\frac{1}{45}\times\ln\frac{0.03}{0.0265}+\frac{1}{0.07}\times\ln\frac{0.07}{0.03}+\frac{1}{0.15}\times\ln\frac{0.09}{0.07}}$$

$$=\frac{2638}{0.0027+12.1+1.68}=191.4(\text{W/m})$$

（2）保温层界面温度 t_{w3}。可用双层圆筒壁导热计算，由式（1-42）可得：

$$Q/l=\frac{2\pi(t_{w1}-t_{w3})}{\frac{1}{\lambda_1}\ln\frac{r_2}{r_1}+\frac{1}{\lambda_2}\ln\frac{r_3}{r_2}}=\frac{2\times 3.14(500-t_{w3})}{\frac{1}{45}\times\ln\frac{0.03}{0.0265}+\frac{1}{0.07}\times\ln\frac{0.07}{0.03}}=191.4$$

解得：$t_{w3}=131.2$℃

（二）对流传热

1. 对流传热过程分析

如前所述，工业上冷、热流体之间的换热通常都是通过间壁式换热器来完成的，其传热以对流—导热—对流的方式进行。前面我们已经研究了导热的规律，下面就对流传热过程进行简要分析。

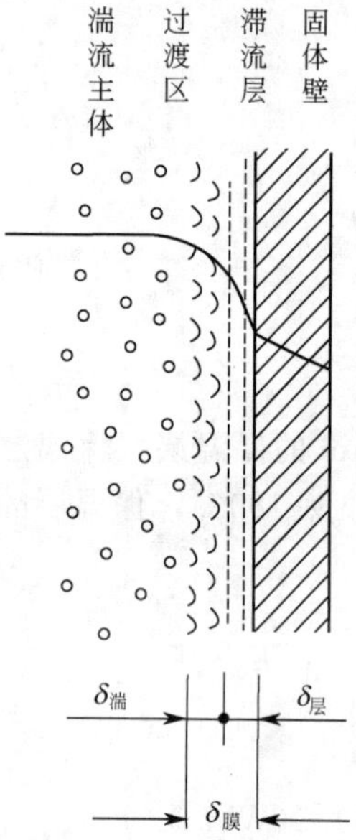

我们知道，当流体沿壁面作流动时，无论其湍动程度有多大，在靠近壁面处总有一层流内层存在。层流层内分子之间极少有相对位移，热量以导热的方式传递。由于大多数流体的热导率较小，故热阻主要集中在紧贴壁面的层流内层里，温度差也集中在层流内层里。在层流内层和湍流主体之间有一过渡层，在过渡层内的温度是逐步变化的。在湍流主体内，由于流体质点间剧烈混合、碰撞，所以在传热方向上，流体的温度差极小，各处的温度基本相同。热量传递主要依靠涡流传热，其热阻很小，传热速率极快。

由此分析可见，从流体到固体壁或从固体壁到流体的传热过程，是一个以层流内层为主的导热和层流内层以外的对流传热的综合过程，我们把它称为对流传热过程。对流传热过程的热阻主要集中在层流内层，减薄层流内层的厚度，减小其热阻是强化对流传热的重要途径。图 1-49 是与流体流动方向垂直截面上的温度分布图。

图 1-49　对流传热分析

2. 对流传热基本方程——牛顿冷却定律

如上所述，在对流传热过程中，湍流主体主要为涡流传热，传热速度极快；而在过渡层及层流内层则主要进行热传导，热阻主要集中在该区域。为便于处理，把对流传热过程看作一个厚度为 $\delta_{膜}$ 的传热膜的导热过程，因此，可应用傅里叶定律处理。参照前述固体平壁中的导热速率计算公式，可写出传热膜中导热速率的计算式：

$$Q=\frac{\lambda}{\delta_{膜}}S\Delta t \tag{1-43}$$

式中　Q——对流传热速率，W；

λ——流体的热导率，W/（m·K）；

$\delta_{膜}$——传热膜厚度，m；

S——对流传热面积，m^2；

Δt——流体与壁面间温度差的平均值，K，当流体被加热时，$\Delta t=t_w-t$，当流体被冷却时，$\Delta t=T-T_w$。

由于传热膜的厚度 $\delta_{膜}$ 难以测定，人为引入一个新的系数 α，令 $\alpha=\lambda/\delta_{膜}$，称 α 为对流传热系数，则上式可以改写为：

$$Q=\alpha S\Delta t=\frac{\Delta t}{\frac{1}{\alpha S}} \tag{1-44}$$

或

$$q=\frac{Q}{S}=\alpha\Delta t=\frac{\Delta t}{\frac{1}{\alpha}}=\frac{\Delta t}{R} \tag{1-45}$$

式中　α——对流传热系数或称（给热系数，W/（m^2·K）
$1/(\alpha S)$——对流传热热阻，K/W；
R——单位传热面积的对流传热热阻，$R=1/\alpha$，m^2·K/W。

式（1-44）、式（1-45）称为对流传热基本方程式，又称牛顿冷却定律。这个方程式以很简单的形式表达了复杂的对流传热过程，把所有影响对流传热的因素都包含在对流传热系数之内，它是计算对流传热的基本方程式。

将式（1-44）变成：

$$\alpha=\frac{Q}{S\Delta t} \tag{1-46}$$

从式（1-46）可以看出，对流传热系数 α 的物理意义是：单位时间里，当壁面与流体主体的温差为1K时，每平方米固体壁面与流体之间所传递的热量。对流传热系数越大，表明通过对流传热的传热速率越高。

需要注意的是，对流传热系数一定要和相应的传热面积及温度差相对应。例如，若热流体在换热器的管内流动，冷流体在换热器的管外流动，则它们的 α 分别为：

$$Q=\alpha_i S_i(T-T_w) \tag{1-47}$$

$$Q=\alpha_o S_o(t_w-t) \tag{1-48}$$

式中　S_i，S_o——换热器的管内表面积和管外表面积，m^2；
α_i，α_o——换热器管内侧和管外侧流体的 α 值，W/（m^2·K）。
T_w，t_w——换热器管内、外壁壁温，K。

牛顿冷却定律可用于传热壁面温度的估算。当 $S_i \approx S_o$，$T_w \approx t_w$ 时，由式（1-47）及式（1-48）联解得：

$$T_w \approx t_w=\frac{\alpha_i T+\alpha_o t}{\alpha_i+\alpha_o} \tag{1-49}$$

由式（1-49）可知，传热壁面的温度总是接近 α 较大侧流体的温度。

3. 对流传热系数及其影响因素

对流传热系数 α 是受诸多因素影响的一个参数，表1-3列出了几种常见流体对流传热的 α 值，从中可以看出，气体的 α 值最小，载热体发生相变时的 α 值最大。

表1-3　工业换热器中 α 值的大致范围

对流传热类型（无相变）	α/[W/(m^2·K)]	对流传热类型（有相变）	α/[W/(m^2·K)]
气体加热或冷却	5～100	有机蒸气冷凝	500～2000
油加热或冷却	60～1700	水蒸气冷凝	5000～15000
水加热或冷却	200～15000	水沸腾	2500～25000

影响对流传热系数 α 的因素很多，理论分析和实验证明，主要因素有以下几方面。

（1）流体的种类及相变情况　液体、气体和蒸汽的对流传热系数各不相同。且在对流传热过程中，流体有无相变对传热有不同的影响，一般流体有相变时的 α 较无相变时的大。例如：蒸汽冷凝过程的 α 约在 10^4 左右，而蒸汽传热过程的 α 仅在 10^2 的数量级上。

（2）流体的物性　对 α 有较大影响的物理性质有热导率 λ、比热容 c_p、黏度 μ 和密度 ρ 等。对同种流体，这些物性又是温度的函数，有些还与压力有关。通常：λ 增大，能使 α 增大；流体 ρ 增大、μ 降低，可使 Re 增大，α 随之增大；c_p 增大，可使单位体积流体的热容量增大，则 α 也较大。

(3) 流体的流动状态　在壁面的传热膜即层流内层里集中了对流传热主要热阻，传热膜越薄，则 α 越大。而当流体的 Re 值越大，其湍动程度就越高，则层流内层的厚度越薄，α 越大；反之，则 α 越小。

(4) 对流的形成原因　自然对流与强制对流的流动原因不同，其传热情况也不相同。一般强制对流传热时的 α 较自然对流传热时的 α 要大。

(5) 传热壁面的形状、位置及大小等　传热壁面的形状（如管内、管外、板、翅片等）、方位、布置（如水平或垂直放置、管束的排列方式等）及传热面的尺寸（如管径、管长、板高等）都对 α 有直接的影响。

4. 对流传热系数 α 关联式的建立

由于影响 α 的因素很多，要找到一个 α 的普遍计算式适用于所有的情况是不可能的。目前，通常是借助实验研究，先将众多的影响因素（物理量）用量纲分析的方法组合成若干无量纲数群（即特征数）；然后再用实验方法确定这些特征数间的关系，得到不同情况下求算 α 的特征数关联式。

通过对流体无相变时的对流传热研究，得到的特征数关系式：

$$Nu=f(Re, Pr, Gr) \tag{1-50}$$

各种情况下的具体函数关系要由实验确定。表 1-4 列出了上式中有关各特征数的名称、符号及意义。

表 1-4　特征数的名称、符号及意义

特征数名称	符　　号	形　　式	意　　义
努塞尔特数	Nu	$\alpha l/\lambda$	表示对流传热系数 α 的特征数
雷诺数	Re	$lu\rho/\mu$	表示流动状态对 α 影响的特征数
普兰特数	Pr	$\mu c_p/\lambda$	表示物性对 α 影响的特征数
格拉斯霍夫数	Gr	$\dfrac{gl^3\rho^2\beta\Delta t}{\mu^2}$	表示自然对流对 α 影响的特征数

各特征数中物理量的意义：

α——对流传热系数，$W/(m^2 \cdot K)$；

u——流速，m/s；

ρ——流体的密度，kg/m^3；

l——传热面的特征尺寸，可以是管内径或外径，或平板高度等，m；

λ——流体的热导率，$W/(m \cdot K)$；

μ——流体的黏度，$Pa \cdot s$；

c_p——流体的比热容；$J/(kg \cdot K)$；

Δt——流体与壁面间的温度差，K；

β——流体的体积膨胀系数，1/K；

g——重力加速度，m/s^2。

在使用由实验得到的 α 关联式时，应注意以下几点。

(1) 定性温度　由于沿流动方向流体温度的逐渐变化，在处理实验数据时就要取一个有代表性的温度以确定物性参数的数值，这个确定物性参数数值的温度称为定性温度。

定性温度的取法：①流体进出口温度的平均值 $t_m=(t_2+t_1)/2$；②膜温 $t=(t_m+t_w)/2$。

(2) 特性尺寸　它是代表换热面几何特征的长度量，通常选取对流动与换热有主要影响的某一几何尺寸。

(3) 应用范围　由于实验范围是有限的，故关联式的使用范围也就是有限的。应在关联式中规定的 Re 和 Pr 等的数值范围内进行 α 的计算。

5. 流体无相变时的对流传热

(1) 流体在管内作强制对流传热

① 流体在圆形直管内作强制对流传热　流体在圆形直管内作强制对流传热有以下类型。

a. 低黏度流体在圆形直管内作强制湍流。对于低黏度流体，对流传热系数的关联式为：

$$Nu = 0.023 Re^{0.8} Pr^{n} \tag{1-51}$$

或

$$\alpha = 0.023 \frac{\lambda}{d} \left(\frac{du\rho}{\mu}\right)^{0.8} \left(\frac{c_p \mu}{\lambda}\right)^{n} \tag{1-52}$$

应用范围：$Re>10000$，$0.7<Pr<160$，$\mu<2\times10^{-5}\,\mathrm{Pa\cdot s}$，$l/d>60$。

注意事项：定性温度取流体进出温度的算术平均值 t_m；特征尺寸为管内径 d_i；流体被加热时，$n=0.4$，流体被冷却时，$n=0.3$；特征速度为管内平均流速。

b. 高黏度流体在圆形直管内作强制湍流。对于高黏度流体，可采用如下关联式：

$$\alpha = 0.027 \frac{\lambda}{d} \left(\frac{du\rho}{\mu}\right)^{0.8} \left(\frac{c_p \mu}{\lambda}\right)^{0.33} \left(\frac{\mu}{\mu_w}\right)^{0.14} \tag{1-53}$$

应用范围和特征尺寸与式（1-52）相同。但对式（1-53）中的校正项 $(\mu/\mu_w)^{0.14}$ 是考虑了壁面温度变化引起黏度变化对 α 的影响（μ 是在 t_m 下，而 μ_w 是在 t_w 下）。在实际中，由于壁温难以测得，工程上近似处理为：对于液体，加热时：$\left(\frac{\mu}{\mu_w}\right)^{0.14}=1.05$，冷却时：$\left(\frac{\mu}{\mu_w}\right)^{0.14}=0.95$；对于气体，无论是被加热还是被冷却，均取 $\left(\frac{\mu}{\mu_w}\right)^{0.14}\approx 1$。

c. 流体在圆形直管内作强制过渡流。当流体流动处于过渡区内，即当 $2300<Re<10000$ 时，先按湍流公式（1-51）或式（1-52）计算 α，然后乘以校正系数 f。f 可按下式计算：

$$f = 1.0 - \frac{6\times10^{5}}{Re^{0.8}} \tag{1-54}$$

过渡区内流体比剧烈的湍流区内的流体的 Re 小，流体流动的湍动程度减少，层流底层变厚，α 减小。

d. 流体在圆形直管内作强制滞流。流体在圆形直管内做强制滞流时，应考虑自然对流及热流方向施以对流传热系数的影响。由于此传热过程情况较复杂，故对流传热系数的计算误差也较大。当自然对流的影响较小且可被忽略（$Gr<25000$）时，对流传热系数可用下式计算：

$$Nu = 1.86 \left(RePr\frac{d}{l}\right)^{1/3} \left(\frac{\mu}{\mu_w}\right)^{0.14} \tag{1-55}$$

适用范围：$Re<2300$，$\left(RePr\frac{d}{l}\right)>100$，$l/d>60$。

定性温度、特征尺寸取法与前相同，μ_w 按壁温确定，工程上可近似处理为：对于液体，加热时，$\left(\frac{\mu}{\mu_w}\right)^{0.14}=1.05$，冷却时，$\left(\frac{\mu}{\mu_w}\right)^{0.14}=0.95$；对于气体，$\left(\frac{\mu}{\mu_w}\right)^{0.14}\approx 1$。

当 $Gr>25000$ 时，则自然对流的影响不能忽略，可先按式（1-38）计算 α，再乘以校正系数 f：

$$f=0.8(1+0.015Gr^{1/3}) \tag{1-56}$$

在换热器设计中，应尽量避免在强制层流条件下进行传热，因为此时对流传热系数小，从而使总传热系数也很小。

例 1-10 常压下，空气以 15m/s 的流速在长为 4m，ϕ60mm×3.5mm 的钢管中流动，温度由 150℃升至 250℃。试求管壁对空气的对流传热系数。

解 此题为空气在圆形直管内作强制对流

定性温度：

$$t=\frac{150+250}{2}=200(℃)$$

查 200℃时空气的物理性质数据（见附录）如下：

$c_p=1.026\times10^3$ J/(kg·℃)；$\lambda=0.03928$W/(m·℃)；$\mu=2.6\times10^{-5}$ Pa·s；$\rho=0.746$kg/m^3

特性尺寸：

$$d=0.060-2\times0.0035=0.053(\text{m})$$

$$\frac{l}{d}=\frac{4}{0.053}=75.5>50$$

$$Re=\frac{du\rho}{\mu}=\frac{0.053\times15\times0.746}{2.6\times10^{-5}}=2.28\times10^4>10^4(\text{湍流})$$

$$Pr=\frac{c_p\mu}{\lambda}=\frac{1.026\times10^3\times2.6\times10^{-5}}{0.03928}=0.68$$

故可用式（1-51）计算 α，本题中空气被加热，取 $n=0.4$ 代入：

$$\alpha=0.023\frac{\lambda}{d}Re^{0.8}Pr^n=0.023\times\frac{0.03928}{0.053}\times22800^{0.8}\times0.68^{0.4}=44.8[\text{W}/(\text{m}^2\cdot℃)]$$

② 流体在弯管中作强制对流　流体在弯管（如肘管、蛇管等）内流动时，由于受离心力作用，扰动增加，故所得的对流传热系数较在直管内大些，此时先按直管计算，然后乘以校正系数 f：

$$f=\left(1+1.77\frac{d}{R}\right) \tag{1-57}$$

式中　d——管径，m；

R——弯管的曲率半径，m。

③ 流体在短管中作强制对流　当 $l/d<60$ 时，则为短管，由于管入口扰动增大，α 较大，此时先按直管计算，然后乘上校正系数 f。

$$f=1+\left(\frac{d}{l}\right)^{0.7} \tag{1-58}$$

④ 非圆形直管内强制对流　此时，仍可采用上述各关联式计算，但需将管内径改为当量直径 d_e。当量直径 d_e 可按下式计算：

$$d_e=\frac{4\times\text{流动截面积}}{\text{润湿周边}} \tag{1-59}$$

此为近似计算，最好采用经验公式和专用式更为准确。

(2) 流体在管外的强制对流　流体可垂直流过单管和管束两种情况。由于工业上所用的换热器多为流体垂直流过管束，故在此仅介绍后一种情况对流传热系数的计算。

① 流体垂直流过管束　流体垂直流过管束时，管束的几何条件，如管径、排数及排列方式等都影响对流传热系数。管束的排列情况可以有直列和错列两种，如图 1-56 所示［图中（a）、（b）、（d）、（e）为错列，（c）为直列］。

当流体垂直流过直列管束时，其平均对流传热系数可用下式计算：

$$Nu=0.26Re^{0.6}Pr^{0.33} \tag{1-60}$$

当流体垂直流过错列管束时，

$$Nu=0.33Re^{0.6}Pr^{0.33} \tag{1-61}$$

式（1-60）和式（1-61）的应用条件为：适用范围 $Re>3000$；特性尺寸取管外径 d_o；定性温度 t_m取法与前相同；流速 u 取每列管子中最窄流道处的流速，即最大流速；管束的排数应为 10，当排数不为 10 时，应校正。即将计算结果乘以校正系数。其校正系数见表 1-5。

表 1-5　式（1-60）和式（1-61）的校正系数

排数	1	2	3	4	5	6	7	8	9	10	12	15	18	25	35	75
错列	0.68	0.75	0.83	0.75	0.92	0.95	0.97	0.98	0.99	1.0	1.01	1.02	1.03	1.04	1.05	1.06
直列	0.64	0.80	0.83	0.90	0.92	0.94	0.96	0.98	0.99	1.0	—	—	—	—	—	—

② 流体在换热器管壳间流动　通常在列管换热器的壳程都加折流挡板，折流挡板分为圆形和圆缺形两种（前已述及）。由于装有不同形式的折流挡板，流动方向不断改变，在较小的 Re 下（$Re=100$）即可达到湍流。

换热器装有圆缺形折流挡板（缺口面积为 25%的壳体内截面积）时，壳程流体的 α 可用下式计算：

$$Nu=0.36Re^{0.55}Pr^{\frac{1}{3}}\left(\frac{\mu}{\mu_w}\right)^{0.14} \tag{1-62}$$

或

$$\alpha=0.36\frac{\lambda}{d_e}\left(\frac{d_e u\rho}{\mu}\right)^{0.55}\left(\frac{\mu c}{\lambda}\right)^{\frac{1}{3}}\left(\frac{\mu}{\mu_w}\right)^{0.14} \tag{1-63}$$

适用范围：$Re=2\times10^3\sim10^6$；定性温度：取进、出口温度的算术平均值；特征尺寸：取当量直径 d_e；$\left(\frac{\mu}{\mu_w}\right)^{0.14}$ 的取值同前。

当量直径 d_e可根据图 1-50 所示的管子排列方式分别采用不同的公式进行计算。

管子为正方形排列时：

$$d_e=\frac{4(t^2-0.785d_o^2)}{\pi d_o} \tag{1-64}$$

管子为正三角形排列时：

$$d_e=\frac{4\left(\frac{\sqrt{3}}{2}t^2-0.785d_o^2\right)}{\pi d_o} \tag{1-65}$$

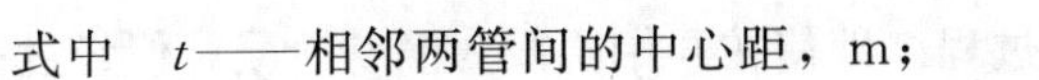

式中　t——相邻两管间的中心距，m；

d_o——管子外径，m。

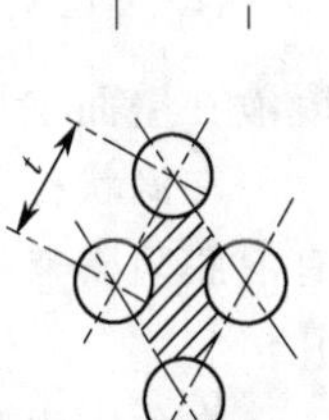

图 1-50　管间当量直径的推导

式（1-64）和式（1-65）中的流速 u 可根据流体流过的最大截面积

S_{max}计算：

$$S_{max}=hD(1-\frac{d_o}{t}) \tag{1-66}$$

式中　h——相邻挡板间的距离，m；

D——壳体的内径，m。

若换热器的管间无挡板，则管外流体将沿管束平行流动，此时，可用管内强制对流的关系式进行计算，只需将式中的直径换成当量直径即可。

6. 流体有相变时的对流传热

化工生产中，流体在换热过程中发生相变的情况很常见，例如，在蒸发过程中，作为加热剂的蒸汽会被冷凝成液体，被加热的溶液则会沸腾汽化；在蒸馏操作中，塔底再沸器将釜残液加热汽化，而在塔顶冷凝器将蒸汽进行冷凝，等等。这种状态变化的对流传热过程无非是两种情况：一是液体的沸腾汽化，二是蒸汽的冷凝。由于流体在传热过程中伴随有相态变化，因此，它比无相变时的对流传热过程更为复杂。

（1）蒸汽冷凝过程的对流传热　在换热器内，当饱和蒸汽与温度较低的壁面接触时，蒸汽将释放出潜热，并在壁面上冷凝成液体，蒸汽冷凝过程和壁面之间的传热称为冷凝对流传热，简称冷凝传热。冷凝传热速率与蒸汽的冷凝方式有关。

① 蒸汽冷凝方式　蒸汽冷凝方式主要有两种：膜状冷凝和滴状冷凝（又称珠状冷凝）。如图 1-51 所示。

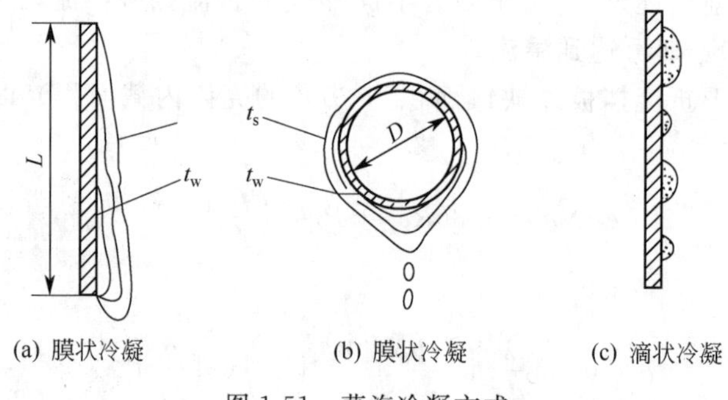

图 1-51　蒸汽冷凝方式

a. 膜状冷凝　蒸汽冷凝过程中，如果冷凝液能够润湿壁面，则会在壁面上形成一层完整的液膜，故称为膜状冷凝。

在膜状冷凝过程中，壁面被液膜所覆盖，此时蒸汽的冷凝只能在液膜的表面进行。蒸汽冷凝放出的潜热必须通过液膜后才能传给冷壁面。因此，冷凝液膜往往成为膜状冷凝的主要热阻。冷凝液膜在重力作用下沿壁面向下流动时，其厚度不断增加，所以壁面越高或水平放置的管子管径越大，则整个壁面的平均给热系数也就越小。

b. 滴状冷凝　蒸汽的冷凝过程中，若冷凝液不能润湿壁面，由于表面张力的作用，冷凝液在壁面上形成许多液滴，并沿壁面落下，这种冷凝称为滴状冷凝。

在滴状冷凝时，壁面的大部分直接暴露在蒸汽中，蒸汽可以在冷壁面直接冷凝。由于没有液膜阻碍热量传递，故滴状冷凝的膜系数很大，可比膜状冷凝时的给热系数高几倍甚至十几倍。

在化工生产中遇到的冷凝多为膜状冷凝过程。即使在开始阶段为滴状冷凝，但经过一段时间后，由于液珠的聚集，大部分都要变成膜状冷凝。为了保持滴状冷凝，需采用各种不同的壁面涂层和蒸汽添加剂，但这些方法还处于研究和实验中。故工业生产中进行冷凝计算时，为安全起见，一般按膜状冷凝来处理。

② 影响冷凝传热的因素　蒸汽冷凝时，气相内温度均匀一致，没有温度差，热阻集中在冷凝液膜内。因此，液膜的厚度及其流动状态是影响冷凝传热的关键因素。凡有利于减薄液膜厚度的因素都可以提高冷凝给热系数。为减小冷凝液膜的厚度，生产中通常采用立式设备。这些影响因素主要为：

a. 蒸汽的流速和流向。蒸汽以一定速度运动（$u>10\text{m/s}$）时，会和液膜产生摩擦，若蒸汽和液膜同向流动，则摩擦将使液膜运动加速，厚度变薄，使 α 增大；若两者逆向流动，则 α 减小。当两者间的摩擦力超过液膜重力时，蒸汽会将液膜吹离壁面。此时，随着蒸汽速度的增加会使 α 急剧增大。因此，一般情况下冷凝器的蒸汽入口应设在其上部，此时蒸汽与液膜流向相同，有利于 α 增大。

b. 蒸汽中不凝性气体的含量。若蒸汽中含有空气或其他不凝性气体，则壁面可能被气体层所遮盖。由于气体的热导率小，增加了一层附加热阻，使 α 急剧下降。研究表明，当蒸汽中含有1%的不凝性气体时，α 将下降60%左右。因此，在涉及相变的传热设备上部应安装有排除不凝性气体的阀门，操作时，应定期排放不凝性气体，以减少不凝性气体对 α 的影响。

c. 流体的物性。影响冷凝传热的物性主要有冷凝液的密度、黏度、热导率及汽化潜热等。若冷凝液密度 ρ 大、黏度 μ 低，则有利于液膜流动，其厚度变薄，有利于 α 增大；冷凝液的 λ 大，α 亦大；蒸汽的冷凝潜热 r 高，则相同热负荷下其冷凝液量就小，液膜厚度就薄，有利于提高 α。

d. 冷凝壁面的形状和位置。若沿冷凝液流动方向积存的液体增多，液膜增厚，则使 α 下降。故在设计和安装冷凝器时，应正确安放冷凝壁面。例如管束的安排，对于竖直管束，为减少管子下部液膜的增厚，可设置疏液装置；对水平管束，为减薄下面管排上液膜的厚度，应减少垂直列上的管子数目，或者将管子的排列旋转一定的角度，使冷凝液沿下一根管子的切向流过，以减薄液膜的厚度。

此外，液膜两侧的温度差、过热蒸汽的冷凝过程对给热系数的影响也很大。

(2) 液体沸腾过程的对流传热　将液体加热到操作条件下的饱和温度时，液体表面和内部同时汽化，产生大量气泡，这种现象称为液体沸腾。发生在固体壁面与沸腾液体之间的传热称为沸腾对流传热，简称为沸腾传热。

① 液体沸腾传热的方式　工业生产上液体沸腾的方式主要有两种：一种是将加热壁面浸没在液体中，液体在壁面处受热沸腾，称为大容器沸腾（也称池内沸腾）；另一种是液体在管内流动时受热沸腾，称为管内沸腾。后者机理更为复杂，下面主要讨论大容器沸腾。

图1-52为实验得到的常压下水的沸腾曲线，表示水在大容器沸腾时给热系数 α 和传热壁面与液体的温度差 Δt 之间的关系。由图中可知，沸腾给热系数 α 随温差 Δt 增大的关系可分成三个区域。

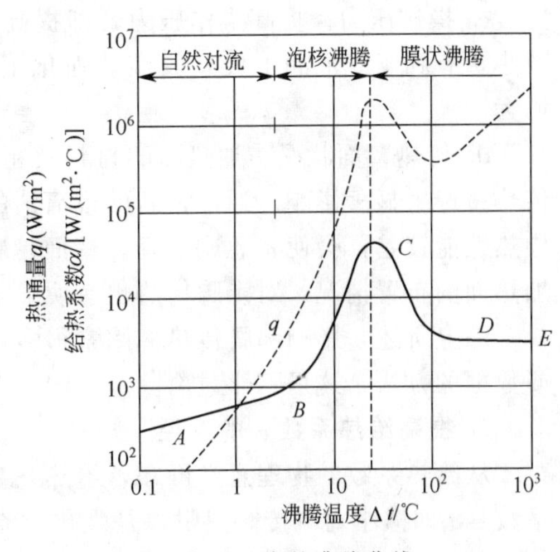

图1-52　水的沸腾曲线

a. 自然对流传热区。实验表明，当传热壁面与液体的温差较小（$\Delta t=t_w-t_s<5℃$）时，壁

面处的过热度很小，仅是壁面附近的流体受热，只有少量气泡产生，传热以自然对流为主。α 和传热速率比较小，α 随 Δt 的变化也不大，如图 1-52 中 AB 段所示。

b. 泡核沸腾区。随着温度差 Δt 的增大，当 $\Delta t=5\sim25$℃时，液体主体和加热面处的液体都已过热，液体在传热壁面受热后生成的气泡数量大增，其生成速度也随 Δt 的增大而加快，并在长大、上升和脱离壁面的过程中，使加热壁面附近的液体受到剧烈的扰动，因此，Q、α 随 Δt 的增加而急剧增大。这个区域称为泡核沸腾区（也称为正常操作区），如图 1-52 中 BC 段所示。化工生产中的操作大都在该区域进行。

c. 膜状沸腾区。当温度差 Δt 继续增大到一定程度（$\Delta t>25$℃）时，液体过热度大，气泡的生成速度大于气泡脱离壁面的速度，气泡将在传热壁面上聚集并形成一层不稳定的气膜，使液体不能与加热壁面直接接触。这时的传热必须通过这层气膜才能进行。由于气膜的热导率比液体的小得多，气膜的附加热阻使给热系数 α 和传热速率 Q 都急剧下降，这个区域称为不稳定膜状沸腾区（或过渡区），如图 1-52 中 CD 段所示。当温度差 Δt 再增大到达 D 点后（$\Delta t>250$℃），传热壁面几乎全部被气膜所覆盖，开始形成一层稳定的气膜，此后，温度差再增大时，α 基本不变，这个阶段称为膜状沸腾，如图 1-52 中 DE 段。实际上一般都将 CDE 段称为膜状沸腾区。

由泡核沸腾向膜状沸腾过渡的转折点 C 称为临界点。临界点下的温度差和热通量分别称为临界温度差和临界热负荷。对于图 1-52 中的水沸腾，其临界温度差为 25℃，临界热负荷为 $1.1\times10^{6}\,W/m^{2}$，与有机液体相比，水有较大的临界热负荷。由于泡核沸腾的 α 比膜状沸腾的大，工业上总是设法控制在泡核沸腾下操作。因此确定不同液体在临界点下的参数具有实际意义。

其他液体的沸腾曲线与水类似，只是临界点的参数不同而已。

② 影响沸腾传热的因素　液体沸腾时要产生气泡，所以凡是影响气泡生成、长大和脱离壁面的因素对沸腾传热都有影响。概括起来，主要有如下几个方面。

a. 液体的物性。影响沸腾传热的物性主要有液体的热导率、密度、黏度及表面张力等。一般情况下，α 随热导率、密度的增加而增大，随黏度、表面张力的增大而减小。

b. 温度差 Δt。温度差的影响如沸腾曲线所示。它是影响沸腾传热过程的重要因素，也是控制沸腾传热的重要参数，其影响在上面已经进行了详细分析。在设计和操作中，要控制好温度差，使传热尽可能在泡核沸腾下进行。

c. 操作压力。提高操作压力，即提高了液体的沸腾温度，使液体的黏度和表面张力均减小，有利于气泡的生成和脱离，强化了沸腾传热。在相同的温度差 Δt 下，α 和 Q 都会增大。

d. 传热壁面状况。加热面的材料及粗糙度不同，形成气泡核心的条件则不同，对沸腾传热将产生显著影响。通常，新的或清洁的壁面，α 较大；若壁面被油垢等沾污，因油垢的导热性能较差，会使 α 急剧下降；壁面越粗糙，气泡核心越多，越有利于沸腾传热。此外，加热面的布置情况，对沸腾传热也有明显的影响。

综上所述，影响沸腾传热的因素很多，其过程极其复杂。工程计算中大多采用经验公式或数据的方法，这里不作讨论。

7. 提高给热系数 α 的途径

从给热系数的物理意义可知，给热系数 α 越大，则该过程的传热速率越大。故提高给热系数 α，即减小对流传热热阻，是强化对流传热的关键。

（1）无相变对流传热　流体在管内作强制湍流时，由式（1-52）可知，给热系数 α 与流

体的流速 $u^{0.8}$ 成正比，与管子的直径 $d^{0.2}$ 成反比。即增大流速和减小管径都能增大给热系数 α，但以增大流速更为有效。这一规律对流体无相变时的其他情况也大致适用。此外，理论和实践都证明，不断改变流体的流动方向，即使流速不大、Re 不高的情况下，也能得到较大的 α。

目前，在列管换热器中，为提高 α，通常采取如下具体措施：

对于管程，可采用多管程结构，使流速成倍增加，流动方向不断改变，湍动程度增大，从而大大提高了 α，但当程数增加时，流动阻力会随之增大，故需全面权衡。

对于壳程，也可采用多壳程结构，即装设纵向隔板，但限于制造、安装及维修上的困难，工程上一般不采用多程结构，而广泛采用圆缺形或圆盘形折流挡板。这样，不仅可以局部提高流体在壳程内的流速，而且迫使流体多次改变流向，从而强化了对流传热。

(2) 有相变对流传热　对于冷凝传热，α 的大小主要取决于液膜的厚度及冷凝液的物性。操作时除了及时排除不凝性气体外，还可以采取能促使液膜变薄的一些措施，以强化冷凝传热过程。

减小液膜厚度最直接的方法是从冷凝壁面的高度和布置方式入手。如在垂直壁面上开纵向沟槽，以减薄壁面上的液膜厚度；在壁面上安装金属丝或翅片，使冷凝液在表面张力的作用下流向金属丝或翅片附近集中，从而减薄壁面上的液膜厚度。由此提高冷凝传热系数。

对于沸腾传热，可设法使表面粗糙化，以提供更多的汽化核心；或在液体中加入如乙醇、丙酮等添加剂，以降低其表面张力，从而有效地提高给热系数 α。

二、总传热系数的理论计算

在换热器结构确定的前提下，传热系数 K 可用公式计算确定。计算公式可应用串联热阻叠加原理推导得出。

(一) 传热系数 K 计算式的推导

为方便推导，现假设热流体走换热器的管程，冷流体走壳程；则稳定传热时，间壁传热过程三阶段的传热速率应相等。分别写出三阶段的传热速率式：

热流体对管壁内侧的对流传热：

$$Q_i = \alpha_i S_i (T - T_w)$$

热量从管壁内侧传导至管壁外侧：

$$Q_m = \frac{\lambda}{\delta} S_m (T_w - t_w)$$

从管壁外侧对冷流体对流传热：

$$Q_o = \alpha_o S_o (t_w - t)$$

对于稳定传热：$Q = Q_i = Q_m = Q_o$，所以：

$$Q = \frac{T - T_w}{\dfrac{1}{\alpha_i S_i}} = \frac{T_w - t_w}{\dfrac{\delta}{\lambda S_m}} = \frac{t_w - t}{\dfrac{1}{\alpha_o S_o}} = \frac{T - t}{\dfrac{1}{\alpha_i S_i} + \dfrac{\delta}{\lambda S_m} + \dfrac{1}{\alpha_o S_o}}$$

式中，$(T-t)$ 即为冷、热流体的传热平均温度差 Δt_m，则上式可写成：

$$Q = \frac{\Delta t_m}{\dfrac{1}{\alpha_i S_i} + \dfrac{\delta}{\lambda S_m} + \dfrac{1}{\alpha_o S_o}} \tag{1-67}$$

将式 (1-67) 与传热基本方程式 $Q = KS\Delta t_m$，即 $Q = \dfrac{\Delta t_m}{\dfrac{1}{KS}}$ 对比，得：

$$\frac{1}{KS}=\frac{1}{\alpha_i S_i}+\frac{\delta}{\lambda S_m}+\frac{1}{\alpha_o S_o} \tag{1-68}$$

式中　K——总传热系数，$W/(m^2 \cdot K)$。

1. 传热面为平面时 *K* 的计算

当传热面为平面时，$S=S_i=S_m=S_o$，则式（1-68）可简化为：

$$\frac{1}{K}=\frac{1}{\alpha_1}+\frac{\delta}{\lambda}+\frac{1}{\alpha_2} \tag{1-69}$$

2. 传热面为圆筒壁时 *K* 的计算

传热面为圆筒壁时两侧的传热面积不等，此时，应先选取好传热基准面，再进行 K 值的计算。

以换热管的平均传热面积为基准面，则 $S=S_m$，式（1-68）可简化为：

$$\frac{1}{K_m}=\frac{1}{\alpha_i}\times\frac{S_m}{S_i}+\frac{\delta}{\lambda}+\frac{1}{\alpha_o}\times\frac{S_m}{S_o} \tag{1-70}$$

由于管壁面积可作如下计算：$S_m=\pi d_m l$，$S_i=\pi d_i l$，$S_o=\pi d_o l$，则式（1-70）可简化为：

$$\frac{1}{K_m}=\frac{1}{\alpha_i}\times\frac{d_m}{d_i}+\frac{\delta}{\lambda}+\frac{1}{\alpha_o}\times\frac{d_m}{d_o} \tag{1-71}$$

式中　K_m——以换热管的平均传热面积为基准的总传热系数，$W/(m^2 \cdot K)$；

d_m——换热管的对数平均直径，$d_m=(d_o-d_i)/\ln\frac{d_o}{d_i}$，m；

d_i，d_o——换热管的内径、外径，m。

同理，我们可以推导得到分别以换热管内表面和外表面为传热基准面的 K 值。

以换热管内表面为传热基准面：

$$\frac{1}{K_i}=\frac{1}{\alpha_i}+\frac{\delta}{\lambda}\times\frac{S_i}{S_m}+\frac{1}{\alpha_o}\times\frac{S_i}{S_o} \tag{1-72}$$

或

$$\frac{1}{K_i}=\frac{1}{\alpha_i}+\frac{\delta}{\lambda}\times\frac{d_i}{d_m}+\frac{1}{\alpha_o}\times\frac{d_i}{d_o} \tag{1-73}$$

以换热管外表面为传热基准面：

$$\frac{1}{K_o}=\frac{1}{\alpha_i}\times\frac{S_o}{S_i}+\frac{\delta}{\lambda}\times\frac{S_o}{S_m}+\frac{1}{\alpha_o} \tag{1-74}$$

或

$$\frac{1}{K_o}=\frac{1}{\alpha_i}\times\frac{d_o}{d_i}+\frac{\delta}{\lambda}\times\frac{d_o}{d_m}+\frac{1}{\alpha_o} \tag{1-75}$$

应予指出，在传热计算中，选择何种面积作为计算基准都是可以的，只要传热系数 K 与所选传热面积 S 相对应，结果完全相同。而在工程上，大多以外表面积作为基准，除特别说明外，通常手册中所列 K 值都是基于外表面积的数值。

对于薄层圆筒壁或筒径较大，即 $d_o/d_i<2$ 时，可近似认为 $d_m=d_i=d_o$，则式（1-70）～式（1-75）可以简化为平壁公式。工程上使用的换热器，大都属于这种情况。因此，作为平壁处理的传热系数计算式应用最广。

（二）污垢热阻

换热器在使用过程中，传热壁面常有污垢形成，对传热产生附加热阻，该热阻称为污垢热阻。通常，污垢热阻比传热壁面的热阻大得多，因而在传热计算中应考虑污垢热阻的影响。影响污垢热阻的因素很多，主要有流体的性质、传热壁面的材料、操作条件、清洗周期等。通常根据经验直接估计污垢热阻值，将其考虑在 K 中。

对于圆筒壁传热，则式（1-75）可写为：

$$\frac{1}{K_o}=\frac{1}{\alpha_i}\times\frac{d_o}{d_i}+R_{i,垢}\frac{d_o}{d_i}+\frac{\delta}{\lambda}\times\frac{d_o}{d_m}+R_{o,垢}+\frac{1}{\alpha_o} \tag{1-76}$$

式中　$R_{i,垢}$、$R_{o,垢}$——传热面内、外侧的污垢热阻，$m^2\cdot K/W$。

对于平壁传热：

$$\frac{1}{K}=\frac{1}{\alpha_i}+\frac{\delta}{\lambda}+\frac{1}{\alpha_o}+R_{i,垢}+R_{o,垢} \tag{1-77}$$

因垢层的厚度和热导率不好估算，有时工程上也常用其倒数 $1/R_{垢}=\alpha_{垢}$ [$kW/(m^2\cdot K)$] 来表示，$\alpha_{垢}$称为垢层系数。表 1-6 列出了一些常见流体的污垢热阻 $R_{垢}$的经验值。

为消除污垢热阻的影响，应定期清洗换热器。

表 1-6　常见流体的污垢热阻

流　体	$R_{垢}$/($m^2\cdot K/kW$)	流　体	$R_{垢}$/($m^2\cdot K/kW$)	流　体	$R_{垢}$/($m^2\cdot K/kW$)
水（>50℃）		气体		液体	
蒸馏水	0.09	空气	0.26～0.53	盐水	0.172
海水	0.09	溶剂蒸气	0.172	有机物	0.172
清洁的河水	0.21	水蒸气		熔盐	0.086
未处理的凉水塔用水	0.58	优质不含油	0.052	植物油	0.52
已处理的凉水塔用水	0.26	劣质不含油	0.09	燃料油	0.172～0.52
已处理的锅炉用水	0.26	往复机排出	0.176	重油	0.86
硬水、井水	0.58			焦油	1.72

（三）提高总传热系数途径的分析

式（1-77）表明，间壁两侧流体间传热的总热阻等于两侧流体的对流传热热阻、污垢热阻及管壁热传导热阻之和。若传热壁为金属，壁厚很薄，且忽略管壁热阻和污垢热阻，此时，式（1-77）可简化为：

$$\frac{1}{K}=\frac{1}{\alpha_i}+\frac{1}{\alpha_o} \tag{1-78}$$

若 $\alpha_i<\alpha_o$，则上式可写成 $K=\dfrac{\alpha_i}{\dfrac{\alpha_i}{\alpha_o}+1}$，由于分母 $\dfrac{\alpha_i}{\alpha_o}+1>1$，则 $K<\alpha_i$。由此可以得出结论：K 值比α_i和α_o中的任何一项都要小。

若 $\alpha_i\ll\alpha_o$，则：$\dfrac{\alpha_i}{\alpha_o}+1\approx1$，$K\approx\alpha_i$。因此，可以得出结论：当壁面两侧的传热膜系数 α 相差很大时，传热系数 K 接近于其中的较小者。

因此，要提高传热系数，关键在于提高 α 中的较小者。在依据传热速率式 $Q=KS\Delta t_m$ 计算传热速率时，式中的 S 可以用α 较小一则的传热面积计算，这样更安全。

例 1-11　有一用 ϕ25mm × 2.5mm 无缝钢管制成的列管换热器，$\lambda=46.5W/(m\cdot K)$，管内通以冷却水，$\alpha_i=400W/(m^2\cdot K)$，管外为饱和水蒸气冷凝，$\alpha_o=10000W/(m^2\cdot K)$，忽

略污垢热阻。试计算：（1）该换热器的传热系数 K；（2）将 α_i 提高一倍（其他条件不变）后的 K 值；（3）将 α_o 提高一倍（其他条件不变）后的 K 值；（4）这个例题的计算说明了什么？

解 由于壁面较薄，可近似按平壁计算。

（1）由式（1-69）：

$$K=\frac{1}{\frac{1}{\alpha_i}+\frac{\delta}{\lambda}+\frac{1}{\alpha_o}}=\frac{1}{\frac{1}{400}+\frac{0.0025}{46.5}+\frac{1}{10000}}$$

$$=\frac{1}{0.0025+0.000054+0.0001}=376.8[\mathrm{W/(m^2 \cdot K)}]$$

（2）将 α_i 提高一倍（其他条件不变）后的 K 值，$\alpha_i'=800\mathrm{W/(m^2 \cdot K)}$

$$K'=\frac{1}{\frac{1}{800}+0.000054+0.0001}=712.3[\mathrm{W/(m^2 \cdot K)}]$$

（3）将 α_o 提高一倍（其他条件不变）后的 K 值，$\alpha_o''=20000\mathrm{W/(m^2 \cdot K)}$

$$K''=\frac{1}{0.0025+0.000054+\frac{1}{20000}}=384[\mathrm{W/(m^2 \cdot K)}]$$

（4）通过这个例题的计算，证明上述两个结论是正确的。当壁面两侧的传热膜系数 α 相差很大时，传热系数 K 接近其中的较小者，要提高传热系数以提高较小侧的 α 更为有效。

例 1-12 当例 1-11 中的换热器使用一段时间后形成了垢层，试计算该换热器在考虑有污垢热阻时的传热系数 K 值。

解 根据表 1-6 所列数据，取水的污垢热阻 $R_{i,垢}=0.58\mathrm{m^2 \cdot K/W}$，水蒸气的 $R_{o,垢}=0.09\mathrm{m^2 \cdot K/W}$。则由式（1-77）有：

$$K'''=\frac{1}{\frac{1}{\alpha_i}+\frac{\delta}{\lambda}+\frac{1}{\alpha_o}+R_{i,垢}+R_{o,垢}}$$

$$=\frac{1}{\frac{1}{400}+0.00058+\frac{0.0025}{46.5}+0.00009+\frac{1}{10000}}=300.8[\mathrm{W/(m^2 \cdot K)}]$$

由于污垢层的影响，使传热系数下降：

$$\frac{K-K'''}{K}\times 100\%=\frac{376.8-300.8}{376.8}\times 100\%=20.2\%$$

通过本例的计算说明，垢层的存在大大降低了传热速率。因此，在实际生产中，应该尽量减缓垢层的形成并及时清除污垢。

三、强化传热的途径

所谓强化传热，就是设法提高换热器的传热速率。从传热基本方程 $Q=KS\Delta t_m$ 可以看出，增大传热面积 S、提高传热推动力 Δt_m 以及提高传热系数 K 都可以达到强化传热的目的，但是，究竟从哪一方面着手实际效果更好，应作具体分析。

（一）增大传热面积

增大传热面积，可以提高换热器的传热速率。但增大传热面积不能靠增大换热器的尺寸来实现，而是要从设备的结构入手，提高单位体积的传热面积。工业上往往通过改进传热面的结构来实现。目前已研制出并成功使用了多种高效能传热面，它不仅使传热面得到充分的扩展，而且还使流体的流动和换热器的性能得到相应的改善。现介绍几种主要形式。

1. 翅化面（肋化面）

用翅（肋）片来扩大传热面积和促进流体的湍动从而提高传热效率，是人们在改进传热面进程中最早推出的方法之一。翅化面的种类和形式很多，用材广泛，制造工艺多样，前面讨论的翅片管式换热器、板翅式换热器等均属此类。装于管外的翅片有轴向的、螺旋形的与径向的，见图 1-53 的（a）、（b）、（c）。除连续的翅片外，为了增强流体的湍动，也可在翅片上开孔或每隔一段距离令翅片断开或扭曲［图 1-53 的（d）、（e）］。必要时还可采用内、外都有翅片的管子。翅片结构通常用于传热面两侧传热系数小的场合，对气体换热尤为有效。

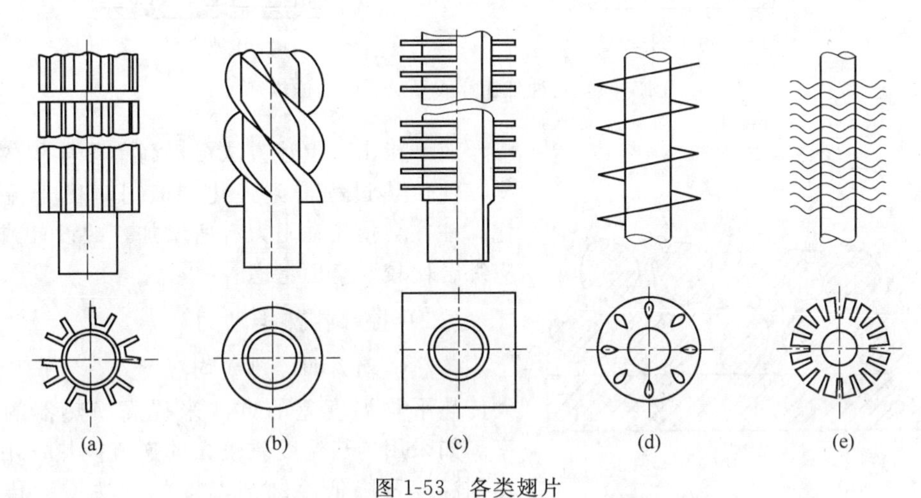

图 1-53　各类翅片

2. 异形表面

用轧制、冲压、打扁或爆炸成型等方法将传热面制成各种凹凸形、波纹形、扁平状等，使流道截面的形状和大小均发生变化。这不仅使传热表面有所增加，还使流体在流道中的流动状态不断改变，增加扰动，减少边界层厚度，从而促使传热强化。强化传热管就是管壳式换热中常用的结构，如图 1-54 所示的几种带翅片或异形表面的传热管，便是工程上在列管换热器中经常使用的高效能传热管，它们不仅使传热表面积有所增加，同时加强了流体的湍动程度，有效增大了 α，也使传热速率显著提高。

3. 多孔物质结构

将细小的金属颗粒烧结或涂覆于传热表面或填充于传热表面间，以实现扩大传热面积的目的。其结构如图 1-55 所示。表面烧结法制成的多孔层厚度一般为 0.25～1mm，空隙率为 50%～65%，孔径为 1～150μm。这种多孔表面，不仅增大了传热面积，还改善了换热状况，对于沸腾传热过程的强化特别有效。

4. 采用小直径管

在管式换热器设计中，减少管子直径，可增加单位体积的传热面积，这是因为管径减小，可以在相同体积内布置更多的传热面，使换热器的结构更为紧凑。据推算，在壳径为 1000mm 以下的管壳式换热器中，把换热管直径由 ϕ25mm 改为 ϕ9mm，传热面积可增加 35%以上。另一方面，减少管径后，使管内湍流换热的层流内层减薄，有利于传热的强化。

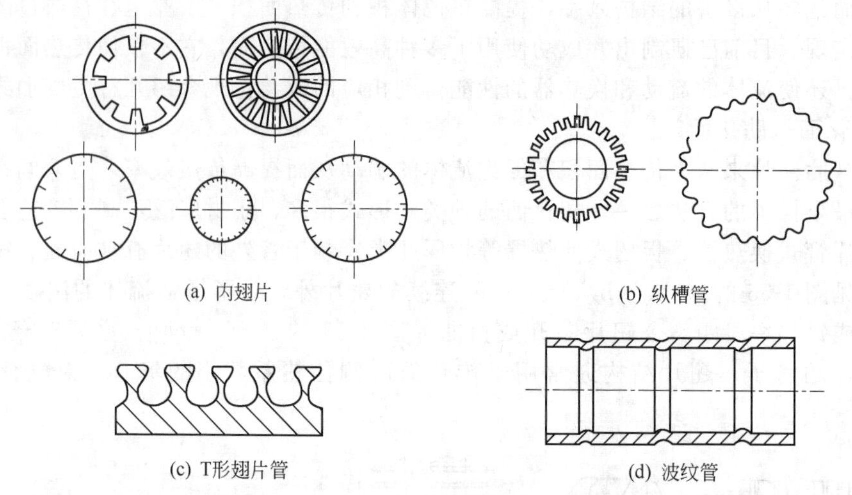

图 1-54　几种带翅片或异形表面的传热管

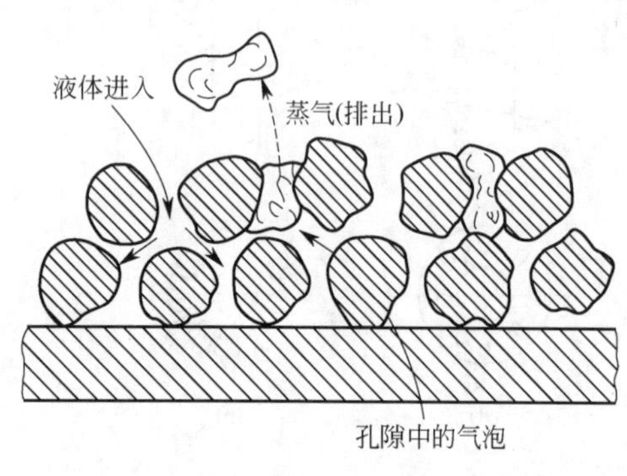

图 1-55　多孔表面

应予指出，上述方法可提高单位体积的传热面积，使传热过程得到强化。但同时由于流道的变化，往往会使流动阻力有所增加，故设计或选用时应综合比较，全面考虑。

（二）提高传热推动力

传热推动力即传热平均温度差。生产中常用增大传热平均温度差的方法来提高换热器的传热速率。如采用传热温度差较大的逆流换热，用提高加热剂温度及降低冷却剂温度的方法增大传热温差等。但传热平均温度差的大小是由两流体的进、出温度大小及相对流向决定的。一般来说，物料的温度由工艺条件所决定，不能随意变动，而加热剂或冷却剂的温度，可以通过选择不同介质和流量加以改变。但需要注意的是，改变加热剂或冷却剂的温度，必须考虑到技术上的可行性和经济上的合理性。要提高加热蒸汽温度，其压力也随之增大，必然对设备提出更高的要求，总的说来并不经济；降低冷却水初温和增大其流量可以降低出口温度、增大温度差，但却受到气候、水源及操作费用等经济上的制约。总的来说，要提高传热推动力，必须从客观条件、经济效益、节约资源和环境保护等多方面全面考虑决定。

（三）提高传热系数

增大传热系数以提高换热器传热速率的方法是最具潜力的途径。由传热系数的关系式可知，增大传热系数，实际上就是降低换热器的总热阻。由平壁 K 值计算式：

$$K=\frac{1}{\frac{1}{\alpha_i}+\frac{\delta}{\lambda}+\frac{1}{\alpha_o}+R_{i,垢}+R_{o,垢}}$$

可以看出，要提高 K 值，必须降低总热阻，减小各项分热阻，或者说必须设法提高 α_i、α_o 和 λ，降低 δ 和 $R_{垢}$。一般来说，在金属换热器中，换热间壁壁厚 δ 较小且热导率 λ 较大，这样，提高壁面两侧的 α 及减小污垢热阻 $R_{垢}$ 便成为主要问题。前已述及，当壁面两侧的 α 相差较大时，要提高 K 以提高较小侧的 α 更为有效；而当壁面两侧的 α 相近时，则应考虑同时提高壁面两侧的α。根据对流传热的过程分析，对流传热的热阻主要集中在靠近管壁处的层流内层里，因此，要提高α及K，必须减薄层流内层的厚度。针对以上的分析，为提高K值，可采取的具体措施如下。

1. 增加流体流动的湍流程度

增加流体流动的湍动程度，可有效提高流体的α值，具体方法有两个。

（1）加大流体的流速　例如，在列管换热器内可采取增加管、壳程数，在夹套式换热器内增加搅拌，这些都可以增加流速，并增加流体的湍动程度。但必须考虑由于流速增加引起的流体阻力增大，以及设备结构复杂、清洗和检修等困难。

（2）增加流体的人工扰动以减薄层流底层　例如采用螺旋板式换热器，采用各种异形管或在管内加麻花铁、螺旋圈或金属卷片等添加物，采用波纹状或粗糙的换热面等都可提高对流传热强度。在列管式换热器的壳程中安装折流挡板，使流体流动方向不断改变，是提高壳程对流系数的重要方法。

2. 尽量采用有相变的流体

从前述可知，流体有相变时的对流传热系数远大于无相变时的对流传热系数。因此，在满足工艺条件的前提下，应尽可能采用相变传热。冷凝传热时，应尽量使蒸汽在滴状冷凝下进行，或采取一些有效措施（如在垂直管外挂设金属线或开纵槽等）可促使冷凝液迅速流下，使得冷凝膜系数显著提高。

3. 尽量采用热导率大的载热体

一般热导率与比热容较大的流体，其对流传热系数也较大。如空气冷却器用水冷却后，传热效果大大提高。

4. 减小垢层热阻

从前面的例题可以看出，污垢的存在将使传热系数大大降低。对于刚投入使用的换热器，污垢热阻很小，可不予考虑，但随着使用时间的增加，垢层逐渐增厚，使其成为阻碍传热的主要因素。因此，防止换热器管壁的结垢和对换热器进行定期清洗、除垢，也是强化传热的重要途径。

5. 在气流中喷入液滴

在气流中喷入液滴能强化传热，其原因是液雾改善了气相放热强度低的缺点，当气相中液雾被固体壁面捕集时，气相换热变成了液膜换热，液膜表面蒸发传热强度极高，因而使传热得到强化。

显然，以上讨论的强化传热的途径和方法是多方面的，在采用各种方法和措施企求提高传热速率的同时，必须权衡由此带来的诸如经济效益、能源消耗、设备结构、清洗检修等多方面问题而加以综合考虑。如通过提高流速，增加流体扰动以强化传热的同时，都伴随着流动阻力的增加。

任务实施

一、换热器选型方案的确定

换热器可选用或设计，一般应根据换热任务的需要尽量选用系列标准产品。具体选用与设计时，应遵循“满足工艺和操作上的要求，确保生产安全，尽可能节省操作费用和设备费用”的原则。主要包括以下几个方面：①换热器形式的选择；②加热剂（或冷却剂）的选择；③流体流动空间的选择；④流体流向的选择；⑤流体流速的选择；⑥流体两端温度的确定。上述①～④已在本项目任务一中阐述，这里仅⑤和⑥作说明。

1. 流体流速的选择

流体在换热器中的流速大小，直接影响膜系数 α、传热系数 K 或传热面积 S 的大小。流速大，则 α 大、K 大，可减小传热面积，但阻力也随之增大，动力消耗增大，所以适宜的流速要通过经济核算才能确定。在选择流速时，还要考虑结构上的要求，如流速与管数、管长、管程数的关系等。流速的选择也与管、壳程数的确定相关。表 1-7～表 1-9 列出了常见流体的流速范围，可供参考。

表 1-7　列管换热器中常用的流速范围

流体的种类		一般液体	易结垢液体	气　体
流速/(m/s)	管程	0.5～3	>1	5～30
	壳程	0.2～1.5	>0.5	3～15

表 1-8　列管换热器中易燃、易爆液体的安全允许流速

液体名称	乙醚、二硫化碳、苯	甲醇、乙醇、汽油	丙　酮
安全允许流速/(m/s)	<1	<2～3	<10

表 1-9　列管换热器中不同黏度液体的最大流速

液体黏度/mPa·s	>1500	1500～500	500～100	100～35	35～1	<1
最大流速/(m/s)	0.6	0.75	1.1	1.5	1.8	2.4

2. 流体两端温度的确定

通常，换热器内被加热流体和被冷却流体的进、出口温度由工艺条件决定，但对加热剂或冷却剂来说，其进、出口温度则需在设计时根据具体情况确定。

为保证换热器能满足不同气候条件下的工艺要求，确定加热剂和冷却剂的进口温度时应分别考虑当地冬季和夏季的气温条件；而加热剂和冷却剂的出口温度则要根据具体情况才能确定。若综合利用系统流体作加热剂（或冷却剂），因流量、入口温度确定，故可由热量衡算直接求其出口温度。当用蒸汽作加热剂时，为加快传热速率，可控制为恒温冷凝过程；蒸汽加热温度的确定要考虑蒸汽的来源、锅炉的压力等。在用水作冷却剂时，水的出口温度则应综合考虑水源、水温、传热推动力及换热器的传热面积等因素确定。如为了节省用水，可使水的出口温度高些，同时也可节约动力消耗费用，但提高水的出口温度，会使传热温差下降，即所需传热面积加大；反之，为了减小传热面积，就需要增大水量。两者相互矛盾。一般控制冷却水的进、出口温度差在 5～10℃。缺水地区可选用较大温差，水源丰富地区，选用较小温差。

二、列管换热器的工艺结构设计及校核

1. 管子的排列及规格选择

（1）管子排列方式　传热管在管板上的排列有三种基本形式，即正三角形、正四边形和同心圆排列。传热管的排列应使其在整个换热器圆截面上均匀而紧凑地分布，同时还要考虑

流体性质、管箱结构及加工制造等方面的问题。目前设计中用得较多的是正三角形和正方形排列法，其中又分转角正三角形和转角正方形排列，如图 1-56 所示。

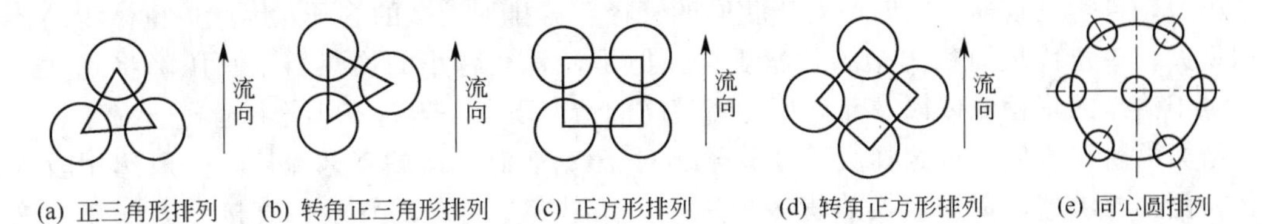

图 1-56　管子在管板上的排列方式

采用正三角形排列，可在一定的管板面积上配置较多的管子数，且管心距相等，在管板加工时便于画线与钻孔，故应用较为普遍。但管外不易进行机械清洗，流体阻力也较大，适用于壳程流体清洁，不易结垢或污垢可用化学方法清洗的场合。固定管板式换热器多采用此类排列方式。

采用正方形排列，则在一定的管板面积上可排列的管子数量少，故管外易于进行机械清洗，所以适用于管束能抽出清洗管间的场合。此排列法在浮头式和填料函式换热器中用得较多。若将正方形排列的管束旋转 45°安装，可适当提高壳程对流传热系数。

在小直径换热器中，还可采用同心圆排列法，这种排列法比较紧凑，且靠近壳体的地方布管均匀。在小直径的换热器中，按此法在管板上布置的管数比按正三角形排列的还多。

除了上述三种排列方法外，也可采用组合的排列方法，例如在多程的换热器中，每一程中都采用三角形排列法，而在各程之间，为了便于安排隔板，则采用正方形排列法。如图 1-57 所示。

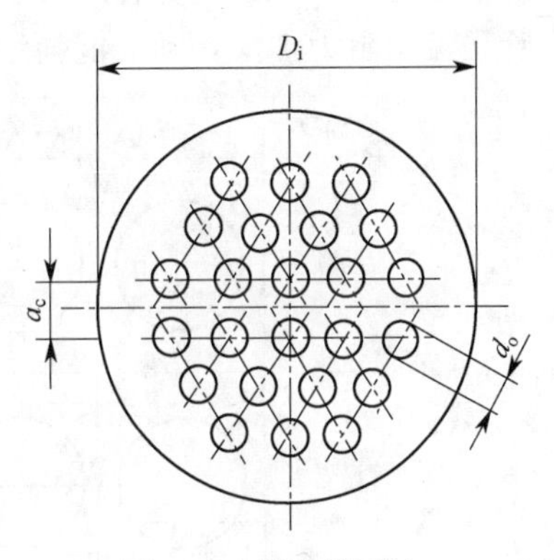

图 1-57　组合排列法

(2) 管心距　管板上相邻两管中心的距离称管心距(或管间距)，常用 a 表示。管心距取决于管板的强度、清洗管子外表面时所需的空隙以及传热管和管板的连接方式等。当管子采用焊接法固定时，如果相邻两管的焊缝太近，就会互相受到影响，难以保证焊接质量。当采用胀接法固定时，过小的管心距会造成管板在胀接时由于挤压力的作用而发生变形，失去管子与管板之间的连接力。此外，管心距过小会使流体阻力增大；反之，管心距过大则管束所占体积过大，设备不紧凑。

根据实践经验，管心距一般取管外径的 1.25～1.5 倍。焊接法取 $a=1.25d_o$（d_o为管子外径），胀接法取 $a=(1.3\sim1.5)d_o$，但最小管心距不能小于（d_o+6）mm。管束最外层管子的中心与壳体内表面的距离不应小于（$d_o/2+10$）mm。

当两管程间有分程隔板时，分程隔板两侧相邻管子的管心距 a_c（图 1-57 所示）按表 1-10 选取。表 1-10 列出了常用传热管布置的管心距。

表 1-10　常用管心距

管外径 d_o/mm	19	25	32	38
管心距 a/mm	25	32	40	48
各程相邻的管心距 a_c/mm	38	44	52	60

(3) 管子规格　管子的规格包括管径和管长。目前我国试行的列管换热器标准系列中最常用的有 $\phi25\times2.5$（或 $\phi25\times2$）及 $\phi19\times2$ 两种规格的管子。小直径的管子可以承受更大的压力，且管壁较薄，同时，对于相同的管径，可排列较多的管子，因此单位体积的传热面积更大，单位传热面积的金属耗量更少。但是，管径越小的换热器，其压降将越大。因此，对于洁净的管程流体以及允许压力降较高的情况下，一般选择小管径管子。对于不洁净或易结垢的管程流体，可选择大管径管子。对于气-液混合流的工艺流体，一般选用较大的管径，例如再沸器、锅炉、换热管多采用 ϕ32mm，ϕ51mm 的管径，直接受火加热的换热管多采用 ϕ76mm 的管径。

管长的确定则以便于安装、清洗和合理使用管材为原则。我国生产的标准钢管长度为 6m，故系列标准中管长有 1.5m、2.0m、3.0m、4.5m、6.0m 和 9.0m 六种，其中 3.0m 和 6.0m 最为常见。此外，管长选择还应使管长 L 和壳径 D 的比例适当，一般 L/D 为 4～6。

2. 管程数和壳程数的确定

(1) 管程数的确定　为了提高管内流速及增大管内对流传热系数，可将管束分程（即采用多管程）。常用的为 1、2、4 或 6 管程，管束分程的方案参见图 1-58 所示。尽管管程数增加，可使管内流速增大、传热膜系数也增加，但管内流速要受到管程压力降等的限制，同时程数不宜太多，否则分程隔板本身占去相当大的布管用的面积，易在壳程中形成旁路，导致管程流动阻力加大，动力能耗增大，而且会使平均温差下降，影响传热。

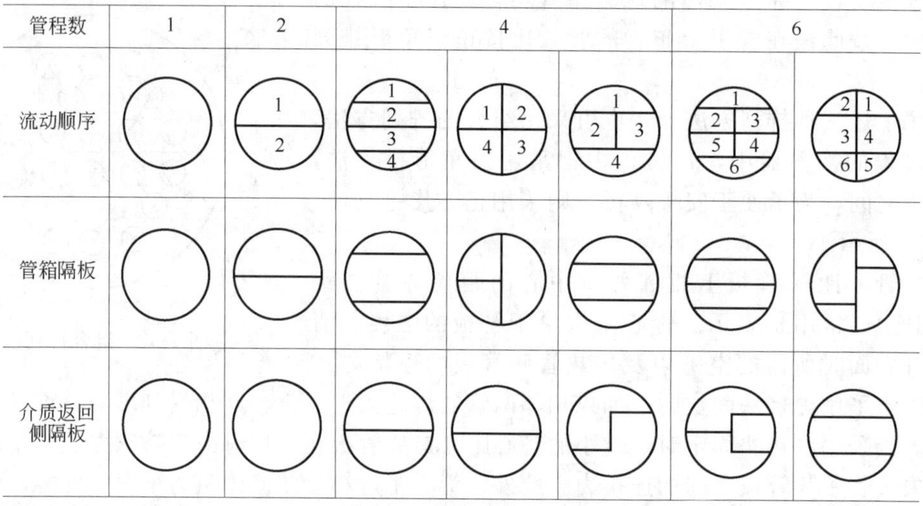

管程数	1	2	4			6	
流动顺序		1 2	1 2 3 4	1 2 4 3	1 2 3 4	1 2 3 5 4 6	2 1 3 4 6 5
管箱隔板							
介质返回侧隔板							

图 1-58　管束分程布置方案图

采用多程时，通常应使每程的管子数相等。管程数 N_p 可按下式计算：

$$N_p=\frac{u}{u'} \tag{1-79}$$

式中　u—— 选取的管程内流体的适宜速度，m/s；

u'——按单管程计算的流体速度，m/s。

u' 按下式计算：

$$u'=\frac{4q_V}{\pi d_i^2 n} \tag{1-80}$$

式中　q_V——管程流体的体积流量，m^3/s；

n——单程管数；

d_i——管子内径，m。

(2) 壳程数的确定　当温度差校正系数 $\phi_{\Delta t}<0.8$ 时，应采用壳方多程。壳方多程可通过安装与管束平行的隔板来实现，流体在壳内流经的次数称壳程数。但由于纵向隔板在制造、安装和检修方面都很困难，故一般不宜采用。常用的方法是将几个换热器串联使用，以代替壳方多程，例如，当需两壳程时，可将总管数分为两部分，分别装在两个内径相等，但直径较小的两个壳体中，然后把两个换热器的壳程串联起来，就相当于两壳程，如图 1-59 所示。

3. 折流挡板与支持板

为提高壳程流体的给热系数，需设置折流挡板。折流板可以改变壳程流体的方向，使其垂直于管束流动，并提高流速，增加流体流动的湍流程度，从而提高壳程流体的对流传热系数，获得较好的传热效果。折流板同时兼有支承传热管，防止产生振动的作用。

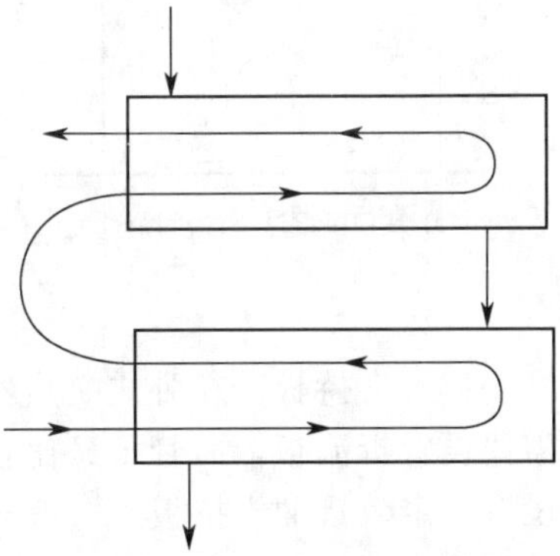

图 1-59　串联管壳式换热器的示意图

(1) 折流板　在本项目任务一已示出了各种挡板的形式。主要有圆缺形（弓形）折流板、盘环形折流板等，其中最常用的为圆缺形（弓形）折流板。

圆缺形折流板可分为横缺形、竖缺形和阻液形三种，如图 1-60 所示。横缺形折流板是水平装配的，可造成流体的强烈扰动，传热效果好，适用于无相变的对流传热。竖缺形折流板是垂直装配的，主要用于卧式冷凝器、再沸器等有相变的场合或流体中带有固体颗粒的场合，以利于冷凝器中的不凝性气体和冷凝液的排放。阻液形折流板由于下部有一个液封区，可以用于带有冷却的冷凝操作。

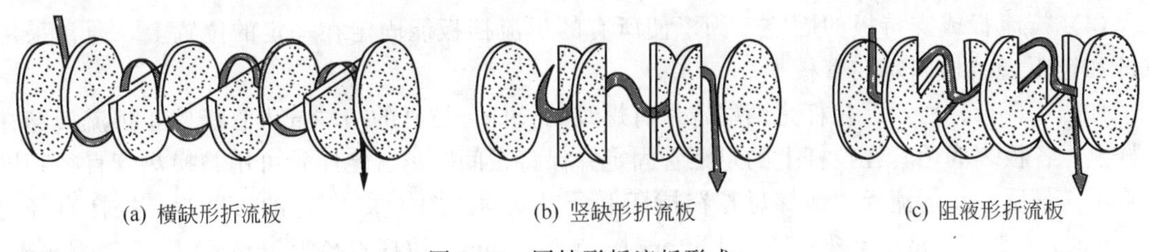

(a) 横缺形折流板　(b) 竖缺形折流板　(c) 阻液形折流板

图 1-60　圆缺形折流板形式

圆缺形挡板的弓形缺口过大或过小都不利于传热，还往往会增加流动阻力。因此，通常切去的弓形高度为外壳内径的 10%～40%，一般取 20%～25%。

盘环形折流板（图 1-61）允许通过的流量大，压降小，但传热效率不如圆缺形折流板，因此这种折流板多用于要求压降小的情况。

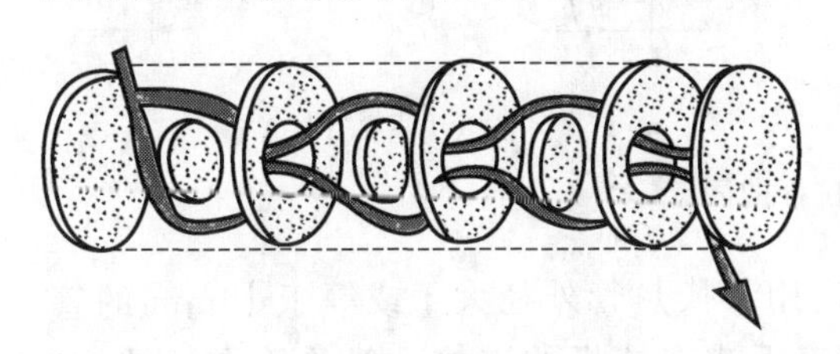

图 1-61　盘环形折流板

(2) 折流板间距　折流板的间距影响到壳程流体的流向和流速，从而影响到传热效率。板间距过大，壳程流体难以垂直流过管束，致使壳程给热系数下降；板间距过小，不便于制造和检修，阻力也较大。一般取板间距为壳体直径的 0.2～1.0 倍，且不得小于 50mm。由于折流板有支撑管子的作用，所以，钢管无支撑板的最大折流板间距为 $171d_o^{0.74}$（d_o为管外径，单位为 mm）。如果必须增大折流板间距，就应另设支撑板。若管材是铜、铝或者它们的合金材料时，无支撑的最大间距应为$150d_o^{0.74}$。我国系列标准中采用的板间距为：固定管板式有100mm、150mm、200mm、300mm、450mm、600mm和700mm七种；浮头式有100mm、150mm、200mm、250mm、300mm、350mm、450mm（或480mm）和600mm八种。

挡板弓形缺口及板间距对流体流动的影响如图1-62所示。

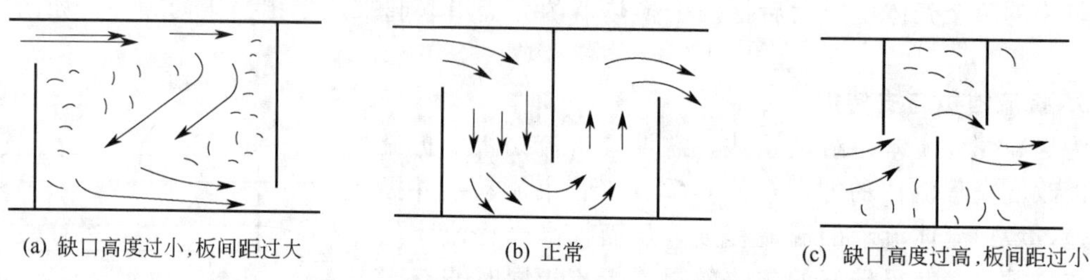

图1-62　挡板弓形缺口高度及板间距的影响

(3) 支持板　在卧式换热器内设置折流板，既起折流作用又起支撑作用，但当工艺上不需要设置折流板，而管子又比较细长时，为了防止管子弯曲变形、振动以及便于安装，仍要设置一定数量的支持板。一般支持板多做成圆缺形状，与弓形折流板相同，其圆形缺口高度一般是壳体内径的40%～45%。支持板的最大间距与管子直径和管壁温度有关，也不得大于传热管的最大无支撑跨距，换热器在其允许使用温度范围内的最大无支撑跨距见表1-11。

表1-11　最大无支撑跨距

换热管外径 d_o/mm	10	14	19	25	32	38	45	57
最大无支撑跨距/mm	800	1100	1500	1900	2200	2500	2800	3200

(4) 折流板或支持板的固定　为了使所有的折流挡板能固定在一定的位置上，通常采用拉杆和定距管结构固定在管板上。

如图1-63(a)所示。拉杆是两端皆带有螺纹的长杆，拉杆的一端拧入管板中，折流板穿在拉杆上，各板之间用套在拉杆上的定距管固定并保持板间距离。定距管可用与换热管直径相同的管子。最后一块折流板用两螺母拧在拉杆上予以紧固。图1-63中l_2的长度为：拉杆直径为10mm时，$l_2>13$mm；拉杆直径为12mm时，$l_2>15$mm；拉杆直径为16mm时，$l_2>20$mm。

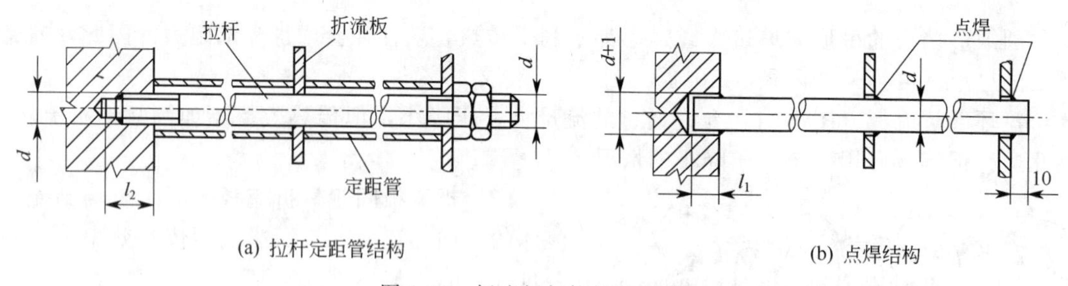

图1-63　折流板与拉杆的固定

图1-63(a)所示的拉杆定距管的结构形式，适用于换热管外径大于或等于19mm的管束。换热管外径小于或等于14mm时，拉杆与折流板或支持板的连接一般采用点焊结构，如图1-63(b)所示，拉杆一端插入管板并与管板焊接，每块折流板与拉杆点焊固定。图中l_2的长度应大于等于拉杆的直径。

折流板和拉杆的固定形式除图 1-63 所示外，还有其他的连接形式，可查有关资料。折流板外径与壳体内壁的间隙越小，壳程流体由此泄漏的量越少，即减少了流体的短路，使传热系数提高。但间隙过小，制造安装困难，故此间隙要求适宜。

换热器的拉杆直径和数量可按表 1-12 和表 1-13 选用。拉杆应尽量均布在管束外缘，靠近折流板缺边位置处。在保证大于或等于所给定的拉杆总截面积的前提下，拉杆直径和数量可以变动，但其直径不得小于 10mm，数量不少于 4 根。

表 1-12　拉杆直径

换热管直径 d_o/mm	$10 \leqslant d_o \leqslant 14$	$14 \leqslant d_o \leqslant 25$	$25 \leqslant d_o \leqslant 57$
拉杆直径 d/mm	10	12	16

表 1-13　拉杆数量

公称直径 DN/mm 拉杆直径 d/mm	<400	≥400～<700	≥700～<900	≥900～<1300	≥1300～<1500	≥1500～<1800	≥1800～<2900
10	4	6	10	12	16	18	24
12	4	4	8	10	12	14	18
16	4	4	6	6	8	10	12

4. 外壳直径的确定

换热器壳体的内径应等于或稍大于（对浮头式换热器而言）管板的直径。根据实际管数、管径、管中心距及管子的排列方法等，可用作图法确定壳体的内径。但是，当管数较多又要反复计算时，用作图法就太麻烦。一般在初步设计一换热器时，可先分别选定两流体的流速，然后计算所需的管程和壳程的流通截面积，于系列标准中查出外壳的直径。待全部设计完成后，仍应用作图法画出管子排列图。为了使管子排列均匀，防止流体走“短流”，可以适当增减一些管子。

在初步设计中，也可用下式计算壳体的内径：

$$D=t(n_c-1)+2b' \tag{1-81}$$

式中　D——壳体内径，m；

t——管中心距，m；

n_c——横过管束中心线的管数；

b'——管束中心线上最外层管子中心至壳体内壁的距离，一般取 $b'=(1\sim1.5)d_o$，m。

n_c值可由下面公式估算。

管子按正三角形排列：

$$n_c=1.1\sqrt{n} \tag{1-82}$$

管子按正方形排列：

$$n_c=1.19\sqrt{n} \tag{1-83}$$

式中　n——换热器的总管数。

按上述方法计算得到的壳内径应圆整到系列中规定的标准尺寸，其标准尺寸见表 1-14。

表 1-14　壳体标准尺寸

壳体外径/mm	325	400，500，600，700	800，900，1000	1100，1200
最小壁厚/mm	8	10	12	14

5. 流体通过换热器的阻力（压力降）计算

列管式换热器是一局部阻力装置，其阻力包括管程阻力和壳程阻力两部分。换热器中流体流动阻力的大小直接影响动力的消耗。当流动阻力过大时，有可能导致系统流量低于工艺规定的流量要求。对选用合理的换热器而言，管、壳程流体的压力降一般应控制在：液体为10～100kPa，气体为1～10kPa。

（1）管程压力降　管程阻力可按一般阻力公式计算。对于多管程换热器，其阻力等于各程直管阻力、回弯阻力及进出口阻力之和。进出口阻力较小，一般可忽略不计。因此，管程总阻力的计算式为：

$$\Sigma\Delta p_i=(\Delta p_1+\Delta p_2)F_t N_s N_p \tag{1-84}$$

式中　Δp_1——因直管摩擦阻力引起的压力降，Pa；

Δp_2——因回弯管阻力引起的压力降，Pa；

F_t——管程结垢校正系数，对ϕ25mm × 2.5mm的管子取1.4，对ϕ19mm × 2mm的管子取1.5；

N_s——串联的壳程数；

N_p——管程数。

Δp_i按流体在直管中流动的阻力公式计算，即

$$\Delta p_1=\lambda\frac{l}{d_i}\times\frac{\rho u_i^2}{2} \tag{1-85}$$

回弯管阻力由下面经验式估算：

$$\Delta p_2=3\times\frac{\rho u_i^2}{2} \tag{1-86}$$

式中　λ——摩擦系数，可由λ-Re关系图中查得；

l——管子的长度，m；

d_i——管内径，m；

u_i——管程流速，m/s；

ρ——流体密度，kg/m³。

（2）壳程压力降　由于壳程流体的流动状况较为复杂，计算压力降的方法较多，用不同的公式计算结果往往相差较大。下面是较通用的埃索计算公式：

$$\Sigma\Delta p_o=(\Delta p_i'+\Delta p_o')F_s N_s \tag{1-87}$$

式中

$$\Delta p_i'=Ff_o n_c(N_B+1)\frac{\rho u_o^2}{2} \tag{1-88}$$

$$\Delta p_o'=N_B\left(3.5-\frac{2h}{D}\right)\frac{\rho u_o^2}{2} \tag{1-89}$$

式中　$\Delta p_i'$——流体横过管束的压力降，Pa；

$\Delta p_o'$——流体通过折流挡板缺口的压力降，Pa；

F_s——壳程结垢校正系数，对于液体：$F_s=1.15$，对于气体或蒸气：$F_s=1.0$；

F——管子排列方式对压降的校正系数，对正三角形排列：$F=0.5$，对转角正方形排列：$F=0.4$，对正方形排列：$F=0.3$；

f_o——壳程流体的摩擦系数，当$Re_o>500$时，$f_o=5.0Re_o^{-0.228}$，其中$Re_o=d_o u_o\rho/\mu$；

d_o——管外径，m；

u_o——按壳程流通截面积S'计算的流速，m/s，而$S'=h(D-n_c d_o)$；

n_c——横过管束中心线的管子数；

N_B——折流挡板数；

h——折流板间距，m；

D——换热器壳体内径，m。

三、列管式换热器的选型计算一般步骤

1. 估算传热面积，初选换热器型号

(1) 依据换热任务，从能量综合利用的原则出发，选择合适的加热剂或冷却剂，并确定两流体在换热器中的流动通道。

(2) 根据传热任务，计算热负荷（传热量）。

(3) 确定流体在换热器两端的温度，计算定性温度，并查定或计算流体的物性。

(4) 根据两流体的温度差，确定换热器类型。

(5) 计算平均温度差：先按单壳程多管程计算，如果温差校正系数 $\phi_{\Delta t}<0.8$，应增加壳程数。

(6) 依据总传热系数的经验范围或生产实际情况，选取总传热系数。

(7) 由 $Q=K_oS_o\Delta t_m$ 估算传热面积，并确定换热器的基本尺寸或按系列标准选择设备规格。

2. 计算管程、壳程阻力

根据初选的设备规格，计算管、壳程的流速和阻力。检查结果是否合理和满足工艺要求。若不符合要求，再调整管程数和折流板间距，或选择另一型号的换热器，重新计算管、壳程阻力，直至满足要求为止。

3. 核算总传热系数和传热面积

计算管程、壳程的对流传热系数，确定管壁两侧的污垢热阻，计算总传热系数和传热面积。选用的换热器的实际传热面积应比计算所需的传热面积大10%～25%，否则需重设 K 值，重新进行核算，直至符合要求为止。

例 1-13 某化工厂欲用原油将12500kg/h的柴油从175℃冷却到130℃，原油的进、出口温度分别为70℃和110℃。试选择合适型号的列管式换热器。假设管壁热阻和热损失可以忽略。定性温度下流体物性列于表1-15中。

表 1-15 例 1-13 中定性温度下流体的物性参数

项　目	密度/(kg/m³)	比热容/[kJ/(kg·℃)]	黏度/Pa·s	热导率/[W/(m·℃)]
柴油	715	2.48	6.4×10^{-4}	0.133
原油	815	2.2	6.65×10^{-3}	0.128

解 (1) 估算传热面积，初选换热器的型号

① 确定两流体的流动空间。由题意可知：两流体均不发生相变的传热，根据两流体的情况，原油的黏度较大，故选择原油走管外，柴油走管内。

② 计算热负荷和原油流量。以柴油需要放出的热量为热负荷：

$$Q=W_h c_{ph}(T_1-T_2)=\frac{12500}{3600}\times2.48\times10^3\times(175-130)=3.875\times10^5(\text{W})$$

原油的流量可由热量衡算求得：

$$W_c=\frac{Q}{c_{pc}(t_2-t_1)}=\frac{3.875\times10^5}{2.2\times10^3\times(110-70)}=4.40(\text{kg/s})$$

③ 计算两流体的平均温度差。暂按单壳程、多管程进行计算。先求逆流时平均温度差：

$$\Delta t'_m=\frac{\Delta t_1-\Delta t_2}{\ln\frac{\Delta t_1}{\Delta t_2}}=\frac{65-60}{\ln\frac{65}{60}}=62.5(℃)$$

柴油 175℃ ⟶ 130℃

原油 110℃ ⟵ 70℃

$\Delta t_1=65℃$ $\Delta t_2=60℃$

而

$$P=\frac{t_2-t_1}{T_1-t_1}=\frac{110-70}{175-70}=0.38$$

$$R=\frac{T_1-T_2}{t_2-t_1}=\frac{175-130}{110-70}=1.13$$

由 P、R 值，查图 1-43（a）查得 $\phi_{\Delta t}=0.92$

所以：$\Delta t_m=\phi_{\Delta t}\Delta t'_m=0.92\times62.5=57.5$（℃）

④ 初选换热器规格。根据两流体的情况，取 $K_{估}=250\text{W}/(\text{m}^2\cdot℃)$，传热面积 $S_{估}$ 应为：

$$S_{估}=\frac{Q}{K_{估}\Delta t_m}=\frac{3.875\times10^3}{250\times57.5}=27(\text{m}^2)$$

由于两流体平均温度差 $(T_1+T_2)/2-(t_1+t_2)/2=62.5℃>50℃$，应考虑热补偿。为便于清洗壳程的污垢，宜采用浮头式换热器。根据换热器器系列标准初选 BES400－1.6－32－$\frac{6}{25}$－4Ⅱ型换热器，有关参数如表 1-16。

表 1-16 BES400－1.6－32－$\frac{6}{25}$－4Ⅱ型换热器的主要参数

项 目	数 据	项 目	数 据	项 目	数 据
壳径/mm	400	管长/m	6	管心距/mm	32
公称压强/MPa	1.6	管子总数	68	折流挡板间距/mm	150
管程数	4	管子排列方法	正方形斜转 45°	折流板形式	圆缺形
壳程数	1	中心排管数	6	实际传热面积/m²	31.6
管子尺寸/mm	$\phi25\times2.5$				

（2）核算管、壳程阻力

① 管程阻力

$$\Sigma\Delta p_i=(\Delta p_1+\Delta p_2)F_tN_sN_p$$

管程流动面积为：

$$S_i=N\frac{\pi}{4}d_i^2=68\times\frac{3.14}{4}\times0.02^2=5.3\times10^{-3}(\text{m}^2)$$

管内柴油流速为：

$$u_i=\frac{W_h}{\rho S_i}=\frac{12500}{3600\times715\times5.3\times10^{-3}}=0.92(\text{m/s})$$

$$Re_i=\frac{d_iu_i\rho}{\mu}=\frac{0.02\times0.92\times715}{0.64\times10^{-3}}=2.05\times10^4$$

设管壁粗糙度为 0.1mm，则 $\varepsilon/d=0.1/20=0.005$，由 λ-Re 图可查得，摩擦因数 $\lambda=0.035$。

所以：

$$\Delta p_1 = \lambda \frac{l}{d_i} \times \frac{\rho u_i^2}{2} = 0.035 \times \frac{6}{0.02} \times \frac{715 \times 0.92^2}{2} = 3177(\text{Pa})$$

$$\Delta p_2 = 3 \times \frac{\rho u_i^2}{2} = 3 \times \frac{715 \times 0.92^2}{2} = 908(\text{Pa})$$

而 $F_t = 1.4$，$N_p = 4$，$N_s = 1$，所以：

$$\Sigma\Delta p_i = (\Delta p_1 + \Delta p_2)F_t N_s N_p = (3177 + 908) \times 1.4 \times 1 \times 4 = 2.29 \times 10^4(\text{Pa}) < 30\text{kPa}$$

② 壳程阻力

$$\Sigma\Delta p_o = (\Delta p'_i + \Delta p'_o)F_s N_s$$

其中：$F_s = 1.15$，$N_s = 1$

管子为正方形错列，取：$F = 0.4$

折流板间距为：$B = 0.15\text{m}$

挡板数：$N_B = \frac{L}{h} - 1 = \frac{6}{0.15} - 1 = 39$

横过管束中心线的管数：$n_c = 1.19\sqrt{n} = 1.19 \times \sqrt{68} = 10$

壳程流通截面积：$S' = h(D - n_c d_o) = 0.15 \times (0.4 - 10 \times 0.025) = 0.0225\ (\text{m}^2)$

按壳程流通截面积计算的壳程流速：$u_o = \frac{W_c}{\rho_c S'} = \frac{4.4}{815 \times 0.0225} = 0.24(\text{m/s})$

$$Re_o = \frac{d_o u_o \rho_c}{\mu_c} = \frac{0.025 \times 0.24 \times 815}{6.65 \times 10^{-3}} = 735 > 500$$

故：$f_o = 5.0 Re_o^{-0.228} = 5.0 \times 735^{-0.228} = 1.11$

所以：$\Delta p'_i = F f_o n_c (N_B + 1) \frac{\rho u_o^2}{2} = 0.4 \times 1.11 \times 10 \times (39 + 1) = 4168\ (\text{Pa})$

$$\Delta p'_2 = N_B\left(3.5 - \frac{2B}{D}\right)\frac{\rho u_o^2}{2} = 39 \times \left(3.5 + \frac{2 \times 0.15}{0.4}\right) \times \frac{815 \times 0.24^2}{2} = 2517(\text{Pa})$$

故：$\Sigma\Delta p_o = (\Delta p'_i + \Delta p'_o)F_s N_s = (4168 + 2517) \times 1.15 \times 1 = 7.69\ (\text{kPa}) < 30\text{kPa}$

管程与壳程阻力（压力降）符合题设要求。

(3) 校核总传热系数 K 和传热面积 S

①管程对流传热系数 α_i

$$Re_i = 2.05 \times 10^4 > 10000$$

$$Pr_i = \frac{\mu c_p}{\lambda} = \frac{0.64 \times 10^{-3} \times 2.48 \times 10^3}{0.133} = 11.9$$

$$\alpha_i = 0.023 \frac{\lambda}{d_i} Re_i^{0.8} Pr_i^{0.3} = 0.023 \times \frac{0.133}{0.02} \times (2.05 \times 10^4)^{0.8} \times 11.9^{0.3} = 905[\text{W/(m}^2 \cdot ℃)]$$

② 壳程对流传热系数 α_o

$$\alpha_o = 0.36 \frac{\lambda}{d_e} \left(\frac{d_e u_o \rho}{\mu}\right)^{0.55} \left(\frac{\mu c_p}{\lambda}\right)^{1/3} \left(\frac{\mu}{\mu_w}\right)^{0.14}$$

换热器列管中心距 $t = 32\text{mm}$，由式（1-66）流体通过管间最大截面积为：

$$S_{max} = hD\left(1 - \frac{d_o}{t}\right) = 0.15 \times 0.4 \times \left(1 - \frac{25}{32}\right) = 0.0131(\text{m}^2)$$

原油的流速为：$u_o = \frac{W_c}{\rho S_{max}} = \frac{4.4}{815 \times 1.31 \times 10^{-2}} = 0.412(\text{m/s})$

管子正方形排列的当量直径，由式（1-64）：

$$d_e=\frac{4\left(t^2-\frac{\pi}{4}d_o^2\right)}{\pi d_o}=\frac{4\left(0.032^2-\frac{\pi}{4}\times 0.025^2\right)}{\pi\times 0.025}=0.027(\text{m})$$

$$Re_o=\frac{d_e u_o \rho}{\mu}=\frac{0.027\times 0.412\times 815}{6.65\times 10^{-3}}=1360$$

$$Pr_o=\frac{c_p\mu}{\lambda}=\frac{2.2\times 10^3\times 6.65\times 10^{-3}}{0.128}=114$$

壳程中油品被加热，取 $\left(\frac{\mu}{\mu_w}\right)^{0.14}=1.05$

所以：$\alpha_o=0.36\times\frac{0.128}{0.027}\times 1360^{0.55}\times 114^{1/3}\times 1.05=460[\text{W}/(\text{m}^2\cdot℃)]$

③ 污垢热阻　管内、外侧污垢热阻分别取为 $R_{i,垢}=0.0002\text{m}^2\cdot℃/\text{W}$，$R_{o,垢}=0.0002\text{m}^2\cdot℃/\text{W}$

④ 核算总传热系数 K　钢的热导率 $\lambda=45\text{W}/(\text{m}^2\cdot℃)$，总传热系数 K 为

$$\frac{1}{K}=\frac{1}{\alpha_o}+R_{o,垢}+\frac{\delta d_o}{\lambda d_m}+R_{i,垢}\frac{d_o}{d_i}+\frac{d_o}{\alpha_i d_i}$$

$$=\frac{1}{460}+0.0002+\frac{0.0025\times 0.025}{45\times 0.0225}+0.0002\times\frac{0.025}{0.020}+\frac{0.025}{860\times 0.020}=4.14\times 10^{-3}$$

$K=242\text{W}/(\text{m}^2\cdot℃)$

⑤ 核算传热面积

$$S_{计}=\frac{Q}{K_{计}\Delta t_m}=\frac{3.875\times 10^5}{242\times 57.5}=27.85(\text{m/s})$$

故：$\frac{S_{选}-S_{计}}{S_{计}}=\frac{31.6-27.85}{27.85}=0.135=13.5\%$

从以上计算结果可以看出，选用 BES400 $-1.6-32-\frac{6}{25}-4$ Ⅱ型的换热器是合适的。

任务四 换热器安全控制方案的确定

工作任务要求

通过本任务的实施，应满足如下工作要求：

（1）根据工艺条件选择适合的温度测量仪表；

（2）确定原料预热器的安全控制方案。

技术理论与必备知识

工业生产中，当冷热流体确定后，传热过程通常靠调节冷热流体的流量来实现流体所需的温度，因此，传热过程涉及的工艺参数一般为流量、温度。流量的测量及控制在流体输送

过程已经介绍，本单元介绍温度的测量及自控。

一、温度测量与变送

温度是表征物体冷热程度的物理量。在工业生产中，许多化学反应或物理过程都必须在规定的温度下才能正常进行，否则将得不到合格的产品，甚至会造成生产事故。因此，温度的检测与控制是保证产品质量、降低生产成本、确保安全生产的重要手段。

（一）测温仪表及其分类

1. 按测量范围分类

把测量 600℃以上温度的仪表叫高温计，测量 600℃以下温度的仪表叫温度计。

2. 按工作原理分类

通常分为膨胀式温度计、热电偶温度计、热电阻温度计、压力式温度计、辐射高温计和光学高温计等。

3. 按测温方式分类

根据感温元件和被测介质接触与否，可将测温仪表分为接触式与非接触式两大类。

（二）工业上常用的测温仪表

表 1-17 列出了工业上常用的各类测温仪表及其性能。本单元具体介绍热电偶温度计和热电阻温度计。

表 1-17　测温仪表的分类及性能比较

测温范围		温度计名称	简单原理及常用测温范围	优点	缺点
接触式	热膨胀	玻璃温度计	液体受热时体积膨胀；−100～600℃	价廉、精度较高、稳定性较好	易破损，只能安装在易观察的地方
		双金属温度计	金属受热时线性膨胀；−50～600℃	示值清楚、机械强度较好	精度较低
		压力式温度计	温包内的气体或液体因受热而改变压力；−50～600℃	价廉、最易就地集中检测	毛细管机械强度差，损坏后不易修复
	热电阻	热电阻温度计	导体或半导体的阻值随温度而改变；−200～600℃	测量准确、可用于低温或低温差测量	和热电偶相比，维护工作量大，振动场合容易损坏
	热电偶	热电偶温度计	两种不同金属导体接点受热产生热电势；−50～1600℃	测量准确，和热电阻相比安装、维护方便，不易损坏	需要补偿导线，安装费用较高
非接触式	热辐射	光学高温计	加热体的亮度随温度高低而变化；700～3200℃	测温范围广，携带使用方便，价格便宜	只能目测，必须熟练才能测得比较准确的数据
		光电高温计	加热体的颜色随温度高低而变化；50～2000℃	反应速度快，测量较准确	构造复杂，价格高，读数麻烦
		辐射高温计	加热体的辐射能量随温度高低而变化；50～2000℃	反应速度快	误差较大

1. 热电偶温度计

热电偶温度计的测温原理是基于热电偶的热电效应。测温系统包括热电偶、显示仪表和导线三部分，如图 1-64 所示。

（1）热电偶的测温原理　热电偶是由两种不同材料的导体 A 和 B 焊接或铰接而成，连

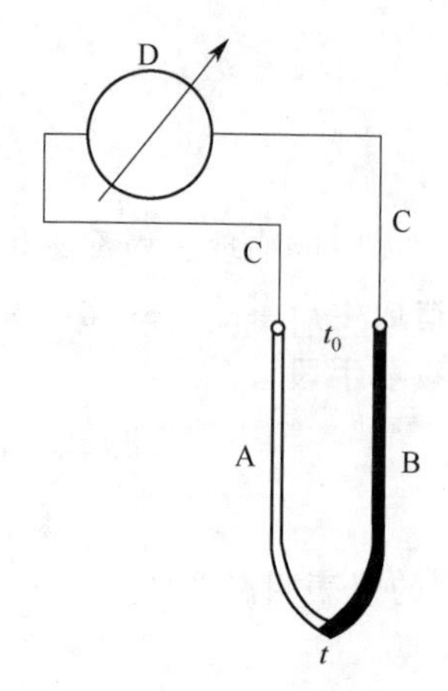

图 1-64　热电偶测温系统
A,B—热电偶；C—导线；D—显示仪表；
t—热端；t_0—冷端

在一起的一端称作热电偶的工作端（热端、测量端），另一端与导线连接，叫做自由端（冷端、参比端）。导体 A、B 称为热电极，合称热电偶。

使用时，将工作端插入被测温度的设备中，冷端置于设备的外面，当两端所处的温度不同时（热端为 t，冷端为 t_0），在热电偶回路中就会产生热电势，这种物理现象称为热电效应。

热电偶回路的热电势只与热电极材料及测量端和冷端的温度有关，记作：$E_{AB}(t，t_0)$，且：

$$E_{AB}(t,t_0)=E_{AB}(t)-E_{AB}(t_0) \tag{1-90}$$

若冷端温度 t_0 恒定、两种热电极材料一定时，则：$E_{AB}(t_0)=C$ 为常数，于是有：

$$E_{AB}(t,t_0)=E_{AB}(t)-C=f(t) \tag{1-91}$$

即只要组成热电偶的材料和参比端的温度一定，热电偶产生的热电势仅与热电偶测量端的温度有关，而与热电偶的长短和直径无关。即热电偶热电势与温度之间存在一一对应关系。所以只要测出热电势的大小，就能得出被测介质的温度，这就是热电偶温度计的测温原理。

理论上任意两种金属材料都可以组成热电偶，但实际情况并非如此，对它们还必须进行严格的选择。目前常用的热电偶及主要性能如表 1-18 所示。

表 1-18　常用热电偶及主要性能

热电偶名称	代号	分度号	E（100，0）/mV	主要性能	测温范围/℃	
					长期使用	短期使用
铂铑$_{10}$-铂	WRP	S	0.645	热电性能稳定，抗氧化性能好，适用于氧化性和中性气氛中测量，但热电势小，成本高	20～1300	1600
铂铑$_{30}$-铂铑$_6$	WRR	B	0.033	稳定性好，测量温度高，参比端在0～100℃范围内可以不用补偿导线；适于氧化气氛中的测量；但热电势小，价格高	300～1600	1800
镍铬-镍硅	WRN	K	4.095	热电势大，线性好，适于在氧化性和中性气氛中测量，且价格便宜，是工业上使用最多的一种	−50～1000	1200
镍铬-铜镍	WRK	E	6.317	热电势大，灵敏度高，价格便宜，中低温稳定性好。适用于氧化或弱还原性气氛中测量	−50～800	900
铜-铜镍	WRC	T	4.277	低温时灵敏度高，稳定性好，价格便宜。适用于氧化和还原性气氛中测量	−40～300	350

（2）热电偶的结构　热电偶一般由热电极、绝缘子、保护套管和接线盒等部分组成。绝缘子（绝缘瓷圈或绝缘瓷套管）分别套在两根热电极上，以防短路。再将热电极以及绝缘子装入不锈钢或其他材质的保护套管内，以保护热电极免受化学和机械损伤。参比端为接线盒内的接线端。如图 1-65 所示。

热电偶的结构形式很多，除了普通热电偶外，还有薄膜式热电偶和套管式（或称铠装）

热电偶。

(3) 热电偶冷端温度的影响及补偿　热电偶分度表是在参比端温度为0℃的条件下得到的。要使热电偶的显示仪表的温度标尺或温度变送器的输出信号与分度表吻合，就必须保持热电偶参比端温度恒为0℃，或者对指示值进行一定修正，或自动补偿，以使被测温度能真实地反映在显示仪表上。

① 用补偿导线将冷端延伸　要对冷端温度进行补偿，首先需要将参比端延伸到温度恒定的地方。由于热电偶的价格和安装等因素，使热电偶的长度非常有限，冷端温度易受工作温度、周围设备、管道和环境温度的影响，且这些影响很不规则，使冷端温度难以保持恒定。要将冷端温度放到温度恒定的地方，就要使用补偿导线。

补偿导线通常使用廉价的金属材料做成，不同分度号的热电偶所配的补偿导线也不同。使用补偿导线将热电偶延长，把冷端延伸到离热源较远，温度较低的地方。补偿导线的接线图如图1-66示。各种补偿导线有规定的材料和颜色，以供配用的热电偶分度号使用。常用的补偿导线见表1-19所示。

表1-19　常用热电偶的补偿导线

补偿导线型号	配用热电偶		补偿导线材料		补偿导线绝缘层颜色	
	名　称	分　度　号	正　极	负　极	正　极	负　极
SC	铂铑$_{10}$-铂	S	铜	铜镍	红	绿
KC	镍铬-镍硅	K	铜	铜镍	红	蓝
EX	镍铬-铜镍	E	镍铬	铜镍	红	棕
TX	铜-铜镍	T	铜	铜镍	红	白

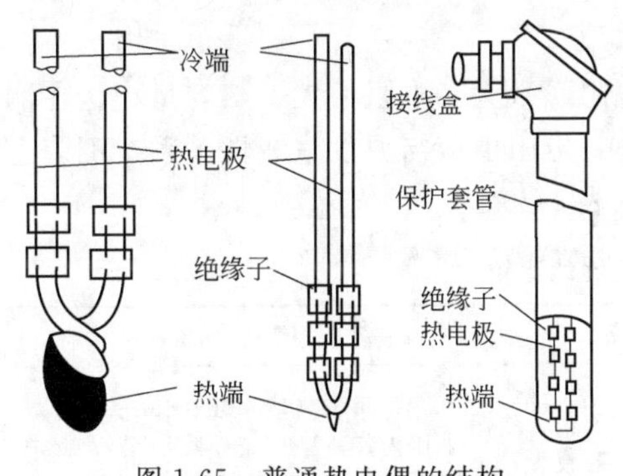

图1-65　普通热电偶的结构

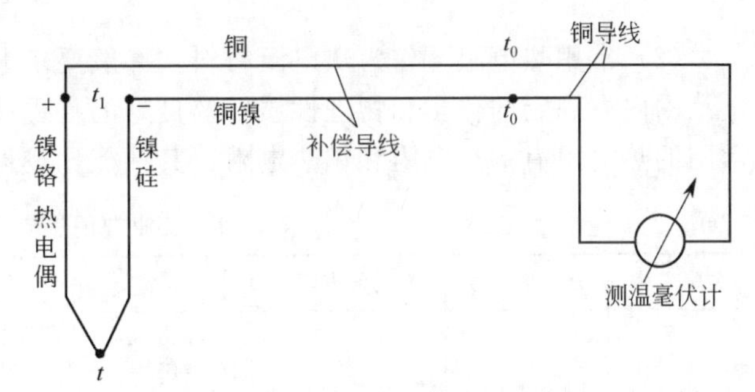

图1-66　补偿导线连接图

② 冷端温度补偿　虽然采用了补偿导线将冷端延伸出来了，但不能保证参比端温度恒定为0℃。为了解决这个问题，工业上常用下列参比端温度补偿方法。

a. 校正仪表零点法　断开测量电路，调整仪表指针的零点，使之指示室温，即参比端温度，再接通测量电路即可。此法在工业中经常使用，但测量精度低。

b. 补偿电桥法　目前使用最多的方法。如图1-67所示，在热电偶的测量电路中附加一个电势，该电势一般由补偿电桥提供。补偿电桥中R_1～R_3为锰铜绕制的等值的固定电阻，R_t为与补偿导线的末端处于同一温度场中的铜电阻。当环境温度变化时，该电桥产生的电势也随之变化，而且在数值和极性上恰好能抵消冷端温度变化所引起的热电势的变化值，以达到自动补偿的目的。即在工作端温度不变时，如果冷端温度在一定范围内变化，总的热电势值将不受影响，从而很好地实现了温度补偿。

在现代工业中，参比端一般都延伸到控制室中，而控制室温度一般恒定为20℃，所以在使用补偿电桥法时，需把仪表的机械零点预先调到20℃。

2. 热电阻温度计

(1) 测温原理及构成　热电阻温度计是基于金属导体的电阻值随温度的变化而变化的特性来进行温度测量的。

热电阻测温系统由热电阻、显示仪表、连接导线三部分组成，如图1-68所示。热电阻温度计适用于测量−200～500℃范围内液体、气体、蒸汽及固体表面的温度。热电阻的输出信号大，比相同温度范围内的热电偶温度计具有更高的灵敏度和测量精度，而且无需冷端补偿；电阻信号便于远传，较电势信号易于处理和抗干扰。但其连接导线的电阻值易受环境温度的影响而产生测量误差，所以必须采用三线制接法。

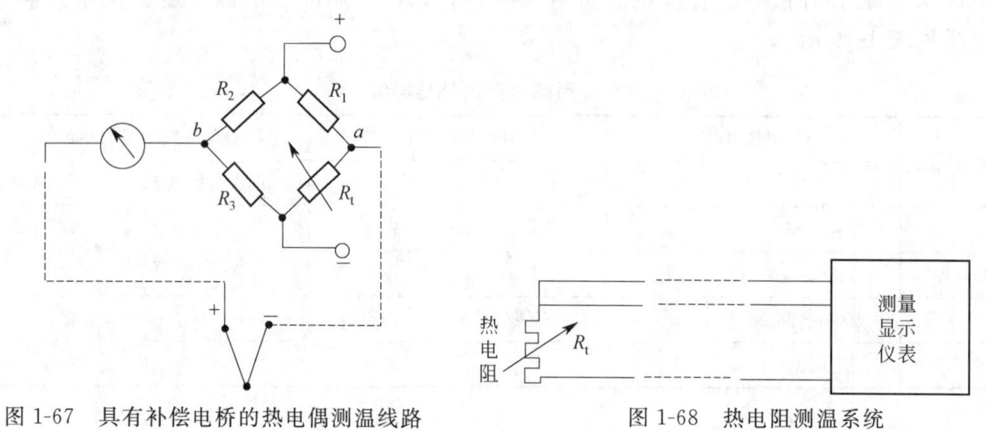

图1-67　具有补偿电桥的热电偶测温线路

图1-68　热电阻测温系统

(2) 常用热电阻　作为热电阻材料，一般要求电阻系数大、电阻率大、热容量小、在测量范围内有稳定的化学和物理性质以及良好的复现性，电阻值应与温度呈线性关系。工艺上常用的热电阻有铜热电阻和铂热电阻，其性能比较见表1-20。

表1-20　工业常用热电阻性能比较

名　称	分　度　号	0℃时的电阻值/Ω	特　点	用　途
铜电阻	Cu50	50	物理、化学性能稳定，特别是在−50～150℃范围内，使用性能好；电阻温度系数大，灵敏度高，线性好；电阻率小，体积大，热惰性较大；价格低	是用于测量−50～150℃温度范围内各种管道、化学反应器、锅炉等工业设备中各种介质的温度。还可用于测量室温。
	Cu100	100		
铂电阻	Pt50	50	物理、化学性能较稳定，复现性好；精确度高；测温范围为−200～650℃；在抗还原性介质中性能差，价格高	适用于−200～500℃范围内各种管道、化学反应器、锅炉等工业设备的介质温度测量；可用于精密测温及作为基准热电阻使用
	Pt100	100		

(3) 热电阻的分类与结构　热电阻分为普通型热电阻、铠装热电阻和薄膜热电阻三种。普通型热电阻一般由电阻体、保护套管、接线盒、绝缘杆等部件构成，如图1-69所示。

(三) 温度变送器

温度变送器是单元组合仪表中变送单元的一个重要品种，其作用是将热电偶或热电阻输

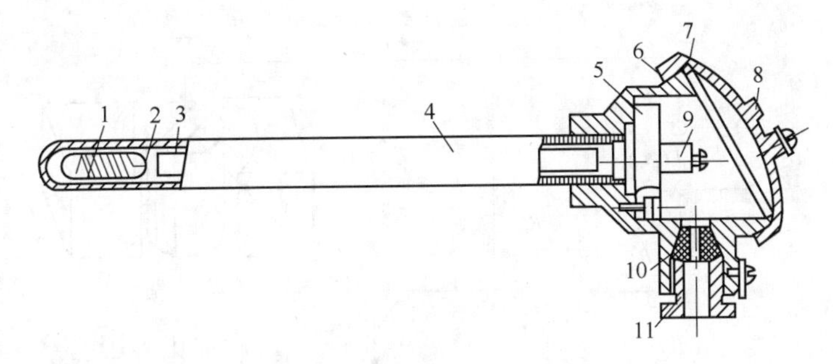

图 1-69　普通热电阻的结构

1—电阻体；2—引出线；3—绝缘管；4—保护套管；5—接线座；6—接线盒；7—密封圈
8—盖；9—接线柱；10—引线孔；11—引线孔螺母

出的电势值或电阻值转换成统一标准信号，再送给单元组合仪表的其他单元进行指示、记录或控制，以实现对温度（或温差）变量的显示、记录或自动控制。

温度变送器的种类很多，常用的有DDZ-Ⅲ型温度变送器、智能型温度变送器等。

DDZ-Ⅲ型温度变送器以24V DC为能源，以4～20mA DC为统一标准信号，其作用是将来自热电偶或热电阻或者其他仪表的热电势、热电阻阻值或直流毫伏信号，对应地转换成4～20mA DC电流（或1～5V DC电压）。由于热电偶的热电势和热电阻的电阻值与温度之间均呈非线性关系，使用中希望显示仪表能进行线性指示，需对温度变送器进行线性化处理。Ⅲ型热电偶温度变送器采用非线性反馈实现线性化，Ⅲ型热电阻温度变送器采用正反馈来实现线性化，保证输出电流与温度呈线性关系。

二、温度显示仪表

显示仪表直接接受检测元件、变送器或传感器送来的信号，经测量线路和显示装置，对被测变量予以指示、记录或以字、符、数、图像显示。显示仪表按其显示方式可分为模拟式、数字式和图像显示三大类。

（一）模拟式显示仪表

所谓模拟式显示仪表，就是以指针或记录笔的偏转角或位移量来模拟显示被测变量连续变化的仪表。根据其测量线路，又可分为直接变换式（如动圈式显示仪表）和平衡式（如电子自动平衡式显示仪表）。其中电子自动平衡式又分为电子电位差计、电子自动平衡电桥。

1. 动圈式显示仪表

动圈式显示仪表是一种发展较早的模拟式显示仪表，它可以与热电偶、热电阻、霍尔变送器等配合用来显示温度、压力等变量，也可以对直流毫伏信号进行显示。常用的有与热电偶配合测温的XCZ-101动圈式仪表和与热电阻配合测温的XCZ-102动圈式仪表。动圈式显示仪表具有结构简单、价格低廉、维护方便、指示清晰、体积小、重量轻等优点。

（1）XCZ-101型动圈式显示仪表　动圈表由测量线路和测量机构组成，如图1-70所示。不同型号的动圈表，其测量线路不同，而测量机构相同。

由图1-70可知，测量机构的指示位移α（温度值）与测量值电流I之间的关系是：

$$\alpha = KI \tag{1-92}$$

式中　α——指针偏转角度；

I——测量电流；

K——常数。

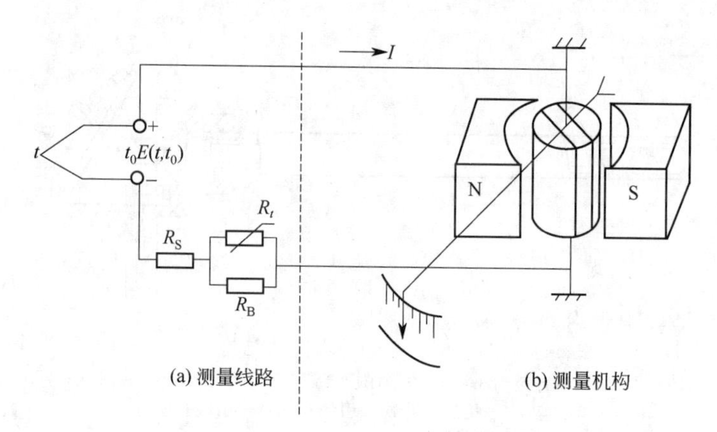

图 1-70　XCZ-101 型动圈式显示仪

使用动圈表时，要使热电偶、补偿导线和显示仪表的分度号一致。

(2) XCZ-102 型动圈式显示仪表　XCZ-102 型动圈表与热电阻配合检测温度。它也是由测量线路和测量机构组成。该动圈表的测量原理是利用不平衡电桥将电阻值（温度）转换成直流不平衡电压变化，再通过表头指针显示出 α。

XCZ-102 型动圈表与热电阻配套使用时，应使热电阻与动圈表的分度号一致，并采用三线制连接，每根导线电阻值为 5Ω，如图 1-71 所示。

2. 自动平衡式显示仪表

目前工业上常用的自动平衡式显示仪表有电子自动平衡电位差计和电子自动平衡电桥两类，它们分别能与热电偶、热电阻等配用，从而实现对温度的自动、连续地检测、显示和记录。目前在工业生产中还使用一种较新型的 ER180 系列显示记录仪表，它可和热电偶、热电阻配合使用。

(1) 电子自动平衡电位差计　电位差计测量热电势是基于电压平衡法，即用已知可变的电压去平衡未知待测的电压，以实现毫伏电势的测量。其组成原理框图如图 1-72 所示。它主要由测量桥路、放大器、可逆电动机、指示记录机构和调节机构组成。

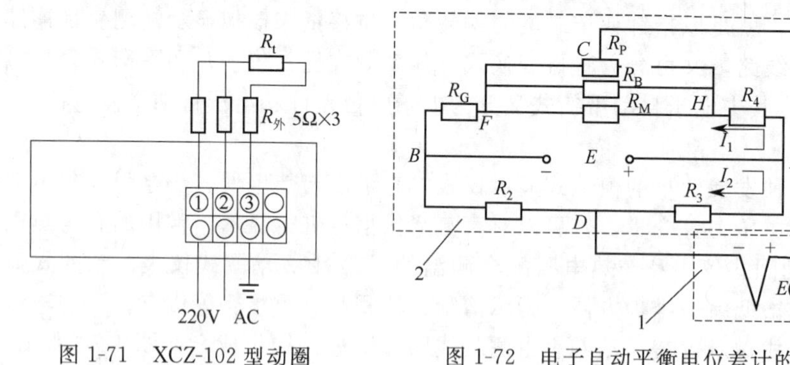

图 1-71　XCZ-102 型动圈表背面接线图

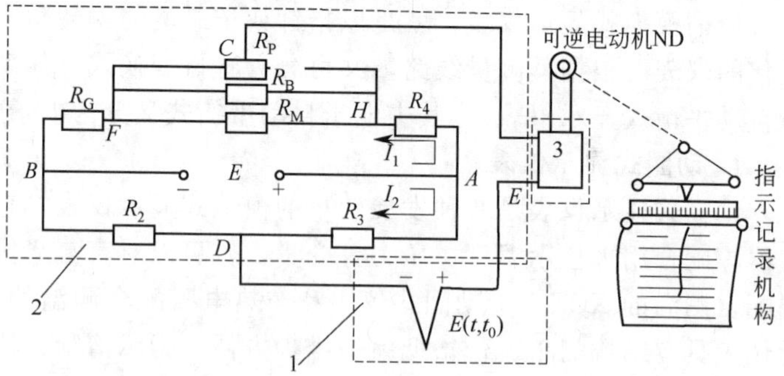

图 1-72　电子自动平衡电位差计的组成框图及工作原理
1—热电偶（外接）；2—测量桥路；3—放大器

其工作原理为：由热电偶输入的直流电动势（毫伏信号）与测量桥路产生的直流电压相比较，其差值电压经放大器放大至足以驱动可逆电动机转动的功率，可逆电动机通过一套传动机构带动指示记录机构指示和记录被测量的值。与此同时，还带动测量桥路中的滑线电阻 R_P 的滑动触点移动，直至测量桥路产生的不平衡电压与输入电动势达到平衡为止，若输入电动势再次变化，测量桥路又产生新的不平衡电压，依照上述工作过程，整个系统会达到新的平衡点。因此，当测量桥路处于平衡状态时，指示记录机构便指示和记录被测变量的值。

(2) 电子自动平衡电桥　电子自动平衡电桥通常与热电阻配合用于测量并显示温度，也可与其他能转换成电阻值变化的变送器、传感器等配合使用，测量并显示生产过程中的各种变量。

电子自动平衡电桥的工作原理是平衡电桥原理，用其测电阻（温度）时，指示值不受电源大小影响而精度高于 XZC-102 动圈表。工作原理如图 1-73 所示。采用三线制接法。

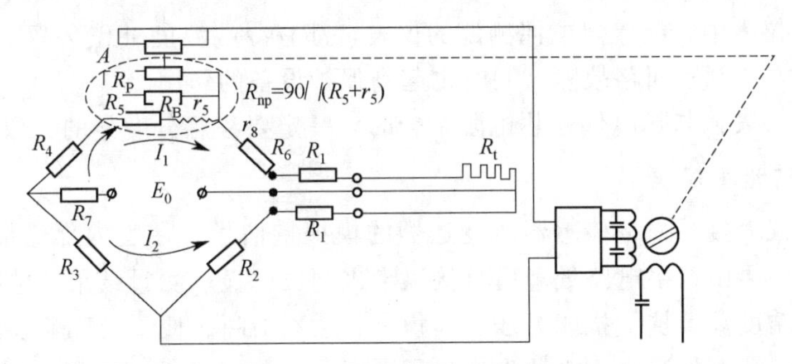

图 1-73　电子自动平衡电桥的工作原理

电子自动平衡电桥与电子自动电位差计相比较，它们有着本质的区别。

① 所配的测温元件不同。电位差计配热电偶，平衡电桥配热电阻。

② 两者的作用原理不同。

③ 测温元件与测量桥路的连接方式不同。平衡电桥的测温元件（热电阻）用三线制连接在桥臂中；而电位差计的测温元件（热电偶）连接在桥路输出对角线上，并且使用补偿导线。

④ 测量的电量形式不同。平衡电桥测量的是电阻；电位差计测量的是电势。

⑤ 当用热电偶配电子电位差计测温时，需对测量桥路考虑热电偶参比端温度自动补偿问题；而用热电阻配平衡电桥测温时，测量桥路则不存在这一问题。

(3) ER180 系列显示仪表　ER180 系列显示仪表是一种工业用的伺服指示自动平衡式显示仪表。它采用集成电路为主要放大元件，采用伺服电动机，有效记录宽度为 180mm。

ER180 系列仪表的输入信号可以是直流毫伏电压、毫安级电流、热电势、热电阻的阻值或统一标准信号。所以它不仅可与热电偶、热电阻配合来显示、记录温度变量，还可以与多种变送器配合，完成其他工业变量的指示记录。此外，仪表还可配合微动报警开关、发讯滑线电阻等附加机构，内设报警单元及控制单元。

ER180 系列仪表中，ER181、ER182、ER183 分别为单笔、双笔和三笔的笔式记录仪，采用便于使用的可更换的纤维笔；ER184～ER188 分别为双点、3 点、6 点、12 点和 24 点的打点记录仪。

ER180 系列仪表的组成框图如图 1-74 所示。

来自检测元件或变送器的电信号经内部电路处理后，变成了放大的交流信号，以驱动可逆电机转动。可逆电机经机械传动系统带动指示机构动作，当系统稳定时，指示、记录机构的指针和记录笔便在刻度板和记录纸上指示出被测变量的数值。同时，同步电机一直在带动走纸、打印、切换等机械传动机构动作，在记录纸上画线或打点，记录被测变量相对于时间的变化过程。

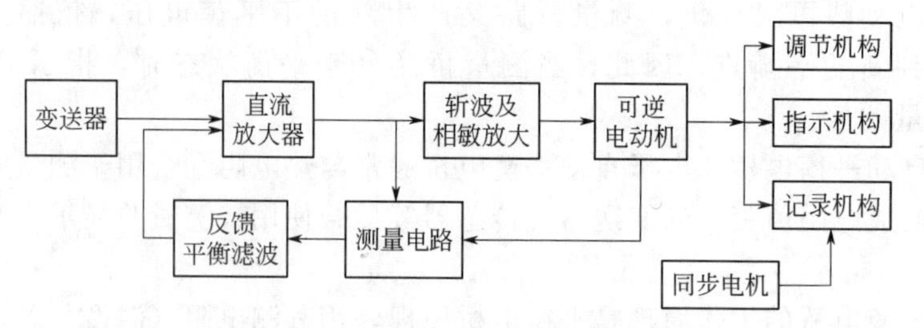

图 1-74　ER180 系列仪表组成方框图

ER180 系列仪表中，配接热电偶测温的仪表，都有冷端温度补偿装置和断偶保护电路，实现断偶指示和方便判别回路故障，同时也起到保护设备的作用。

ER180 系列仪表在与热电偶、热电阻配合时，一定要注意分度号的一致。

（二）数字式显示仪表

数字式显示仪表接受来自传感器或变送器的模拟量信号，在表内部经模/数（A/D）转换变成数字信号，再由数字电路处理后直接以十进制数码显示测量结果。数字式显示仪表具有测量速度快、精度高、抗干扰能力强、体积小、读数清晰、便于与工业控制计算机联用等特点，已经越来越普遍地应用于工业生产过程中。

数字式仪表一般具有模/数转换、非线性补偿和标度变换三个基本部分。由于许多被测变量与工程单位显示值之间存在非线性函数关系，所以必须配以线性化器进行非线性补偿；数字显示仪表，通常以十进制的工程单位方式或百分值方式显示被测变量。

数字显示仪表的精度有三种表示方法：满度的 $\pm\alpha\%\pm n$ 字、读数的 $\pm\alpha\%\pm n$ 字、读数的 $\pm\alpha\%\pm$ 满度的 $b\%$。n 为显示仪表读数最末一位数字的变化，一般 $n=1$。

数字式显示仪表的性能指标中还有分辨力和分辨率两个概念。所谓分辨力是指仪表示值末位数字改变一个字所对应的被测变量的最小变化值。而分辨率是指仪表显示的最小数值与最大数值之比。

（三）无纸记录仪表（图像显示）

无纸、无笔记录仪是一种以 CPU 为核心，采用液晶显示、无纸、无笔、无机械传动的记录仪。直接将记录信号转化为数字信号，然后送到随机存储器进行保存，并在大屏幕液晶显示屏上显示出来。记录信号由工业专用微处理器（CPU）进行转化、保存和显示，所以可以随意放大、缩小地显示在显示屏上，观察、记录信号状态非常方便。必要时还可以将记录曲线或数据送往打印机打印或送往微型计算机保存和进一步处理。

该仪表的输入信号种类较多，可以与热电偶、热电阻、辐射感温器或其他产生直流电压、直流电流的变送器相配合，对工艺变量进行数字记录和数字显示，可以对输入信号进行组态或编辑，并具有报警功能。

三、温度的自动控制

温度的自动控制方案与工艺介质的压力、物位、流量和成分检测等控制方案相同，其自动控制系统的基本组成由工艺对象和自动化装置（执行器、控制器、温度检测与变送仪表）两部分构成，在控制规律的选择上同样可以采用比例控制、比例积分控制、比例积分微分控制（PID）和数字 PID 控制；在实际工艺中，其控制系统的选用可根据生产要求选择简单控制系统和复杂控制系统。有关控制规律和控制系统的知识在本系列教材第一分册《化工物料输送与非均相分离技术》中已作介绍，这里不再赘述。

任务实施

依据工作任务要求，确定原料空气出口、加热剂（生成气或高压蒸汽）进出口的测温仪表，并根据工艺要求选择适当的换热器控制方案。具体实施过程中应作出如下考量。

一、测温仪表的选择与安装

在选用测温仪表时，一般应首先分析被测对象的特点及状态，然后根据现有仪表的特点和技术指标确定选用的类型。

1. 分析被测对象

对被测对象应作如下分析：①被测对象的温度变化范围及变化的快慢；②被测对象是静止的还是运动的；③被测对象是液态还是固态，温度计的检测部分是否与它相接触，能否靠近，如果远离以后辐射的能量是否足以检测；④被测区域的温度分布是否相对稳定，要测量的是局部温度，还是某一区域的平均温度或温度分布；⑤被测对象及其周围是否有腐蚀性气氛，是否存在水蒸气、一氧化碳、二氧化碳、臭氧及烟雾等介质，是否存在外来能源对辐射的干扰，如其他高温辐射源、日光、灯光、炉壁反射光及局部风冷、水冷等；⑥测量的场所有无冲击、振动及电磁场。

2. 测温仪表的选择

选用测温仪表时，应考虑的因素有：①仪表的测温范围；②仪表的精度、稳定性、变差及灵敏度等；③仪表的防腐性、防爆性及连续使用的期限；④仪表的输出信号能否自动记录与远传；⑤测温元件的体积大小及互换性；⑥仪表的反应时间；⑦仪表的防震、防冲击、抗干扰性能是否良好；⑧电源电压、频率变化及环境温度变化对仪表显示值的影响程度；⑨仪表使用是否方便，安装维护是否容易。

3. 测温元件的安装

在准确选择测温元件及仪表之后，还必须注意正确安装测温元件，否则，测量精度仍得不到保证。下面对热电阻和热电偶的安装要求作一简单介绍。

（1）当测量管道中的介质温度时，应保证测量元件与流体充分接触。因此要求测温元件的感温点应处于管道中流速最大处，且应迎着被测介质流向插入，不得形成顺流，至少应与被测介质流向垂直。

（2）应避免因热辐射或测温元件外露部分的热损失而引起的测量误差。安装时应保证有足够的插入深度；还要在测温元件外露部分进行保温。

（3）如工艺管道过小，安装测温元件处可接装扩大管。

（4）使用热电偶测量炉温时，应避免测温元件与火焰直接接触，应有一定的距离，同时不可装在炉门旁边。接线盒不能和炉壁接触，避免热电偶冷端温度过高。

（5）用热电偶、热电阻测温时，应避免干扰信号的引入。接线盒的出线孔向下，以防水汽、灰尘等进入而影响测量精度。

（6）测温元件安装在正压管道或设备中时，必须保证安装孔的密封，以免降低测量精度。

（7）凡安装承受压力的测温元件时，都必须保证密封。当工作介质压力超过 1×10^5Pa 时，还必须另外加装保护套管。此时，为减少测温的滞后，可在套管之间加装传热良好的填充物。如温度低于150℃时可充入变压器油，当温度高于150℃时可充填铜屑或石英砂，以保证传热良好。

4. 连接导线和补偿导线的安装

对连接导线和补偿导线的安装，应注意如下问题。

（1）线路电阻要符合仪表本身的要求，补偿导线的种类及正、负极不要接错。

（2）连接导线和补偿导线必须预防机械损伤，应尽量避免高温、潮湿、腐蚀性及爆炸性气体与灰尘，禁止铺设在炉壁、烟筒及热管道上。

（3）为保护连接导线与补偿导线不受机械损伤，并削弱外界电磁场对电子式显示仪表的干扰，导线应加屏蔽。

（4）补偿导线中间不准有接头，且最好与其他导线分开敷设。

（5）配管及穿管工作结束后，必须进行核对与绝缘试验。

二、换热器的安全控制方案选择

换热过程是化工生产过程中极其重要的组成部分。尽管在化工生产过程中，换热的目的不尽相同，但在大多数情况下，对换热器的安全控制主要是对温度实行严格控制，即将工艺介质的出口温度作为被控变量。而对于调节器的选型多数采用PID调节器。在控制手段上可以有多种形式，从传热过程的基本方程式可知，为保证出口温度平稳，满足工艺要求，必须对传热量进行控制。以下就几种情况分别讨论。

1. 无相变换热器的安全控制方案

无相变换热是指工艺介质和加热剂（或冷却剂）在进行热交换后，不发生相变。用于此类换热的换热器有预热器、过热器或冷却器。其被控变量一般是被加热（或冷却）介质的出口温度，为操作提供（或移出）热量的另一介质的流量称载热体流量。

（1）调节载热体流量　要保证工艺介质的出口温度，比较常用的方法是调整载热体的流量，控制流程示意如图1-75所示。如果是给介质加热，出口温度偏高，就应减少载热体入口流量。这种方案是应用最为普遍的方案，直接根据出口的温度控制载热体的流量，但使用前提是载热体的压力应稳定。

如果载热体本身压力不稳定，可分两种情况处理：若压力可控，则另设压力稳定系统；若其压力不可控，则可以采取串级控制方案，提前稳定载热体流量，如图1-76所示。

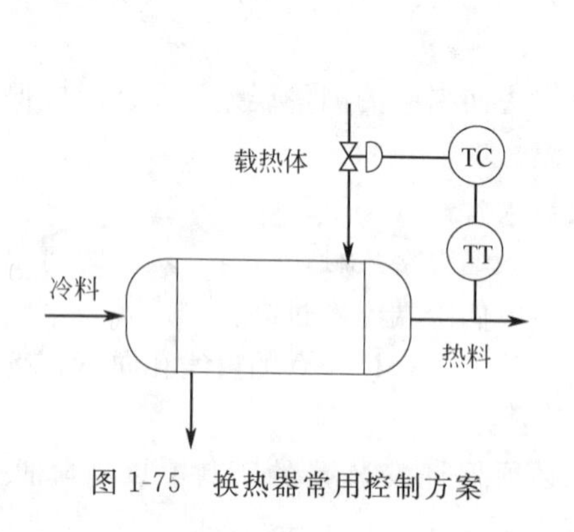

图1-75　换热器常用控制方案

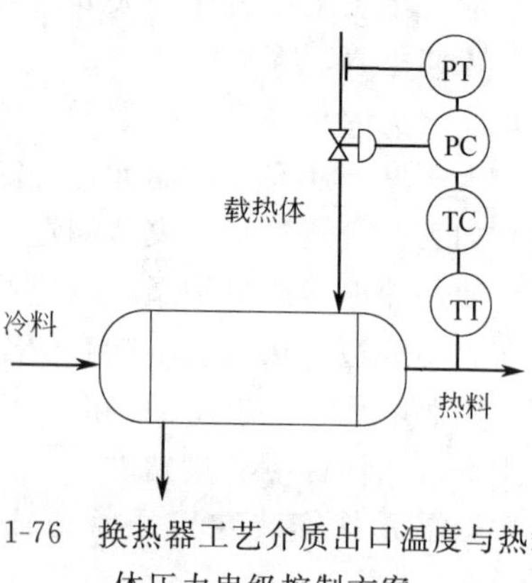

图1-76　换热器工艺介质出口温度与热载体压力串级控制方案

当载体本身也是工艺介质，其总流量要求不变时，可用对载热体分流的方法。图1-77(a)

为载热体进入换热器之前用分流三通阀分流；图 1-77(b) 为载热体流出换热器之后用合流阀分流。用控制分流量来控制温度而使总流量不变。

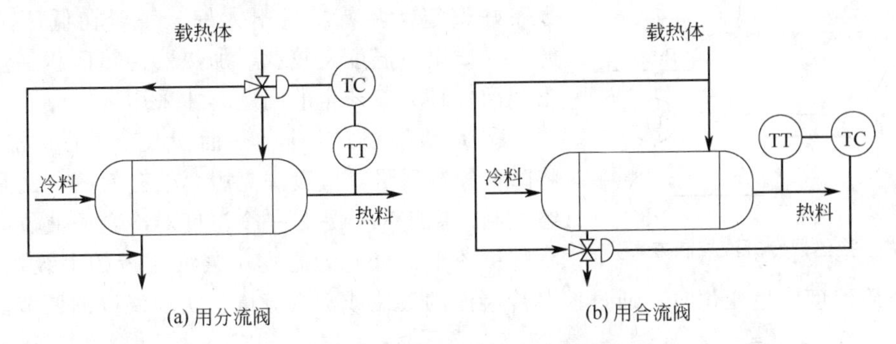

图 1-77 将载热体分流的温度控制方案

(2) 调节工艺介质自身流量 如果工艺介质允许变化，可以采用如图 1-78 方案。有时，工艺介质流量不允许节流，则可以运用工艺介质旁路分流的调节方案，如图 1-79 所示。它既保证了工艺介质出口温度，又保证工艺介质的流量，缩短了控制通道的滞后，改善了控制质量，但要求传热面积有足够的裕量，且载热体一直处于高负荷下工作。如果载热体为热量回收系统，这也就不成为缺点了。

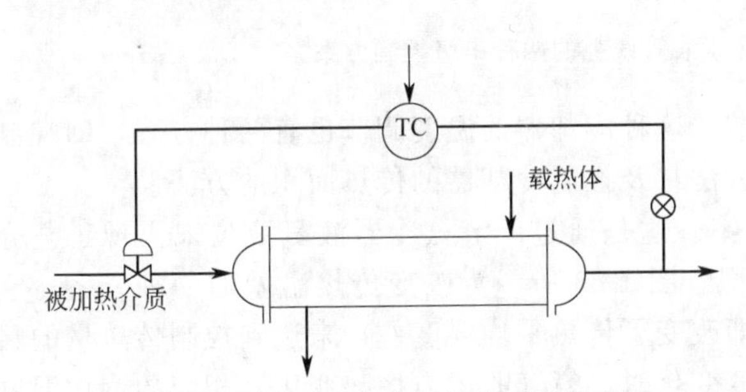

图 1-78 用介质自身流量调节温度的方案

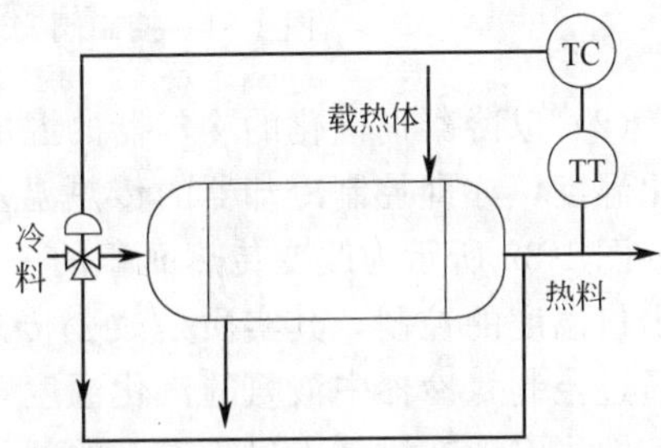

图 1-79 换热器工艺介质分流控制方案

2. 一侧有相变换热器的安全控制方案

一侧有相变的换热器有三类：第一类是利用热载体冷却时释放的汽化潜热来加热工艺介质，第二类是利用液化的气体汽化时吸收热量使工艺介质获得低温；第三类是使用工艺流体或专用热载体加热的再沸器。

(1) 以载热体冷凝的加热器的温度控制 利用蒸汽冷凝来加热介质，是化工生产中常用的方法。由于蒸汽冷凝，气相变液相时所释放的冷凝潜热比液体降温的显热要大得多，因此，一般不考虑显热部分的热量。常用的有两种控制方案。

① 控制蒸汽流量 即在蒸汽管线上安装调节阀以控制蒸汽流量来实现工艺介质出口温度的控制方案。此法的实质是改变传热温差。当传热面积有裕量时，改变蒸汽量，即改变了加热器的传热量。由于物态变化（冷凝）时潜热量很大，所以，这种方案较灵敏，应用也很广泛。但如果被加热的介质温度很低，蒸汽冷凝很快、压力下降迅速，一旦形成负压，则冷凝液不易排出，聚集起来减少了传热面积，待到压力升高后才能恢复排液，这有可能引起出口温度的周期振荡。

② 控制冷凝液排出量 如图 1-80 所示，调节阀装在凝液出口管线上，实质是改变控制加热器传热面积的大小。当介质出口温度偏高时，说明传热量大了，可以关小调节阀，使冷凝

液聚集，减少传热面积，传热量因此减少，出口温度下降。此方案调节阀可以小些，但反应迟缓，由于传热面积变化改变了对象特征，调节器的参数不好整定，调节质量不太好。一般在低压蒸汽做热源，介质出口温度又较低，加热器传热面积裕量大，易出现前一种方案产生的问题时才采用。

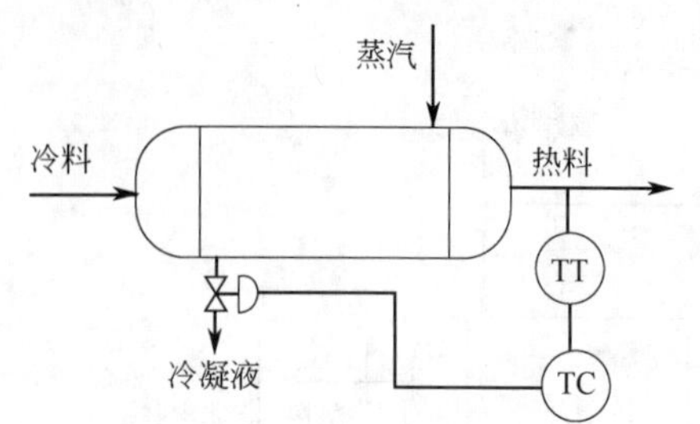

图 1-80　换热器冷凝液控制方案

③ 串级控制方案　传热面积改变过程的滞后影响，将降低控制质量，应设法克服。较有效的方法是采用串级控制。图 1-81(a) 是一个温度对冷凝液液位串级控制系统；图 1-81(b) 为温度对蒸汽流量的串级控制方案。当工艺介质温度发生变化时，通过控制冷凝液的液位或蒸汽流量来实现温度的调节。

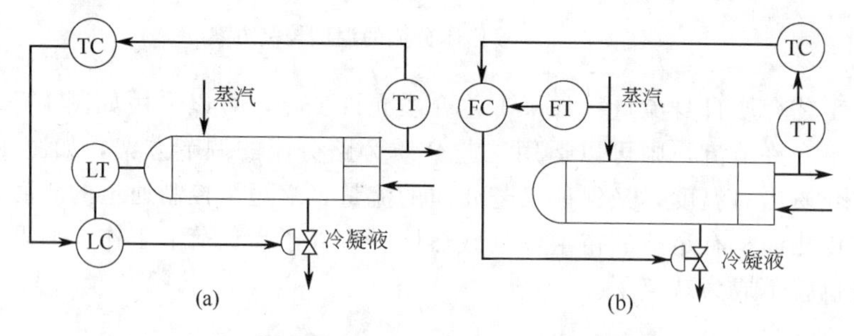

图 1-81　控制阀安装在冷凝液管线上的两种串级控制方案

(2) 以冷凝剂汽化的冷却器的温度调节　这种冷却器的温度调节也有两种方案，即控制汽化温度，亦即控制冷却器的传热温差的方法，及控制冷却器的传热面积的方法。

图 1-82 所示为改变传热面积的一种方案。这是通过调节氨冷器液氨液位来实现工艺介质出口温度的控制，其实质是改变传热面积。图 1-83 所示为改变传热温差的一种方案。它是通过控制氨冷器中液氨的汽化温度（亦即改变了传热平均温度差）来达到控制传热量的目的。即当安装在氨气出口管道上的阀门开度变化时，氨气的压力将起变化，相应的汽化温度也发生变化，这样也就改变了传热平均温差，但仅仅这样是不够的，还要设置一液位控制系统来维持液位，从而保证有足够的蒸发空间。

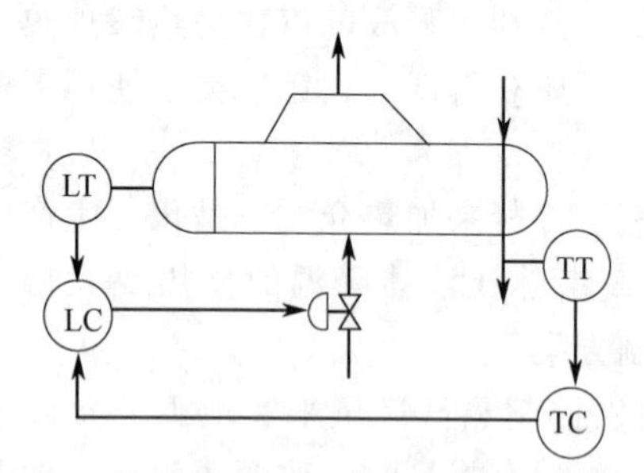

图 1-82　氨冷器出品温度与液位的串级控制系统（改变传热面积方案）

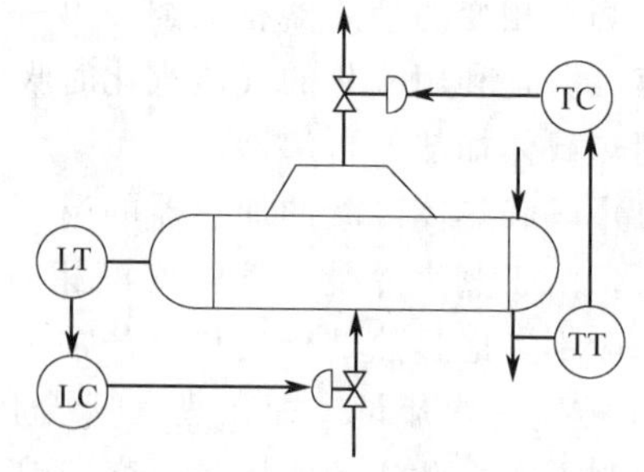

图 1-83　氨冷器控制载热体汽化温度的方案（改变传热温度差的方案）

(3) 使用工艺流体或专用热载体的再沸器的调节　在炼油和化工生产中，有时采用高温的工艺流体作再沸器的热载体，有时设置专用的热载体系统，用加热炉将流体升温至需要的温度，然后用泵分别送至各个再沸器、加热器使用。采用这种热载体系统，由于有温度及压力调节系统，所以有温度、压力稳定并易于控制等优点。最常用的调节方案是在热载体管线上安装调节阀或三通调节阀。

3. 两侧有相变热交换器的调节与控制方案

两侧有相变的热交换器有再沸器及用蒸汽加热的蒸发器等。与前面讨论过的一侧有相变热交换器的调节相类似，其调节方法是改变加热蒸汽的冷却温度，即改变传热温差的方法（调节阀装在蒸汽管线上）及改变传热面积的方法（调节阀装在冷凝水管道上）。

任务五
换热操作与维护

工作任务要求

通过本任务的实施，应满足如下工作要求：

（1）能对换热器进行正确维护与保养；

（2）能正确实施列管换热器的开车准备（包括正确选用工具和正确穿戴劳保用品）、正常开车操作，实时运行控制和停车操作。

（3）能分析传热效率下降等不正常操作现象、并及时调整消除。

技术理论与必备知识

换热器是石油、化工生产中应用最广的单元操作设备，属于压力容器范畴。因此，作为生产一线的操作者和技术管理者必须经过专业培训，懂得换热器的结构、原理、性能与用途，并具有安全操作知识；能熟练进行现场操作、设备维护保养和常见事故处理等。

一、列管换热器的使用和维护

1. 列管式换热器的正确使用

（1）开、停车及正常操作步骤

① 开车前，应检查压力表、温度计、安全阀、液位计以及有关阀门是否完好。

② 在通入热流体（如蒸汽）之前，应先打开冷凝水排放阀门，排除积水和污垢；打开放空阀，排除空气和其他不凝性气体。

③ 换热器开车生产时，要先通入冷流体（打开冷流体进口阀和放空阀），待换热器中液位达到规定位置时，缓慢或分次通入热流体（如蒸汽），做到先预热后加热，切忌骤冷骤热，以免换热器受到损坏，影响其使用寿命。

④ 进入换热器的冷热流体如果含有大颗粒固体杂质和纤维质，一定要提前过滤和清除，防止堵塞通道。

⑤ 根据工艺要求，调节冷、热流体的流量，使其达到所需要的温度。

⑥ 经常检查冷热流体的进出口温度和压力变化情况，发现温度、压力有异常，应立即查明原因，及时消除故障。

⑦ 定期分析流体的成分，根据成分变化确定有无内漏，以便及时进行堵管或换管处理。

⑧ 定期检查换热器有无渗漏，外壳有无变形以及有无振动，若有应及时处理。

⑨ 定期排放不凝性气体和冷凝液，以免影响传热效果；根据换热器传热效率下降情况，

应及时对换热器进行清洗，以消除污垢。

⑩ 停车时，应先关闭热流体的进口阀门，然后关闭冷流体进口阀门；并将管程及壳程流体排净，以防冻裂和产生腐蚀。

(2) 具体操作要点　化工生产中对物料进行加热（沸腾）、冷却（冷凝），由于加热剂、冷却剂等的不同，换热器具体的操作要点也有所不同。

① 蒸汽加热　蒸汽加热必须不断排除冷凝水，否则积于换热器中，部分或全部变为无相变传热，传热速率下降。同时还必须及时排放不凝性气体，以确保传热效果。

② 热水加热　热水加热一般温度不高，加热速度慢，操作稳定，只要定期排放不凝性气体，就能保证正常操作。

③ 烟道气加热　烟道气一般用于生产蒸汽或加热、汽化液体。烟道气的温度较高，且温度不易调节。在操作过程中，必须时时注意被加热物料的液位、流量和蒸汽产量，还必须做到定期排污。

④ 导热油加热　导热油加热的特点是温度高、黏度较大、热稳定性差、易燃、温度调节困难。操作时必须严格控制进出口温度，定期检查进出管口及介质流道是否结垢做到定期排污，定期放空，过滤或更换导热油。

⑤ 水和空气冷却　操作时注意根据季节变化调节水和空气的用量。用水冷却时，还要注意定期清洗。

⑥ 冷冻盐水冷却　其特点是温度低，腐蚀性较大。在操作时应严格控制进出口的温度防止结晶堵塞介质通道，要定期放空和排污。

⑦ 冷凝　冷凝操作需要注意的是，定期排放蒸汽侧的不凝性气体，特别是减压条件下不凝性气体的排放。

2. 列管式换热器的维护与保养

列管换热器的维护保养是建立在日常检查的基础上的，只有通过认真细致的日常检查，才能及时发现存在的问题和隐患，从而采取正确的预防和处理措施，使设备能够正常运行，避免事故的发生。

日常检查的主要内容有：是否存在泄漏，保温保冷层是否良好，无保温设备局部有无明显变形，设备的基础、支吊架是否良好，利用现场或总控制室仪表观察流量是否正常、是否超温超压，设备有安全附件的是否良好，用听棒判断异常声响以确认设备内换热器是否相互碰撞、摩擦等。

(1) 日常维护的内容　列管换热器的日常维护和监测应观察和调整好以下的工艺指标。

① 温度　温度是换热器运行中的主要控制指标，可用在线仪表测定、显示、检查介质的进、出口温度，依此分析、判断介质流量大小及换热效果的好坏以及是否存在泄漏。判断换热器传热效率的高低，主要在传热系数上，传热系数低其效率也低，由工作介质的进、出口温度的变化可决定对换热器进行检查和清洗。

当将水作为冷却介质时，应将出口温度控制在50℃以内，若出口温度超过50℃，极易滋生微生物，引起列管的腐蚀穿孔。

② 压力　通过对换热器的压力及进、出口压差进行测定和检验，可以判断列管的结垢、堵塞程度及泄漏等情况。若列管结垢严重，则阻力将增大，若堵塞则会引起节流及泄漏。对于有高压流体的换热器，如果列管泄漏，高压流体一定向低压流体泄漏，造成低压侧压力很快上升，甚至超压，并损坏低压设备或设备的低压部分。所以必须解体检修或堵管。

③ 泄漏　换热器的泄漏分为内漏和外漏。外漏的检查比较容易，轻微的外漏可以用肥

皂水或发泡剂来检验，对于有气味的酸、碱等气体可凭视觉和嗅觉等感觉直接发现，有保温的设备则会引起保温层的剥落；内漏的检查，可以从介质的温度、压力、流量的异常，设备的声音及振动等其他异常现象发现。

④ 振动　换热器内的流体流速一般较高，流体的脉动及横向流动都会诱导换热管的振动，或者整个设备的振动。但最危险的是工艺开车过程中，提压或加负荷较快，很容易引起加热管振动，特别是在隔板处，管子的振动频率较高，容易把管子切断，造成断管泄漏，遇到这种情况必须停机解体检查、检修。

⑤ 保温（保冷）　经常检查保温（或保冷）层是否完好，通常凭眼睛的直接观察就可发现保温（或保冷）层的剥落、变质及霉烂等损坏情况，应及时进行修补处理。

(2) 保养措施

① 保持主体设备外部整洁，保温层和油漆完好。

② 保持压力表，温度计、安全阀和液位计等附件齐全、灵敏、准确。

③ 发现法兰口和阀门有泄漏时，应抓紧消除。

④ 开停换热器时，不应将蒸汽阀门和被加热介质阀门开得太猛，否则容易造成外壳与列管伸缩不一，产生热应力，使局部焊缝开裂或管子胀口松弛。

⑤ 尽量减少换热器开停次数，停止时应将内部水和液体放净，防止冻裂和腐蚀。

⑥ 定期测量换热器的壁厚，应两年一次。

3. 常见故障及处理方法

列管式换热器的常见故障及处理方法汇总于表1-21，供参考。

表1-21　列管换热器的常见故障及处理方法

故障名称	产生原因	处理方法
传热效率下降	① 列管结疤和堵塞 ② 壳体内不凝气或冷凝液增多 ③ 管路或阀门有堵塞	① 清洗管子 ② 排放不凝气或冷凝液 ③ 检查清理
发生振动	① 壳程介质流速太快 ② 管路振动所引起 ③ 管束与折流板结构不合理 ④ 机座刚度较小	① 调节进汽量 ② 加固管路 ③ 改进设计 ④ 适当加固
管板与壳体连接处发生裂纹	① 焊接质量不好 ② 外壳歪斜，连接管线拉力或推力大 ③ 腐蚀严重，外壳壁厚减薄	① 清除补焊 ② 重新调整找正 ③ 鉴定后修补
管束和胀口渗漏	① 管子被折流板磨破 ② 壳体和管束温差过大 ③ 管口腐蚀或胀接质量差	① 用管堵堵死或换管 ② 补胀或焊接 ③ 换新管或补胀
管子的腐蚀、磨耗	① 污垢腐蚀 ② 流体为腐蚀性介质 ③ 管内壁有异物积累，发生局部腐蚀 ④ 管内流速过大，发生磨损；流速过小，则异物易附着管壁产生电位差而导致腐蚀 ⑤ 管端发生磨损	① 定期进行清洗 ② 提高管材质量，如果缺乏适宜的材料，要增加管壁厚度或者在流体中加入腐蚀抑制剂 ③ 在流体入口前设置滤网、过滤器等将异物除去 ④ 使管内流速适当 ⑤ 在管入口端插入2mm长的合成树脂等保护管

二、板式换热器的使用和维护

板式换热器是一种新型的换热设备，由于其结构紧凑，传热效率高，所以在化工、食品和石油等行业中得到广泛使用，但其材质为钛材和不锈钢，致使其价格昂贵，因此要正确使用和精心维护，否则既不经济，又不能发挥其优越性。

1. 板式换热器的正确使用

（1）开停车及运行中的注意事项

① 开车前应确认设备管道已完好连接，温度计、压力表等仪表是否安装到位。

② 开车时先打开高温介质进口阀，引高温介质，待升到一定压力后，引低温介质。操作时，应防止换热器骤冷骤热；应严格控制开启速度，防止水击；使用压力不可超过铭牌规定。

③ 引工艺介质时，如出现微漏现象，可观察运行1～2h，如仍有微漏，则用敲击扳手均匀再紧一遍。

④ 进入换热器的冷、热流体如果含有大颗粒泥沙（1～2mm）和纤维质，一定要提前过滤，防止堵塞狭小的间隙。

⑤ 运行中，温差突变或阻力降增大，一般是入口处有杂物或换热板流体通道堵塞。应首先清理过滤器，如效果不明显，则应安排计划检修清洗换热板。

⑥ 经常察看压力表和温度计数值，及时掌握运行情况。

⑦ 当传热效率下降20%～30%时，要清理结疤和堵塞物，清理方法用竹板铲刮或用高压水冲洗，冲洗时波纹板片应垫平，以防变形。严禁使用钢刷刷洗。

⑧ 使用中发现垫口渗漏时，应及时冲洗结疤，拧紧螺栓，如无效，应解体组装。

⑨ 根据需要对换热器保温，以防止雨淋和节约能源，导轨和滑轮定期防腐。

⑩ 停车时，缓慢关闭低温介质入口阀门，待压力降至一定值后，关高温介质进口阀门。保持冷、热流体压差不大。待流体压力降至常压、温度降至常温后，交付检修。

（2）过滤器的清洗　由于板式换热器流体通道狭小，因此一般在流体进口都装有过滤器。过滤器的规格应根据流体介质的浑浊性、颗粒度等情况选取。考虑生产的连续性和便于清洗，过滤器设有副线，清洗时间根据流体温差情况决定。在线运行时，开副线，关过滤器前后截断阀，拆过滤器，清洗滤芯杂质，视滤芯情况更换滤芯，完毕回装，不需停车。

2. 板式换热器的维护与保养

（1）保持设备整洁，油漆完整。紧固螺栓的螺纹部分应涂防锈油并加外罩，防止生锈和黏结灰尘。

（2）保持压力表和温度计清晰，阀门和法兰无泄漏。

（3）定时检查设备静密封的外漏情况；通过压力表或温度表监测流体进出口的压力、温度情况，没有安装温度计和压力表的设备可通过红外线测温仪监测进出口温度；对设备的内漏，可通过流体取样分析或电导分析仪监测。

（4）拆装板式换热器，螺栓的拆卸和拧紧应对面进行，松紧适宜。拆卸和组装波纹板片时，不要将胶垫弄伤或掉出，发现有脱落部分，应用胶质粘好。

（5）定期清理和切换过滤器，预防换热器堵塞。

（6）注意基础有无下沉不均匀现象和地脚螺栓有无腐蚀。

3. 板式换热器的常见故障与处理方法

板式换热器的常见故障及处理方法汇总于表1-22，供参考。

表 1-22 板式换热器的常见故障及处理方法

故障名称	产生原因	处理方法
密封垫处渗漏	① 胶垫未放正或扭曲歪斜 ② 螺栓紧固力不均匀或紧固力小 ③ 胶垫老化或有损伤	① 重新组装 ② 紧固螺栓 ③ 更换新垫
内部介质泄漏	① 波纹板有裂纹 ② 进出口胶垫不严密 ③ 侧面压板腐蚀	① 检查更新 ② 检查修理 ③ 补焊、加工
传热效率下降	① 波纹板结疤严重 ② 过滤器或管路堵塞	① 解体清理 ② 清理

三、热管换热器的使用和维护

1. 热管换热器的开停车注意事项

当热管换热器一旦安装完毕，注入液相工质后，换热器就处于工作状态，当外部热源能量相对稳定时，它本身所传的潜热基本稳定。初次开车时启动热回收介质要缓慢，避免介质过冷开启过快，使热输送工质无法完成自动循环。停车时要防止回收了热能的工质倒流，破坏输送热工质自动循环，引起其他故障。

2. 热管换热器常见故障及处理

（1）换热效率下降　其可能的原因有：热管外排的翅片有灰尘和污垢积存，热管内有部分工质泄漏，换热介质流量不足或换热介质管内结垢。对此类情况的处理，可用化学（水）清洗热管排外翅片和清洗换热介质管内垢层，或增加热介质流量，补注液相工质并消除工质泄漏。

（2）不能换热　其原因主要有工质完全泄漏到了外界，热管真空被破坏。当热管不能完全换热时，一要检查工质是否泄漏，二要检查热管真空是否被破坏。工质泄漏要在查清并消除漏点后补充液相工质（查漏要购买专门的工质检漏仪）。若热管真空破坏，要更新补焊好漏点并抽真空，对于热管的处理，最好请热管换热器的专业厂家处理。

四、换热器的除垢清理

换热器在运行中，往往会因流体介质的腐蚀、冲刷，在换热器各传热表面会有结垢或积污，甚至堵塞，从而降低换热器的传热能力，因此必须对换热器进行定期清洗。其清理方法主要有以下三种。

1. 机械除垢清理

以列管式换热器为例，当管束轻微堵塞或积渣积垢时，可以用不锈钢筋或低碳钢的圆管从一头插入，另一头拉出的方法，清除轻微的堵塞或积渣积垢。轻薄的积垢可以用专用清管刷（大小按管径选），一头穿粗铁丝，将清管刷从换热管中拉出，反复几次就可以除去与换热管结合不太紧密的垢或堆积异物。当管子内结垢比较严重或全部堵死时，可以用软金属捅管清理，但也必须是列管式换热器。当管子的管口被结垢或异物堵塞时，可以用铲、削、刮、刷等手工方法处理。值得注意的是，对不锈钢管不能用钢丝刷而要用尼龙刷，对板式换热器也只能用竹板或尼龙刷，切忌用刮刀和钢丝刷。机械清理的方法缺点是清理效率低，工作量大，多次清理会对换热管有损害，并且不能处理 U 形管之类的换热器。

2. 高压水冲洗清理

高压水冲洗清理是利用高压清洗泵打出的高压水，通过专用清洗枪直接将高压水射在需清洗部位，它的压力调节范围是0～100MPa。当结垢不太紧密时，可选择压力在40MPa左右，当结垢坚硬紧密时，还可以将高合金喷头塞入管内采用更高的压力清洗。一般此方法主要用于清洗列管式换热器的管内垢层，或者冲洗可抽出管束的换热器的设备壳体及管束表面的结垢和异物。对于有污物、沉淀、结垢不紧密的其他管壳式换热器，视设备结构特点，也可以用20～30MPa的高压水冲洗管子，如U形管可以在两个管端冲洗，亦能清理好。冲洗板式换热器中的板片时，注意将板片垫平，以防变形。使用高压水冲洗清理，比人工清理和机械清理效率高，清理效果明显，但对于设备存在结垢严重、垢层坚硬的换热器，此方法也不可取。另外清洗时要针对设备本身的情况合理调节水压，并注意人身及设备安全，清洗人员要穿戴好劳动防护用品。试用水枪时，枪口严禁对人，在清洗时，水枪喷水的方向，若设备封头已拆开，要设立警戒范围，并有专人警戒。

3. 化学除垢清理

换热器管程或壳程结构，有因水质不好形成的水垢，也有油污引起的油垢，还有结焦沉淀和热附着结垢等形式。在化学法除垢前，首先应对结垢物质进行化学分析，弄清结垢物质的组成，决定采用哪种试剂，并做好挂片。一般对硫酸盐和硅酸盐水垢采用碱洗法清洗，对碳酸盐水垢则用酸洗涤剂清洗。对于一些流体介质的沉积物或有机物的分解产物、有几种金属形成的合金垢层，还应采用相应的活化剂。清洗时先用活化剂溶液加热浸泡，使垢层与换热器表面张力减少或松脱，再根据垢层的化学特性决定酸洗或碱洗。在酸或碱洗前做好与被清洗表面材质相同或相近的挂片，在清洗时，放在清洗槽中，随时监测，以免由于清洗的配方不当对换热器造成过大的腐蚀，并按一定的时间对清洗液取样分析Fe^{3+}浓度的变化情况。

化学除垢在实际清洗中最基本方法有三种：浸泡法、喷淋法、强制循环法。但在实际应用中常是两种方法混合使用，如浸泡法与强制循环法常相结合，一般是先浸泡再强制循环。

浸泡法适用于垢层与换热器换热面结合不紧容易脱落的小型换热设备，若加蒸汽进行蒸煮及搅动，效果会更好。

喷淋法适用于大型容器，如容器内外壁清洗或一些风冷的空冷器带翅片的外表面清洗。假若喷淋法提高喷淋压力，先喷淋浸泡再高压冲洗效果还会较好。

强制循环法是一种普遍采用的方法，它适用于清理结构紧凑通道截面小的换热器，而且清洗液可反复利用，直到清洗合格后再排液，并在排清洗液前可以先进行中和处理，减小对环境的危害，有利于环境保护。

强制循环法所需设备主要是溶液槽，循环量适中的耐腐蚀泵（耐酸或耐碱），并根据实际情况配加热装置，常用电加热和蒸汽加热两种。电加热的装置必须接好漏电开关，以免造成人员触电。溶液槽的容积与被清洗的设备大小和清洗泵的循环量大小有关，要以清洗液在设备中能进行循环为准，一般清洗槽容积在$2m^3$左右，最好是耐酸碱的不锈钢溶液槽。

化学清洗时，还应注意以下几点。①由于换热器内各部分结垢情况往往是不均匀的，在化学清洗前应查清各部分的结垢情况，以确定配制酸碱溶液的浓度。②在准备清洗液时必须考虑加入相应的缓蚀剂，缓蚀剂的作用是不妨碍一般垢层的溶解，但能防止金属被腐蚀。一般在硝酸洗垢时，用Lan-5缓蚀剂。用盐酸洗垢时，常用O^{2-}缓蚀剂。而用铬酸洗垢可不加缓蚀剂。③清洗前应检查换热器各部位是否有渗漏，若有应采取措施消除。④在配制酸碱洗液时，要注意安全，需穿戴口罩、防护服、橡胶手套，并防止酸液洗液溅入眼中。

任务实施

可利用学院实训装置或仿真操作软件，实施换热器的操作训练，以达到相应的教学目标。

一、列管式换热器的仿真操作

借助北京东方仿真技术公司开发的操作软件，完成换热器操作规程的编制并实施操作。

（一）列管式换热器的仿真操作系统工艺流程

该操作软件采用管壳式换热器换热，其工艺流程如图 1-84。来自界外的 92℃冷物流（沸点：198.25℃）由泵 P101A/B 送至换热器 E101 的壳程，被流经管程的热物流加热至 145℃，并有 20%被汽化。冷物流流量由流量控制器 FIC101 控制，正常流量为 12000kg/h。来自另一设备的 225℃热物流经泵 P102A/B 送至换热器 E101 与经壳程的冷物流进行热交换，热物流出口温度由 TIC101 控制（177℃）。

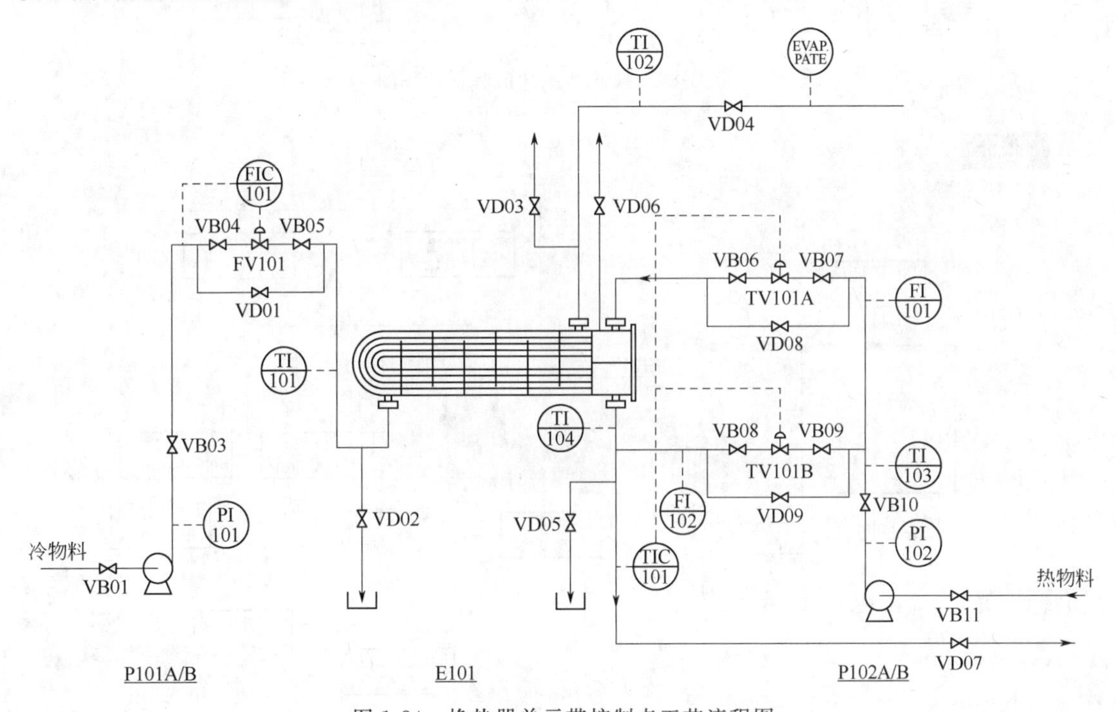

图 1-84　换热器单元带控制点工艺流程图

为保证热物流的流量稳定，TIC101 采用分程控制，TV101A 和 TV101B 分别调节流经 E101 和副线的流量，TIC101 输出 0%～100%分别对应 TV101A 开度 0%～100%，TV101B 开度 100～0%；两调节阀的分程动作如图 1-85 所示。

该单元包括以下设备：P101A/B：冷物流进料泵；P102A/B：热物流进料泵；E101：列管式换热器。

其仿现场工艺流程图和仿 DCS 工艺流程图分别见图 1-86 和图 1-87。

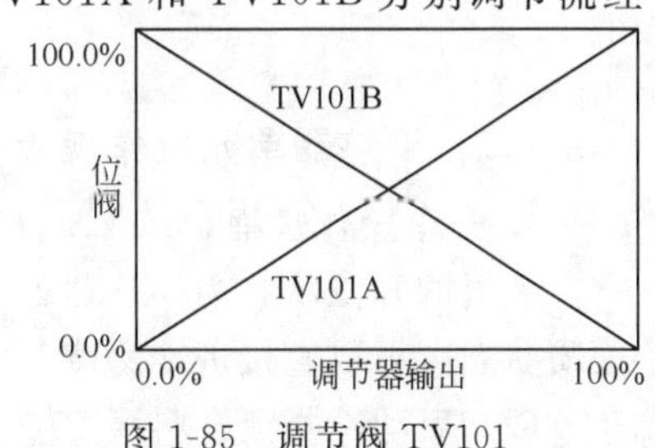

图 1-85　调节阀 TV101 分程动作示意图

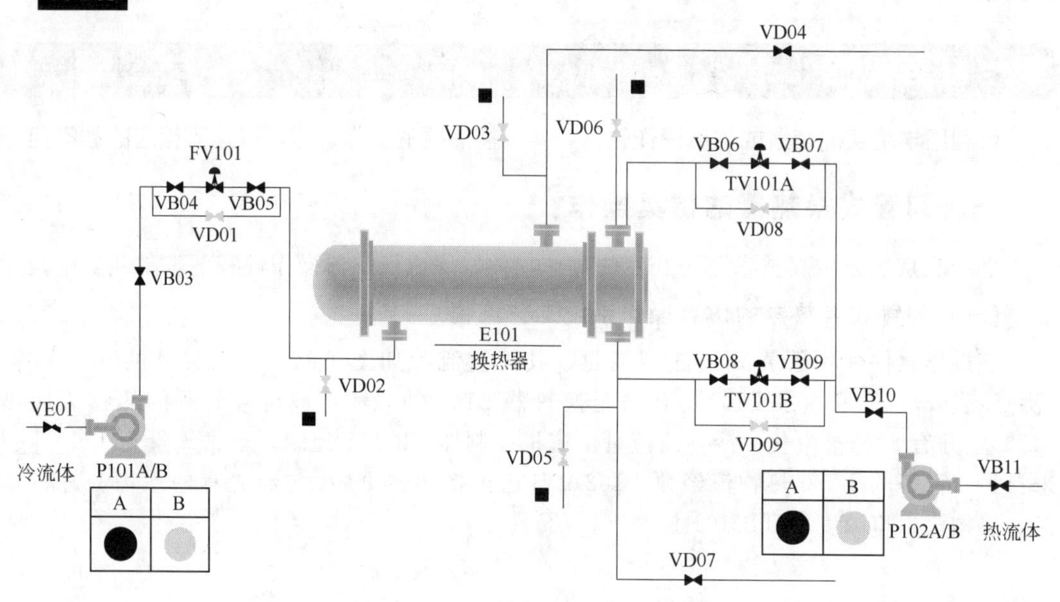

图 1-86　换热器工艺流程仿现场图

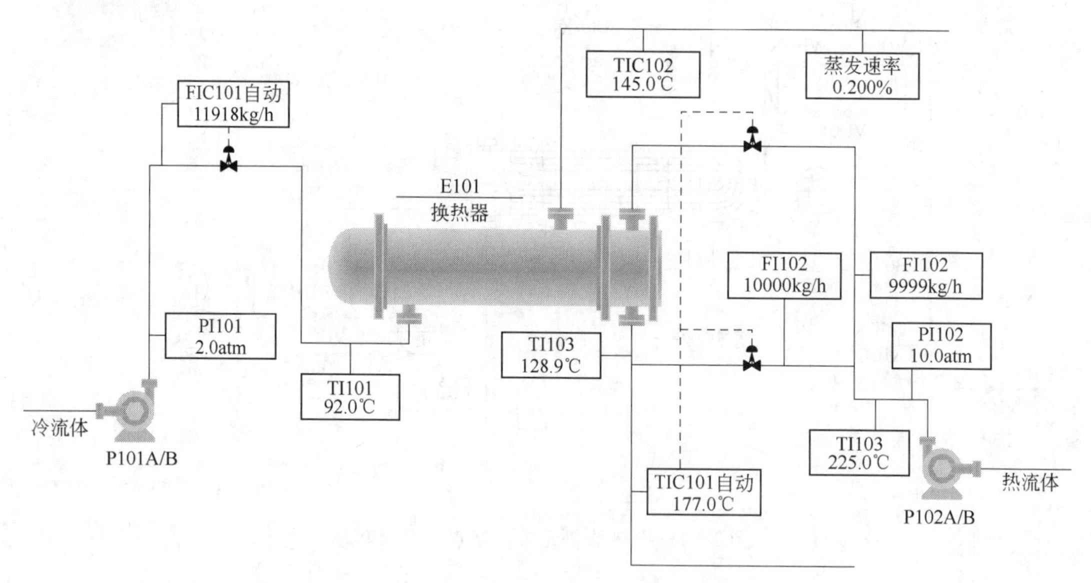

图 1-87　换热器工艺流程仿 DCS 图

1atm＝101325Pa，下同

(二) 换热器单元操作规程

1. 开车操作规程

装置的开工状态为换热器处于常温常压下，各调节阀处于手动关闭状态，各手操阀处于关闭状态，可以直接进冷物流。

(1) 启动冷物流进料泵 P101A

① 开换热器壳程排气阀 VD03；

② 开 P101A 泵的前阀 VB01；

③ 启动泵 P101A；

④ 当进料压力指示表 PI101 指示达 9.0atm 以上，打开 P101A 泵的出口阀 VB03。

(2) 冷物流 E101 进料

① 打开 FIC101 的前后阀 VB04、VB05，手动逐渐开大调节阀 FV101 (FIC101)；

② 观察壳程排气阀 VD03 的出口，当有液体溢出时 (VD03 旁边标志变绿)，标志着壳程已无不凝性气体，关闭壳程排气阀 VD03，壳程排气完毕；

③ 打开冷物流出口阀 (VD04)，将其开度置为 50%，手动调节 FV101，使 FIC101 其达到 12000kg/h，且较稳定时 FIC101 设定为 12000kg/h，投自动。

(3) 启动热物流入口泵 P102A

① 开管程放空阀 VD06；

② 开 P102A 泵的前阀 VB11；

③ 启动 P102A 泵；

④ 当热物流进料压力表 PI102 指示大于 10.0atm 时，全开 P102 泵的出口阀 VB10。

(4) 热物流进料

① 全开 TV101A 的前后阀 VB06、VB07、TV101B 的前后阀 VB08、VB09；

② 打开调节阀 TV101A (默认即开) 给 E101 管程注液，观察 E101 管程排汽阀 VD06 的出口，当有液体溢出时 (VD06 旁边标志变绿)，标志着管程已无不凝性气体，此时关闭管程排气阀 VD06，E101 管程排气完毕；

③ 打开 E101 热物流出口阀 (VD07)，将其开度置为 50%，手动调节管程温度控制阀 TIC101，使其出口温度在 (177±2)℃，且较稳定，TIC101 设定在 177℃，投自动。

2. 正常操作规程

维持各工艺参数稳定，密切注意各工艺参数的变化情况，发现突变事故时，应分析事故原因，并及时作出正确处理。正常工况操作参数如下：冷物流流量为 12000kg/h，出口温度为 145℃，汽化率 20%；热物流流量为 10000kg/h，出口温度为 177℃。

3. 停车操作规程

(1) 停热物流进料泵 P102A

① 关闭 P102 泵的出口阀 VB01；

② 停 P102A 泵；

③ 待 PI102 指示小于 0.1atm 时，关闭 P102 泵入口阀 VB11。

(2) 停热物流进料

① TIC101 置手动；

② 关闭 TV101A 的前、后阀 VB06、VB07；

③ 关闭 TV101B 的前、后阀 VB08、VB09；

④ 关闭 E101 热物流出口阀 VD07。

(3) 停冷物流进料泵 P101A

① 关闭 P101 泵的出口阀 VB03；

② 停 P101A 泵；

③ 待 PI101 指示小于 0.1atm 时，关闭 P101 泵入口阀 VB01。

(4) 停冷物流进料

① FIC101 置手动；

② 关闭 FIC101 的前、后阀 VB04、VB05；

③ 关闭 E101 冷物流出口阀 VD04。

（5）E101 管程泄液　打开管程泄液阀 VD05，观察管程泄液阀 VD05 的出口，当不再有液体泄出时，关闭泄液阀 VD05。

（6）E101 壳程泄液　打开壳程泄液阀 VD02，观察壳程泄液阀 VD02 的出口，当不再有液体泄出时，关闭泄液阀 VD02。

4. 常见故障现象与处理规程

（1）FIC101 阀卡

① 主要现象　FIC101 流量减小；P101 泵出口压力升高；冷物流出口温度升高。

② 事故处理　关闭 FIC101 前后阀；打开 FIC101 的旁路阀 VD01；调节流量使其达到正常值。

（2）P101A 泵坏

① 主要现象　P101 泵出口压力急骤下降；FIC101 流量急骤减小；冷物流出口温度升高，汽化率增大。

② 事故处理　关闭 P101A 泵，开启 P101B 泵。

（3）P102A 泵坏

① 主要现象　P102 泵出口压力急骤下降；冷物流出口温度下降，汽化率降低。

② 事故处理　关闭 P102A 泵，开启 P102B 泵。

（4）TV101A 阀卡

① 主要现象　热物流经换热器换热后的温度降低；冷物流出口温度降低。

② 事故处理　关闭 TV101A 前后阀，打开 TV101A 的旁路阀 VD01，调节流量使其达到正常值；关闭 TV101B 前后阀，调节旁路阀 VD09。

（5）部分管堵

① 主要现象　热物流流量减小；冷物流出口温度降低，汽化率降低；热物流 P102 泵出口压力略升高。

② 事故处理　停车拆换热器清洗。

（6）换热器结垢严重

① 主要现象　热物流出口温度高。

② 事故处理　停车拆换热器清洗。

5. 仪表及报警一览表

见表 1-23。

表 1-23　仪表及报警一览表

位号	说明	类型	正常值	量程上限	量程下限	工程单位	高报值	低报值	高高报值	低低报值
FIC101	冷流入口流量控制	PID	12000	20000	0	kg/h	17000	3000	19000	1000
TIC101	热流入口温度控制	PID	177	300	0	℃	255	45	285	15
PI101	冷流入口压力显示	AI	9.0	27000	0	atm	10	3	15	1
TI101	冷流入口温度显示	AI	92	200	0	℃	170	30	190	10
PI102	热流入口压力显示	AI	10.0	50	0	atm	12	3	15	1

续表

位号	说明	类型	正常值	量程上限	量程下限	工程单位	高报值	低报值	高高报值	低低报值
TI102	冷流出口温度显示	AI	145.0	300	0	℃	17	3	19	1
TI103	热流入口温度显示	AI	225	400	0	℃				
TI104	热流出口温度显示	AI	129	300	0	℃				
FI101	流经换热器流量	AI	10000	20000	0	kg/h				
FI102	未流经换热器流量	AI	10000	20000	0	kg/h				

二、列管式换热器的实操训练

（一）传热操作实训装置工艺流程

图 1-88 所示为常州工程职业技术学院自主开发的传热操作实训装置工艺流程。该传热实训装置包含直接混合换热和间壁换热两种换热形式，包含化工生产中常见的夹套式、固定管板式、浮头式、搪瓷片式、石墨块孔式、螺旋板式等换热器。该传热实训装置已获国家新型实用专利。

该实训装置的工作介质为水或蒸汽。由水泵从储水罐中送出的冷水作为冷载热体，蒸汽发生器产生的蒸汽一方面提供给固定管板式换热器，作为一种热载热体，另一方面蒸汽通过直接换热以及夹套换热，产生热水，作为另一种热载热体，由热水泵送出，在各种换热器中进行换热。

该装置的所有换热器，均能进行冷热流体的流量控制以及冷热流体的温度测定，对于列管式换热器可以测定列管的壁温，从而测定传热系数；对列管式换热器，还设置了温度的自动控制装置，实训时学员可根据加热蒸汽的温度、冷流体的进口温度与流量以及所要求达到的出口温度等条件，选择换热操作方式，并通过电动调节阀自动调节加热蒸汽的流量。

该装置的固定管板式换热器，当用水蒸气与冷水进行换热时，可以通过阀门的切换，使水蒸气从换热器的上部进入换热器，也可以使水蒸气从换热器的下部进入换热器，从而比较两种操作方式下的换热效果；还可以在水蒸气中加入压缩空气，从而比较不凝性气体对换热效果的影响。当用热水作为热载热体与冷水换热时，可以通过阀门的切换，使冷热流体在并流和逆流两种流向情况下，比较并流和逆流的换热效果。

该实训装置实现了对工业上常见的各种换热器的操作训练和换热操作中常见异常现象的展示与处理。

（二）列管式换热器的操作

1. 利用固定管板式列管换热器（E101/E102）将反应釜（R101/R102）内水加热到 50℃

(1) 开车前准备

① 电源：检查电柜总电源指示灯是否正常—打开电柜仪表电源—仪表显示正常。

② 水源：检查反应釜中液位是否合适。

③ 汽源：检查蒸汽发生炉出口压力是否达到 0.3MPa 以上。

④ 检查水系统、水蒸气系统阀门启、闭是否得当。

⑤ 选择装置介质的流通方向。

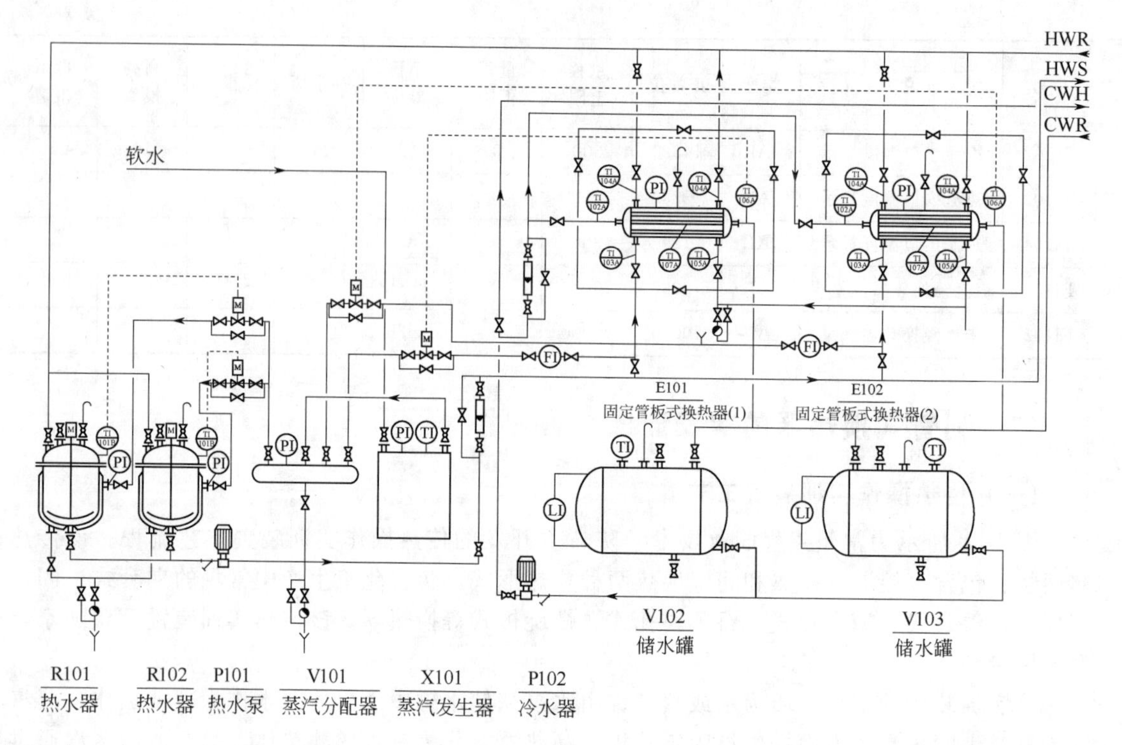

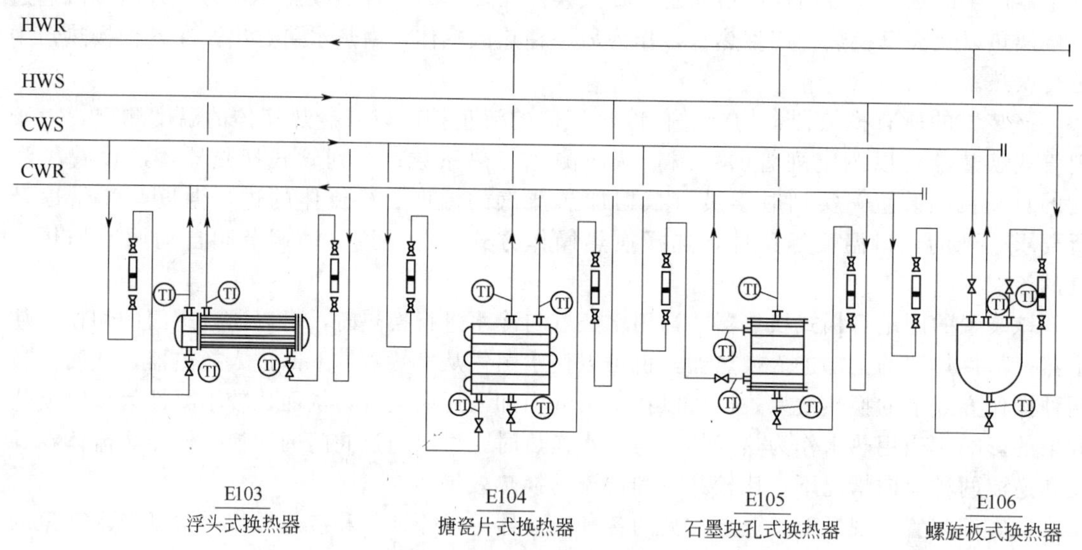

图 1-88　传热实训装置带控制点的工艺流程图

（2）开车

① 水系统开车：开反应釜放空阀—反应釜底阀—泵前阀—启动泵（先点动再启动泵）—泵后阀—流量计后阀—列管式换热器管程进口阀—列管式换热器管程出口阀—反应釜物料回流阀—流量计进、出口阀（调整至较小开度）。

② 蒸汽系统开车：开水蒸气锅炉房供汽总阀—开输汽总管汽阀—开电动阀旁通阀—列管式换热器上汽阀—开列管式换热器放空阀—待放空管有白汽冒出时关闭放空系统—开列管式换热器蒸汽出口阀（选择并流、逆流）—开冷凝水下水阀—开疏水阀旁路阀，至冷凝水排尽—半开疏水阀前、后阀。

③ 观察反应釜水温度的上升，记录数据。

(3) 停车

① 关列管式换热器上汽阀—关电动阀旁通阀—关输汽总管汽阀—冷却 3min。

② 关流量计进口阀—关出口阀—关离心泵出口阀—停离心泵电动机—关离心泵进口阀—关其他所有阀门。

③ 现场清理。

2. 用固定管板式列管换热器（E101/E102）冷却反应釜（R101/R102）中热水至 20℃

(1) 开车前准备

① 电源：检查电柜总电源指示灯是否正常—打开电柜仪表电源—仪表显示正常。

② 水源：检查反应釜、冷水储槽中液位是否合适，液位不够需加水。

③ 检查水系统、水蒸气系统阀门启、闭是否得当。

④ 选择装置介质的流通方向。

(2) 开车

① 冷水系统开车：开冷水储槽出口阀—离心泵进口阀—点动后并启动泵—离心泵出口阀—流量计进口阀—列管式换热器进水阀—壳程进口阀（选择并流、逆流）—出口阀—冷却水储槽上方回流阀—流量计进、出口阀（调一较小开度）。

② 热水系统开车：开反应釜放空阀—反应釜底阀—泵前阀—启动泵（先点动再启动泵）—泵后阀—流量计进、出口阀—列管式换热器管程进口阀—出口阀—反应釜物料回流阀—流量计进、出口阀（调一较小开度）。

③ 观察反应釜中水温度的下降，记录数据。

(3) 停车

① 关热水：关流量计进口阀—流量计出口阀—列管式换热器管程进口阀—出口阀—离心泵出口阀—关离心泵—离心泵进口阀—热水系统其他阀门。

② 关冷水：关流量计进口阀—流量计出口阀—离心泵出口阀—关离心泵—离心泵进口阀—放列管式换热器壳程中的冷水—关闭冷水系统其他阀门。

③ 现场清理。

3. 固定管板式列管换热器（E101/E102）的切换操作

对进反应釜流体通过列管式换热器进行加热，假定 E101 列管式换热器需要除污处理，在不停车情况下停用 E101 换热器，投用 E102 换热器。

(1) 开车前的准备

① 检查并保证 E102 换热器处于备用状态。

② 检查并保证 E102 换热器冷水系统及蒸汽系统阀门开关得当。

(2) 切换

① 打开 E101 换热器到 E102 换热器的连通阀，使加热后流体从 E101 换热器流到 E102 换热器，再输送到反应釜。

② 缓慢打开 E102 换热器的蒸汽系统阀门，同时缓慢停用 E101 换热器蒸汽系统。

③ 停 E101 换热器蒸汽系统；缓慢打开 E102 换热器冷水系统阀门，关闭 E101 换热器到 E102 换热器的冷水系统连通阀，停 E101 换热器的冷水系统。

④ 注意观察流体的温度变化，使温度波动降低到最低程度。

(3) 排空 E101 换热器壳程的蒸汽冷凝水，排空 E101 换热器管程的冷水，待检修处理。

(4) 清理现场。

（三）拓展训练——其他类型换热器的操作

1. 利用其他换热器（浮头列管式、搪瓷片式、石墨块孔式、螺旋板式换热器）冷却反应釜中的热水至20℃

（1）开车前准备

① 电源：检查电柜总电源指示灯是否正常—打开电柜仪表电源—仪表显示正常。

② 水源：检查反应釜、冷水储槽中液位是否合适，液位不够需加水。

③ 检查水系统、水蒸气系统阀门启、闭是否得当。

④ 选择装置介质流通方向。

（2）开车

① 冷水系统开车：开冷水储槽出口阀—离心泵进口阀—点动后并启动泵—离心泵出口阀—流量计进、出口阀—换热器进、出口阀—冷却水储槽上方回流阀—流量计进、出口阀（调一较小开度）。

② 热水系统开车：开反应釜放空阀—反应釜底阀—泵进口阀—启动泵（先点动再启动泵）—泵出口阀—流量计进、出口阀—换热器热流体进口阀—换热器热流体出口阀—反应釜物料回流阀—流量计进、出口阀（调一较小开度）。

（3）停车

① 关热水：关流量计进口阀—流量计出口阀—关换热器进、出口阀—关离心泵出口阀—离心泵—离心泵进口阀—关热水系统其他阀门。

② 关冷水：关流量计进口阀—流量计出口阀—关离心泵出口阀—离心泵—离心泵进口阀—放列管式换热器壳程中的冷水—关闭冷水系统其他阀门。

③ 现场清理。

2. 加热反应釜（R101/ R 102）内水至50℃（夹套换热、直接混合换热及自动温度控制）

（1）开车前准备

① 电源：检查电柜总电源指示灯是否正常—打开电柜仪表电源—仪表显示正常。

② 水源：检查反应釜中液位是否合适—浸没搅拌桨。

③ 汽源：检查蒸汽发生炉出口压力是否达到0.3MPa以上。

④ 检查水系统、水蒸气系统阀门启、闭是否得当。

⑤ 选择装置介质的流通方向。

（2）开车

① 夹套式加热：点动—开搅拌—开水蒸气锅炉供汽总阀—开输汽总管汽阀—开反应釜进汽球阀—开夹套进汽阀—开疏水阀旁路阀—待冷凝水排尽后，半开疏水阀前、后阀；观察反应釜温度的上升。

② 直接混合加热：点动—开搅拌—开水蒸气锅炉供汽总阀—开输汽总管汽阀—开反应釜进汽球阀—开直接混合式换热进汽阀；观察反应釜温度的上升。

③ 温度自动控制：控制柜上TICl08设定温度值50℃，设置合适的PID参数，点动—开搅拌—开水蒸气锅炉供汽总阀—开输汽总管汽阀—蒸汽通过电动调节阀—开反应釜夹套进汽球阀—疏水阀旁路阀—待冷凝水排尽后，半开疏水阀前、后阀，观察反应釜温度的自动控制（由电动调节阀的阀门开度来控制）。

（3）停车

① 关闭夹套进汽阀—关反应釜进汽球阀—关输汽总管汽阀—关水蒸气锅炉供汽总阀—关其他阀门。

② 关直接混合式换热蒸汽进汽阀—关反应釜进汽球阀—关输汽总管汽阀—关水蒸气锅炉供汽总阀—关其他阀门。

③ 关闭夹套进汽阀—关反应釜进汽球阀—关输汽总管汽阀—关水蒸气锅炉供汽总阀—关其他阀门。

任务六 项目拓展——换热设备的保温与节能

工作任务要求

通过本任务的实施，应满足如下工作要求：

(1) 能依据换热操作工艺要求对换热器及其进出口管路进行保温设计；

(2) 能借助相关资料对换热操作工艺进行保温节能评价和提出改进措施。

技术理论与必备知识

一、换热设备和管道的热损失与绝热

1. 设备和管道的热损失

化工生产中，许多设备和管道的外壁温度往往高于或低于周围环境温度，所以热（冷）量将由壁面（一般指保温层外壁面）以对流和辐射两种方式向周围环境散失。这部分散失于环境的热量，称为设备和管道的热损失。设备或管道总的热损失为对流传热和辐射传热热损之和。通常，总是把对流-辐射联合作用下总的热损失合并计算，即：

$$\begin{aligned} Q_T &= Q_C + Q_R \\ &= (\alpha_C + \alpha_R) S_w (T_w - T_f) \\ &= \alpha_T S_w (T_w - T_f) \end{aligned} \tag{1-93}$$

式中 Q_T——设备通过对流-辐射联合方式向周围介质散失的热量，W；

Q_C——设备通过对流方式向周围介质散失的热量，W；

Q_R——设备通过辐射方式向周围介质散失的热量，W；

α_C、α_R——对流传热和辐射传热的给热系数，$W/(m^2 \cdot K)$；

α_T——对流-辐射联合给热系数，$W/(m^2 \cdot K)$；

S_w——设备或管道的外壁面积，m^2；

T_w、T_f——设备或管道的外壁温度和周围介质温度，K。

对流-辐射联合给热系数 α_T 可用如下经验式估算。

(1) 空气自然对流　当 $T_w < 150℃$ 时，对平壁（或 $D \geqslant 1m$ 的圆筒壁）：

$$\alpha_T = 9.8 + 0.07(T_w - T_f) \tag{1-94}$$

对圆筒壁（$D < 1m$）：

$$\alpha_T = 9.4 + 0.052(T_w - T_f) \tag{1-95}$$

(2) 空气沿粗糙壁面强制对流　当空气的流速 $u \leqslant 5m/s$ 时：

$$\alpha_T = 6.2 + 4.2u \tag{1-96}$$

当空气的流速 $u > 5m/s$ 时：

$$\alpha_T = 7.8u^{0.78} \tag{1-97}$$

例 1-14 某有保温层的容器，外表温度为 70℃，若环境温度为 15℃，试计算其单位面积的散热量。

解 由式（1-95）

$$\alpha_T = 9.4 + 0.052(T_w - T_f)$$
$$= 9.4 + 0.052 \times (70 - 15) = 12.3[W/(m^2 \cdot K)]$$

再由式（1-93）计算单位面积的热损失：

$$Q_T/S_w = \alpha_T(T_w - T_f)$$
$$= 12.3 \times (70 - 15) = 677(W/m^2)$$

2. 设备和管道的绝热保温

在化工生产中，对于温度较高（或较低）的管道和反应器等高（低）温设备，需要采取绝热措施，其目的在于：减少热（冷）量的损失，以提高换热操作的经济效益；维持设备正常的操作温度，保证生产在规定的温度下进行；降低车间的操作温度，改善劳动条件。为此，在设备的外壁包上一层热导率较小的绝热材料，用于增加热阻，减少设备外壁面上与周围环境的热交换。

绝热（或保温）的关键是要选择一种性能良好的保温材料，并确定适宜的绝热保温层厚度。

（1）保温层结构及基本要求　通常采用的保温结构由保温层和保护层构成。如图 1-89 所示。有的保温结构中还装有伴热管，如图 1-90 所示。

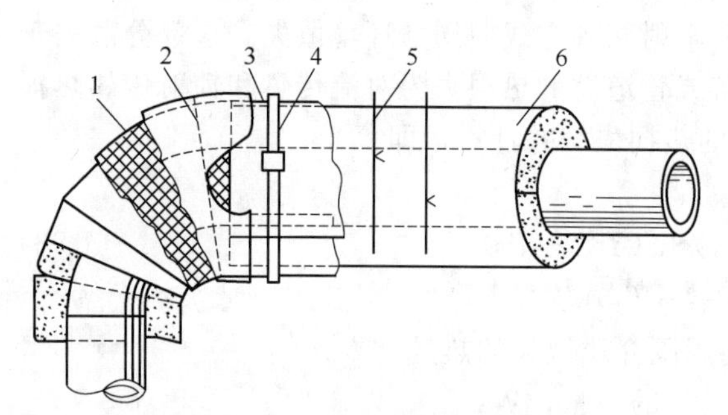

图 1-89　保温层结构示意图

1—金属丝网；2—保温层；3—金属薄板；4—箍带；5—铁丝；6—绝热层

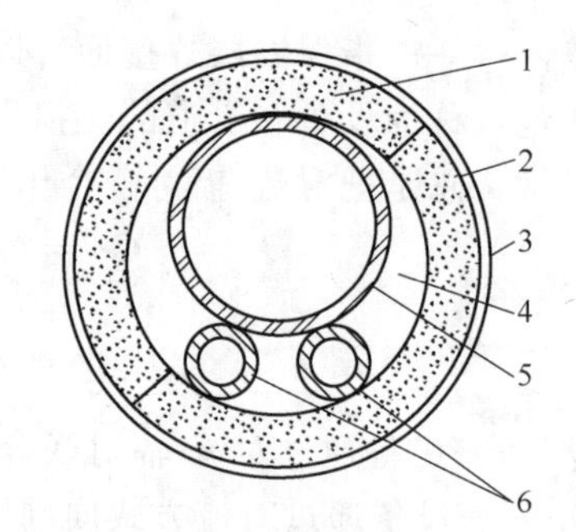

图 1-90　伴热管

1—绝热层；2—薄铝片；3—保护层；4—间隙；5—主管道；6—蒸汽伴热管

保温层是由石棉、蛭石、膨胀珍珠岩、超细玻璃棉、海泡石等热导率较小的物质和制品构成，将它们覆盖在设备或管道的表面，构成保温层的主体。在它们的外面，再覆以铁丝网加油毛毡、玻璃布或石棉水泥混浆，即构成保护层。保护层的作用是为了防止外部的雨水及水汽进入保温层内，以避免保温材料变软、腐烂而失去保温作用，具有固定、防护、美观等作用。保冷时还需在保护层的内侧加防潮层。伴热管是在对保温条件要求较高时使用，在主管的管壁旁加设 1～2 根伴热管，内通蒸汽，在保温时将主管和伴热管一起包住。

工业上在选择保温材料时，对其性能与结构要求如下。

① 热导率低　保温材料在平均温度低于 350℃时，热导率不得大于 0.12W/(m·℃)；

保冷材料在平均温度低于27℃时，热导率不得大于0.064W/(m·℃)。即保温后的损失不得超过表1-24和表1-25所规定的允许值，这是进行保温或绝热的基本依据。

表1-24　常年运行状态下的允许热损失

设备或管道的表面温度 t_w/K	323	373	423	473	523	573
允许热损失/(W/m²)	58	93	116	140	163	186

表1-25　季节运行状态下的允许热损失

设备或管道的表面温度 t_w/K	323	373	423	473	523	573
允许热损失/(W/m²)	116	163	203	244	279	308

② 材料密度合适　保温硬质材料密度不得大于300kg/m³；软质或半硬质材料密度不得大于220kg/m³；保冷材料密度不得大于220kg/m³。

③ 有足够的机械强度　能承受自重以及外力的冲击。在风吹、雨淋以及空气温度变化等气候条件影响下，仍能保持结构的完整性。耐振动硬质材料抗压强度不得小于0.4MPa；保冷硬质材料抗压强度不得小于0.15MPa。

④ 吸水率小　保温材料的质量含水率不得大于7.5%；保冷材料的质量含水率不得大于1%。能抵御外部的水汽、雨水以及湿空气进入保温层内，以确保材料不会变性。

⑤ 使用温度能满足工艺要求　保温材料的允许最高或最低使用温度应高于或低于流体温度，同时，要耐燃烧。

⑥ 化学稳定性好。

⑦ 结构简单，材料消耗量小，价格低廉、施工方便。

化工生产中常用保温材料的性能见表1-26。

表1-26　常用保温材料的性能

材料名称	密度/(kg/m³)	热导率/[W/(m·℃)]	极限使用温度/℃	最高使用温度/℃
硅酸钙制品	170～240	0.055～0.064	约650	550
泡沫石棉	30～50	0.046～0.059	−50～500	
岩棉、矿渣棉制品	60～200	0.044～0.049	−200～600	600
玻璃棉	40～120	0.044	−183～400	300
普通硅酸铝纤维	100～170	0.046	约850	
膨胀珍珠岩散料	80～250	0.053～0.075	−200～850	
硬质聚氨酯泡沫塑料	30～60	0.0275	−180～100	−65～80
酚醛泡沫塑料	30～50	0.035	−100～150	

(2) 保温的理论计算　本节开头已介绍了热损失的经验计算式，可用来计算保温层外的热损失大小。保温也可依据理论公式来计算，得出一定条件下的热损失量，并最终确定允许条件下的保温层厚度，这里作一简单说明。外壁敷有一层热导率较小的保温层的高温设备或管道，其传热过程应由以下三个过程组成：①管内流体对管壁的对流传热过程；②管壁和保温层的导热过程；③保温层外表面向周围介质（空气）的对流和辐射的联合传热过程。

由于工程上使用的管道多为薄壁金属管，其热导率较大而热阻较小，故可将保温层内表面温度看作与管内流体温度相等。这样，上述三个过程就可近似看作为保温层的导热及保温层外壁向周围环境的对流-辐射传热过程。

若设保温层内壁温度（即管内流体温度）为 T_o，外壁温度为 T_w，周围大气温度为 T_f，保温层内外直径分别为 D_i 和 D_o，保温材料的热导率为 λ。根据式（1-37）和式（1-93）可以得出：

保温层内的导热过程：

$$Q=\frac{2\pi L\lambda(T_o-T_w)}{\ln\frac{D_o}{D_i}} \tag{1-98}$$

保温层外的对流-辐射过程：

$$Q=\alpha_T S_w(T_w-T_f) \tag{1-99}$$

由于是稳定传热，将上两式合并整理后可得：

$$\frac{Q}{L}=\frac{T_o-T_f}{\frac{1}{2\pi\lambda}\ln\frac{D_o}{D_i}+\frac{1}{\pi D_o\alpha_T}} \tag{1-100}$$

对于平壁（当 $D\geqslant 1$m 时可看作平壁），可简化成下面的形式

$$\frac{Q}{S_w}=\frac{T_0-T_f}{\frac{\delta}{\lambda}+\frac{1}{\alpha_T}} \tag{1-101}$$

式中　L——管或圆筒形设备的长度，m；

S_w——管或圆筒形设备保温层外表面积（$S_w=\pi D_o L$），m^2。

上述两式即为设备和管道热损失计算式。从中可以看出，设备热损失的大小，不仅与管道设备内外介质的温度有关，而且与所用保温材料的性质（λ）、厚度（δ）及设备所处的环境（如室内、室外及风速大小均影响 α_T）等因素密切相关。

（3）绝热保温层厚度的确定　保温层厚度的计算比较复杂，一般可以根据保温材料热导率、介质温度及管径来确定，它也是在稳定传热时，由式（1-37）和式（1-93）联立得出的。综合式（1-37）和式（1-93）并整理可得：

$$D_o\ln\frac{D_o}{D_i}=\frac{2\lambda}{\alpha_T}\left(\frac{T_o-T_w}{T_w-T_f}\right) \tag{1-102}$$

而保温层厚度 $\delta=(D_o-D_i)/2$。在上述公式中，被保温管路的直径（D_i）和温度（T_o）是已知的。当工作状况和环境一定时，α_T 可以通过有关公式计算确定；而当选择的保温材料确定后，其在平均温度下的热导率 λ 也不难求出。因此，如果能够确定保温层的外壁温度 T_w 和周围环境的温度 T_f，就可以通过式（1-102）计算出 D_o，从而求取 δ。图解法就是据此作出的。

根据式（1-102）或图算法确定保温层厚度 δ 时，必须先确定保温层的外表温度 T_w 和环境温度 T_f。工程上规定：保温层的外表温度与周围环境之间的最大温差不得超过 15～20K，以保证安全的工作环境和最少的热损失。周围环境的温度一般可以这样选取：室内以 285K 计；可通行的地沟内不得高于 313K；室外，如常年运行，则按当地历年的年平均气温计算；仅冬季运行，则以当地历年的冬季平均气温为准。

对于冷管路来说，则是管路内的工艺流体的温度要低于周围环境的温度。比如冷冻盐水等，应采取适当的措施防止冷量的散失，或者说，防止周围介质向冷管道的传热，称为保冷或绝热。确定绝热层厚度的方法及其计算公式和保温计算公式是相似的，只是传热方向

不同。

另外，还必须考虑绝热层外表温度不低于周围空气的露点温度，以防止表面结露。

保温层厚度也采用比较简便的图算法（这里不作介绍，可参考有关资料）。也可参照表 1-27 进行选择。

表 1-27 一般管道保温层厚度的选择

保温材料热导率/[W/(m·℃)]	流体温度/℃	不同管道直径的保温层厚度/mm				
		<50	60～100	125～200	225～300	325～400
0.087	100	40	50	60	70	70
0.093	200	50	60	70	80	80
0.105	300	60	70	80	90	90
0.116	400	70	80	90	100	100

二、化工生产中的节能途径

随着社会进步、经济增长和科学技术的发展，目前世界上对能源的需求在急剧增加。我国的能源资源虽然总量并不算少，但人均拥有量却不高。从能源的利用水平上看，能源的利用效率很低（大约只有 30%），单位产值的能耗大。据统计，创造单位产值的综合能耗我国要比国外先进水平高出几倍甚至十几倍。因而，对于我国特别是高耗能的化工生产行业，节约能源显得尤为重要，而且有着巨大的潜力。随着世界能源供应的日趋紧张，节约能源、提高能源的综合利用率，对国民经济的可持续发展及环境保护都有着深远的意义。

节约能源，总的来说，应从两方面着手：一是提高管理水平，二是依靠技术进步。从具体措施上看，可以概括为以下几个方面。

1. 充分回收工艺过程中的废热

从能源利用的角度看，化工企业有与其他工业部门不同的显著特点：例如有些化工企业，生产中既消耗大量能源，又可以释放出大量的化学反应热，成为一个既消耗能源又提供能源的供耗能体系。表 1-28 所列出的几个例子就很好地说明了这一点。

表 1-28 部分化工产品的理论能耗

产 品 名 称	分 子 式	计算用的反应式	理论能耗/(kJ/t)
合成氨	NH_3	$0.883C+1.5H_2O+0.133O_2+0.5N_2 \longrightarrow NH_3+0.883CO_2$	2248
电石	$CaCl_2$	$CaCO_3 \longrightarrow CaO+CO_2$；$CaO+3C \longrightarrow CaC_2+CO_2$	2847
纯碱	Na_2CO_3	$2NaCl+2NH_3+CO_2+H_2O \longrightarrow Na_2CO_3+2NH_4Cl$	−156.6
甲醛	HCHO	$CH_3OH+0.5O_2 \longrightarrow HCHO+H_2O$（甲醇氧化）	−548.5
聚氯乙烯	$(C_2H_3Cl)_n$	$nC_2H_3Cl \longrightarrow (C_2H_3Cl)_n$	−150.7

生产实践告诉我们，及时将一些放热反应中的反应热移走，并有效地加以利用，能大大降低综合能耗，提高企业的经济效益。比如，可将反应热引入“废热锅炉”，以生产高压或中压的蒸汽，以此作为热源使用。

除此之外，在有些化工厂的生产过程中，还会产生一定量的可燃性气体（如 CO、H_2 等）或高温气体（如石油裂解炉中的气体温度高达 1600K 左右），如果把它们充分利用起来，作为锅炉替代燃料，节能效果也是很显著的。

2. 合理使用不同质级的热能

根据热力学第二定律，一切实际过程都是不可逆过程，过程进行中总是要损失一部分能量。也就是说，热源每使用一次，其温度（或压力）要降低一些，即能量的品位会相应下降。所谓合理使用不同质级的热能，就是要根据用户所需能级要求，输入适当的能源形式，尽可能做到供需的能级匹配。比如冬季室内的采暖温度控制在20℃，如果采用温度为200℃以上的中、低压水蒸气加热，显然是不合理的；而以使用温度为数十度的冷却水、冷凝水等中温水最为经济。

为了实现合理用热，目前工程上一般采用对热能多次、逐次降级利用的方法。例如，某大型石油化工厂利用裂解炉中高达1350℃的高温气体来生产过热蒸汽，将此蒸汽先用来发电或驱动压缩机，之后再去供一般工艺使用，最后用来蒸煮、取暖或供浴室使用等。这样使每吨合成氨的耗电量仅为40kW·h左右，而有些小化肥厂的吨氨耗电量竟高达1000kW·h以上。

需要指出的是，当前仍有一些化工企业没有按照合理用热、节约能源的观念去充分利用能源，而是将“废气（汽）”等直接排放到大气中，不但浪费了能源，还造成对空气的污染。

3. 加强管理，落实措施，减少热损

化工企业生产系统中，热损失是不可避免的，问题是如何使这种热损减少到最低程度。比如，消灭传热系统中的跑、冒、滴、漏，无论是从减少物料损失或能量损失上看，都应作为一种经常性的节约措施来落实。就减少热损失而言，可抓以下两条经常性措施。

（1）在用汽设备或蒸汽管道中装设可靠的蒸汽疏水阀　此法能及时排除设备或管道中积存的冷凝水和空气而有效防止蒸汽的泄漏。这样，既节约了蒸汽又提高了设备的传热效果（水和空气的存在将大大降低冷凝传热系数和传热温差）。

（2）对热（或冷）的管道或设备进行有效的绝热保温　据统计，经过有效保温的管道、设备其热损失仅为未保温时的百分之几。

当然，节能的方法和措施还有许多。只要我们确立了节约能源的观念，便会时时处处、想方设法去节约每一点能源。同时，我国相关部门也曾规定：凡是表面温度在50℃以上的热设备或管道以及致冷系统的设备和管道，都必须进行保温和绝热（或称保冷）处理，即在设备和管道的表面覆以热导率较小的材料，构成总热阻较大的多层壁的传热结构以减少热损失。

任务实施

一、资讯

在教师的指导与帮助下，学生解读工作任务要求，了解工作任务的相关工作情境和背景知识，明确工作任务中的核心信息与要点。

二、决策、计划与实施

根据换热设备及生成气（或高压蒸汽）的保温要求初步确定保温方案；通过分组讨论和计算，确定保温材料的类型和保温层厚度。

三、检查与评估

教师可通过检查各小组的工作方案与听取小组研讨汇报，及时掌握学生的工作进展，适时地归纳讲解相关知识与理论，并提出建议与意见，同时对各小组完成情况进行检查与评估，及时进行点评、归纳与总结。

测 试 题

一、简答题

1. 传热的基本方式有哪几种？各有什么特点？

2. 什么叫稳定传热？什么叫不稳定传热？

3. 工业上有哪几种换热方法？化工生产中的传热过程主要要解决哪几方面的问题？

4. 试说明对换热器进行分类的方法及其种类。应优先考虑哪种换热方法？为什么？

5. 列管式换热器中的温差应力是怎样产生的？为了克服其影响，可采取哪些措施？

6. 列管式换热器为何常采用多管程？在壳程中设置折流挡板的作用是什么？

7. 何谓载热体、加热剂和冷却剂？常用的加热剂和冷却剂有哪些？

8. 冷却剂（或加热剂）的选择原则是什么？其进、出口温度确定的原则是什么？

9. 在夹套式换热器中，在壳层内通饱和水蒸气或冷却水时，对它们的流动方向有何要求？为什么？

10. 何谓换热器的传热速率和热负荷？两者关系如何？

11. 换热器热负荷的确定方法有哪几种？各适用于哪些场合？

12. 热导率 λ 的物理意义和单位是什么？

13. 由两层不同材料组成的等厚平壁，温度分布如附图所示。试判断它们的热导率和热阻的大小，并说明理由。

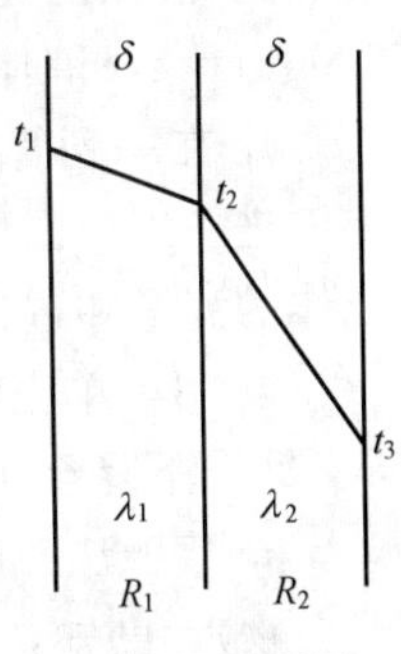

简答题 13 附图

14. 对流给热系数 α 的物理意义是什么？其影响因素有哪些？提高对流传热系数的措施有哪些？

15. 为什么说传热壁面的温度总应接近 α 较大侧的流体温度？（提示：用牛顿冷却定律解释）

16. 为什么滴状冷凝的对流传热系数要比膜状冷凝的高？

17. 什么叫强化传热？强化传热的有效途径是什么？可采取哪些具体措施？

18. 当间壁两侧流体的给热系数 α 相差较大时，为提高传热系数 K，以提高哪一侧流体的给热系数更为有效？为什么？

19. 传热系数 K 的物理意义和单位是什么？提高传热系数的具体方法有哪些？

20. 饱和蒸汽冷凝时，传热膜系数突然下降，可能的原因是什么？解决的措施有哪些？

21. 一套管式换热器用水冷却油，水走管内、油走管外，为强化传热，加翅片，翅片加在管的哪一侧更合适？为什么？

22. 在蒸汽管道中通入一定流量和压力的饱和水蒸气，试分析：(1) 在夏季与冬季中，管道的内壁与外壁温度有何变化？(2) 若将管道保温，保温前、后管道的内壁和最外侧壁面温度有何变化？

23. 每小时有一定量的气体在套管换热器中从 T_1 冷却至 T_2，冷水进出口温度分别为 t_1

和 t_2，两流体呈逆流流动，并均为湍流。若换热器尺寸已知，气体向管壁的对流传热系数比管壁向水的对流传热系数小得多，污垢热阻和管壁热阻均可以忽略不计。试讨论以下各项：（1）若气体的生产能力加大10%，如仍用原换热器，而且要维持原有的冷却程度和冷却水进口温度不变，则应采取什么措施？并说明理由。（2）若因气候变化，冷水进口温度下降至 t'_1，现仍用原换热器并维持原冷却程度，则应采取什么措施？并说明理由。（3）在原换热器中，若将两流体改为并流流动，如要求维持原有的冷却程度和加热程度，是否可能？为什么？如不可能，试说明应采取什么措施（设 $T_1>T_2$）？

24. 试述温度检测仪表有哪些类型？各有什么特点？

25. 采用热电偶测量温度时，为什么需要冷段温度补偿？主要有哪些补偿方法？

26. 热电阻测温系统由哪些部分组成？其测温的工作原理如何？常用的热电阻有哪些？

27. 为什么热电阻与各类显示仪表配套时，都要用三线制接法？

28. 简述测温元件的安装基本要求。

29. 为满足无相变换热器工艺介质出口温度要求，其自动控制方案有哪些？各自的特点如何？

30. 对有相变换热器，其自动控制方案有哪些？各自的特点如何？

二、计算题

1. 在一换热器中，欲将2000kg/h的乙烯气体从100℃冷却到50℃，冷却水初温为30℃，出口温度不超过38 ℃。如热损失可以忽略，试求该换热器的热负荷及冷却水用量。

2. 用一列管换热器来加热某溶液，加热剂为水，拟订水走管程，溶液走壳程。已知溶液的平均比热容为3.05kJ/（kg·℃），进、出口温度分别为35℃和60℃，其流量为600kg/h；水的进、出口温度分别为90℃和70℃。若热损失为热流体放出热量的5%，试求热水的消耗量和换热器的热负荷。

3. 在一釜式列管换热器内，用280kPa的水蒸气加热并汽化某液体（水蒸气仅放出冷凝潜热）。液体的比热容为4.0kJ/(kg·℃)，进口温度为50℃，其沸点为88℃，汽化潜热为2200kJ/kg，液体的流量为1000kg/h。忽略热损失，试求加热蒸汽的消耗量。

4. 在一列管换热器中，两流体呈并流流动，热流体进、出口温度为130℃和65℃，冷流体进、出口温度为32℃和48℃，求换热器的平均温度差。若将两流体改为逆流，维持两流体的流量和进口温度不变，求此时换热器的平均温度差及两流体的出口温度。

5. 用一单壳程四管程的列管换热器来加热某溶液，使其从30℃加热至50℃，加热剂则从120℃下降至45℃，试求换热器的平均温度差。

6. 接触法硫酸生产中用氧化后的高温 SO_3 混合气（走管程）预热原料气（SO_2 及空气混合物），已知：列管换热器的传热面积为 $90m^2$，原料气进口温度为300℃，出口温度为430℃，SO_3 混合气进口温度为560℃，两种流体的流量均为10000kg/h，热损失为原料气所得热量的6%，设两种气体的比热容均可取为1.05kJ/(kg·K)，且两流体可近似作为逆流处理，求：（1）SO_3 混合气的出口温度；（2）传热系数。

7. 在逆流换热器中，用初温为20℃的水将1.25kg/s的液体［比热容为1.9kJ/（kg·K），密度为 $850kg/m^3$］，由80℃冷却到30℃。换热器的列管直径为 $\phi 25mm \times 2.5mm$，水走管程。水侧与液体测的对流传热系数分别为0.85kW/(m^2·℃）和1.70kW/(m^2·℃)，污垢热阻可忽略。若水的出口温度不能高于50℃，试求换热器的传热面积。

8. 100℃的饱和水蒸气在列管换热器的管外冷凝，总传热系数为2039W/(m^2·℃)，传热面积为 $12.75m^2$，15℃的冷却水以 $2.25 \times 10^3 kg/h$ 的流量在管内流过，设平均温差可以用算术平均值计算，试求水蒸气的冷凝量（kg/h）。

9. 今对一新型换热器进行性能试验，从现场测得：热流体进口温度为 336K，出口温度为 323K，比热容为 4.2kJ/(kg·K)，流量为 5.28kg/s。冷流体的进口温度为 292K，出口温度为 323K；冷、热流体按逆流方式流动，换热器的传热面积为 $4.2m^2$。试计算该换热器的传热系数。若冷流体的比热容为 2.8kJ/(kg·K)，试求冷流体的流量。

10. 有一稳态导热的平壁炉墙，壁厚为 240mm，热导率 $\lambda_2=0.2$W/(m·℃)，若炉墙外壁温度为 45℃，为测得炉墙内壁温度，由外壁向墙内 100mm 处插入温度计，测得该处的温度为 1000℃，试求：(1) 通过平壁的导热通量；(2) 炉墙内壁温度。

11. 某工业燃烧炉，其炉壁由下列三种材料从里往外排列砌成，各层厚度和热导率如下：耐火砖 $\delta_1=225$mm，$\lambda_1=1.4$W/(m·℃)；保温砖 $\delta_2=115$mm，$\lambda_2=0.15$W/(m·℃)；普通砖 $\delta_3=225$mm，$\lambda_3=0.8$W/(m·℃)。燃烧稳定后，现场测得内壁温度为 930℃，外壁温度为 55℃，试求单位面积的热损失和各层接面上的温度。

12. 某燃烧炉的平壁由下列三种砖依次砌成。耐火砖：热导率 $\lambda_1=1.05$W/(m·℃)、壁厚 $\delta_1=0.23$m；绝热砖：热导率 $\lambda_2=0.095$W/(m·℃)；普通砖：热导率 $\lambda_3=0.71$W/(m·℃)、壁厚 $\delta_3=0.24$m。若已知耐火砖内侧温度为 860℃，耐火砖于绝热砖接触面温度为 800℃，而绝热砖与普通砖接触面温度为 135℃，试求：(1) 通过炉墙损失的热量，W/m^2；(2) 绝热砖层厚度，m；(3) 普通砖外壁温度，℃。

13. 在外径为 100mm 的蒸汽管道上包一层保温层，保温层材料的热导率为 0.08W/(m·℃)。若蒸汽管道外壁温度为 150℃，要求保温层的外表面温度为 40℃以下，且每米管长的热损失不应超过 150W/m，试求绝热层厚度。假定层间接触良好。

14. 有一直径为 $\phi57$mm × 3.5mm 的钢管，其外包有两层绝热材料，里层为 40mm 厚的软木，平均热导率 $\lambda=0.043$W/(m·℃)；外层为 100mm 厚的保温灰层，其平均热导率 $\lambda=0.07$W/(m·℃)。现测得钢管外壁温度为 −120℃，保温灰外表面温度为 10℃，试求每米管长的冷量损失及两保温层界面的温度。

15. 有一列管换热器，常压空气从 $\phi25$mm × 2.5mm 的列管内通过，由 180℃被加热到 220℃，如空气的平均流速为 20m/s，管长为 2m，试求管壁对空气的给热系数 α。

16. 常压空气在预热器内从 15℃被加热至 45℃，预热器由 $\phi89$mm × 3.5mm 的错列钢管束组成，管束长度为 1.5m，空气在管外垂直流过，沿流动方向共有 16 排管子，空气通过管间最窄处的流速为 12m/s。试求管壁对空气的 α。

17. 在列管式换热器中用冷水冷却油。水在直径为 $\phi19$mm × 2mm 的列管内流动。已知管内水侧对流传热系数为 3490W/(m^2·℃)，管外油侧对流传热系数为 258W/(m^2·℃)。换热器在使用一段时间后，管壁两侧均有污垢形成，水侧污垢热阻为 0.00026 (m^2·℃) / W，油侧污垢热阻为 0.000176 (m^2·℃) / W，管壁热导率为 45W/(m·℃)，试求：(1) 基于管外表面积的总传热系数；(2) 产生污垢后热阻增加的百分数。

18. 一套管换热器，内管直径为 $\phi170$mm × 5mm，内管内流体的对流传热系数为 200W/(m^2·℃)，内管外流体的对流传热系数为 350W/(m^2·℃)。若两流体均在湍流下进行换热。试分别估算下列情况下总传热系数 K_o增加的百分数（假设污垢和管壁热阻均可忽略）：(1) 管内流速增加一倍；(2) 管外流速增加一倍。

19. 某化工厂用 200kPa（绝压）的饱和水蒸气将常压空气由 20℃加热至 90℃，空气流量为 $50000m^3/h$。今仓库有一台单程列管换热器，内有 ϕ 38mm × 2.5mm 的钢管 151 根，管长 3m。若管程空气和壳程水蒸气的对流传热系数分别为 65W/(m^2·℃) 和 10000W/(m^2·℃)，两侧污垢热阻及管壁热阻可忽略不计，试核算该换热器是否满足要求？

20. 拟用冷却水将粗苯液从80℃冷却至40℃，苯的流量为52000kg/h，冷却水的初温为30℃，试选择适宜型号的列管换热器（不要求核求压力降）。

21. 某有保温层的容器，外表温度为70℃，若环境温度为15℃，试计算其单位面积的散热量。

三、操作题

1. 冷态开车时先进冷流体，后进热流体；而停车时又要先停热流体，后停冷流体，为什么？
2. 开车时不排出不凝性气体会有什么后果？如何操作才能排净不凝性气体？
3. 为什么停车后管程和壳程都要高点排气、低点泄液？
4. 为什么要对换热器入口高温介质进行防护？如何进行防护？
5. 换热器冷却水的出口温度为什么不能超过65℃？
6. 如何对换热器的温度进行检查与控制？
7. 如何对换热器进行升温操作？
8. 通过对流体压力及出口压差的测定和检查，可以发现哪些问题？
9. 为什么对换热器设备要注意防止超压？
10. 如何检查换热器设备的外漏和内部泄漏？
11. 平板式换热器的开、停车及运行中的注意事项有哪些？

项目二

蒸发操作与控制

项目学习目标

知识目标

1. 掌握蒸发操作的基本原理、单效蒸发流程与工艺计算、蒸发器的生产能力与生产强度及其影响因素；掌握蒸发器的安全操作要领、常见事故及其处理方法。

2. 理解溶液沸点升高及其确定方法，多效蒸发的流程及效数限制。

3. 了解蒸发操作的特点及其工业应用，各种典型蒸发器的结构特点、性能及应用范围；了解蒸发过程的经济性及节能措施；了解蒸发器的自动控制方案。

能力目标

1. 能根据生产任务对典型蒸发器实施基本操作与控制，并能根据生产任务和设备特点制定蒸发操作的安全操作规程。

2. 能运用蒸发基本理论与工程技术观点分析和解决蒸发操作中诸如蒸发效率下降、振动、蒸发室真空度不达标等常见故障。

3. 能根据工艺过程需要正确查阅和使用一些常用的工程计算图表、手册、资料等，并进行必要的工艺计算，如蒸发水量计算、加热蒸汽用量计算、传热面积计算等。

素质目标

培养学生的团结协作精神，知识应用和创新意识，节能与环保的职业素质，安全生产和严格遵守操作规程的职业操守。

主要符号说明

英文字母

c_p——定压比热容，J/kg·K；

D——加热蒸汽消耗量，kg/h；

f——校正系数；

F——原料液量，kg/h；

g——重力加速度，m/s^2；

h——液层高度，m；

h——液体的焓，kJ/kg；

H——加热蒸汽的焓，kJ/kg；
H'——二次蒸汽的焓，kJ/kg
K——总传热系数，W/(m^2·K)；
p——压力，Pa；
Q——传热速率或热负荷，J/s或W；
Q_L——热损失，J/s或W；
r——二次蒸汽的汽化潜热，kJ/kg；
R——加热蒸汽的汽化潜热，kJ/kg；
R——热阻，K/W；
S——蒸发器的传热面积，m^2；
t——液体温度，℃或K；
T——加热蒸汽的温度，℃；
T'——二次蒸汽的温度，℃；
U——蒸发器的生产强度，kg/(m^2·h)；
W——蒸发水分量，kg/h；
X_w——溶液中溶质的质量分数。

希文字母

α——对流给热系数 W/(m^2·K)；
δ——厚度，m；
Δ——有限差值；
Δ——温度差损失；
λ——热导率，J/(s·m·K) 或 W/(m·K)；
ρ——流体的密度，kg/m^3。

下标

c——冷凝液的；
i——管内的；
m——平均的；
o——管外的；
s——溶质的；
T——理论的；
w——溶质的；
1——原料液；
2——完成液。

项目导言

蒸发就是通过加热的方法将稀溶液中的一部分溶剂汽化并除去，从而使溶液浓度提高的一种单元操作，其目的是得到高浓度的溶液。蒸发操作广泛应用于化工、医药和食品加工等工业生产中。

一、蒸发在化工生产中的应用

蒸发是化工生产中常用的一种单元操作。在化工生产中，用离子膜法制得的液碱（NaOH溶液）的质量分数一般在31%～33%，要得到42%或更浓的符合工艺要求的浓碱液则需通过蒸发操作。又如：食品工业中利用蒸发操作将葡萄糖液提浓；或将一些果汁加热使一部分水分汽化并除去，以得到浓缩的果汁产品，也需采用蒸发操作。

二、蒸发操作的特点

与一般的传热过程相比，常见的蒸发过程具有下述特点。

1. 溶液组成

被蒸发的溶液应由具有挥发性的溶剂和不挥发性的溶质组成，在整个蒸发操作过程中，只有溶剂汽化减少，溶质在蒸发过程中数量是不变的。这是蒸发操作的显著特点之一，也是后续将要讨论的有关蒸发计算的基础。

2. 传热性质

蒸发过程实质上是传热壁面两侧的蒸汽冷凝和溶液沸腾的恒温传热过程，溶剂的汽化速率由传热速率控制，故蒸发属于热量传递过程，但又有别于一般传热过程。

3. 物料及工艺特性

物料在浓缩过程中，溶质或杂质常在加热表面沉积、析出结晶而形成垢层，影响传热；

有些溶质是热敏性的，在高温下停留时间过长易变质；有些物料具有较大的腐蚀性或较高的黏度等。因此，在设计和选用蒸发器时，必须认真考虑这些特性。

4. 泡沫夹带

二次蒸汽中常夹带大量液沫，冷凝前必须设法除去，否则不但损失溶质，而且要污染冷凝设备。

5. 能源利用与回收

蒸发时溶剂的汽化需提供大量的热能，因此，如何充分利用热量、提高加热蒸汽的利用率是蒸发过程的另一大特点，即节能是蒸发操作应考虑的重要问题。

三、项目情境设计

某氯碱化工有限公司采用离子膜法生产烧碱，需将来自电解工段的32%的NaOH碱液蒸发浓缩至42%，其蒸发的处理量为10000kg/h。现学生将以车间技术员的身份进入碱液蒸发工段，为完成上述生产任务，需在技术总监（专业教师）的指导下展开如下工作。

（1）根据生产工艺要求初定蒸发方案——选择蒸发工艺路线和初步选取蒸发设备；

（2）根据初步方案确定蒸发工艺条件和控制方案；

（3）蒸发操作规程的拟定和操作维护；

（4）任务拓展：多效蒸发与节能措施。

任务一 初定蒸发方案——蒸发工艺路线的选择与蒸发设备的选取

工作任务要求

通过本任务的实施，应完成如下工作要求：

（1）根据生产工艺要求，查阅工艺物料的相关信息；

（2）识别各种蒸发设备及相关部件，了解其特点和使用范围，熟悉蒸发流程；

（3）根据生产要求选择合理的蒸发设备和蒸发流程，并编制初步方案。

技术理论与必备知识

一、蒸发操作的常见流程

如图2-1所示是一套典型的单效蒸发操作装置流程。左面的设备是用来进行蒸发操作的主体设备蒸发器，它的下部分是由若干加热管组成的加热室1，加热蒸汽在管间（壳方）被冷凝，它所释放出来的冷凝潜热通过管壁传给被加热的料液，使溶液沸腾汽化。在沸腾汽化过程中，将不可避免地要夹带一部分液体，为此，在蒸发器的上部设置了一个称为分离室2的分离空间，并在其出口处装有除沫装置，以便将夹带的液体分离开，蒸汽则进入冷凝器4内，被冷却水冷凝后排出。在加热室管内的溶液中，随着溶剂的汽化，溶液浓度得到提高，浓缩以后的完成液从蒸发器的底部出料口排出。

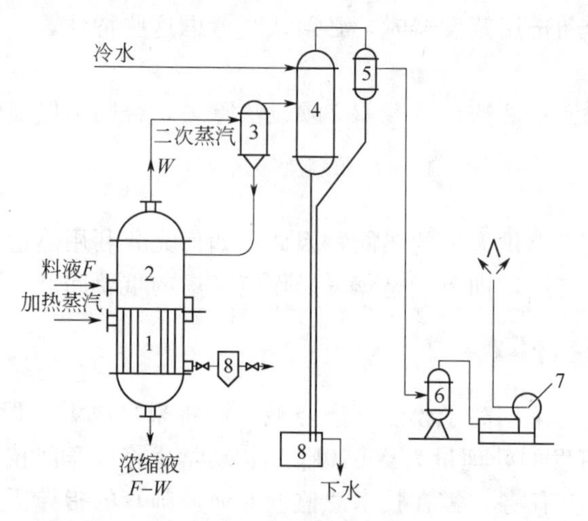

图 2-1　单效蒸发流程

1—加热室；2—分离室；3—二次分离器；4—混合冷凝器；5—气液分离器；6—缓冲罐；7—真空泵；8—冷凝水排除器

在单效蒸发过程中，由于所产生的二次蒸汽直接被冷凝除去，使其携带的能量没有被充分利用，因此能量消耗大，它只在小批量生产或间歇生产场合下使用。

二、蒸发操作的类型

工业上蒸发方法很多，通常根据如下的方法进行分类。

1. 按溶剂的汽化温度不同分类

溶剂的汽化可分别在低于沸点和在沸点温度进行，当低于沸点时进行，称为自然蒸发。如海水制盐用太阳晒，此时溶剂的汽化只能在溶液的表面进行，蒸发速率缓慢，生产效率较低，故该法在其他工业生产中较少采用。若溶剂的汽化在沸点温度下进行，则称为沸腾蒸发，溶剂不仅在溶液的表面汽化，而且在溶液内部的各个部分同时汽化，蒸发速率大大提高。工业生产中普遍采用沸腾蒸发。

2. 按操作压力不同分类

可分为常压、加压和减压蒸发操作。化工生产中的蒸发操作大都采用减压蒸发，这是因为减压蒸发具有下述优点。

① 在加热蒸汽压力相同的情况下，减压蒸发时溶液的沸点低，可以增大传热温度差，当热负荷一定时，蒸发器的传热面积可以相应减小。

② 可以蒸发不耐高温的溶液，如高温下容易变质、聚合或分解的溶液。

③ 可以利用低压蒸汽或废汽作为加热剂。

④ 操作温度低，损失于外界的热量也相应地减小。

但是，减压蒸发也有一定的缺点，这主要是由于溶液的沸点降低，使得黏度增大，导致总的传热系数下降；同时还要求配置如真空泵、缓冲罐、汽液分离器等辅助设备，使设备费用相应增加。

3. 按蒸发器的效数不同分类

蒸发器串联的个数称为效数。根据效数不同（或二次蒸汽的利用情况），蒸发操作可分为单效蒸发和多效蒸发。单效蒸发，其特点是蒸发装置中只有一个蒸发器，蒸发时产生的二次蒸汽不再用于蒸发操作，单效蒸发主要应用在小批量、间歇生产的情况下。多效蒸发，其特点是将几个蒸发器串联操作，使加热蒸汽的热能得到多次利用。一般是把前一个蒸发器产生的二次蒸汽引到后一个蒸发器中作为加热蒸汽使用，最后一效产生的二次蒸汽进入冷凝器冷凝后排放掉。

4. 按操作方式不同分类

可分为间歇蒸发和连续蒸发。间歇蒸发特点是一次进料、一次出料，在整个过程中，溶液的浓度和沸点随时间不断改变，故间歇蒸发是一个不稳定操作过程，适合小批量、多品种的场合使用。连续蒸发是连续加料、连续出料的稳定操作过程，适合于大规模的生产。

三、常见的蒸发设备

蒸发器可采用直接加热的方法，也可采用间接加热的方法。工业上经常采用间接蒸汽加热的蒸发器。对间接加热蒸发器，根据溶液在加热室的流动情况，大致可分为循环型蒸发器和膜式蒸发器两大类。

1. 循环型蒸发器

这类蒸发器的特点是：溶液都在蒸发器中作循环流动。由于引起循环的原因不同，又可分为自然循环与强制循环两类。

(1) 中央循环管式蒸发器　这种蒸发器目前在工业上应用最广泛，其结构如图 2-2 示，加热室如同列管式换热器一样，为 1～2m 长的竖式管束组成，称为沸腾管，但中间有一个直径较大的管子，称为中央循环管，它的截面积等于其余加热管总面积的 40%～60%，由于它的截面积较大，管内的液体量比单根小管中要多；而单根小管的传热效果比中央循环管好，使小管内的液体温度比大管中高，因而造成两种管内液体存在密度差，再加上二次蒸汽在上升时的抽吸作用，使得溶液从沸腾管上升，从中央循环管下降，构成一个自然对流的循环过程（即由于溶液的密度差所引起的流体循环）。

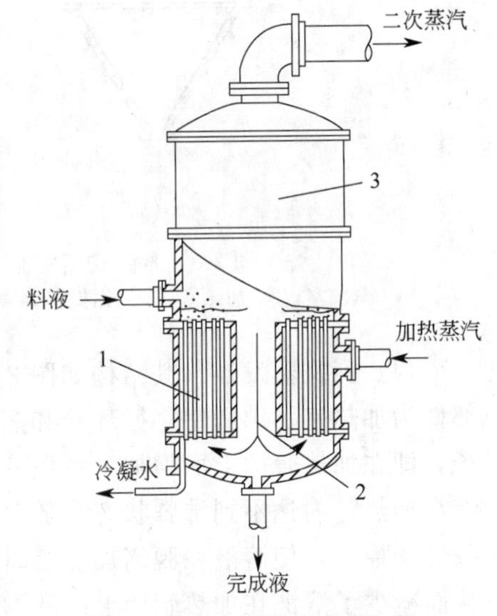

图 2-2　中央循环管式蒸发器

1—加热室；2—中央循环管；3—蒸发室

蒸发器的上部为蒸发室。加热室内沸腾溶液所产生的蒸汽带有大量的液沫，到了蒸发室的较大空间内，液沫相互碰撞结成较大的液滴而落回到加热室的列管内，这样，二次蒸汽和液沫分开，蒸汽从蒸发器上部排出，经浓缩以后的完成液从下部排出。

中央循环管式蒸发器的优点是：构造简单、制造方便、操作可靠。缺点是：检修麻烦，溶液循环速度低，一般在 0.4～0.5m/s 以下，故传热系数较小。它适用于大量稀溶液的蒸发及不易结晶、腐蚀性小的溶液的蒸发，不适用于黏度较大及容易结垢的溶液。

(2) 悬筐式蒸发器　其结构如图 2-3 示，它是中央循环管式蒸发器的改进型式，其加热室像个篮筐，悬挂在蒸发器壳体的下部，溶液循环原理与中央循环管式蒸发器相同。加热蒸汽总管由壳体上部进入加热室管间，管内为溶液。加热室外壁与壳体内壁间形成环形通道，环形循环通道截面积为加热管总截面积的 100%～150%。溶液在加热管内上升，由环形通道下降，形成自然循环，因加热室内的溶液温度较环形循环通道中的溶液温度高得多，故其循环速度较中央循环管式蒸发器要高，一般为 1～1.5m/s。

悬筐式蒸发器的优点是传热系数较大，热损失较小；此外，由于悬挂的加热室可以由蒸发器上方取出，故其清洗和检修都比较方便。其缺点是结构复杂，金属消耗量大。适用于处理蒸发中易结垢或有结晶析出的溶液。

(3) 外加热式蒸发器　其结构如图 2-4 示，它主要是将加热室与蒸发室分开安装。这样，一方面降低了整个设备的高度，便于清洗和更换加热室；另一方面，由于循环管没有受到蒸汽加热，增大了循环管内和加热管内溶液的密度差，从而加快了溶液的自然循环速度，同时还便于检修和更换。

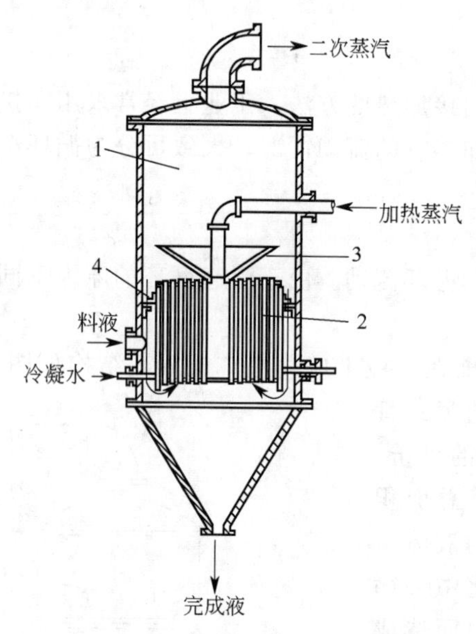

图 2-3　悬筐式蒸发器

1—蒸发室；2—加热室；3—除沫器；4—环形循环通道

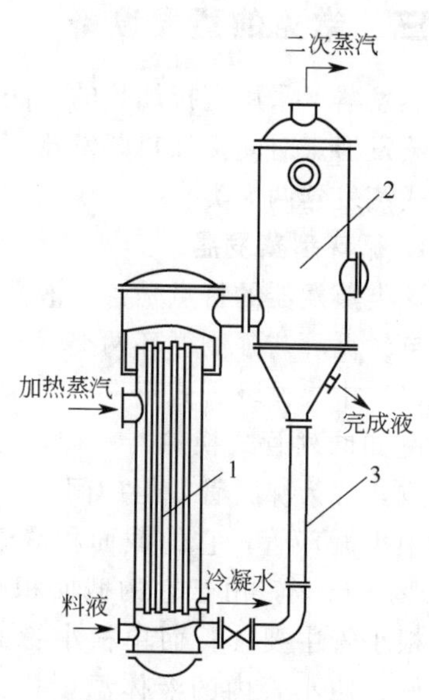

图 2-4　外加热式蒸发器

1—加热室；2—蒸发室；3—循环管

(4) 列文蒸发器　其结构如图 2-5 示，是自然循环蒸发器中比较先进的一种形式，主要部件为加热室、沸腾室、循环管和蒸发室。它的主要结构特点是在加热室的上部有一段大管子，即在加热管的上面增加了一段液柱。这样，使加热管内的溶液所受的压力增大，因此溶液在加热管内达不到沸腾状态。随着溶液的循环上升，溶液所受的压力逐步减小，通过工艺条件的控制，使溶液在脱离加热管时开始沸腾，这样，溶液的沸腾层移到了加热室外进行，从而减少了溶液在加热管壁上因沸腾浓缩而析出结晶或结垢的机会。由于列文蒸发器具有这种特点，所以又称为管外沸腾式蒸发器。

列文蒸发器的循环管截面积比一般自然循环蒸发器的截面积都要大，通常为加热管总截面积的 2～3.5 倍，这样，溶液循环时的阻力减小；而且加热管和循环管都相当长，通常可达 7～8m，循环管不受热，使得两个管段中的温度差、密度差较大，造成了比一般自然循环蒸发器更大的循环推动力，溶液的循环速度可达 2～3m/s，其传热系数接近于强制循环型蒸发器的数值，而不必付出额外的动力。因此，这种蒸发器在国内化工企业中，特别是一些大中型电化厂的烧碱生产中应用较广。列文蒸发器的主要缺点是设备相当庞大，金属消耗量大，需要高大的厂房；另外，为了保证较高的溶液循环速度，要求有较大的温度差，因而要使用压力较高的加热蒸汽等。

(5) 强制循环蒸发器　在一般的自然循环型蒸发器中，由于循环速度比较低（一般小于 1m/s），导致传热系数较小。为了处理黏度较大或容易析出结晶与结垢的溶液，以提高传热系数，可采用如图 2-6 示的强制循环型蒸发器。

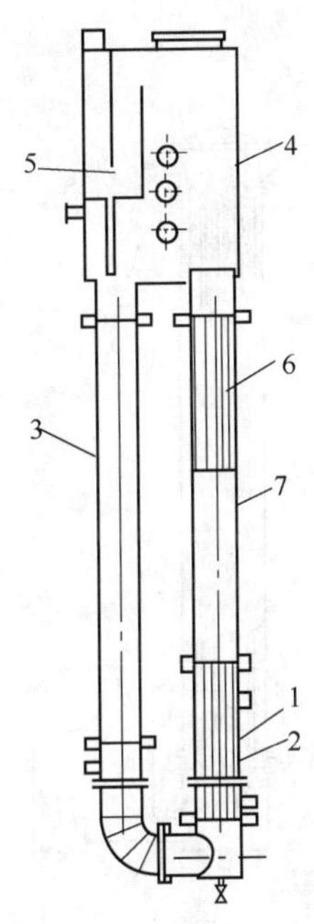

图 2-5　列文蒸发器

1—加热室；2—加热管；3—循环管；
4—蒸发室；5—除沫器；6—挡板；7—沸腾室

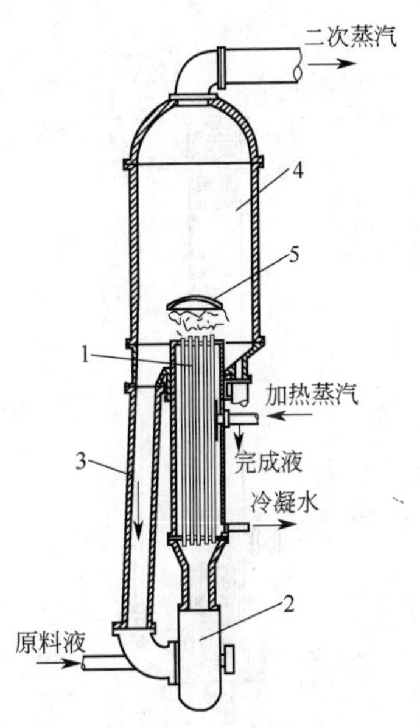

图 2-6　强制循环型蒸发器

1—加热管；2—循环泵；3—循环管；
4—蒸发室；5—除沫器

所谓强制循环，就是利用外加动力（循环泵）促使溶液沿一定方向循环，其循环速度可达 2.5～3.5m/s。循环速度的大小可通过调节循环泵的流量来控制。这种强制循环型蒸发器的优点是传热系数较一般自然循环蒸发器大得多，因此传热速率和生产能力较高，在相同的生产任务下，蒸发器的传热面积比较小，适于处理黏度大、易析出结晶和结垢的溶液。其缺点是需要消耗动力和增加循环泵，每平方米加热面积需要 0.4～0.8kW。

2. 膜式蒸发器

循环型蒸发器有一个共同缺点，即溶液在蒸发器内停留的时间较长，对热敏性物料容易造成分解和变质。而膜式蒸发器中，溶液沿加热管呈膜状流动（上升或下降），一次通过加热室即可浓缩到要求的浓度，其溶剂的蒸发速度极快，在加热管内的停留时间很短（几秒至十几秒）。另外，离开加热室的物料又得到及时冷却；故特别适用于热敏性物料的蒸发，对黏度大和容易起泡的溶液也较适用。它是目前被广泛使用的高效蒸发设备。

根据溶液在加热管内流动方向以及成膜原因的不同，膜式蒸发器可分为以下几种类型。

（1）升膜式蒸发器　其结构如图 2-7 所示，它也是一种将加热室和蒸发室分离开的蒸发器。其加热室实际上就是一个加热管很长的立式列管换热器，料液由底部进入加热管，受热沸腾后迅速汽化；蒸汽在管内高速上升，料液受到高速上升蒸汽的带动，沿管壁成膜状上升，并继续蒸发；汽液在顶部分离室内分离，二次蒸汽从顶部逸出，完成液则由底部排走。这种蒸发器适用于蒸发量较大、有热敏性和易产生泡沫的溶液，而不适用于有结晶析出或易结垢的物料。

（2）降膜式蒸发器　其结构如图 2-8 所示，它与升膜式蒸发器的结构基本相同，其主要区别在于原料液由加热管的顶部加入，溶液在自身重力作用下沿管内壁成膜状下降并进行蒸发，浓缩后的液体从加热室的底部进入分离器内，并从底部排出，二次蒸汽由分离室顶部逸出。在该蒸发器中，每根加热管的顶部必须装有降膜分布器，以保证每根管子的内壁都能为料液所润湿，并不断有液体缓缓流过；否则，一部分管壁将出现干壁现象，达不到最大生产能力，甚至不能保证产品质量。降膜式蒸发器同样适用于蒸发热敏性物料，而不适用于易结晶、结垢或黏度很大的物料。

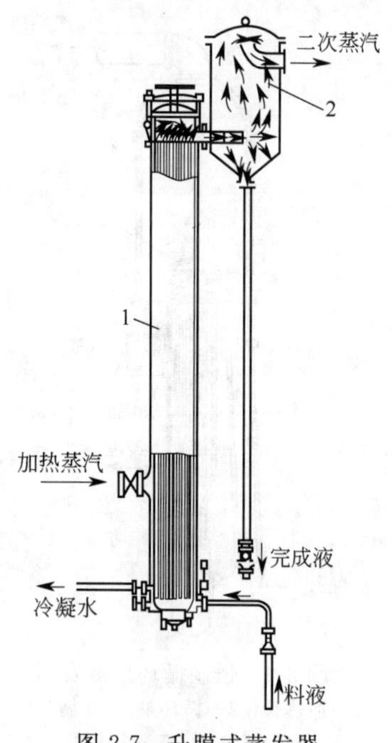

图 2-7　升膜式蒸发器
1—蒸发器；2—分离室

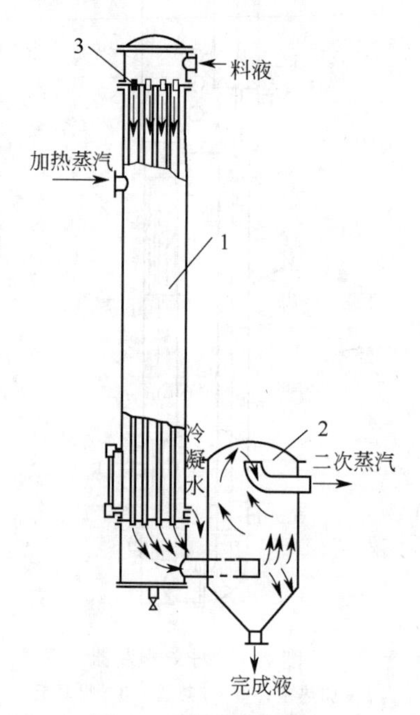

图 2-8　降膜式蒸发器
1—蒸发器；2—分离室；3—液膜分布器

(3) 升-降膜式蒸发器　将升膜和降膜蒸发器装在一个壳体中，即构成升-降膜式蒸发器，如图 2-9 所示。预热后的原料液先经升膜加热管上升，然后由降膜加热管下降，再在分离室中和二次蒸汽分离后即得完成液。

(4) 刮板薄膜式蒸发器　其结构如图 2-10 所示，这是一种利用外加动力成膜的单程型

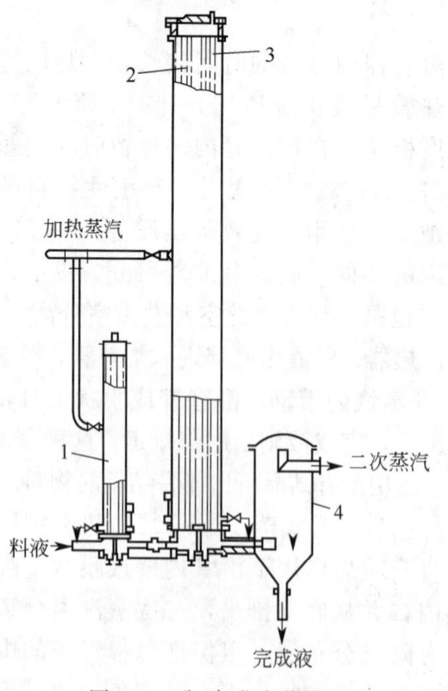

图 2-9　升-降膜式蒸发器
1—预热器；2—升膜加热室；3—降膜加热室；4—分离室

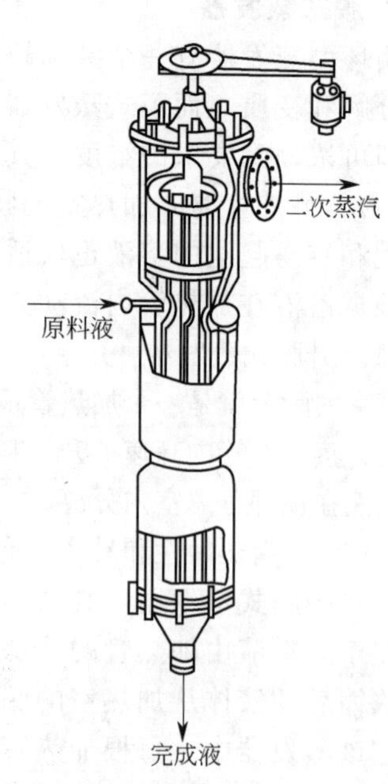

图 2-10　刮板薄膜式蒸发器

蒸发器。它有一个带加热夹套的壳体，壳体内装有旋转刮板，旋转刮板有固定的和活动的两种，前者与壳体内壁的间隙为0.75～1.5mm，后者与器壁的间隙随旋转速度不同而异。溶液在蒸发器上部沿切向进入，利用旋转刮板的刮带和重力的作用，使液体在壳体内壁上形成旋转下降的液膜，并在下降过程中不断被蒸发浓缩，在底部得到完成液。

这种蒸发器的突出优点是对物料的适应性非常强，对黏度高和容易结晶、结垢的物料均能适用。其缺点是结构较为复杂，动力消耗大，受传热面积限制（一般为3～4m^2，最大不超过20m^2），故其处理量较小。

四、蒸发器的辅助装置

蒸发器的辅助装置主要包括除沫器、冷凝器和形成真空的装置，各种辅助装置简述如下。

1. 除沫器

蒸发操作时，二次蒸汽中夹带大量的液体，虽然在分离室中进行了分离，但是为了防止溶质损失或污染冷凝液体，还需设法减少夹带的液沫，因此在蒸汽出口附近设置除沫装置。除沫器的形式很多，图2-11所示的为经常采用的形式，(a)～(d)可直接安装在蒸发器的顶部，(e)～(g)安装在蒸发器的外部。

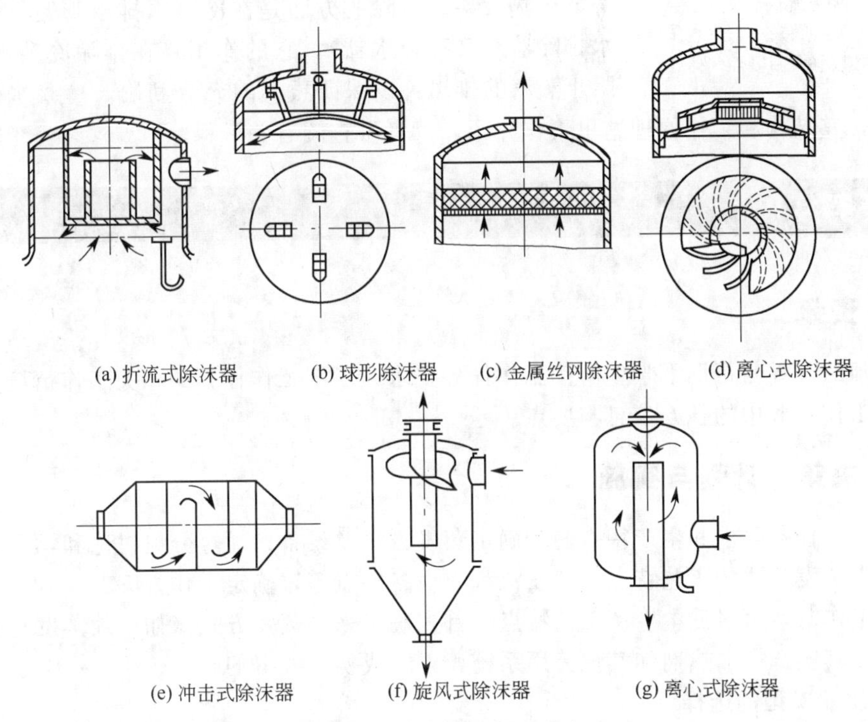

图2-11　除沫器的主要形式

(a) 折流式除沫器；(b) 球形除沫器；(c) 金属丝网除沫器；(d) 离心式除沫器；(e) 冲击式除沫器；(f) 旋风式除沫器；(g) 离心式除沫器

2. 冷凝器和真空装置

要使蒸发操作连续进行，除了必须不断地提供溶剂汽化所需要的热量外，还必须及时排除二次蒸汽。通常采用的方法是使二次蒸汽冷凝。因此，冷凝器是一般蒸发操作中不可缺少的辅助设备之一，其作用是将二次蒸汽冷凝成液态水后排出。冷凝器有间壁式和直接接触式两类。除了二次蒸汽是有价值的产品需要回收，或会严重污染冷却水的情况下，应采用间壁

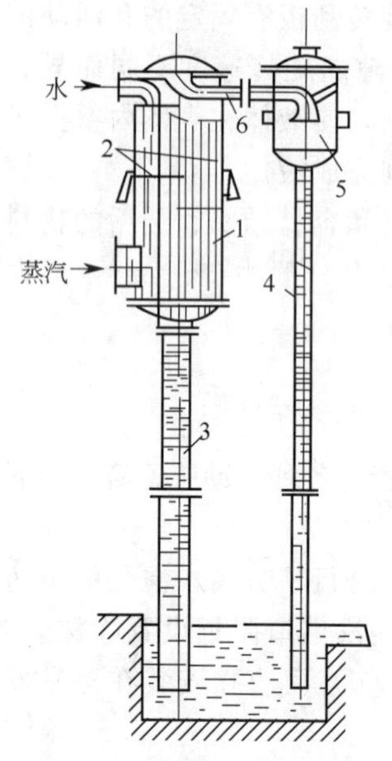

图 2-12　逆流高位冷凝器
1—外壳；2—淋水板；3,4—气压管；5—分离罐；6—不凝性气体管

式冷凝器外，大多采用汽液直接接触的混合式冷凝器来冷凝二次蒸汽。常见的逆流高位冷凝器的结构如图 2-12 所示。二次蒸汽自进气口进入，冷却水自上部进水口引入，依次经淋水板小孔和溢流堰流下，在和底部进入并逆流上升的二次蒸汽的接触过程中，使二次蒸汽不断冷凝。不凝性气体经分离罐由真空泵抽出。冷凝液沿气压管排出。因为蒸汽冷凝时，冷凝器中形成真空，所以气压管需要有一定的高度，才能使管中的冷凝水依靠重力的作用而排出。

当蒸发器采用减压操作时，无论采用哪一种冷凝器，均需在冷凝器后设置真空装置，不断排除二次蒸汽中的不凝性气体，从而维持蒸发操作所需的真空度。常用的真空装置有喷射泵、往复式真空泵以及水环式真空泵等。

3. 冷凝水排除器

加热蒸汽冷凝后生成的冷凝水必须要及时排除，否则冷凝水积聚于蒸发器加热室的管外，将占据一部分传热面积，降低传热效果。排除的方法是在冷凝水排出管路上安装冷凝水排除器（又称疏水器）。它的作用是在排除冷凝水的同时，阻止蒸汽的排出，以保证蒸汽的充分利用。冷凝水排除器有多种形式，其结构和工作原理这里不作介绍，读者可查阅有关资料。

任务实施

一、资讯

在教师的指导与帮助下学生解读工作任务要求，了解工作任务的相关工作情境和背景知识，明确工作任务中的核心信息与要点。

二、决策、计划与实施

根据工作任务要求和生产特点初步确定蒸发方法及设备；通过分组讨论和学习，进一步了解所确定蒸发方法的工艺特点、蒸发流程与设备特点等，确定工作方案。

具体工作时，可根据本生产工艺特点，首先确定采用蒸发方式（如单效蒸发）和选择蒸发器类型；其次选择加热剂和其他公用系统，以完成初步方案的确定。

1. 蒸发器类型的选择

选择蒸发器的类型首先应考虑设备的传热与蒸发效能，即有较大的循环速度与较高的传热系数，具有较高的蒸发效率；有较小的体积和尽可能大的传热面积，具有足够的蒸发能力；设备的热损失小温差损失少，热能利用率要高；其次还应根据物液的特性（包括组成、黏度、热稳定性、发泡性、腐蚀性、结垢结晶情况等）、生产要求和现场条件、检修清洗等因素进行综合考虑。

根据物料的性质，在进行蒸发器的选型时，应遵循如下原则。

(1) 物料的黏度　物料在蒸发过程中的黏度的增加程度是选型的关键因素之一。各蒸发设备选用的黏度范围可参见表 2-1。

表 2-1　蒸发设备选型的基准表

蒸发器形式	适用黏度范围/Pa·s	总传热系数		蒸发量	造价	停留时间	浓缩液循环否	浓缩比	料液性质是否适合			
		稀薄溶液	高黏溶液						盐析与结垢	热敏性	发泡性	高黏液
水平管式	≤0.05	较高	较低	大	低	长	否	高	较差	不适	尚适	可
标准式	≤0.05	较高	较低	大	低	长	是	高	尚适	较差	适	可
外加热式	≤0.05	高	低	大	低	较长	是	良好	尚适	不适	尚适	差
列文式	≤0.05	高	低	大	高	较长	是	高	尚适	不适	尚适	差
强制循环式	0.01～1.00	高	高	大	高	较短	是	良好	好	尚适	适	可
升膜式	≤0.05	高	低	大	低	短	否	良好	较差	适	好	差
降膜式	0.01～0.1	高	较高	大	低	短	否	良好	较差	适	适	可
刮膜式	1.0～10.0	高	高	不大	高	短	否	良好	适	适	适	好
浸没燃烧式	≤0.05	—	—	较大	低	较长	否	良好	适	不适	尚适	可
闪蒸式	0.01	—	—	大	高	较长	是	不高	适	适	尚适	差

（2）物料的热敏性　对热敏性物料，一般应选用储液量少、停留时间短的膜式蒸发器，还要在真空下操作，以降低其受热程度。

（3）物料的发泡性　黏度大、表面张力低、含有高分散度固体颗粒的溶液以及胶状液容易起泡。发泡严重时会使泡沫充满汽液分离空间，形成二次蒸汽的大量夹带。对于易起泡的物料，应采用升膜式和强制循环式以及外加热式，此外，标准式、悬筐式、水平管式具有较大的分离空间，也可使用。由于真空条件下会加速溶液的发泡，因此易发泡物料以不采用真空蒸发为宜；还可以在蒸发过程中加入适当的消泡剂。

（4）有结晶析出的物料　物料在蒸发过程中有结晶析出，或作为蒸发结晶器使用时，一般应采用管外沸腾刮蒸发器，如强制循环式、外加热式等。这些蒸发器的加热管始终充满料液，管内不蒸发而阻止了结晶的析出。同时由于加大循环流速使结晶无法附着管壁。另外，刮板式、旋液式以及标准式、悬筐式等也适用于有结晶析出的物料。其他膜式蒸发器则不适用。

（5）结垢问题　长期使用蒸发器后的传热面总有不同程度的结垢。垢层导热性差，明显影响了蒸发效果，严重的甚至会堵管以致无法运转。应首先考虑选取如浸没燃烧式、标准式、悬筐式、闪蒸式、刮板式等便于清除结垢的蒸发设备，另外可选用循环速度大，在加热管外沸腾的蒸发器，像强制循环式、外加热式等。蒸发器的选型基准如表 2-1。

2. 加热蒸汽的选用

为实现工艺提出的蒸发任务要求，首先应根据蒸发任务选择合适的加热剂。加热剂的选择应考虑能量的综合利用，即应尽可能选用临近蒸发设备的二次蒸汽或临近设备所产生的蒸汽作为加热蒸汽，以达到节约能源、降低生产成本，提高经济效益的目的。

当生产系统中没有可利用的热源作为加热蒸汽时，则直接选择公用系统提供的蒸汽作加热蒸汽，并考虑蒸汽供应量和蒸汽压力。

3. 蒸发流程的选择

蒸发器是蒸发工序的关键设备。应根据所选择蒸发器类型，并依据生产要求与公用系统情况，合理选择蒸发工艺。如可选择单效升膜蒸发工艺流程或单效旋转薄膜蒸发工艺流程等。

三、检查

教师可通过检查各小组的工作方案与听取小组研讨汇报，及时掌握学生的工作进展，适时地归纳讲解相关知识与理论，并提出建议与意见。

四、实施与评估

学生在教师的检查指点下继续修订与完善项目实施初步方案，并最终完成初步方案的编制。教师对各小组完成情况进行检查与评估，及时进行点评、归纳与总结。

任务二 蒸发工艺条件和控制方案的确定

工作任务要求

通过本任务的实施，应完成如下工作要求：

1. 根据初步方案和生产任务确定溶剂蒸发量、加热蒸汽用量、蒸发器传热面积等工艺参数。
2. 判别所选择蒸发器的性能，熟悉改善蒸发器操作性能的方法与措施。
3. 理清蒸发器的主控回路和辅助控制回路，制订出自动控制方案。

技术理论与必备知识

一、单效蒸发的工艺计算

对于单效蒸发，在给定生产任务和确定操作条件的情况下，可用物料衡算和热量衡算来计算溶剂的蒸发量以及加热蒸汽的消耗量。下面以蒸发水溶液为例讨论有关计算的内容。

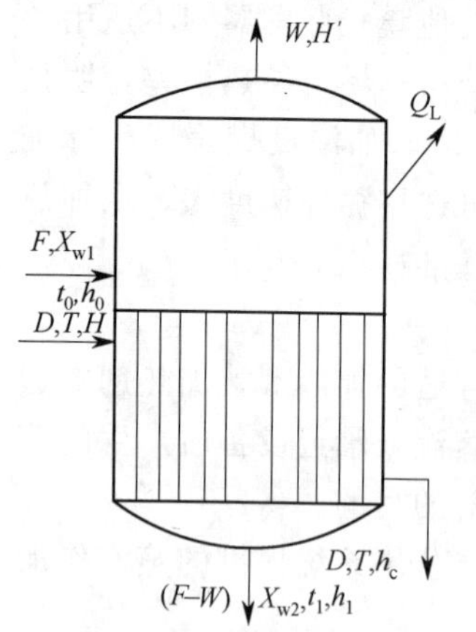

图 2-13 单效蒸发器的物料衡算和能量衡算

1. 溶剂蒸发量的计算

图 2-13 为单效蒸发时进行物料衡算的示意图。取 1h 为物料衡算基准。

假设在稳定连续的蒸发过程中，进入和离开蒸发器的溶质数量相等。即

$$FX_{w1}=(F-W)X_{w2} \tag{2-1}$$

式中 W——蒸发水分量（二次蒸汽量），kg/h；

F——原料液的质量，kg/h；

X_{w1}——原料液中溶质的质量分数；

X_{w2}——完成液中溶质的质量分数。

由式（2-1）可求得水分蒸发量为：

$$W=F\left(1-\frac{X_{w1}}{X_{w2}}\right) \tag{2-2}$$

例题 2-1 在浓缩烧碱生产操作中，采用一单效连续蒸发器将10t/h浓度为11.6%的NaOH溶液浓缩至18.3%（均为质量分数），试求每小时需要蒸发的水分量。

解 已知 $F=10\text{t/h}=10000\text{kg/h}$，$X_{w1}=0.116$，$X_{w2}=0.183$，

按式（2-2），得：

$$W=10000\times\left(1-\frac{11.6\%}{18.3\%}\right)=3660(\text{kg/h})$$

2. 加热蒸汽消耗量的计算

蒸发计算中，加热蒸汽消耗量可以通过热量衡算来确定。现对图 2-13 所示的单效蒸发作热量衡算。在稳定连续的蒸发操作中，当加热蒸汽的冷凝液在饱和温度下排出时，单位时间内加热蒸汽提供的热量为

$$Q=DR \tag{2-3}$$

蒸汽所提供的热量主要用于以下三个方面（溶液的稀释热忽略不计）。

① 将原料从进料温度 t_1 加热到沸点温度 t_f，此项所需要的显热为 Q_1

$$Q_1=Fc_1(t_f-t_1) \tag{2-4}$$

② 在沸点温度 t_f 下使溶剂汽化，其所需要的潜热为 Q_2

$$Q_2=Wr \tag{2-5}$$

③ 补偿蒸发过程中的热量损失 Q_L

根据热量衡算的原则有

$$Q=Q_1+Q_2+Q_L$$ 即：

$$DR=Fc_1(t_f-t_1)+Wr+Q_L$$

或

$$D=\frac{Fc_1(t_f-t_1)+Wr+Q_L}{R} \tag{2-6}$$

式中 D——单位时间内加热蒸汽的消耗量，kg/h；

t_f——操作压力下溶液的平均沸点温度，℃；

t_1——原料液的初始温度，℃；

r——二次蒸汽的汽化潜热，kJ/kg，可根据操作压力的温度从有关附表中查取；

R——加热蒸汽的汽化潜热，kJ/kg；

c_1——原料液在操作条件下的比热容，kJ/(kg·K)。其数值随溶液的性质和浓度不同而变化，可由有关手册中查取，在缺少可靠数据时，可参照下式估算

$$c_1=c_s x_{w1}+c_w(1-x_{w1}) \tag{2-7}$$

式中 c_s、c_w——溶质，溶剂的比热容，kJ/(kg·K)。

表 2-2 中列出的是几种常用溶质的比热容数据，供读者使用时参考。

表 2-2 几种常用溶质的比热容

物质	$CaCl_2$	KCl	NH_4Cl	NaCl	KNO_3	$NaNO_3$	Na_2CO_3	$(NH_4)_2SO_4$	糖	甘油
比热容/[kJ/(kg·K)]	0.687	0.679	1.52	0.838	0.926	1.09	1.09	1.42	1.295	2.42

当溶液为稀溶液（质量浓度在20%以下）时，比热容可近似的按下式估算

$$c_1=c_w(1-x_{w1}) \tag{2-8}$$

对式（2-6）进行分析可以看出，加料温度的不同将影响整个操作中加热蒸汽的消耗量。

（1）沸点进料 即原料液温度等于沸点，即 $t_1=t_f$，则式（2-6）变为

$$D=\frac{Wr+Q_L}{R} \tag{2-9}$$

若 Q_L 可以忽略不计，则上式又可以写成

$$\frac{D}{W}=\frac{r}{R} \tag{2-10}$$

式中，D/W 表示每蒸发 1kg 水（溶剂）所需要的加热蒸汽量（kg），称为单位蒸汽消耗量。由于蒸汽的汽化潜热受压力变化的影响较小，二次蒸汽与加热蒸汽的潜热相差不大，故单效蒸发时，$D/W \approx 1$。但实际生产中，由于存在热损失等原因，实际的单位蒸汽消耗量大约为 1.1 或更大一些。也就是说，要蒸发 1kg 的水，就必须消耗 1kg 以上的蒸汽。

（2）冷液进料　原料液在低于沸点下进料，即 $t_1 < t_f$，由于要消耗一部分热量来预热原料液（至沸腾），会使单位蒸汽消耗量增加，$D/W > r/R$。

（3）过热进料　原料液在高于沸点下进料，即 $t_1 > t_f$，此时，当溶液进入蒸发器后，温度迅速降到沸点，放出多余热量而使一部分溶剂汽化，$D/W < r/R$。这种由于溶液的初温高于蒸发器压力下溶液沸点的情况，在减压蒸发中是完全可能的。这种原料液温度大于操作压力下饱和温度而产生沸腾的现象称为自蒸发。

例题 2-2　试求 25%食盐水溶液的比热容。

解　查得 NaCl 的比热容为 0.838kJ/(kg·K)，水的比热容为 4.187kJ/(kg·K)，则 25%食盐水溶液的比热容为

$$\begin{aligned} c_{po} &= c_{ps}X_{w1}+c_{pw}(1-X_{w1}) \\ &= 0.838\times 0.25+4.187\times(1-0.25)=3.35[\mathrm{kJ/(kg\cdot K)}] \end{aligned}$$

例题 2-3　今欲将操作条件下比热容为 3.7kJ/(kg·K) 的质量分数为 11.6%的 NaOH 溶液浓缩到 18.3%，已知溶液的初始温度为 293K，溶液的沸点为 337.2K，加热蒸汽的压强约为 0.2MPa，每小时处理的原料量为 1t，设备的热损失按热负荷的 5%计算。试求加热蒸汽消耗量。

解　已知 $F=1000\mathrm{kg/h}$，$c_{po}=3.7\mathrm{kJ/(kg\cdot K)}$，$t_0=293\mathrm{K}$，$t_1=337.2\mathrm{K}$

$$Q_L=0.05Q=0.05DR$$

从附录七及附录六中查得加热蒸汽压强 0.2MPa 时的汽化潜热 $R=2204.6\mathrm{kJ/kg}$，温度为 337.2K 时二次蒸汽的汽化潜热 $r=2344.7\mathrm{kJ/kg}$

根据式（2-2）得

$$W=1000\times\left(1-\frac{0.116}{0.183}\right)=366(\mathrm{kg/h})$$

根据式（2-6）得

$$D=\frac{Fc_{po}(t_1-t_0)+Wr}{(1-0.05)R}$$

$$D=\frac{1000\times 3.7\times(337.2-293)+366\times 2344.7}{(1-0.05)\times 2204.6}$$

$$D=488(\mathrm{kg/h})$$

3. 蒸发器传热面积的计算

因为蒸发器加热室就是一个间壁式换热器，其传热过程可认为是恒温传热，故可根据恒温传热速率方程计算传热面积为

$$S=\frac{Q}{K\Delta t_m}=\frac{DR}{K(T-t_1)} \tag{2-11}$$

式中　S——蒸发器的传热面积，m^2；

Q——蒸发器的热负荷或传热速率，W，由热量衡算求出；

K——蒸发器的传热系数，$W/(m^2 \cdot K)$；

Δt_m——传热平均温度差，$\Delta t_m=T-t_1$，K。

4. 蒸发器中传热平均温度差 Δt_m 的确定

在蒸发操作中，蒸发器加热室一侧是蒸汽冷凝，另一侧为液体沸腾，因此蒸发操作中的传热是间壁两侧流体皆有相变的恒温传热过程。其传热平均温度差 Δt_m 为加热蒸汽温度 T 与溶液沸点 t_1 的差值，称为有效温度差，即

$$\Delta t_m=T-t_1 \tag{2-12}$$

式中　T——加热蒸汽的温度，℃；

t_1——操作条件下溶液的沸点，℃。

实际上，由于受溶剂的性质、溶质的含量、操作压力、管路损失等因素的影响，溶液的沸点 t_1 要大于二次蒸汽的温度 T'。通常，我们把加热蒸汽的温度和二次蒸汽温度的差值称为蒸发器的理论传热温度差，记为 Δt_T，$\Delta t_T=T-T'$；而把理论传热温度差 Δt_T 和有效传热温度差 Δt_m 之间的差值称为蒸发器的传热温度差损失，记作 Δ，$\Delta=\Delta t_T-\Delta t_m$。蒸发操作中，产生温度差损失主要有以下三方面的原因。

(1) 溶质存在使溶液沸点升高　水溶液中因含有不挥发性溶质，在相同条件下，溶液的蒸气压比纯溶剂（水）的蒸气压低，因此在相同的外压下，溶液的沸点比纯溶剂（水）高，所高出的温度称为沸点升高，以 Δ' 表示。

溶液沸点升高的程度与溶质的性质、浓度和蒸发室的压强有关。例如，常压下 50% 的 NaOH 水溶液的沸点为 416K，即溶液沸点上升 $\Delta'_{常}=416-373=43K$；又如，常压下 50% 的食糖溶液的沸点为 374.8K，即沸点升高为 $\Delta'_{常}=374.8-373=1.8K$。一般电解质溶液的沸点升高很大，不能忽视。

在一般的手册中，可查到各种溶液在常压下的沸点升高数据，非常压下溶液的沸点升高可用下列近似式计算：

$$\Delta'=f\Delta'_{常} \tag{2-13}$$

式中　Δ'——任一指定压强下的溶液沸点升高，K；

$\Delta'_{常}$——常压下的溶液沸点升高，K；

f——校正系数，与溶剂的沸点和汽化热有关，可按下式计算：

$$f=0.0162T^2/r \tag{2-14}$$

式中　T——实际压强下水的沸点，K；

r——实际压强下水的汽化热，kJ/kg。

(2) 液柱静压强引起的溶液沸点升高　通常，蒸发器操作需维持一定液位。这使得溶液内部的压强比液面上的压强高，即溶液内部的沸点比液面上的高，二者之差称为液柱静压头引起的温度差损失，以 Δ'' 表示。工程上，为了估计液柱静压强引起的温度差损失 Δ''，常采取简化的方法，即溶液内部的沸点以溶液中层处的平均压强来计算。即

$$p_m=p_0+\frac{\rho gh}{2} \tag{2-15}$$

式中　p_m——溶液中部的平均压强，Pa；

p_0 ——液面压强（二次蒸汽的压强），Pa；

ρ ——溶液的平均密度，kg/m^3；

h ——液层高度，m；

g ——重力加速度，m/s^2。

计算时常根据液柱中部的平均压强，查得水的沸点，并按下式计算 Δ''，即：

$$\Delta''=t_{p_m}-t_{p_0} \tag{2-16}$$

式中 t_{p_m} ——平均压强 p_m 下相对应的纯水的沸点，℃；

t_{p_0} ——二次蒸汽压力 p_0 下相对应的纯水的沸点，℃。

(3) 由于管路中流体阻力的影响 二次蒸汽由蒸发器流到冷凝器的过程中，因有液体阻力，蒸气压下降，对应的饱和蒸汽温度也相应降低，由此引起的温度差损失即 Δ'''。

Δ''' 值的大小与二次蒸汽在管路中的流速、物性、管道尺寸及除沫器的阻力等有关，由于此值难于计算，一般取经验值为1℃，即 $\Delta'''=1$℃。

综上所述，蒸发器中总的温度差损失为

$$\Delta=\Delta'+\Delta''+\Delta''' \tag{2-17}$$

由此计算出溶液的沸点 t_1 为

$$t_1=T'+\Delta \tag{2-18}$$

应当指出，溶液的温度差损失不仅是计算沸点所必需的，而且对选择加热蒸汽的压强也是很重要的。

5. 蒸发器传热系数 *K* 的确定

与一般换热器确定 K 的方法一样，蒸发器 K 值的确定也有三种主要途径：一是选取经验值；二是实验测定 K 值；三是理论计算 K 值。

在参考经验数据选择时，应注意选择与操作条件相近的数值，尽可能使选用的 K 值合理。表 2-3 列出了几种不同类型蒸发器的 K 值范围，以供参考选用。

表 2-3 蒸发器的总传热系数 *K* 值经验数据范围

蒸发器形式	总传热系数/[W/(m²·K)]	蒸发器形式	总传热系数/[W/(m²·K)]
标准式（自然循环）	600～3000	外加热式（自然循环）	1200～6000
标准式（强制循环）	1200～6000	外加热式（强制循环）	1200～7000
悬筐式	600～3000	升膜式	1200～6000
蛇管式	350～2300	降膜式	1200～3500

实验方法确定 K 值时，其测定方法和换热器传热系数 K 的测定方法相同。

理论计算时，可用下式计算：

$$K=\frac{1}{\dfrac{1}{\alpha_i}+R_{i,垢}+\dfrac{\delta}{\lambda}+R_{o,垢}+\dfrac{1}{\alpha_o}} \tag{2-19}$$

式中 α_i——管内溶液沸腾的对流传热系数，W/(m²·℃)；

α_o——管外蒸汽冷凝的对流传热系数，W/(m²·℃)；

$R_{i,垢}$——管内污垢热阻，m²·℃/W；

$R_{o,垢}$——管外污垢热阻，m²·℃/W；

δ/λ——管壁热阻，m²·℃/W。

例题 2-4 今欲用一单效蒸发器将浓度为 68％的硝酸铵水溶液浓缩至 90％，每小时的处理量为 10t。已知加热蒸汽的压强为 689.5kPa，蒸发室内的压强为 20.68kPa，假设溶液的沸点为 334K，沸点进料，蒸发器的传热系数为 1200W/(m^2·K)，热损失以 5％考虑，试求蒸发器所需要的传热面积。

解 (1) 首先根据式 (2-3) 求出水分蒸发量。

已知：$F=10000\text{kg/h}$，$X_{w1}=0.68$，$X_{w2}=0.90$，则：

$$W=F\left(1-\frac{X_{w1}}{X_{w2}}\right)=10000\times\left(1-\frac{0.68}{0.90}\right)=2444(\text{kg/h})$$

(2) 根据式 (2-9) 求沸点进料下的蒸汽消耗量。

由题意：$Q_L=0.05DR$，将其代入式 (2-9) 并整理得：

$$D=\frac{Wr}{(1-0.05)R}$$

从水蒸气表上查得加热蒸汽压强为 689.5kPa 时：$R=2069.4\text{kJ/kg}$，$T=437.6\text{K}$

二次蒸汽压强为 20.68kPa 时：$r=2356.7\text{kJ/kg}$

将以上各值代入上式，得：

$$D=\frac{2444\times2356.7}{0.95\times2069.4}=2929.8(\text{kg/h})$$

(3) 由式 (2-11) 计算蒸发器的传热面积。

$$S=\frac{Q}{K\Delta t_m}=\frac{DR}{K(T-t_1)}=\frac{2929.8\times2069.4\times\frac{10^3}{3600}}{1200\times(437.6-334)}=13.54(\text{m}^2)$$

例题 2-5 浓度为 18.32％的 NaOH 水溶液在 50kPa 下沸腾，试求溶液沸点的升高值。

解 查得 18.32％的水溶液在常压下的沸点为 107℃，故：

$$\Delta'_{常}=107-100=7℃$$

再由附录水蒸气表查得 50kPa 时饱和蒸汽的温度（即纯水的沸点）$T=81.2℃$，汽化潜热为 2304.5kJ/kg，故校正系数为：

$$f=0.0162T^2/r=0.0162\times\frac{(81.2+273)^2}{2304.5}=0.882$$

溶液的沸点升高为：

$$\Delta'=f\Delta'_{常}=0.882\times7=6.17(℃)$$

例题 2-6 若设例 2-5 中的溶液在沸腾状态下的密度为 1200kg/m^3，加热管内液面的高度为 2.4m，试求由于液柱静压强引起的沸点升高。若取 $\Delta'''=1\text{K}$，再求溶液的沸点 t_1。

解 (1) 先根据式 (2-15) 求出溶液的平均压强

$$p_m=p_0+\frac{\rho gh}{2}$$

$$=50\times10^3+\frac{1200\times9.81\times2.4}{2}=64.13\times10^3(\text{Pa})$$

从附录水蒸气表上查得平均压强 p_m 下水的沸点 $t_{p_m}=87.4℃$

从上例中已查得 $t_{p_0}=81.2℃$

$$\Delta''=t_p-t_{p_0}=87.4-81.2=6.2(℃)$$

(2) $t_1 = T' + \Delta = T' + \Delta' + \Delta'' + \Delta'''$

由例 2-5 已查得 $T' = 81.2℃$，已求得 $\Delta' = 6.17℃$，故

$$t_1 = 81.2 + 6.17 + 6.2 + 1 = 94.57(℃)$$

由以上计算可知，对于电解质溶液，其温度差损失较大，不可忽略。

二、蒸发器的生产能力与生产强度

1. 蒸发器的生产能力

蒸发器的生产能力用单位时间内蒸发的水分量来表示，其单位为 kg/h。而生产能力的大小仅取决于蒸发器的传热速率 Q，因此可用蒸发器的传热速率衡量其生产能力。即：

$$Q = KS\Delta t_m \tag{2-20}$$

若不计蒸发器的各种热损失，且原料液为沸点进料，由热量衡算可知，通过传热面所传递的热量全部用于蒸发水分，这时蒸发器的生产能力和传热速率成正比。由式（2-20）可知，蒸发器的生产能力与蒸发器的传热面积、温度差及传热系数有关。若原料液高于沸点进料，则由于部分溶液的自蒸发，使得蒸发器的生产能力有所增加。若原料液低于沸点进料，则需要消耗部分热量将冷溶液加热到沸点，因此降低了蒸发器的生产能力。

2. 蒸发器的生产强度

在评价蒸发器的性能优劣时，往往不用蒸发器的生产能力，通常用蒸发器的生产强度来衡量。蒸发器的生产强度简称蒸发强度，是指单位时间、单位传热面积上所蒸发的水分量，用符号 U 表示，单位为 kg/(m^2·h)，即

$$U = \frac{W}{S} \tag{2-21}$$

若原料液为沸点进料，且忽略蒸发器各种热损失，则：

$$U = \frac{W}{S} = \frac{K\Delta t_m}{r} \tag{2-22}$$

由式（2-22）可知，要提高蒸发器的生产强度，在操作中可采取两个方面的措施：一是设法提高蒸发器的传热温度差；二是提高蒸发器的传热系数。

3. 提高生产强度的途径

（1）提高传热温度差　蒸发的传热温度差 Δt_m 主要取决于加热蒸汽和冷凝器中二次蒸汽的压强。因此工程上采取以下措施来实现。

① 提高加热蒸汽压强　加热蒸汽的压强越高，其饱和温度也越高，但是加热蒸汽压强常受工厂的供汽条件所限，一般为 300～500kPa，有时可达到 600～800kPa。

② 采用真空操作　真空操作会使溶液的沸点降低，可以提高 Δt_m 和生产强度，还可防止或减少热敏性物料的分解。但应指出，真空操作时，势必要增加真空泵的功率消耗和操作费用的提高；还会使溶液黏度增大，造成沸腾传热系数下降。因此，一般冷凝器中的操作压强为 10～20kPa。

（2）提高总传热系数　通常来说，增大总传热系数是提高蒸发器生产强度的主要途径。总传热系数 K 值主要取决于溶液的性质、沸腾状态、操作条件和蒸发器的结构等。因此，合理设计蒸发器以实现良好的溶液循环流动，及时排除加热室中不凝性气体，定期清洗蒸发器（加热室内管），均是提高和保持蒸发器在高强度下操作的重要措施。

总之，蒸发操作时应根据溶液的性质（如结垢程度、热敏性、腐蚀性）及设备的结构形式等对蒸发强度的影响，按照工艺条件权衡采取相应的措施，以强化蒸发器生产强度，达到

优化蒸发操作的目的。

三、蒸发系统的自动控制

1. 蒸发器的特性

蒸发操作的本质是传热过程。蒸发器的对象特性和其他传热对象一样也很复杂，是具有纯滞后的多容对象。对于蒸发，其浓缩液（或产品）的浓度是蒸发过程的主要质量指标，因此最终产品的浓度应是被控变量，影响产品浓度的因素主要有：蒸发器的压强；进料的流量、浓度、温度；蒸发器内液位及冷凝液和不凝性气体的排除等。产品浓度可以直接测量，也可以通过温度或温差来反映，而且后者更为常用。

为了使产品浓度符合要求，一般以产品浓度作被控变量，操纵变量可视具体情况选用进料流量（允许调节的情况下）、循环量、出料流量等。有时也选用加热蒸汽量作操纵变量，这样构成的控制系统称之为蒸发器的主控制回路，对其他参数的控制称为辅助控制回路。

2. 蒸发器的主控回路

（1）浓度控制　根据产品的浓度来控制蒸发过程是最直接的，在可能的情况下总是优先考虑，直接测量产品浓度的方法有折射法、相对密度法等。

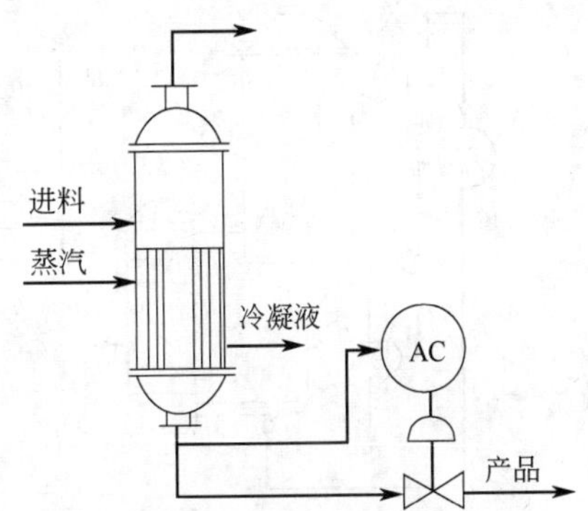

图 2-14　采用折光仪的浓度控制方案

采用折光仪测量浓度的控制方案如图 2-14 所示，采用相对密度法的浓度控制方案如图 2-15 所示。

（2）温度控制　在蒸发过程中，蒸发器物料的浓度是沸点温度与真空度（压强）的函数，在真空度（压强）基本恒定的情况下，产品浓度与沸点温度之间存在一一对应关系。浓度增加，沸点温度上升，反之亦然。因此，可以用温度控制来代替浓度控制。特别是有些物料的蒸发工艺过程，对产品的浓度和温度都有一定要求，更显出采用温度控制的必要。图 2-16 所示二段蒸发器出口温度控制方案就是一例。

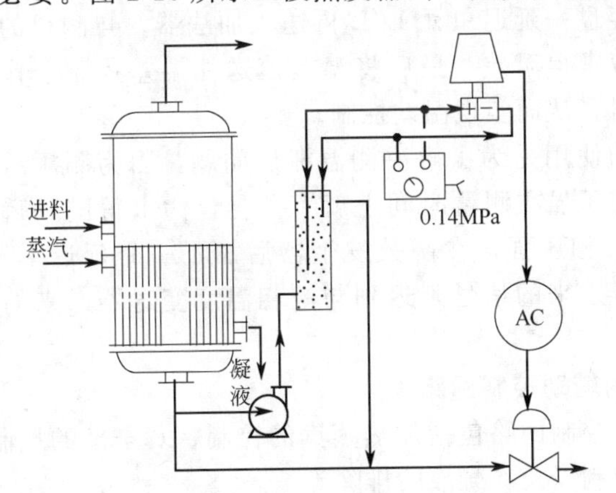

图 2-15　采用相对密度法的浓度控制方案

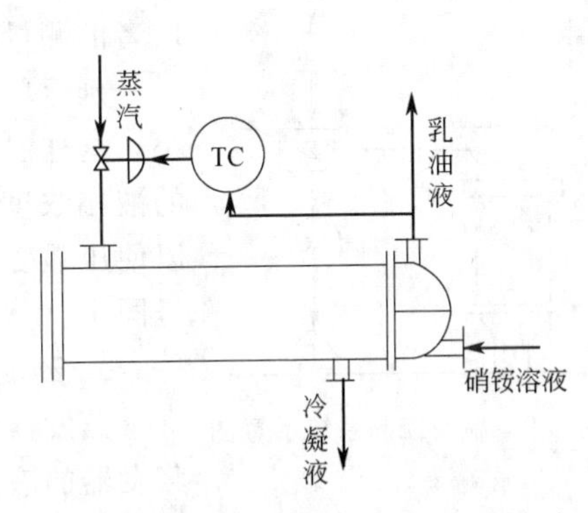

图 2-16　二段蒸发器出口温度控制方案

（3）温差控制　温差控制的基本原理是：真空度变化对溶液沸点和水的沸点影响基本一样，即真空度在一定范围内变化时，一定浓度的溶液沸点和水的沸点（饱和水蒸气的温度）之差即温差基本不变。因此，如果能保持温差不变，浓度也就一定了，这就是利用温差控制来代替浓度控制的道理所在。

采用温差法测量产品的浓度有一个重要问题，就是汽、液两个测温点的选择问题，只有它们能真正反映一定真空度下饱和水蒸气温度和溶液的温度时，温差才能正确反映浓度。

液相测温点选择比较容易，只要测温点处于流动状态的液相之中就可以了。气相测温点是个参比变量，应该测量的是在该真空度下饱和水蒸气的温度。气相测温点不能选择在蒸发室直接测量二次蒸汽的温度，因为二次蒸汽中含有少量溶质，因此它不能真正反映饱和水蒸气的温度。为此，要设计一个气相测温小室，并随时送入热水，使之汽化，处于饱和状态，以保证测得真正的饱和水蒸气温度。图 2-17 为气相测温小室及其安装示意图。

饱和蒸汽的温度与压强有一定的关系，如图 2-18 所示。压强不同，饱和蒸汽的温度也不同，因此，只要测出压强，就可以求得饱和蒸汽的温度，温差也就可以求出。如图 2-19 就是一个实例。

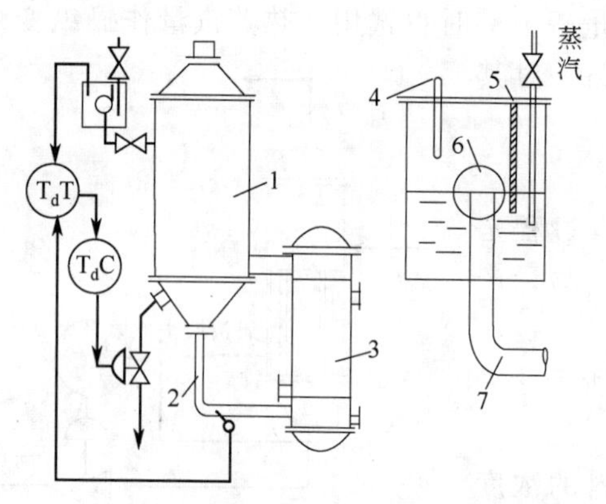

图 2-17　气相测温小室及其安装示意图

1—分离器；2—循环管；3—加热室；4—测温元件

5—挡板；6—视镜；7—连通管

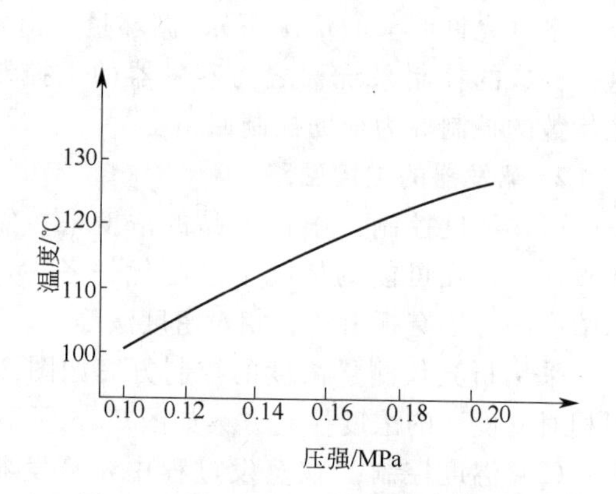

图 2-18　饱和蒸汽压力与温度关系图

从图 2-19 可以看出，蒸发器气相压强经压强变送 PT 测出后送入一函数发生器 $f(x)$，由它将压强信号按图 2-18 的关系转换成相应的温度信号，然后将此温度信号经过一延迟单元 L/L 再送入加法器，与测得的溶液温度相减，以求得温差，最后将温差值送往温差控制器作为后者的测量信号，从而实现温差控制。

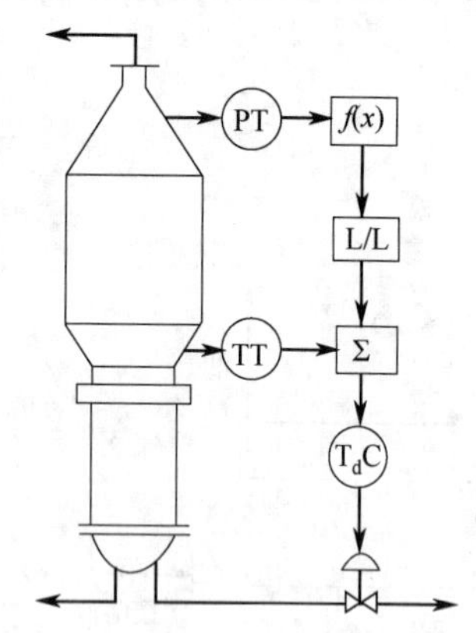

图 2-19　温差控制系统示意图

延迟单元的使用是为了解决测温滞后问题，因为测压滞后小，这样温度与压强在测量时间上就有差异，为求得同一瞬间的液相浓度和气相压强，在函数发生器后加了一个延迟单元，以使压强变送器送来的信号延迟到与液相温度变送器送来的信号同步。

3. 蒸发器的辅助控制回路

蒸发器辅助控制回路包括加热蒸汽的控制、真空度的控制、蒸发器的液位控制以及冷凝液的排除等。

（1）加热蒸汽压强控制　加热蒸汽压强的波动对产品浓度的影响很大，同时还会影响到各效压强、温度和液位等，因此，对蒸汽压强进行控制是必要的。

（2）蒸发器的液位控制　蒸发器液位的高低会影响蒸发操作，液位过高，蒸汽消耗量会增加，蒸发时间会拉长；液位过低，易结晶或黏度较大的溶液易在加热管上结晶，会影响传热和蒸发效果，亦会增加蒸汽的消耗量。因此，保持蒸发器液位恒定，有助于控制蒸发器的传热面积，提高热效率，维持真空度恒定，降低蒸汽消耗，减少物料损失，提高产品的产量和质量。为此必须对蒸发器的液位进行控制。

影响蒸发器液位的主要因素有进料、出料或循环量的波动，蒸汽压强波动会影响各效的蒸发速度，也会引起液位的波动。作为液位控制的操纵变量可以选蒸发器进料，也可以选出料，它们的改变对液位的影响都很灵敏。至于选择哪一个为好，要视具体情况。

液位测量应注意蒸发操作的特点：第一，蒸发器是一个密闭的容器，且要保持一定的真空度或压强；第二，蒸发过程溶液沸腾剧烈，溶液泡沫易造成假液位；第三，蒸发过程是一个浓缩过程，易使取压口不通畅，有时会堵塞取压口，特别是对于具有结晶及黏度较大的物料，尤其应该注意。由以上分析可知，在液位测量方法选择上必须认真考虑，对于一般浓度较低的效，可以采用沉筒式液位计较为简单可靠；浓度较高的效或易结晶的物料可以采用法兰式差压变送器；对于浓度高且腐蚀性大的物料，可采用非接触式或其他相应合适的液位计。图 2-20 所示为一碱液蒸发器继电式触点液位控制系统示意图。由于碱液腐蚀性大，易结晶堵塞，采用一般液位计有困难，而根据碱液导电的特性，采用了不锈钢棒制的简易电极液位计。

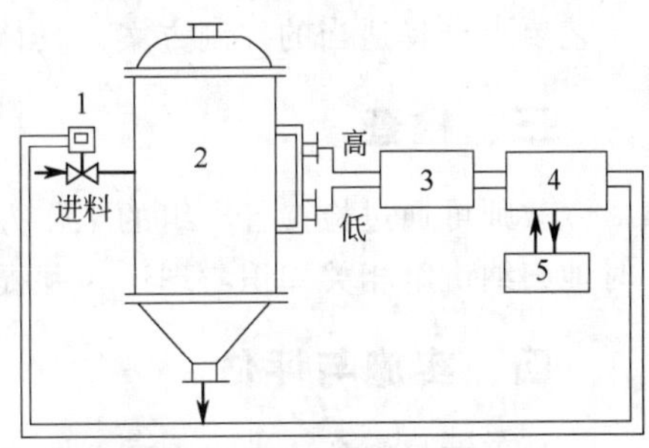

图 2-20　碱液蒸发器继电式触点、液位控制系统示意图

1—液动阀；2—蒸发器；3—继电控制系统；4—双位四通油控阀；5—油泵

任务实施

一、资讯

在教师的指导与帮助下学生解读工作任务要求，了解工作任务的相关情境和背景知识，明确工作任务中的核心信息与要点。

二、决策、计划与实施

1. 根据初步方案和生产任务计算蒸发器应满足的工艺条件

(1) 溶剂蒸发量计算　根据所提供的条件，计算出流量为 10000kg/h 的 32% NaOH 碱液浓缩至 42%的碱液所需蒸发的溶剂量。

(2) 加热蒸汽用量计算　根据 NaOH 碱液的性质和生产任务，确定加热用饱和蒸汽的压强（或温度），利用工程手册查出计算所需的物性参数，计算出蒸发器的热负荷和所需的加热蒸汽用量。

(3) 蒸发器传热面积计算　在初定蒸发器传热设备类型的前提下，初步选取或计算出传热系数 K；计算出蒸发器中总的温度差损失 Δ，继而计算出传热推动力；根据传热总方程式，计算蒸发器所需的传热面积 S。

2. 熟悉改善蒸发器操作性能的方法与措施

(1) 蒸汽压强　选择适宜的蒸汽压强是保证蒸发强度的重要因素 。

(2) 蒸发器的液位　稳定控制液位是提高循环蒸发器蒸发能力，降低碱损失，降低汽耗的重要环节。

(3) 真空度　对于减压蒸发，提高真空度是提高蒸发能力的重要途径，也是降低汽耗的重要途径。

(4) 电解碱液浓度与温度　进入蒸发器的碱液温度下降会导致能耗增加。

(5) 蒸发完成液浓度　严格控制蒸发的完成液浓度，是保证产品质量指标的前提。

(6) 汽液分离器　汽液分离器性能的好坏，不仅影响蒸发器能力的发挥和正常使用，也直接与蒸汽消耗的高低有关。

3. 蒸发操作方案的确定

依据工作任务要求，确定原料液进口、加热蒸汽进出口的测温和流量测量仪表，并根据工艺要求选择适当的控制方案。具体实施中应根据不同的蒸发工艺确定相应的控制方案。

三、检查

教师可通过检查各小组的工作方案与听取小组研讨汇报，及时掌握学生的工作进展，适时地归纳讲解相关知识与理论，并提出建议与意见。

四、实施与评估

学生在教师的检查指点下分步完成任务，每完成一个步骤，学生进行小组内部检查与评价，组间展示与互评，教师进行最终点评，学生根据互评与教师点评继续完善作业、作品。

任务三　蒸发器的操作与维护

工作任务要求

通过本任务的实施，应完成如下工作要求：

1. 能依据蒸发器正常开停车和维护保养知识制定蒸发器的正常操作规程；
2. 能对蒸发器进行正确维护与保养；
3. 能正确实施蒸发器的开车准备(包括正确选用工具和正确穿戴劳保用品)、正常开车操作、实时运行控制、正常停车和常见事故处理。

技术理论与必备知识

一、单效蒸发系统的操作与维护

1. 单效蒸发系统的日常运行操作

蒸发系统的日常运行操作包括系统开车、操作运行及停车等方面。

(1) 系统开车　首先应严格按照操作规程，进行开车前准备。先认真检查加热室是否有水，避免在通入蒸汽时剧热或水击引起蒸发器的剧烈振动；检查泵、仪表、蒸汽与冷凝汽管路、加料管路等是否完好。开车时，根据物料、蒸发设备及所附带的自控装置的不同，按照事先设定好的程序，通过控制室依次按规定的开度、规定的顺序开启加料阀、蒸汽阀，并依次查看各效分离罐的液位显示。当液位达到规定值时再开启相关输送泵；设置有关仪表设定值，同时置其为自动状态；对需要抽真空的装置进行抽真空；监测各效温度，检查其蒸发情况；通过有关仪表观测产品浓度，然后增大有关蒸汽阀门开度以提高蒸汽流量；当蒸汽流量达到期望值时，调节加料流量以控制浓缩液浓度，一般来说，减少加料流量则产品浓度增大，而增大加料流量，浓度降低。

在开车过程中由于非正常操作常会出现许多故障。最常见的是蒸汽供给不稳定。这可能是因为管路冷或冷凝液管路内有空气所致，应注意检查阀、泵的密封及出口，当达到正常操作温度时，就不会出现这种问题；也可能是由于空气漏入二效、三效蒸发器所致，当一效分离罐工艺蒸汽压强力升高超过一定数值时，这种泄漏就会自行消失。

（2）操作运行　设备运行中，必须精心操作，严格控制。注意监测蒸发器各部分的运行情况及规定指标。通常情况下，操作人员应按规定的时间间隔检查调整蒸发器的运行情况，并如实做好操作记录。当装置处于稳定运行状态下，不要轻易变动性能参数，否则会使装置处于不平衡状态，并需花费一定时间调整以达平缓，这样就造成生产的损失或者出现更坏的影响。

控制蒸发装置的液位是关键，目的是使装置运行平稳，从一效到另一效的流量更趋合理、恒定。有效地控制液位也能避免泵的“汽蚀”现象，大多数泵输送的是沸腾液体，所以不可忽视发生“汽蚀”的危险。只有控制好液位，才能保证泵的使用寿命。

为确保故障条件下连续运转，所有的泵都应配有备用泵，并在启动泵之前，检查泵的工作情况，严格按照要求进行操作。

按规定时间检查控制室仪表和现场仪表读数，如超出规定，应迅速查找原因。

如果蒸发料液为腐蚀性溶液，应注意检查视镜玻璃，防止腐蚀。一旦视镜玻璃腐蚀严重，当液面传感器发生故障时，会产生危险。

（3）停车　停车有完全停车、短期停车和紧急停车之分。当蒸发器装置将长时间不启动或因维修需要排空的情况下，应完全停车。对装置进行小型维修只需短时间停车时，应使装置处于备用状态。如果发生重大事故，则应采取紧急停车。对于事故停车，很难预知可能发生的情况，一般应遵循如下几点。

① 当事故发生时，首先用最快的方式切断蒸汽（或关闭控制室气动阀，或现场关闭手动截止阀），以避免料液温度继续升高。

② 考虑停止料液供给是否安全，如果安全，应用最快方式停止进料。

③ 再考虑破坏真空会发生什么情况，如果判断出不会发生不利情况，应该打开靠近末效真空器的开关以打破真空状态，停止蒸发操作。

④ 要小心处理热料液，避免造成伤亡事故。

2. 蒸发系统的日常维护

（1）定期洗效　对蒸发器的维护通常采用“洗效”（又称洗炉）的方法，即清洗蒸发装置内的污垢。不同类型的蒸发器在不同的运转条件下结垢情况是不同的，因此要根据生产实际和经验，定期进行洗效。洗效周期的长短与生产强度及蒸汽消耗紧密相关。因此要特别重视操作质量，延长洗效周期。洗效方法分大洗和小洗两种。

① 大洗　就是排出洗效水的洗效方法。首先降低进汽量，将效内料液出尽，然后将冷凝水加至规定液面，并提高蒸汽压强，使水沸腾以溶解效内污垢，开启循环泵冲洗管道，当达到洗涤要求时，降低蒸汽压强，再排出洗效水。若结垢严重，可进行两次洗涤。

② 小洗　小洗就是不排出洗效水的方法。一般蒸发器加热室上方易结垢，在未整体结垢前可定时水洗，以清除加热室局部垢层，从而恢复正常蒸发强度。方法是降低蒸汽量之后，将加热室及循环管内料液出尽，然后循环管内进水达一定液位时，再提高蒸气压，并恢复正常生产，让洗效水在效内循环洗涤。

（2）经常观察各台加料泵、过料泵、强制循环泵的运行电流及工况。

（3）蒸发器周围环境要保持清洁无杂物，设备外部的保温保护层要完好，如有损坏，应及时进行维护，以减小热损。

（4）严格执行大、中、小修计划，定期进行拆卸检查修理，并做好记录，积累设备检查修理的数据，以利于加强技术改进。

（5）蒸发器的测量及安全附件、温度计、压强表、真空表及安全阀等都必须定期校验，要求准确可靠，确保蒸发器的正确操作控制及安全运行。

（6）蒸发器为一类压力容器，日常的维护和检修必须严格执行压力容器规程的规定；对蒸发室主要进行外观和壁厚检查。加热室每年进行一次外观检查和壳体水压试验；定期对加热管进行无损壁厚测定，根据测定结果采取相应措施。

二、单效蒸发系统常见故障分析及处理

蒸发操作中由于使用的蒸发设备及所处理的溶液不同，出现的事故与处理方法也不尽相同。下面列出一般的操作事故和处理方法。

1. 高温腐蚀性液体或蒸汽外泄

泄漏处多发生在设备和管路焊缝、法兰、密封填料、膨胀节等薄弱环节。产生泄漏的直接原因多是开、停车时由于热胀冷缩而造成开裂；或者是因管道腐蚀而变薄，当开、停车时因应力冲击而破裂，致使液体或蒸汽外泄。要预防此类事故，在开车前应严格进行设备检验，试压、试漏，并定期检查设备腐蚀情况。

2. 管路阀门堵塞

对于蒸发易结晶的溶液，常会随物料增浓而出现结晶，造成管路、阀门、加热器等堵塞，使物料不能流通，影响蒸发操作的正常进行。因此要及时分离盐泥，并定期洗效。一旦发生堵塞现象，则要用加压水冲洗，或采用真空抽吸补救。

3. 蒸发器视镜破裂造成热溶液外泄

如烧碱这种高温、高浓度溶液极具腐蚀性，易腐蚀玻璃，使其变薄，机械强度降低，受压后易爆裂，使内部热溶液喷溅出伤人。应及时检查，定期更换。

总之，要根据蒸发操作的生产特点，制定操作规程，并严格执行，以防止各类事故发生，确保操作人员的安全以及生产的顺利进行。

表 2-4 列出了氯碱生产中碱液蒸发操作中常见的事故、原因及处理方法。

表 2-4　常见的故障、原因及其处理方法

故障现象	原因分析	处理方法
真空度低	① 管道、法兰漏 ② 双槽循环水断水或上水量小 ③ 蒸发器顶部大导管结盐 ④ 真空管堵塞 ⑤ 大气冷凝器及下水道结垢 ⑥ 上水阀头子脱落 ⑦ 停第三效循环泵时逃真空	① 紧法兰等 ② 与供水工段联系或通知调度室 ③ 用水冲洗 ④ 冲通真空管，调真空表 ⑤ 清理大气冷凝器及下水管 ⑥ 停车修理 ⑦ 关旋分器或出碱阀
大气冷凝器水带碱（NaOH）	① 第三效蒸发器液面太高 ② 蒸发器集沫帽脱落	① 调整液位 ② 停车检修
蒸发器冷凝水含碱（即回汽水含碱）	① 蒸发器液面太高 ② 蒸发器加热室漏 ③ 电解液预热器漏	① 调整液位 ② 停车检修 ③ 停车检修

续表

故障现象	原因分析	处理方法
蒸发器加热室压强升高	① 蒸发器加热室结盐 ② 真空度下降 ③ 蒸发器液面不正常 ④ 碱浓度太高 ⑤ 冷凝水管路排水不畅	① 洗炉 ② 提高真空度 ③ 保持正常液面 ④ 过淡料及时出碱 ⑤ 检查后处理
蒸发器过料不畅	① 循环泵坏 ② 蒸发器罐底或管道被异物堵塞 ③ 管道或阀门被盐堵塞 ④ 进出口所用阀门坏	① 调换备泵 ② 停车取出异物 ③ 用冷凝水冲洗 ④ 停车调换
蒸发器效率不佳	① 加热室壁管结垢 ② 蒸汽压强低 ③ 真空度低 ④ 加热管漏、冷凝水渗出 ⑤ 电解液 NaOH 浓度低 ⑥ 蒸发器液面太高 ⑦ 加热室积水 ⑧ 蒸发器内结晶盐太多，影响传热效率	① 洗炉 ② 通知调度室提高压强 ③ 检查真空系统，提高真空度 ④ 视情况停车处理 ⑤ 提高电解液 NaOH 浓度 ⑥ 调节好液面 ⑦ 及时排出冷凝水 ⑧ 保持旋液分离器通畅，离心机岗位抓紧处理
自控失灵	① 液面计或液位管堵 ② 油压系统故障 ③ 油压阀被盐堵死 ④ 仪表电器故障	① 负压炉子可用回汽水冲通；正压炉子则必须翻料进水洗炉 ② 检查电磁阀是否动作，若不动作须拆下，排除异物或清理电磁阀液压油不合格时，需换油 ③ 通知司泵岗位用回汽水冲通 ④ 通知调度请仪表检修工来维修
蒸发器内有杂声	① 加热室内有空气 ② 加热管漏 ③ 冷凝水排出不畅 ④ 部分加热管堵塞 ⑤ 蒸发器部分元件脱落	① 开放空阀排除 ② 停车修理 ③ 检查冷凝水管路 ④ 清洗蒸发器 ⑤ 停车修理

任务实施

一、资讯

向学生下达编制蒸发操作规程的任务，并解读工作任务要求，了解工作任务的相关情境和背景知识，明确工作任务中的核心信息与要点。

二、决策、计划

1. 工艺流程简述

根据任务一、任务二确定的碱液浓缩方案和操作参数，简述工艺流程，交代主要物料流程、主要设备及作用、主要控制参数及控制方法。

2. 操作步骤

（1）开车前准备及检查　循环泵、真空泵、蒸发器检查，主要内容为阀门开闭正确、仪表正常、接地线完好、密封水水流畅通、视镜完好。

(2) 开车程序　主要考虑进料及碱液预热到一定的温度；启动真空泵及控制真空度在适当值；供给加热蒸汽，控制蒸汽流量加热碱液；当碱液沸腾时启动强制循环泵，排尽不凝性气体，关闭排放阀；检测物料浓度，当浓度达到42%时，出料；调节进料量、出料量，使操作平衡。

(3) 停车程序　先停蒸汽，停运换热器；停止进料的操作方法；停真空泵条件判断，停循环泵；排料及排气。

(4) 运转操作程序

压强、温度、液位检查：巡回检查蒸发器的蒸发压强、温度、液位在控制范围内，每隔2h分别排放一次不凝气，每次排放时间约1min。

真空度检查：巡回检查真空度在－0.05～－0.08MPa。

浓度检查：随时测量出料浓度在50%左右。

设备检查：巡回检查冷凝液（水）泵、循环泵、真空泵的油位、密封水、运转情况，及蒸发器的运行状况。

3. 设备清洁程序

(1) 清洗周期　每周清洗次数确定。

(2) 清洗方法　先将蒸发器内的稀物料反抽到料液槽内；打开分离室上端的进水阀门给效体加水，当蒸发器内的液位到达第一个视镜时停止加水，适当打开蒸汽阀加热使洗水温度在80～90℃，循环进行清洗4h后，关闭蒸汽即可恢复正常生产；清洗水可在蒸发器里蒸发浓缩掉。

4. 事故判断及处理方法

主要操作事故有泄漏、堵塞等，对应事故的现象描述及处理方法要交代清楚。

三、检查

教师可通过检查各小组的工作方案与听取小组研讨汇报，及时掌握学生的工作进展，适时地归纳讲解相关知识与理论，并提出建议与意见。

四、实施与评估

学生在教师的检查指点下分步完成任务，每完成一个步骤，学生进行小组内部检查与评价，组间展示与互评，教师进行最终点评，学生根据互评与教师点评继续完善作业、作品。

任务四
项目拓展——多效蒸发与节能措施

工作任务要求

某氯碱化工有限公司采用离子膜法生产烧碱，来自电解工段的32% NaOH碱液需蒸发浓缩至50%，其蒸发的处理量为10000kg/h。针对此工作任务，应完成如下工作要求。

(1) 根据生产工艺要求确定蒸发方案——采用多效蒸发。

(2) 根据方案制定多效蒸发的操作规程。

(3) 强化蒸发操作中的节能意识，熟知蒸发操作的节能措施。

技术理论与必备知识

一、多效蒸发

1. 多效蒸发的原理

蒸发的操作费用主要是汽化溶剂（水）所消耗的蒸汽动力费。在单效蒸发中，从溶液中蒸发出 1kg 水，通常需要消耗 1kg 以上的加热蒸汽，单位加热蒸汽消耗量大于 1。因此，对于大规模的工业生产过程，需要蒸发大量水分时，如采用单效蒸发操作，势必要消耗大量的加热蒸汽，这在经济上是不合理的。为了减少加热蒸汽消耗量，可采用多效蒸发的方法。

多效蒸发时要求后效的操作压强和溶液的沸点均较前效为低，因此可引入前效的二次蒸汽作为后效的加热介质，即后效的加热室成为前效二次蒸汽的冷凝器，仅第一效需要消耗生蒸汽，这就是多效蒸发的操作原理。

2. 多效蒸发的流程与特点

按照物料与蒸汽的相对流向的不同，多效蒸发有三种常见的加料流程，下面以三效蒸发为例进行说明。

（1）并流加料流程　并流加料又称顺流加料，即溶液与加热蒸汽的流向相同，都是由第一效顺序流至末效。并流加料流程如图 2-21 所示，是工业上最常见的加料方法。

并流加料流程的优点是：溶液借助于各效压强依次降低的特点，靠相邻两效的压差，溶液自动地从前效流入后效，无需用泵进行输送；因后一效的蒸发压强低于前一效，其沸点也较前一效低，故溶液进入后一效时便会发生自蒸发，多蒸发出一些水蒸气；此流程操作简便，容易控制。缺点是：随着溶液的逐效增浓，温度逐效降低，溶液的黏度则逐效增高，使传热系数逐效降低。

（2）逆流加料流程　逆流加料流程如图 2-22 所示，加热蒸汽从第一效顺序流至末效，而原料液则由末效加入，然后用泵依次输送至前效，完成液最后从第一效底部排出。因原料液的流向与加热蒸汽流向相反，故称为逆流加料流程。

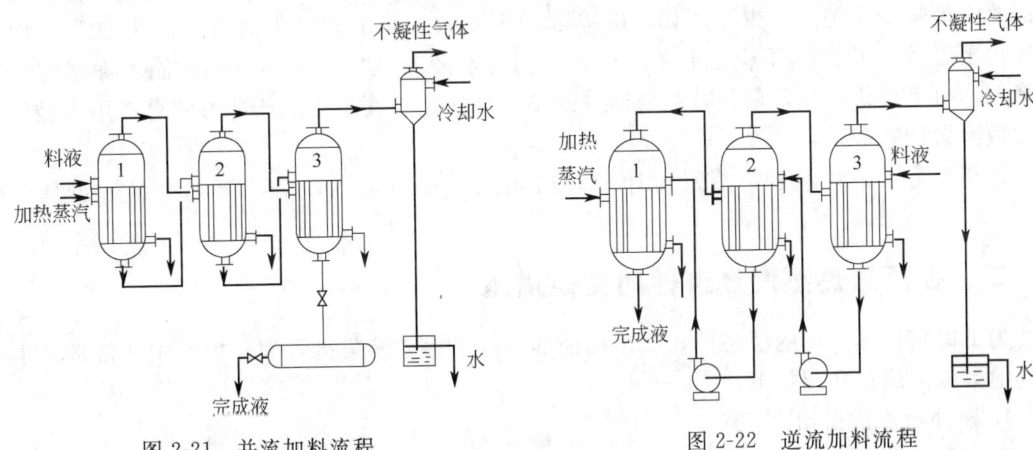

图 2-21　并流加料流程　　　　图 2-22　逆流加料流程

逆流加料流程的优点是：随着溶液浓度的逐效增加，其温度也随之升高，因此各效溶液的黏度较为接近，使各效的传热系数基本保持不变。其缺点是效与效之间必须用泵来输送溶液，增加了电能消耗，使装置复杂化。

(3) 平流加料流程　平流加料流程如图 2-23 所示，该流程中每一效都送入原料液，放出完成液，加热蒸汽的流向从第一效至末效逐效依次流动。这种加料法适用于在蒸发过程中不断有结晶析出的溶液，如某些盐溶液的浓缩。

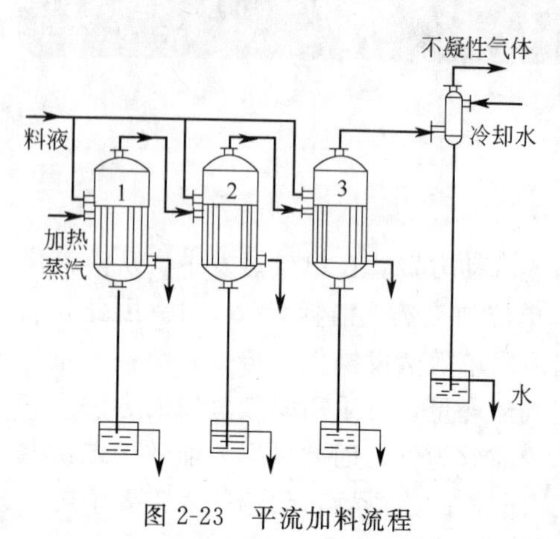

图 2-23　平流加料流程

总之，在多效蒸发操作中只有第一效用加热蒸汽，其后各效均使用前一效的二次蒸汽作为热源，这样便大大提高加热蒸汽的利用率，同时降低冷凝器的负荷，减少了冷凝水量，节约了操作费用。

3. 多效蒸发的经济性及效数限制

(1) 多效蒸发的经济性　多效蒸发提高了加热蒸汽的利用率，即经济性。对于蒸发等量的水分而言，采用多效时所需的加热蒸汽较单效时为少。表 2-5 列出了不同效数的单位蒸汽消耗量。

表 2-5　单位蒸汽消耗量

效　数		单效	双效	三效	四效	五效
$D/W/$(kg 汽/kg 水)	理论值	1.0	0.50	0.33	0.25	0.20
	实际值	1.1	0.57	0.40	0.30	0.27

从表中可以看出，随着效数的增加，单位蒸汽消耗量减少，因此所能节省的加热蒸汽费用越多，但效数越多，设备费用也相应增加。目前工业生产中使用的多效蒸发装置一般都是Ⅱ～Ⅲ效。

(2) 多效蒸发中效数的限制及最佳效数　蒸发装置中效数越多，温度差损失越大，且对某些溶液的蒸发还可能发生总温度差损失等于或大于总有效温度差，此时蒸发操作就无法进行，所以多效蒸发的效数应有一定的限制。

多效蒸发中随着效数的增加，单位蒸汽的消耗量减少，使操作费用降低；另一方面，效数越多，装置的投资费也越大。而且，随着效数的增加，虽然 $(D/W)_{min}$ 不断减少，但所节省的蒸汽消耗量也越来越少，例如，由单效增至双效，可节省的生蒸汽量约为 50%，而由四效增至五效，可节省的蒸汽量约为 10%。同时，随着效数的增多，生产能力和强度也不断降低。由上分析可知，最佳效数要通过经济权衡决定，而单位生产能力的总费用为最低时的效数为最佳效数。

近年来为了节约热能，蒸发设计中有适当地增加效数的趋势，但应注意效数是有限制的。

二、提高加热蒸汽经济性的其他措施

为了提高加热蒸汽的经济性，除采用前面介绍的多效蒸发外，实际生产中还常常采用一些其他措施。简单介绍如下。

1. 额外蒸汽的引出

在多效蒸发操作中，有时可将二次蒸汽引出一部分作为其他加热设备的热源，这部分蒸汽称为额外蒸汽。其流程如图 2-24 所示，这种操作，可使得整个系统总的能量消耗下降，使加热蒸汽的经济性进一步提高。同时，由于进入冷凝器的二次蒸汽量减少，也降低了冷凝器的热负荷。其节能原理说明如下。

若要在某一效（第 i 效）中引出数量为 E_i 的额外蒸汽时，在相同的蒸发任务下，必须要向第一效多提供一部分加热蒸汽（ΔD）。如果加热蒸汽的补加量与额外蒸汽引出量相等，则额外蒸汽的引出并无经济效益。但是，从 i 效引出的额外蒸汽量实际上在前几效已被反复作为加热蒸汽利用。因此，补加蒸汽量（ΔD）要小于引出蒸汽量 E_i，从总体上看，加热蒸汽的利用率得到提高。只要二次蒸汽的温度能够满足其他加热设备的需要，引出额外蒸汽的效数越往后移，引出等量的额外蒸汽所需补加的加热蒸汽量就越少，蒸汽的利用率越高。引出额外蒸汽是提高蒸汽总利用率的有效节能措施，目前该方法已在一些企业（如制糖厂）中得到广泛应用。

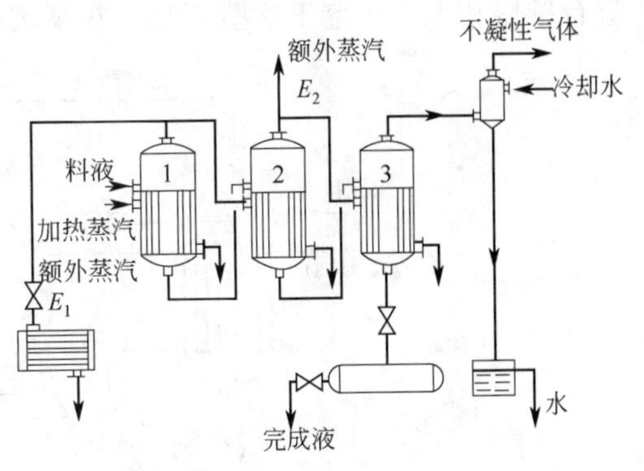

图 2-24　引出额外蒸汽的蒸发流程

2. 冷凝水显热的利用

蒸发过程中，每一个蒸发器的加热室都会排出大量的冷凝水。如果将这些冷凝水直接排放，会浪费大量的热能。为了充分利用这些冷凝水的热能，可将其用来预热原料液或加热其他物料；也可以通过减压闪蒸的方法，产生部分蒸汽再利用其潜热；有时还可根据生产需要，将其作为其他工艺用水。冷凝水的闪蒸或称蒸发，是将温度较高的液体减压使其处于过热状态，从而利用自身的热量使其蒸发的操作，如图 2-25 所示。将上一效的冷凝水通过闪蒸减压至下一效加热室的压强，其中部分冷凝水将闪蒸成蒸汽，将它和上一效的二次蒸汽一起作为下一效的加热蒸汽，这样提高了蒸汽的经济性。

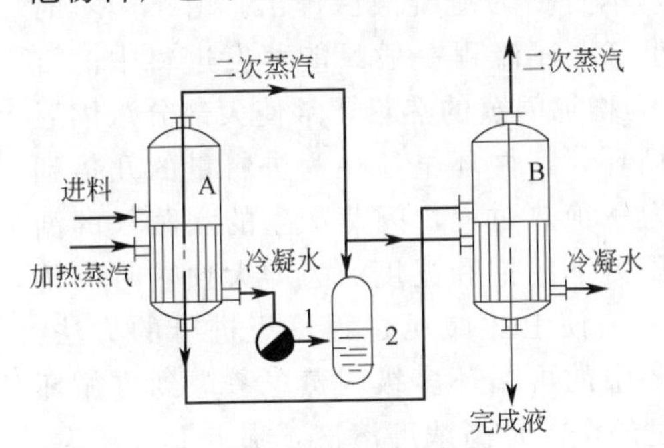

图 2-25　冷凝水的闪蒸
A、B—蒸发器；1—冷凝水排出器；2—冷凝水闪蒸器

3. 热泵蒸发

所谓热泵蒸发，即二次蒸汽的再压缩，其工作原理如图 2-26 所示，单效蒸发时，可将二次蒸汽绝热压缩以提高其温度（超过溶液的沸点），然后送回加热室作为加热蒸汽重新利用。这种方法称为热泵蒸发。采用热泵蒸发只需在蒸发器开车阶段供应加热蒸汽，当操作达到稳定后，就不再需要加热蒸汽，只需提供使二次蒸汽升压所需压缩机动力，因而可节省大量的加热蒸汽。通常单效蒸发时，二次蒸汽的潜热全部由冷凝器内的冷却水带走，而在热泵蒸发操作中，二次蒸汽的潜热被循环利用，而且不消耗冷却水，这便是热泵蒸发节能的原因所在。

二次蒸汽再压缩的方法有两种，即机械压缩和蒸汽动力压缩。机械压缩如图 2-26(a) 所示。图 2-26(b) 所示为蒸汽动力压缩，它是采用蒸汽喷射泵，以少量高压蒸汽为动力，将部分二次蒸汽压缩并混合后一起进入加热室作为加热剂用。

实践证明，设计合理的蒸汽再压缩蒸发器的能量利用率相当于 3～5 效的多效蒸发装置。其节能效果与加热室和蒸发室的温度差有关，也即和压强差有关。如果温度差较大而引起压缩比过大，其经济性将大大降低。故热泵蒸发不适合于沸点升高较大的溶液的蒸发。其原因是当溶液沸点升高较大时，为了保证蒸发器有一定的传热推动力，要求压缩后二次蒸汽的压强更高，压缩比增大，这在经济上是不合理的。此外，压缩机的投资费用大，并且需要经常进行维修和保养。鉴于这些不足，热泵蒸发在一定程度上限制了它在生产中的应用。

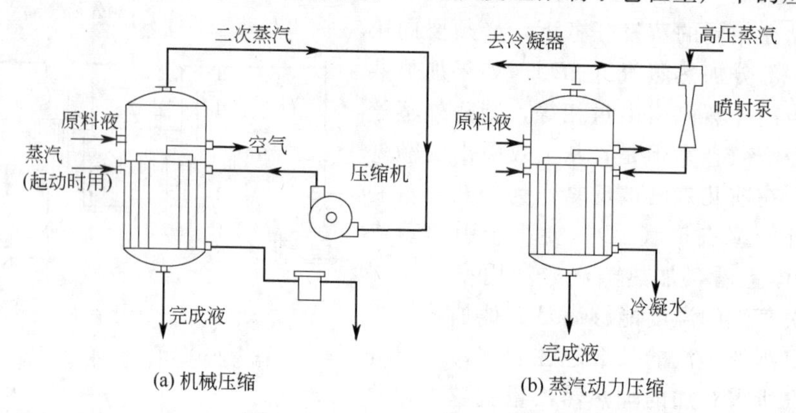

图 2-26　二次蒸汽再压缩流程

4. 多级多效闪蒸

利用闪蒸的原理，现已开发出一种新的、经济性和多效蒸发相当的蒸发方法，其流程如图 2-27 所示，稀溶液经加热器加热至一定温度后进入减压的闪蒸室，闪蒸出部分水而溶液被浓缩；闪蒸产生的蒸汽用来预热进加热器的稀溶液以回收其热量，本身变为冷凝液后排出。由于闪蒸时放出的热量较小（上述流程一般只能蒸发进料中的百分之几的水），为增加闪蒸的热量，常使大部分浓缩后的溶液进行再循环，其循环量往往为进料量的几倍到几十倍。闪蒸为一绝热过程，闪蒸产生的水蒸气的温度等于闪蒸室压力下的饱和温度。为增大预热时的传热温度差，常采用使上述减压过程逐级进行的方法，也即为实际生产中的再循环多级闪蒸。考虑到再循环时，闪蒸室通过的全部是高浓度溶液，沸点上升较大，故仿照多效蒸发，使溶液以不同浓度在多个闪蒸室（或相应称为不同的效）中分别进行循环。

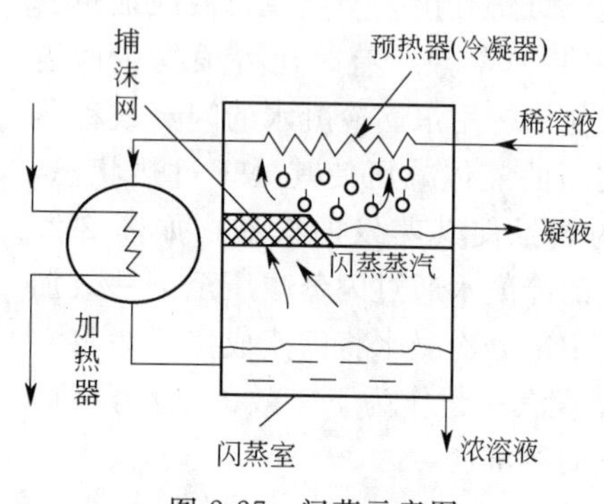

图 2-27　闪蒸示意图

多级闪蒸可以利用低压蒸汽作为热源，设备简单紧凑，不需要高大的厂房，其最大的优点是蒸发过程在闪蒸室中进行，解决了物料在加热管管壁结垢的问题，其经济性也较高，因而近年来应用渐广。它的主要缺点是动力消耗较大，需要较大的传热面积，也不适用于沸点上升较大物料的蒸发。

值得注意的是，提高设备生产强度和减少操作费用往往是矛盾的，以上提出的几种提高蒸发操作经济性的方法都存在类似的问题。因此，在确定生产方式和操作条件时，要权衡设备费用和操作费用两方面，以两者之和最少为最优方案。

任务实施

一、资讯

在教师的指导与帮助下学生解读工作任务要求，通过对现场工艺的参观与学习，了解工作任务的相关工作情境和背景知识，明确工作任务中的核心信息与要点。

二、决策、计划与实施

根据工作任务要求和生产特点，通过分组讨论和学习，确定液碱从32%浓缩蒸发至50%的蒸发方法、设备和工艺流程，形成工作方案和编制操作规程与安全操作要点。图2-28和图2-29分别列出了目前国内常用的双效顺流蒸发流程和双效逆流蒸发流程。

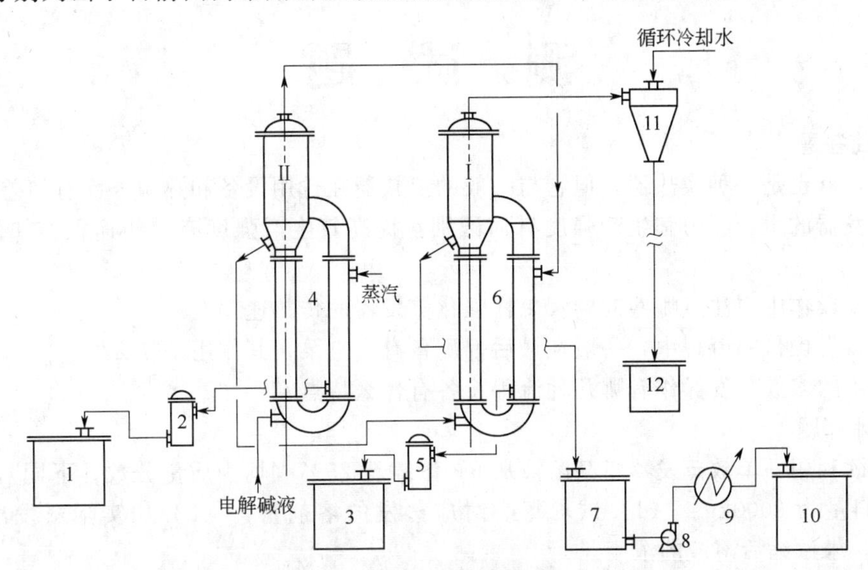

图2-28 双效顺流蒸发流程示意

1—Ⅰ效冷凝水储罐；2，5—气液分离器；3—Ⅱ效冷凝水储罐；4—Ⅰ效蒸发器；6—Ⅱ效蒸发器；7—热碱储罐；8—碱泵；9—热交换器；10—成品碱储罐；11—水喷射器；12—冷却水储罐

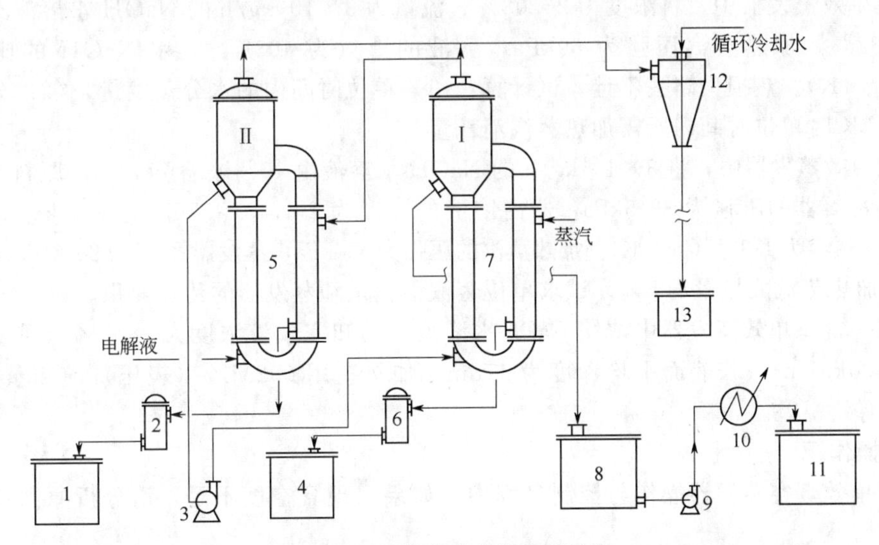

图2-29 双效逆流蒸发流程示意

1—Ⅱ效冷凝水储罐；2，6—气液分离器；3—Ⅱ效过料泵；4—Ⅰ效冷凝水储罐；5—Ⅱ效蒸发器；7—Ⅰ效蒸发器；8—热碱储罐；9—浓碱泵；10—热交换器；11—成品碱储罐；12—水喷射器；13—冷却水储罐；13—冷却水储罐

三、检查

教师可通过检查各小组的工作方案与听取小组研讨汇报，及时掌握学生的工作进展，适

时地归纳讲解相关知识与理论，并提出建议与意见。

四、实施与评估

学生在教师的检查指点下继续修订与完善操作规程，并最终完成多效蒸发操作方案的编制。教师对各小组完成情况进行检查与评估，及时进行点评、归纳与总结。

测 试 题

一、简答题

1. 蒸发器也是一种换热器，但它与一般的换热器在选用设备和热源方面有何差异？

2. 蒸发器的生产能力和生产强度有何区别？提高其生产强度有哪些途径？如何优化蒸发操作？

3. 蒸发操作中应注意哪些问题？怎样强化蒸发器的传热速率？

4. 在蒸发操作的流程中，一般在最后都配备有真空泵，其作用是什么？

5. 常用的多效蒸发操作有哪几种流程？各有什么特点？

二、计算题

1. 今欲利用一单效蒸发器将某溶液从5%浓缩至25%（均为质量分数，下同），每小时处理的原料量为2000kg。（1）试求每小时应蒸发的溶剂量；（2）如实际蒸发出的溶剂1800kg/h，求浓缩后溶液的浓度。

2. 设固体NaOH的比热容为1.3kJ/(kg·K)，试分别估算10%和30%的NaOH水溶液在293K时的比热容。

3. 在单效蒸发器中，将浓度为23.08%、流量为3×10^3kg/h的NaOH水溶液经蒸发浓缩至48.32%，加热蒸汽压强为60kPa，溶液的沸点为403K，无水NaOH的比热容为1.3kJ/(kg·K)。热损失略去不计。试计算：（1）单位时间内的水分蒸发量；（2）分别计算293K、403K时单位时间内所需加热蒸汽消耗量。

4. 在单效蒸发器中，将3×10^3kg/h的NaOH水溶液由10%浓缩至42%。原料液的温度为323K，冷凝器的压强为33.5kPa，器内溶液的深度为2m，溶液密度为1290kg/m^3，无水NaOH的比热容为1.3kJ/(kg·K)。加热蒸汽的压强为150kPa，蒸发器K值为2000W/(m^2·K)。热损失为加热蒸汽放热量的5%。试求单位蒸汽消耗量和蒸发器的传热面积。

5. 在一常压单效蒸发器中浓缩$CaCl_2$水溶液，已知完成液浓度为35.7%（质量分数），密度为1300kg/m^3，若液面平均深度为1.8m，加热室用0.2MPa（表压）饱和蒸汽加热，求传热的有效温差。

三、操作题

1. 对单效真空蒸发器操作与控制过程中，如果出现真空度不足，请分析原因并提出处理措施。

2. 对单效真空蒸发器如何进行维护和保养。

项目三

结晶操作与控制

项目学习目标

知识目标

1. 掌握结晶操作的基本概念、溶液结晶的类型、结晶过程的相平衡、溶解度及溶解度曲线、过饱和度及结晶的工艺计算。

2. 理解结晶操作的基本原理、晶核的形成原理及晶体的生长原理、影响结晶操作的因素。

3. 了解工业结晶设备的结构特点和溶液结晶的类型；了解七大晶系的特点；了解盐析结晶和反应结晶技术及其应用。

能力目标

1. 能根据生产任务对冷却结晶设备、蒸发结晶设备等常用结晶器实施基本操作，能根据工艺过程需要正确查阅和使用一些常用的工程计算图表、手册、资料进行结晶过程的工艺计算，能对常见事故进行判断和处理。

2. 能正确使用各类常见的温度、液位测量仪表和对结晶器实施自动控制，并能根据生产工艺与设备特点制定结晶过程的安全操作规程。

3. 能运用结晶基本理论与工程技术观点分析对结晶操作中诸如晶体颗粒太细、晶垢、蒸发结晶器的压强波动等常见故障进行处理。

素质目标

1. 帮助学生逐步建立工程技术观念，培养学生追求知识、严谨治学、勇于创新的科学态度和理论联系实际的思维方式。

2. 培养学生逐步形成安全生产、遵守规程、节能环保的职业意识和团结协作、积极进取的精神。

主要符号说明

英文字母

B——蒸发溶剂的质量比，kg/kg（原料溶剂）；

C——溶质组分的质量比；kg/kg（溶剂）；

c——比热容，J/(kg·K)；

G——结晶水合物产品量，kg 或 kg/h；

R——溶质水合物摩尔质量与绝干溶质摩尔质量之比；

R——热量，J/kg；

T——温度，K；

W——溶剂的流量，kg/h；

w——质量分数。

希文字母

α——溶质的。

下标

1——原料液的；

2——母液中的溶质；

C——绝干的；

S——溶剂的。

项目导言

结晶是指从饱和溶液中凝结，或从气体凝华出具有一定几何形状的固体（晶体）的过程。结晶是一种化工单元操作，它既是传热过程、也是传质过程。化工生产中常遇到的是从溶液中析出晶体（即溶液结晶），溶液结晶过程的实质是将稀溶液变成过饱和溶液，然后析出结晶。达到过饱和有两种方法：①对原料冷却因溶解度下降而达到过饱和；②用蒸发移去溶剂。根据固液平衡的特点，结晶操作不仅能够从溶液中取得固体溶质，而且能够实现溶质与杂质的分离，从而提高产品的纯度。

一、结晶在化工生产中的应用

结晶技术是工业上从不纯溶液中制取纯净固体产品的经济而有效的手段。许多化工产品（如染料、涂料、医药及各种盐类等）都可用结晶法制取，得到的晶体产品不仅有一定纯度，而且外形美观，便于包装、运输、储存和应用。

钾肥是氮磷钾三大化学肥料之一。世界上使用的钾肥绝大多数是氯化钾，而从钾石盐（含有 25%KCl、70%NaCl 的化合物）制取氯化钾常采用的方法是溶解结晶法，即利用不同温度下氯化钾和氯化钠在水溶液中具有不同的溶解度，通过溶解和再结晶过程将两盐分离制取氯化钾。图 3-1 为溶解结晶法制取氯化钾流程图。从图中可知，结晶是该生产过程中非常重要的环节之一。

近年来，许多高新技术领域比如材料工业中超细粉的生产，生物技术中蛋白质的制造，新材料工业中超纯物质的净化都离不开结晶技术。

二、结晶过程的分类

结晶过程可以分为溶液结晶、盐析结晶、反应结晶和升华结晶等。溶液结晶又包括冷却结晶、蒸发结晶和真空结晶三种，它是工业中最常用的结晶方法，故本项目仅讨论溶液结晶。

三、结晶过程的特点

一般而言，结晶过程有如下特点。

(1) 通过结晶，溶液中的大部分杂质会留在母液中，再通过过滤、洗涤即可得到纯度高的晶体。

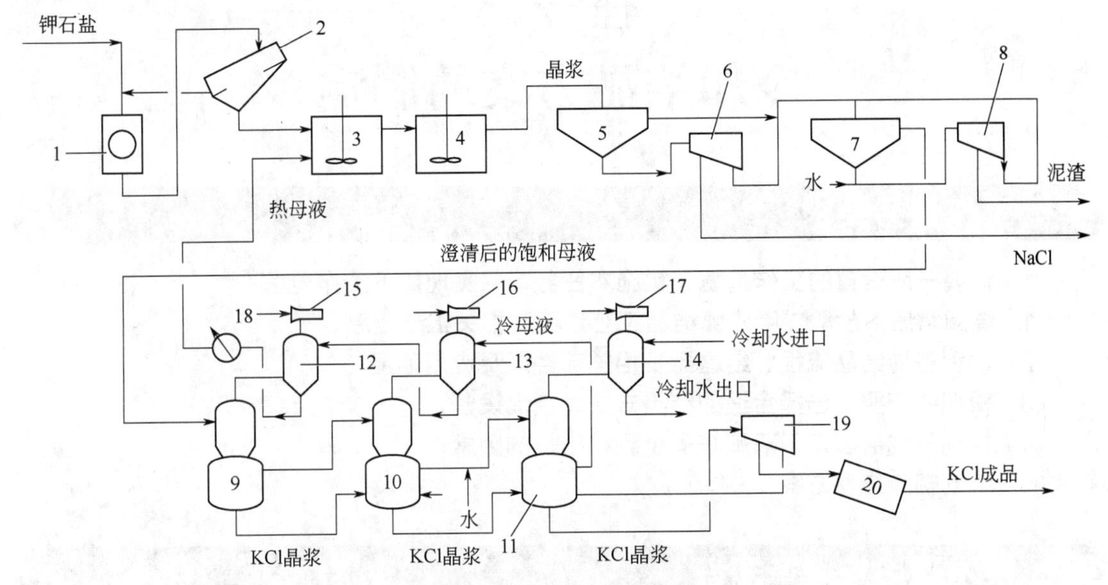

图 3-1　溶解结晶法从钾石盐制取氯化钾流程图

1—破碎机；2—振动筛；3，4—溶解槽；5，7—沉降槽；6，8，19—离心机；9～11—结晶器；12～14—冷凝器；15～17—蒸汽喷射器；18—加热器；20—干燥机

(2) 通常只有同类的分子或离子才能进行有规律的排列，故结晶过程有高度的选择性。

(3) 结晶过程是复杂的，晶体的大小不一，形状各异，形成晶簇等现象，因此有时需要重结晶。

若物质结晶时有水合作用，则所得晶体中有一定数量的溶剂分子，称为结晶水。结晶水的含量不仅影响晶体的形状，也影响晶体的性质。

四、项目情境设计

情境一，某制药厂生产降糖原药盐酸二甲双胍（简称 DMBG），其生产过程的最后一步是将含有杂质的盐酸二甲双胍粗品，溶于95%的乙醇溶液中，经冷却结晶为具有规整形状的柱状晶体。生产过程中发现，在结晶过程中工艺控制不当时，有较多颗粒细小的针状结晶。为此，学生将以车间技术员的身份进入盐酸二甲双胍结晶工段，并在技术总监（教师）的指导下负责结晶岗位的操作和参与生产管理，同时完成以下工作任务：

(1) 根据生产工艺要求确定结晶方式和初步选取结晶设备；

(2) 根据初步方案确定冷却结晶的工艺条件；

(3) 确定影响盐酸二甲双胍结晶的因素；

(4) 根据工艺条件编制结晶器的操作与控制要点。

情境二，某无机化工企业生产无水硫酸钠，采用溶解-蒸发结晶法得到无水硫酸钠产品。学生将以车间技术员的身份进入蒸发结晶工段，并负责结晶岗位的工艺管理与操作工作。现接到公司技改部门的任务，按下列要求完成相应的工作任务：

(1) 根据生产工艺要求确定结晶方式和初步选取结晶设备；

(2) 确定影响无水硫酸钠蒸发结晶操作的主要因素；

(3) 优化蒸发结晶工艺条件；

(4) 完成无水硫酸钠结晶器的操作，判断生产过程中的事故并处理。

任务一 冷却结晶方案的制定

工作任务要求

根据情境一所设置的工作情境，实施本任务，并实现如下工作要求：

（1）查阅常压下盐酸二甲双胍结晶工艺过程及相关工艺信息；

（2）识别各种结晶流程、结晶器及相关部件以及应用范围；

（3）根据生产要求选择合适的结晶方法、结晶设备；

（4）找到形成盐酸二甲双胍较多小颗粒结晶的因素；

（5）编制初步结晶方案。

技术理论与必备知识

一、冷却结晶操作理论知识

（一）晶体基本理论

固体从形态上分为有晶型和无定形两种。例如：食盐、蔗糖等都是晶体，而木炭、橡胶都为无定形物质。其区别主要在于内部结构中质点元素（原子、分子）的排列方式不同。

晶体简单地分为：立方晶系、四方晶系、六方晶系、正交晶系、单斜晶系、三斜晶系、三方晶系等七种晶系。

1. 立方晶系

立方晶系是指具有 4 个立方体对角线方向三重轴特征对称元素的晶体。立方晶系晶体对称性最高，其晶体理想外形必具有能内接于（内）球面的几何特点。立方晶系的特征对称性决定了此类晶体具有立方体形状的晶胞，三个具相等长度的基向量互相垂直。属于立方晶系的有：简单立方、体心立方、面心立方（图 3-2）。典型的属于立方晶系的如氯化钠晶体。

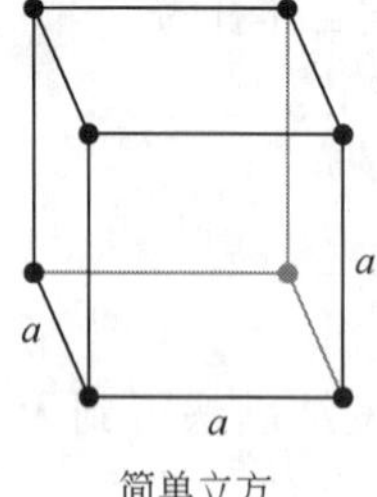

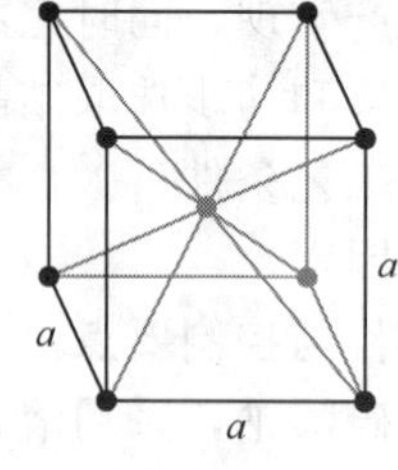

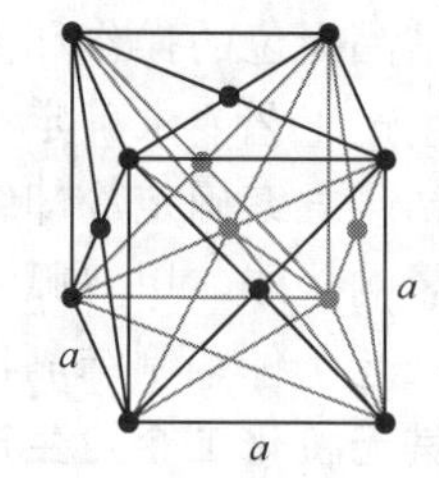

图 3-2 立方晶系示意图

2. 四方晶系

四方晶系也叫正方晶系，它具有一个 4 次对称轴，该轴是晶体的直立对称轴 c 轴，另外两个水平对称轴和 c 轴相互垂直相交。四方晶系包括简单四方和体心四方两种（图 3-3），典型的属于正方晶系的晶体如锆石。

3. 六方晶系

六方晶系有一个 6 次对称轴或者 6 次倒转轴，该轴是晶体的直立结晶轴 c 轴。另外三个水平结晶轴正端互成 120°夹角（图 3-4）。典型的属于六方晶系的晶体如硼铝石。

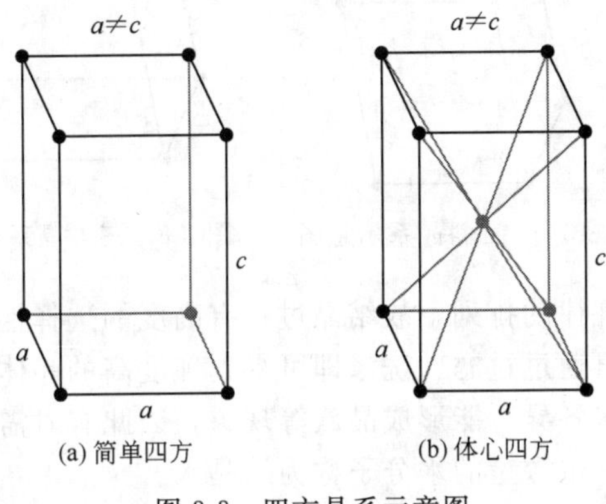

图 3-3　四方晶系示意图

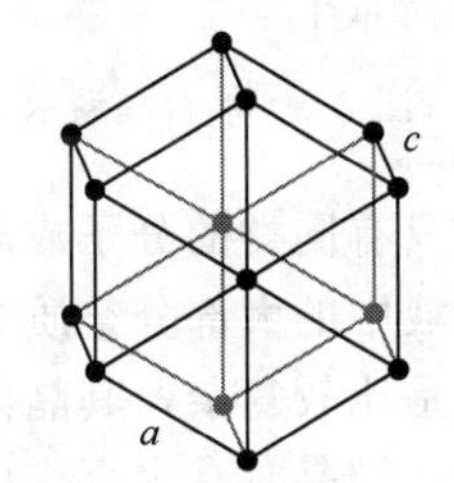

图 3-4　六方晶系示意图

4. 正交晶系

正交晶系，也叫斜方晶系。该晶系特点是没有高次对称轴，二次对称轴和对称面总和不少于三个。晶体以这三个互相垂直的二次轴或对称面法线为结晶轴。正交晶系的非均质性强，具有三个不同的主折射率（图 3-5）。典型的属于六方晶系的晶体如黄玉、橄榄石、金绿石、霰石等。

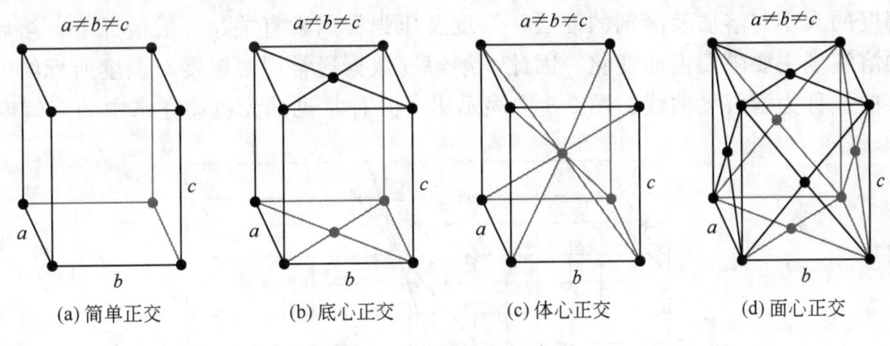

图 3-5　正交晶系示意图

5. 单斜晶系

单斜晶系无高次对称轴，二次对称轴和对称面都不多于一个。晶体以唯一一个二次轴或对称面法线为 b 轴。b 轴和 a 轴、c 轴均正交，a 轴、c 轴斜交。折射率有 3 个，其中仅有一个主折射率方向和 b 轴重合（图 3-6）。典型的属于单斜晶系的晶体如锂辉石、绿帘石。

6. 三斜晶系

三斜晶系的矿物既无对称轴也无对称面，有的属于该晶系的矿物甚至连对称中心也没有。三个结晶轴均斜交，主折射率有三个方向并且与结晶轴无关（图 3-7）。典型的属于单斜晶系的晶体如日光石、月光石等。

7. 三方晶系

以晶体的一个三次对称轴或者三次倒转轴为 c 轴，三个水平轴正端 120°且与 c 轴正交。通常采用四轴定向，但是也有部分三方晶系的宝玉石采用三轴定向（图 3-8）。典型的属于单斜晶系的晶体如水晶，红宝石、蓝宝石（即刚玉）。

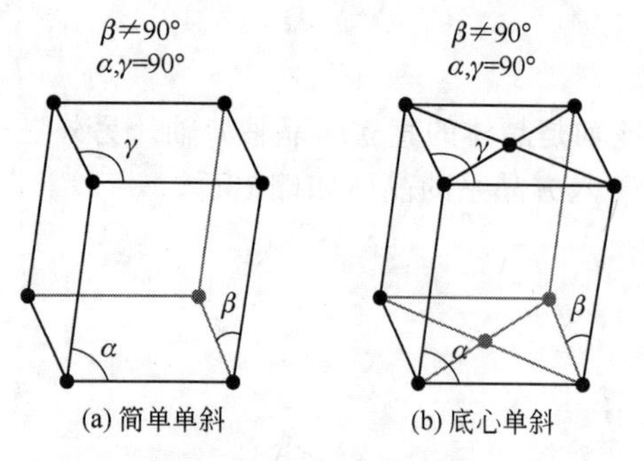

图 3-6　单斜晶系示意图

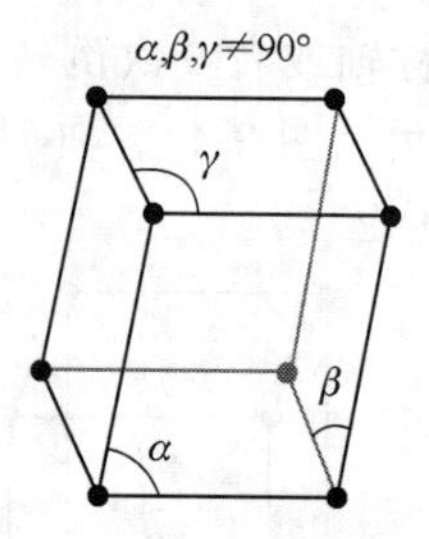

图 3-7　三斜晶系示意图

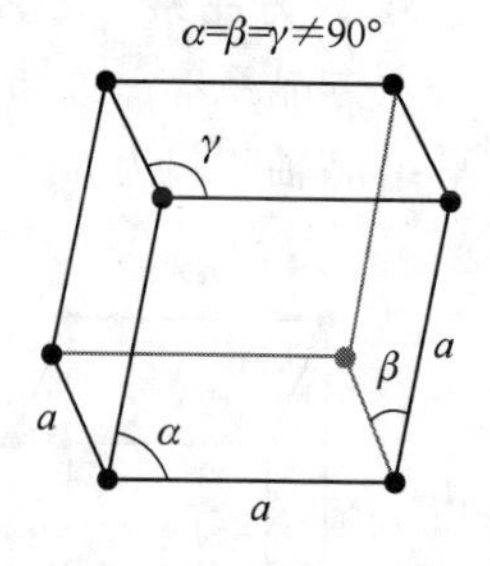

图 3-8　三方晶系示意图

通常只有同类的分子或离子才能进行有规律的排列，故结晶过程有高度的选择性。通过结晶，溶液中的大部分杂质会留在母液中，再通过过滤、洗涤即可得到纯度高的晶体。结晶过程往往是比较复杂，其晶体大小不一，形状各异，能形成晶族等现象，因此有时需要重结晶。此外，结晶时有水合作用，水合晶体中一定数量的水分子称为结晶水。

（二）溶解度和溶解度曲线

任何固体物质与其溶液相接触时，如溶液尚未饱和，则固体溶解；如溶液恰好达到饱和，则固体溶解与析出的速度相等，结果是既无溶解也无析出，此时固体与其溶液已达到平衡。固液相平衡时，单位质量的溶剂所能溶解的固体的质量，称为固体在该溶剂中的溶解度。工业上通常采用 1（或 100）份质量的溶剂中溶解多少份质量的无水溶质来表示溶解度的大小。

溶解度的大小与溶质及溶剂的性质、温度及压强等因素有关。一般情况下，溶质在特定溶剂中的溶解度主要随温度而变化。因此，溶解度数据通常用溶解度对温度所标绘的曲线来表示，该曲线称为溶解度曲线。图 3-9 中表示出了几种常见的无机物在水中的溶解度曲线。

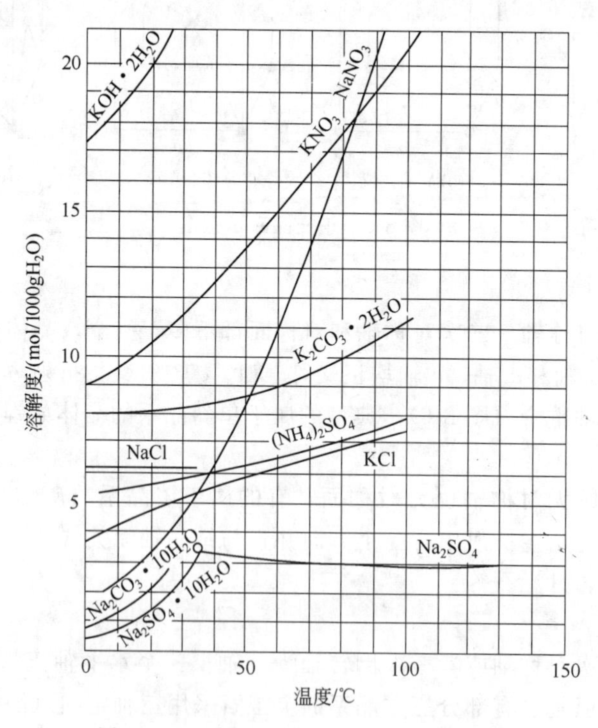

图 3-9　几种无机物在水中的溶解度曲线

由图 3-9 可知，有些物质的溶解度随温度的升高而迅速增大，如 $NaNO_3$、KNO_3等；有些物质的溶解度随温度升高以中等速度增加，如 KCl、$(NH_4)_2SO_4$等；还有一类物质，如 NaCl 等，随温度的升高溶解度变化不明显。上述物质在溶解过程中需要吸收热量，即具有正溶解度特性。另外有一些物质，如 Na_2SO_4等，其溶解度随温度升高反而下降，它们在溶解过程中放出热量，即具有逆溶解度特性。此外，一些化合物的溶质从溶液里结晶析出时，会形成水合物，即晶体里结合着一定数目的水分子，这样的水分子叫结晶水。结晶水是结合在化合物中的水分子，它们并不是液态水。含有结晶水的化合物在其溶解度曲线上有折点，物质在折点两侧含有的水分子数不等，故折点又称为变态点。例如低于 32.4℃时，从硫酸钠水溶液中结晶出来的固体是 $Na_2SO_4 \cdot 10H_2O$，而在这个温度以上结晶出来的固体是 Na_2SO_4。

物质的溶解度特性对于结晶方法的选择起决定性的作用。对于溶解度随温度变化敏感的物质，适合用变温结晶方法分离；对于溶解度随温度变化缓慢的物质，适合用蒸发结晶法分离等。另外，根据在不同温度下的溶解度数据还可计算出结晶过程的理论产量。

（三）饱和溶液与过饱和溶液

1. 饱和溶液与溶解度曲线

达到固、液相平衡时的溶液称为饱和溶液。溶液含有超过饱和量的溶质，则称为过饱和溶液。同一温度下，过饱和溶液与饱和溶液的浓度差称为过饱和度。溶液的过饱和度是结晶过程的推动力。一个完全纯净的溶液在不受任何扰动（无搅拌、无振荡）及任何刺激（无超声波等作用）的条件下缓慢降温，就可以得到过饱和溶液。但超过一定限度后，澄清的过饱和溶液会开始自发析出晶核。

溶液的过饱和度与结晶的关系可用图 3-10 表示。图中 *AB* 线为具有正溶解度特性的溶解度曲线，*CD* 线表示溶液过饱和且能自发产生晶核的浓度曲线，称为超溶解度曲线。这两条曲线将浓度—温度图分为三个区域：*AB* 线以下的区域称为稳定区，稳定区中溶液尚未达到饱和，因此没有结晶的可能；*CD* 线以上的区域称为不稳区，在此区域中，溶液能自发地产生晶核；*AB* 线和 *CD* 线之间的区域称为介稳区，在这个区域内，不会自发地产生晶核，但如果在溶液中加入晶种（在过饱和溶液中人为地加入的小颗粒溶质晶体），这些晶种就会长大。此外，大量的研究工作证实，一个特定物系只有一条确定的溶解度曲线，但超溶解度曲线的位置却受很多因素的影响，如有无搅拌、搅拌强度大小、有无晶种、晶种大小与多寡、冷却速率快慢等，因此应将超溶解度曲线视为一簇曲线。

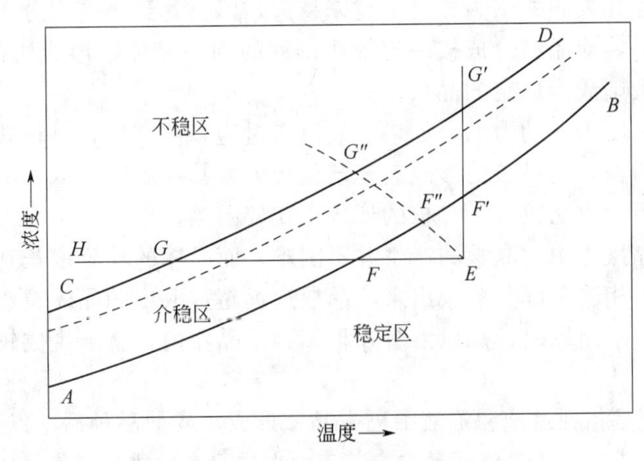

图 3-10　溶液的过饱和与超溶解度曲线

图 3-10 中初始状态为 E 的洁净溶液，分别通过冷却法（EFH）、蒸发法（$EF'G'$）或真空绝热蒸发法（$EF''G''$）结晶。

2. 溶液的过饱和度

溶质浓度超过该条件下的溶解度时，该溶液称为过饱和溶液，过饱和溶液达到一定过饱和度时会有溶质析出。

一般过饱和度可用两种方式来表示。第一种，以浓度差来表示过饱和度：

$$\Delta C = C - C^* \tag{3-1}$$

式中 ΔC——溶度差过饱和度，kg 溶质/100kg 溶剂；

C——操作温度下的过饱和浓度，kg 溶质/100kg 溶剂；

C^*——操作温度下的溶解度，kg 溶质/100kg 溶剂。

第二种，以温度差来表示过饱和度：

$$\Delta t = t^* - t \tag{3-2}$$

式中 Δt——温度差过饱和度，K；

t^*——该溶液在饱和状态时所对应的温度，K；

t——该溶液经冷却达到过饱和状态时的温度，K。

（四）结晶过程的两个阶段

晶体的生成包括晶核的形成和晶体的生长两个阶段。

1. 晶核的形成

晶核是过饱和溶液中初始生成的微小晶粒，是晶体成长过程中必不可少的核心。结晶过程是一个相变过程。在开始由气相或液相形成晶相时，一般是很困难的，原子或分子在气相或液相的吉布斯函数很高，必须在很大程度上降低其分子熵才能形成晶核。晶核可以由均相成核或非均相成核两种过程及三种成核形式：初级均相成核、初级非均相成核及二次成核。在高过饱和度下，溶液自发地生成晶核的过程，称为初级均相成核；溶液在外来物（如大气中的微尘）的诱导下生成晶核的过程，称为初级非均相成核；而在含有溶质晶体的溶液中的成核过程，称为二次成核。二次成核也属于非均相成核过程，它是在晶体之间或晶体与其他固体（器壁、搅拌器等）碰撞时所产生的微小晶粒的诱导下发生的。均相成核是指在大体积过饱和体系中自然形成晶核，体系各部分成核的概率相同。

晶核形成的过程：在溶液中，质点元素不断地作不规则的运动，随着温度的降低或溶剂量的减少，不同质点元素间的引力相对地越来越大，以至达到不能再分离的程度，结合成线晶，线晶结合成面晶，面晶结合成按一定规律排列的细小晶体，形成所谓的“晶胚”。晶胚不稳定，进一步长大则成为稳定的晶核。

结晶是以过饱和度为推动力的，如果溶液没有过饱和度产生，晶核就不能形成。在介稳区内，晶体就可以增长，但晶核的形成速率却很慢，尤其在温度较低，溶液的黏度很高，溶液的密度较大时，阻力也比较大，晶核的形成也比较困难。

在大部分的结晶操作中，晶核的产生并不困难，而晶体的粒度增长到要求的大小则需要精细的控制。往往有相当一部分多余出来的晶核远远超过取出的晶体粒数，必须把多余的晶核从细晶捕集装置中不断取出，加以溶解，再回到结晶器内，重新生成较大粒的晶体。

2. 晶体的生长

晶体的生长过程是指在过饱和溶液中已有晶核形成，或加晶种后，以过饱和度为推动力，溶液中的溶质向晶核或加入的晶体运动并在其表面上进行有序排列，使晶体格子扩大的过程。

影响结晶成长速率的因素很多：过饱和度、粒度、物质移动的扩散过程等。

解释结晶成长的机理有：层生长理论、布拉维法则、扩散理论、吸附层理论。下面介绍关于晶体生长的三种主要的理论。

（1）层生长理论　科塞尔（Kossel，1927）首先提出，后经斯特兰斯基（Stranski）加以发展的晶体的层生长理论亦称为科塞尔—斯特兰斯基理论。

它的主要观点是在晶核的光滑表面上生长一层原子面时，质点在界面上进入晶格“座位”的最佳位置是具有三面凹入角的位置。质点在此位置上与晶核结合成键放出的能量最大。因为每一个来自环境相的新质点在环境相与新相界面的晶格上就位时，最可能结合的位置是能量上最有利的位置，即结合成键时应该是成键数目最多，释放出能量最大的位置。

晶体在理想情况下生长时，先长一条行列，然后长相邻的行列。在长满一层面网后，再开始长第二层面网。晶面（最外的面网）是平行向外推移而生长的。这就是晶体的层生长理论，用层生长理论可以解释如下的一些现象。

① 晶体常生长成为面平、棱直的多面体形态。

② 在晶体生长的过程中，环境可能有所变化，不同时刻生成的晶体在物性（如颜色）和成分等方面可能有细微的变化，因而在晶体的断面上常常可以看到带状构造。它表明晶面是平行向外推移生长的。

③ 由于晶面是向外平行推移生长的，所以同种矿物不同晶体上对应晶面间的夹角不变。

④ 晶体由小长大，许多晶面向外平行移动的轨迹形成以晶体中心为顶点的锥状体，称为生长锥或砂钟状构造。

晶体生长的实际情况要比简单层生长理论复杂得多。往往一次沉淀在一个晶面上的物质层的厚度可达几万或几十万个分子层。同时亦不一定是一层一层地顺序堆积，而是一层尚未长完，又有一个新层开始生长。这样持续生长下去的结果，是使晶体表面不平坦成为阶梯状，称为晶面阶梯。科塞尔理论虽然有其正确的方面，但实际晶体生长过程并非完全按照二维层生长的机制进行。因为当晶体的一层面网生长完成之后，再在其上开始生长第二层面网时有很大的困难，其原因是已长好的面网对溶液中质点的引力较小，不易克服质点的热振动使质点就位。因此，在过饱和度或过冷却度较低的情况下，晶体的生长就需要用其他的生长机制加以解释。

（2）布拉维法则　1855 年，法国结晶学家布拉维（A. Bravis）从晶体具有空间格子构造的几何概念出发，论述了实际晶面与空间格子构造中面网之间的关系，即实际晶体的晶面常常平行于网面结点密度最大的面网，这就是布拉维法则。

布拉维的这一结论是根据晶体上不同晶面的相对生长速度与网面上结点的密度成反比的推论引导而出的。所谓晶面生长速率是指单位时间内晶面在其垂直方向上增长的厚度。

总体而言，布拉维法则阐明了晶面发育的基本规律。但由于当时晶体中质点的具体排列尚属未知，布拉维所依据的仅是由抽象的结点所组成的空间格子，而非真实的晶体结构。因此，在某些情况下可能会与实际情况产生一些偏离。1937 年美国结晶学家唐内-哈克（Donnay-Harker）进一步考虑了晶体构造中周期性平移（体现为空间格子）以外的其他对称要素（如螺旋轴、滑移面）对某些方向面网上结点密度的影响，从而扩大了布拉维法则的适用范围。

布拉维法则的另一不足之处是，只考虑了晶体的本身，而忽略了生长晶体的介质条件。

（3）扩散理论　按照扩散理论，晶体的生长过程由三个步骤组成的：①溶质由溶液扩散到晶体表面附近的静止液层；②溶质穿过静止液层后达到晶体表面，生长在晶体表面上，晶体增大，放出结晶热；③释放出的结晶热再靠扩散传递到溶液的主体去。

（五）结晶过程的物料衡算及其应用

在结晶操作中，原料液中的溶质（或溶剂）的量及溶质的含量是已知的。对于大多数物系，结晶过程终了时母液与晶体达到平衡状态，由溶解度曲线可查得母液中溶质的含量；对于结晶过程终了时仍处于过饱和状态的物系，母液中溶质的含量需由实验测定。此时，根据物料衡算和热量衡算即可求出结晶产品量。

1. 结晶过程的物料衡算

（1）不形成水合物的结晶过程　因在结晶操作前后溶质的量是不变的，则对溶质作物料衡算，可得

$$WC_1 = G_C + (W - BW)C_2 \tag{3-3}$$

整理得

$$G_C = W[C_1 - (1-B)C_2] \tag{3-4}$$

式中　G_C——绝干结晶产品量，kg 或 kg/h；

W——原料液中溶剂量，kg/s 或 kg/h；

B——单位进料中溶剂蒸发量，kg/kg（原料溶剂）；

C_1、C_2——原料液与母液中溶质的含量，kg/kg（溶剂）。

（2）形成水合物的结晶过程　若结晶产品为水合物，其携带的溶剂不再存在于母液中。对溶质作物料衡算，可得

$$WC_1 = \frac{G}{R} + W'C_2 \tag{3-5}$$

对溶剂作物料衡算，可得

$$W = BW + G\left(1 - \frac{1}{R}\right) + W' \tag{3-6}$$

整理得

$$W' = (1-B)W - G\left(1 - \frac{1}{R}\right) \tag{3-7}$$

将式（3-7）代入式（3-5）中，得

$$WC_1 = \frac{G}{R} + \left[(1-B)W - G\left(1 - \frac{1}{R}\right)\right]C_2 \tag{3-8}$$

整理得

$$G = \frac{WR[C_1 - (1-B)C_2]}{1 - C_2(R-1)} \tag{3-9}$$

式中　G——结晶水合物产品量，kg 或 kg/h；

R——溶质水合物摩尔质量与绝干溶质摩尔质量之比，无结晶水合作用时 $R=1$；当 $R=1$ 时，$G=G_C$；

W——母液中溶剂量，kg 或 kg/h。

2. 物料衡算式的应用

对于冷却结晶，由于不存在移除溶剂问题，即结晶时 $B=0$，故式（3-9）可写为

$$G = \frac{WR[C_1 - C_2]}{1 - C_2(R-1)} \tag{3-10}$$

二、常见的冷却结晶设备

结晶设备种类繁多，按结晶方法可分为冷却结晶器、蒸发结晶器、真空结晶器；按操作方式可以分为间歇式和连续式；按流动方式可以分为混合型、多级型和母液循环型。

以下介绍几种主要冷却结晶器的结构和性能。

冷却结晶法是指基本上不除去溶剂，而是使溶液冷却而成为过饱和溶液而结晶。适用于溶解度随温度下降而显著减小的物系。例如：硝酸钾、硝酸钠、硫酸镁等溶液。

1. 空气冷却式结晶器

空气冷却式结晶器是一种最简单的敞开型结晶器，靠顶部较大的开敞液面以及器壁与空气间的换热而达到冷却析出结晶的目的。由于操作是间歇的，冷却又很缓慢，对于含有多结晶水的盐类往往可以得到高质量、较大的结晶。但必须指出，这种结晶器的能力是较低的，占用面积大。它适用于生产硼砂、铁矾、铁铵矾等。

2. 釜式结晶器

冷却结晶过程所需的冷量由夹套或外部换热器供给，如图 3-11 及图 3-12 所示，采用搅拌是为了提高传热和传质速率并使釜内溶液温度和浓度均匀，同时可使晶体悬浮，有利于晶体各晶面成长。图 3-12 所示的结晶器为外循环式结晶器，既可间歇操作，也可连续操作。若制作大颗粒结晶，宜采用间歇操作，而制备小颗粒结晶时，采用连续操作为好。

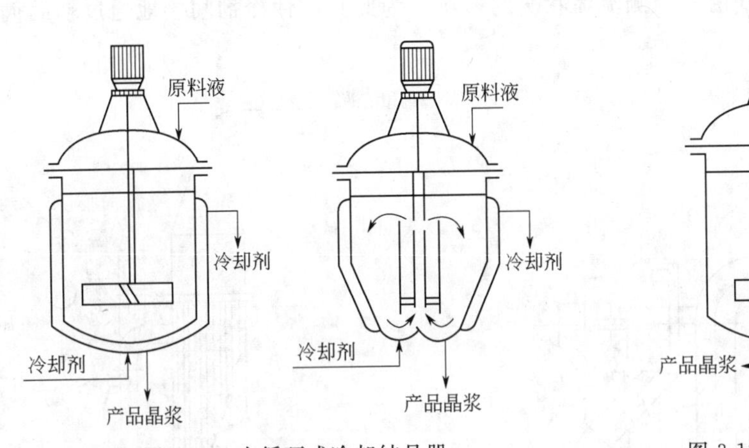

图 3-11 内循环式冷却结晶器

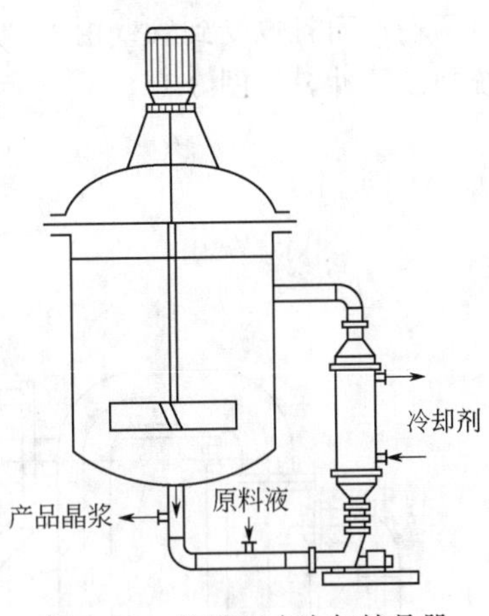

图 3-12 外循环式冷却结晶器

外循环式冷却结晶器的优点是：冷却换热器面积大，传热速率大，有利于溶液过饱和度的控制。缺点是循环泵易破碎晶体。

3. Krystal-Oslo 分级结晶器

Krystal-Oslo 结晶器是 1919 年由挪威 Issachen及 Jeremiassen 等人开发的一种制造大粒结晶、连续操作的结晶器，又称为 Oslo（奥斯陆）式结晶器、Jeremiassen 式结晶器或 Krystal 式结晶器。如图 3-13 所示，这种结晶器至今还广泛使用着。这类结晶器根据用途分为蒸发式、冷析式以及真空蒸发式三种类型。不论过饱和度产生的方法如何，过饱和溶液都是通过晶床的底部，然后上升，从而消失过饱和度。接近饱和的溶液由结晶段的上部溢流而出，再经过循环泵进行下一次强制循环，送入过饱和发生器再返回晶床的底部。设计与操作控制在过饱和发生器中不超

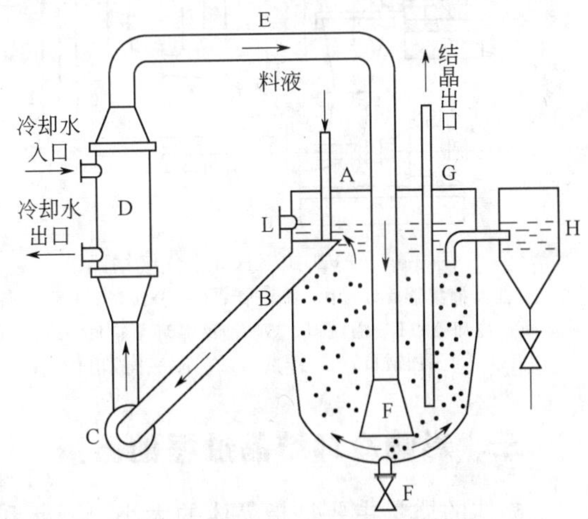

图 3-13 Krystal 式冷却结晶器

A—结晶器进料管；B—循环管入口；C—主循环泵；D—冷却器；E—过饱和吸入管；F—放空管；G—晶浆取出管；H—细晶捕集器

过介稳区的限度；在溢流口上面的一段，通过的流量在不取出成品晶浆时等于在溢流管处注入的加料流率，因此上升速度很低，细小结晶就在这一段积累，由一个外设的细晶捕集器间歇式连续取出，经过沉降后，或者过滤，或者用新鲜加料液溶解，也可以辅之以加热助溶的办法，消除过剩的细小结晶，溶化后的溶液供给结晶器作为原料液。这样可以保证结晶颗粒稳步长大。

冷却式 Krystal 分级结晶器（图 3-14）的过饱和产生设备是一个冷却换热器，一般是溶液通过换热器的管程，且管程是以单程式的最普遍，冷却介质通过壳程。

须指出的是壳程冷却介质的循环方式。在管程通过的溶液的过饱和度设计限是靠主循环泵的流量所控制，但是冷却介质的状况也同样会使溶液发生过饱和度超过设计限的问题，因为新鲜的冷却介质冲入换热器壳程时，与溶液温度差很大，而过饱和度的介稳区是很狭窄的一个区域。为了防止这一现象发生，避免溶液在冷却介质入口处迅速结垢，必须再加上一套辅助循环泵以消除这一现象。这说明换热器中产生的过饱和度超限不仅可能发生在管程的进出口两端；而且也受到管壁内外两侧流体状况的影响。为此只能使冷剂间接地通过辅助循环系统加以缓冲，见图 3-15。

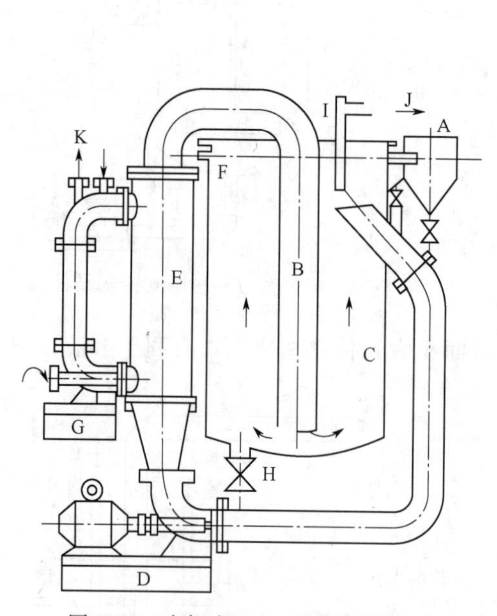

图 3-14　冷却式 Krystal 分级结晶器

A—细晶器捕集器；B—中心降液管；C—分级段；D—主循环泵；E—冷却器；F—溢流口；G—辅助循环泵；H—取出口；I—加液口；J—冷剂出口；K—排放出口

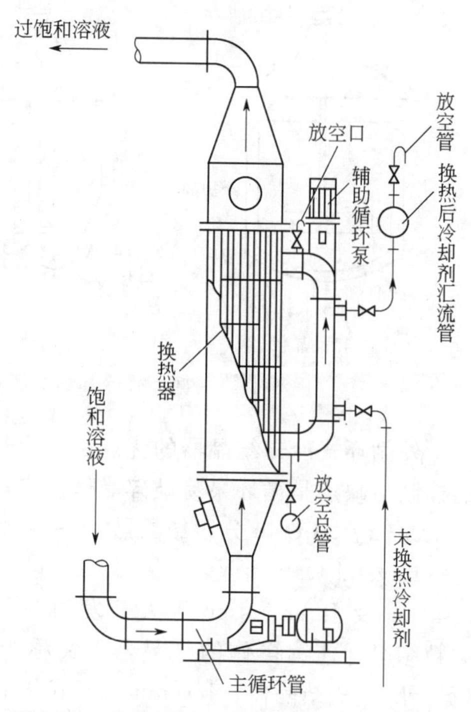

图 3-15　Krystal-Oslo 结晶器冷却换热器的辅助冷剂循环系统

三、影响冷却结晶过程的因素

晶体的质量主要是指晶体的大小、形状和纯度。

晶核形成的速率和晶体的生长速率影响晶体的大小。晶核形成的速率过大，溶液中会有大量晶核来不及长大，过程就结束了，所得到的结晶产品小而多；反之，结晶产品颗粒大而均匀；两者速率相近，所得到的结晶产品的粒度大小参差不一。影响结晶过程其他主要因素如下。

1. 过饱和度的影响

过饱和度是结晶过程的推动力，是产生结晶产品的先决条件，也是影响结晶操作的最主要因素。过饱和度增高，一般使结晶生长速率增大，但同时会引起溶液黏度增加，结晶速率受阻。

2. 冷却速度的影响

快速的冷却将使溶液很快地达到过饱和状态，甚至直接穿过介稳区，达到较高的过饱和度而得到大量的细小晶体；反之，缓慢冷却，则得到很大的晶体。

3. 晶种的影响

晶核的形成有初级成核和二次成核两种情况。初级成核的速率要比二次成核速率大得多，但其对过饱和度的变化非常敏感，成核速率很难控制，一般尽量避免发生初级成核。加入晶种，主要是控制晶核的数量以得到粒度大而均匀的结晶产品。注意控制温度，如果溶液温度过高，加入的晶种有可能部分或全部被溶化，而不能起到诱导成核的作用；温度较低，溶液中已自发产生大量细小晶体时，再加入晶种已不能起作用。通常在加入晶种时要轻微地搅动，使其均匀地分布在溶液中，得到高质量的结晶产品。

4. 杂质的影响

某些微量杂质的存在可影响结晶产品的质量。溶液中存在的杂质一般对晶核的形成有抑制作用，对晶体生长速率的影响较为复杂，有的杂质能抑制晶体的生长，有的能促进生长。

5. 搅拌的影响

大多数结晶设备中都配有搅拌装置，搅拌能促进扩散和加速晶体生成，所以应注意搅拌的形式和速度。如转速太快，会导致对晶体的机械破损加剧，影响产品的质量，转速太慢，则可能起不到搅拌的作用。

四、冷却结晶器的操作与控制

1. 间歇式冷却结晶器的操作

在中小规模的结晶过程中广泛采用间歇操作，它与连续结晶相比，操作较为简单。

（1）控制降温速度结晶　在间歇操作的结晶过程中，为了控制晶体的大小和晶型，获得粒度较均匀的晶体产品，必须尽一切可能防止多余的晶核生成，一种较好的控制手段是缓慢降温，将溶液的过饱和度控制在介稳区中，以使晶体能更好地生长。

（2）搅拌结晶　间歇式结晶釜一般都配有搅拌装置，搅拌能促进传热，使结晶温度均匀，不致颗粒大小不一，但应注意搅拌的形式和速度。

锚式搅拌径向流动较好，而桨式搅拌则有利于轴向流动，框式搅拌则既有径向流动又有轴向流动，在间歇式结晶釜中是一个很好的选择。

搅拌转速过慢，影响结晶釜内的传热过程，不利于结晶产能的提高；搅拌转速太快，会导致对晶体的机械破损加剧，影响产品的质量，转速太慢，则可能起不到搅拌的作用，适当的搅拌速度对间歇结晶是很重要的操作参数。

（3）加晶种的控制结晶　在间歇操作的结晶过程中，为了控制晶体的晶型，往往通过向溶液中加入适当数量及适当粒度的晶种，让被结晶的溶质只在晶种表面上生长。采用温和的搅拌，使晶种较均匀地悬浮在整个溶液中，尽量避免二次成核现象。在整个结晶过程中，加入晶种并小心地控制溶液的温度或浓度，这种操作方式称为“加晶种的控制结晶”，它能对产品的粒度进行有效的控制。晶种的加入量取决于整个结晶过程中可被结晶出来的溶质量、晶种的粒度和所希望得到的产品粒度。假设过程中无晶核的生长，则产品的粒子总数等于晶种的粒子总数。

利用这种操作方式的一个熟悉的例子是制糖工业。在蔗糖的结晶过程中，可以使用小至5μm的微晶作为晶种，每50m³的糖浆中加500g晶种就足够了。对于无机化合物溶质自水溶液中结晶的过程，由于介稳区的宽度比蔗糖要窄得多，进入不稳区的危险较大，需要采用粒度较大（例如100～500μm）的晶种。

早年Griffith就研究过加晶种和不加晶种的溶液在冷却时的结晶情况，其结果可用溶解度—超溶解度曲线表示。图3-16中（a）表示不加晶种而迅速冷却的情况。此时溶液的状态很快穿过介稳区而到达超溶解曲线上的某一点，出现初级成核现象，溶液中有大量微小的晶核骤然产生出来，属于无控制结晶。图3-16(b)表示不加晶种而缓慢冷却的情形。此时溶液的状态也会穿过介稳区而到达超溶解度曲线，产生较多的晶核，过饱和度因成核而有所消耗后，溶液的状态当即离开超溶解度曲线，不再有晶核生成，由于晶体生长，过饱和度迅速降低。此法对结晶过程的控制作用有限。我们知道初级成核速率随过饱和度的加大而增长非常迅速，其晶核的生成量不可能恰好适应需要，故所得晶体的粒度分布范围往往很宽。图3-16(c)表示加有晶种而迅速冷却的情形。溶液的状态一旦越过溶解度曲线，晶种便开始长大，而由于溶质结晶出来，在介稳区中溶液的浓度有所降低。但由于冷却迅速，溶液仍可很快地到达不稳区，因而终于不可避免地会有细小的晶核产生。图3-16(d)表示加有晶种而缓慢冷却的情形。由于溶液中有晶种存在，且降温速率得到控制，在操作过程中溶液始终保持在介稳状态，而晶体的生长速率完全由冷却速率加以控制。因为溶液不致进入不稳区，所以不会发生初级成核现象。这种“控制结晶”操作方法能够产生预定粒度的、合乎质量要求的匀整晶体。许多工业规模的间歇结晶操作即采用这种方式。

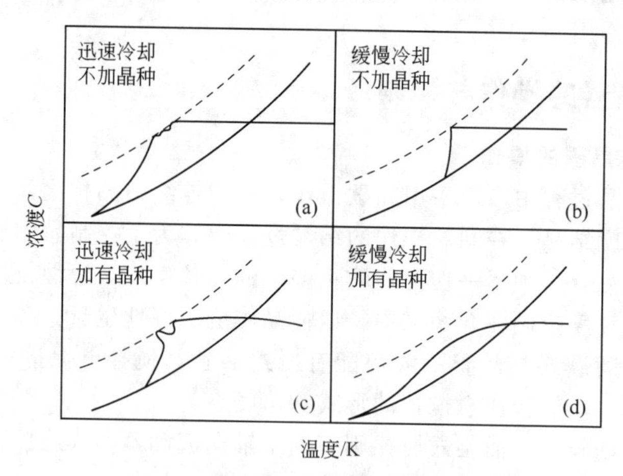

图3-16　冷却速率及加晶对结晶操作的影响

（4）间歇冷却结晶的最佳操作程序　图3-17(a)中，线1代表不加控制的自然冷却曲线，线2代表恒速冷却线，线3代表适宜冷却程序操作的冷却曲线。由图3-17(b)可见，如采用自然冷却操作，则在结晶过程初始阶段溶液的过饱和度急剧升高，达到某一峰值，然后又急剧下降，使结晶过程的过饱和度在随后相当长的一段时间内维持在一个很低的水平，所以既有发生初级成核的危险，又有生产能力低下的问题。至于按恒速降温操作，与自然冷却相比，其过饱和度的峰值较低，下降也较缓，但类似于上述自然冷却操作的缺点依然存在。若按适宜冷却程序操作，则在整个结晶过程中，过饱和度自始至终得以维持在某一预期的恒定值，从而使操作得到实质性的改善。在图中可以看到，按照这种程序操作时，在初始阶段应使溶液以很低的速率降温，而后随着晶体表面的增长逐步增大其冷却速率。

2. 连续式冷却结晶器的操作

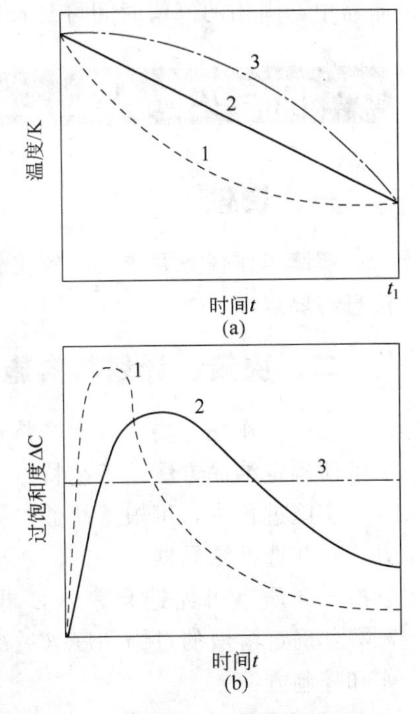

图 3-17 间歇冷却结晶的冷却曲线

连续结晶器的操作有以下几项要求：①控制产品有符合要求的粒度分布；②结晶器具有尽可能高的生产强度；③尽量降低结晶垢的速率，以延长结晶器正常运行周期；④维持结晶器的稳定操作。

为了使连续结晶器具有良好的操作性能，往往采用“细晶消除”、“粒度分级排料”、“清母液溢流”等技术，使结晶器成为所谓“复杂构型结晶器”。采用这些技术可使不同粒度范围的晶体在器内具有不同的停留时间，也可使器内的晶体与母液具有不同的停留时间，从而使结晶器增添了控制产品粒度分布和晶浆密度的功能；再与适宜的晶浆循环速率相结合，便能使连续结晶器满足上述要求。

（1）细晶消除技术　在连续操作的结晶器中，每一粒晶体产品是由一粒晶核生长而成的，在一定的晶浆体积中，晶核生成量越少，产品晶体就会长得越大。反之，如果晶核生成量过大，溶液中有限数量的溶质分别沉积于过多的晶核表面上，产品晶体粒度必然较小。如果能使单位体积晶浆中生成的晶核数目恰好等于获得规定的产品粒度所需的数目，则为理想状态。显然，实际上无法达到，因为成核过程不易控制，较普遍的情况是晶核数目太多，或者说晶核的生成速率过高。因此，必须在晶核长大之前尽早地把过量的晶核除掉。

去除细晶的目的是提高晶体产品的平均粒度。此外，它也为提高晶体的生长速率带来好处，因为结晶器配备了细晶消除系统后，可以适当地提高过饱和度操作，从而提高了晶体的生长速率及设备的生产能力，被溶解而消除的细晶也会使溶液的过饱和度有所提高。

通常采用的去除细晶的办法是根据淘析原理，在结晶器内部或外部建立一个澄清区，在此区域内，晶浆以很低的速度向上流动，使大于某一“细晶切割粒度”的晶体能从溶液中沉降出来，回到结晶器的主体部分，重新参与器内晶浆循环，并继续生长。所谓细晶切割粒度是指操作者或设计者要求去除的细晶的最大粒度，小于此粒度的细晶将从澄清区溢流而出，进入细晶消除循环系统，以加热或稀释的方法使之溶解，然后经循环泵重新回到结晶器中去。

（2）清母液溢流技术　清母液溢流是调节结晶器内晶浆密度的主要手段，增加清母液溢流量无疑可有效地提高器内的晶浆密度。清母液溢流有时与细晶消除相结合，因为从结晶器的澄清区溢流而出的母液总会含有小于某一切割粒度的细晶，所以不存在真正的清母液。这股溢流而出的母液如排出结晶系统，则可称为清母液溢流，由于它含有一定量的细晶，所以也必然起着消除细结晶的作用。有些情况下，将从澄清区溢流而出的母液分为两部分，一部分排出结晶系统，另一部分则进入细晶消除系统，经溶解消晶后重又回到结晶器中去。当澄清区的细晶切割粒度较大时，为了避免流失过多的固相产品，可使溢流而出的含有细晶的母液先经过旋液分离器或湿筛，而后分为两股，使含有细晶较多的流股进入细晶消除循环，含有少量细晶的流股则排出结晶系统。

从另一角度看，清母液溢流的主要作用在于能使液相及固相在结晶器中具有不同的停留时间。在无清母液溢流的结晶器中，固、液两相的停留时间是相等的；在有清母液溢流的结晶器中，固相的停留时间可延长数倍之多，这对于结晶这样的低速过程有至为重要的意义。

任务实施

一、资讯

解读工作任务要求，了解工作任务的相关工作情境和背景知识，明确工作任务中的核心信息与要点。

二、决策、计划与实施

根据工作任务要求和生产特点初步确定结晶方法及设备；通过分组讨论和学习，进一步了解所确定结晶方法的工艺特点、结晶流程与设备特点，确定工作方案。

实施过程中，可根据盐酸二甲双胍生产工艺特点，首先确定采用加晶种的缓慢冷却结晶方式，并选择结晶器（如带框式搅拌的釜式结晶器）；其次选择加热剂（如采用蒸汽），结晶釜冷却介质（可先选自来水，再用冷冻盐水），再依据盐酸二甲双胍的饱和温度为72～73℃，确定溶液的过饱和度（过冷度）和最终结晶温度等。编制盐酸二甲双胍结晶工段的操作和控制方案。

1. 结晶方式及结晶设备的选择

结晶方法一般取决物质的溶解度特性。对于溶解度随温度变化敏感的物质，适合用变温结晶（一般为冷却结晶）方法分离；对于溶解度随温度变化缓慢的物质，适合用蒸发结晶法分离等。

结晶器的选择一般要全面考虑许多因素，例如所处理物系的性质，希望晶体产品的粒度及粒度分布范围，生产能力的大小，设备费和操作费等，所以选择结晶器是一个复杂的工作，没有简单的规则可循，在很大程度上要凭实际经验。

结晶设备选择的一般原则：

（1）溶解度随温度变化大的物系应采用冷却式结晶器，反之应采用蒸发式结晶器。

（2）热敏性的物系应采用真空式结晶器。

（3）处理能力大时应采用连续结晶器，反之采用间歇式结晶器。

（4）对于有腐蚀性的物系，设备的材质应考虑其耐腐蚀性能。

（5）对于粒度有严格要求的物系，一般应选用分级型结晶器。

（6）对于具有特殊溶解性能的物系应根据具体情况选用其他专用的结晶器。

费用和占地大小也是需要考虑的重要因素。一般说来，连续操作的结晶器要比分批操作的经济些，尤其产率大时是这样。蒸发式和真空式结晶器需要相当大的顶部空间，但在同样产量下，它们的占地面积要比冷却槽式结晶器小得多。

2. 冷却剂的选择

为实现工艺提出的换热任务要求，首先应根据具体的结晶生产任务选择合适的冷却剂（空气、冷却水、冷冻盐水）。冷却剂的选择应考虑能量的综合利用，即应尽可能选用与工艺要求相符的低温流体作冷却剂，以达到节约能源、降低生产成本，提高经济效益的目的。

工业上常用的冷却剂有空气、水和冷冻盐水等。

3. 结晶过饱和度的选择

过饱和度可以采用温度差或浓度差来表示，由于在结晶操作时随着结晶过程的进行，浓度和温度均会有所变化，且浓度变化较大，故一般用温度差来表示过饱和度。

4. 主要操作工艺参数的确定

（1）结晶溶剂量的确定　采取冷却结晶方案时，以回流状态下恰好能将所有固体溶解的溶剂量为基准，乘上系数（一般1.05～1.5）作为实际生产中所需的结晶溶剂量。如果溶剂量太少，则由加热釜向结晶釜过滤过程中，晶体容易在管道中析出而堵塞管道，如果溶剂量太大，则结晶收率偏低。

（2）晶种加入温度的确定　晶种的加入温度是一个很重要的工艺指标。晶种加入过早，则容易被溶解；晶种加入过晚，此时在溶液中已有晶体形成，无法形成诱导结晶而控制晶型。一般在选择加入晶种的温度时，应尽可能使温度过饱和度（2℃）控制在介稳区中，控制结晶过程。

（3）晶种量的确定　晶种的加入量也很关键，晶种加入较多，则晶种的抑制成核增强，促进晶体生长，从而得到颗粒大而均匀的晶体，但是这样导致生产效率不高；晶种加入过少，则无法形成抑制成核，易形成细而小的晶核。

5. 间歇式结晶反应釜冷却操作方案的编制

（1）空气自然冷却规程　在夹套中通入少量蒸汽使结晶釜预热至所需结晶温度，停止通入蒸汽，自然冷却。

（2）循环水冷却规程的编制　打开反应釜循环水进、出水阀，使循环水进入反应釜夹套，对物料进行冷却。使用完毕，关闭反应釜循环水进水阀，排空夹套循环水，关闭出水阀。

（3）冷冻盐水冷却规程的编制　打开反应釜冷冻盐水进、出口阀，使冷冻盐水进入反应釜夹套，调整冷冻盐水进口阀门，控制冷冻盐水的流量，使反应釜内温度达到工艺所需的温度。使用完毕，关闭反应釜冷冻盐水进、出口阀。打开连接反应釜下排放口的冷冻盐水回阀，打开压缩空气进口阀，将夹套内的冷冻盐水压回冷冻盐水储槽。压完后，关闭冷冻盐水回阀及压缩空气进口阀，并排空夹套内残余的压缩空气。

三、检查与评估

教师可通过检查各小组的工作方案与听取小组研讨汇报，及时掌握学生的工作进展，适时地归纳讲解相关知识与理论，提出建议与意见，并指导学生修订和完善操作方案，此外还需对各小组任务完成情况、实际操作情况进行检查与评估，及时进行点评、归纳与总结。

任务二　蒸发结晶方案的编制

工作任务要求

根据情境二所设置的工作情境，实施本任务，并实现如下工作要求：

（1）查阅常压下无水硫酸钠结晶工艺过程及相关工艺信息；

（2）根据生产要求初选合理的结晶方法、结晶设备；

（3）分析影响无水硫酸钠蒸发结晶操作的主要因素；

（4）进行无水硫酸钠结晶器的操作，进行结晶过程故障判断和处理，编制参数控制方案。

技术理论与必备知识

一、蒸发结晶操作理论

1. 蒸发结晶及结晶方法的选择

蒸发结晶是将溶剂部分汽化，使溶液达到过饱和而结晶。它适用于溶解度随温度变化不大的物系或温度升高溶解度降低的物系。

蒸发结晶有两种方法：一种是将溶液预热，然后在真空（减压）下闪蒸（有极少数是在常压下闪蒸）；另一种是结晶装置本身附有蒸发器。

我国古代就利用太阳能在沿海大面积盐田上晒盐，这也是一种原始而且十分经济的蒸发结晶。

由任务一已知，依据溶解度曲线，对于溶解度随温度变化敏感的物质，适合用变温结晶方法分离，选用的结晶器为冷却结晶器；对于溶解度随温度变化缓慢的物质，采用冷却的方法则不能使晶体析出，此时应选用蒸发结晶法分离。

2. 蒸发结晶过程（移除部分溶剂的结晶）及真空冷却结晶过程的工艺计算

（1）蒸发结晶　在蒸发结晶器中，若移出的溶剂量 W 已预先规定，则可由式（3-9）求 G；否则，可根据已知的结晶产品量 G 求 W。

例题 3-1　某化工厂生产 $Na_2SO_4 \cdot 10H_2O$ 结晶产品，已知原料液量为 6000kg/h，其含量为 16.7%，结晶终止时的温度为 238K，此时的溶解度为 8.26%（以上浓度均为 kg/kg 溶液），约蒸发出全部含水量的 2%，求结晶产量。

解　已知原料液量为 6000kg/h，浓度为 16.7%，$B=2\%$，则

$W=6000\times(1-16.7\%)=4998(\text{kg/h})$

$C_1=0.167/(1-0.167)=0.2005$

$C_2=0.0826/(1-0.0826)=0.0900$

$$R=\frac{M_{Na_2SO_4\cdot10H_2O}}{M_{Na_2SO_4}}=\frac{142+180}{142}=2.27$$

$$G=\frac{WR[C_1-(1-B)C_2]}{1-C_2(R-1)}=\frac{4998\times2.27\times[0.2005-(1-0.02)\times0.0900]}{1-0.0900\times(2.27-1)}=1438(\text{kg/h})$$

（2）真空冷却结晶　此时溶剂蒸发量 B 为未知量，需通过热量衡算求出。由于真空冷却蒸发是溶液在绝热情况下闪蒸，故溶剂蒸发量取决于溶剂蒸发时需要的汽化热、溶液冷却时放出的显热和溶质结晶时放出的结晶热。对此过程进行热量衡算，得

$$BWr_S=(W+WC_1)c_p(t_1-t_2)+Gr_{cr} \tag{3-11}$$

将式（3-9）与式（3-11）联立求解，得

$$B=\frac{R(C_1-C_2)r_{cr}+(1+C_1)[1-C_2(R-1)]c_p(t_1-t_2)}{[1-C_2(R-1)]r_S-RC_2r_{cr}} \tag{3-12}$$

式中　r_{cr}——结晶热，即溶质在结晶过程中放出的潜热，J/kg；

　　　r_S——溶剂汽化热，J/kg；

c_p——原料液的质量热容，J/(kg·K)；

t_1、t_2——溶液的初始及最终温度，K。

二、常见蒸发结晶设备

蒸发结晶与冷却结晶的不同之处在于，前者需将溶液加热到沸点，并浓缩达过饱和以产生结晶。

现代的蒸发结晶器（包括以蒸发为主，又有盐类析出的装置，如隔膜电解液的蒸发装置），是指严格控制过饱和度与成品结晶粒度的各种装置。它是在蒸发装置的基础上发展起来，又在结晶原理上前进了一大步。

1. Krystal-Oslo 蒸发式生长型结晶器

图 3-18 是典型蒸发式 Krystal-Oslo 生长型结晶器。加料溶液由 G 进入，经循环泵进入加热器，产生蒸汽（或者前级的二次蒸汽）在管间通入，溶液达到过饱和，结晶操作控制在介稳区以内。溶液在蒸发室内排出的蒸汽（A 点）由顶部导出。如果是单级生产，分离的蒸汽直接通往大气冷凝器，然后有必要时通过真空发生装置（如真空泵或者蒸汽喷射器及冷凝器组）；如果是多效的蒸发流程，排出蒸汽则通入下一级加热器或者末效的排气、冷凝装置。

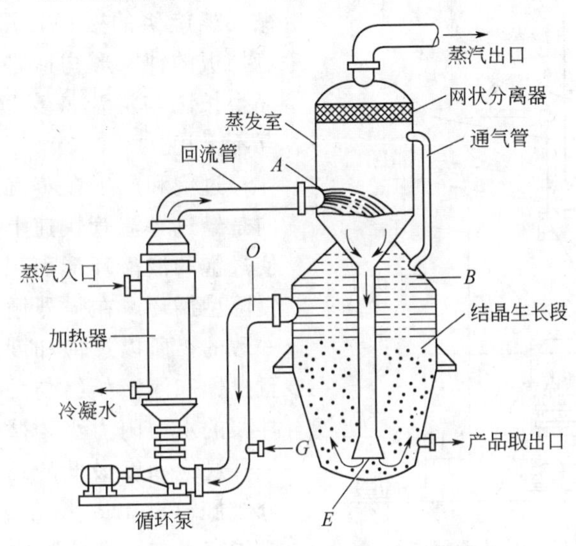

图 3-18 Krystal-Oslo 生长型结晶器

溶液在蒸发室分离蒸汽之后，由中央下行管送到结晶生长段的底部（E 点），然后再向上方流经晶体流化床层，过饱和得以消失，晶床中的晶粒得以生长。当粒子生长到要求的大小后，从产品取出口排出，排出晶浆经稠厚器离心分离，母液送回结晶器。固体直接作为商品，或者干燥后出售。

Krystal 蒸发结晶器大多数是采用分级的流化床，粒子长大后沉降速度超过悬浮速度而下沉，因此底部聚积着大粒的结晶，晶浆的浓度也比上面的高，空隙率减小，实际悬浮速度也必然增加，因此正适合分级粒度的需要。这也正好是新鲜的过饱和溶液先接触的所在，在密集的晶群中迅速消失过饱和度，流经上部由 O 点排出，作为母液排出系统；或者在多效蒸发系统中进入下一级蒸发。

生长型蒸发结晶器的结构比一般蒸发器复杂得多，投资也必然高。因此，原则上在前级没有达到析出结晶的浓度时，就无必要按照这种结晶器设计。只有肯定有结晶析出时才采用

Krystal 型生长结晶器，这一点要予以注意。

Krystal 蒸发结晶器除以分级式操作外，也可以采用晶浆循环（MagMa Recycling）式操作。为了达到晶浆循环的目的，一般办法是保持较高的晶浆积累浓度，最后循环泵进口处吸入的也是较浓的晶浆，经循环泵送入蒸发器再进入蒸发室循环；另一种办法是加大循环速度，同时保持较高的晶浆浓度。晶浆循环操作法的生产能力要高于分级结晶操作法，只是循环泵的转动部件及加热管有晶浆的磨损。同时要注意选择泵型，防止晶粒破碎产生大量的细晶，以及长大的晶粒又被破碎。

2. DTB 型蒸发式结晶器

DTB 是 Draft Tube Baffle Crystallizer 的缩写，即遮挡板与导流管的意思，简称“遮导式”结晶器，如图 3-19 所示。

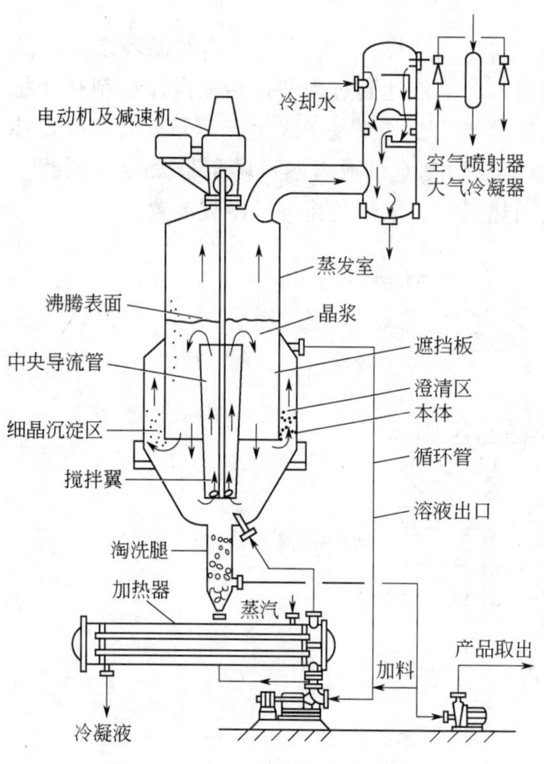

图 3-19　DTB 蒸发结晶装置简图

DTB 型蒸发式结晶器可以与蒸发加热器联用，也可以把加热器分开，结晶器作为真空闪蒸致冷型结晶器使用。这种结晶器是目前采用最多的类型。它的特点是结晶循环泵设在内部，阻力小，驱动功率省。为了提高循环螺旋桨的效率，需要有一个导热液管。遮挡板的钟罩形构造是为了把强烈循环的结晶生长区与溢流液穿过的细晶沉淀区隔开，互不干扰。

过饱和产生在蒸汽蒸发室。液体循环方向是经过导流管快速上升至蒸发液面，然后使过饱和液沿环形面积流向下部，属于快升慢降型循环，在强烈循环区内晶浆的浓度是一致的，所以过饱和度的消失比较容易，而且过饱和溶液始终与加料溶液并流。由于搅拌桨的水力阻力小，循环量较大，所以这是一种过饱和度最低的结晶器。器底设有一个分级腿（elutriationLeg），取出的产品晶浆要先穿过它，在此腿内用另外一股加料溶液进入，作为分级液流，把细微晶体重新漂浮进入结晶生长区，合格的大颗粒冲不下来，落在分级腿的底部，同时对产品也进行一次洗涤，最后由晶浆泵排出器外分离，这样可以保证产品结晶的质量和粒径均匀，不夹杂细晶。一部分细晶随着溢流溶液排出器外，用新鲜加料液或者用蒸汽溶解后返回。

3. 喷雾式结晶器

当溶液与冷剂不互溶混时，就可以利用溶液直接接触，这样就省去了与溶液接触的换热器，防止了过饱和度超过时造成结垢。如喷雾式结晶器。

喷雾式结晶器也称湿壁蒸发结晶器，结构简图如图 3-20。这种结晶器在操作时将浓缩的热溶液与大量的冷空气相混合，产生冷却及蒸发的效应，从而使溶液达到过饱和，结晶得以析出。有很多工厂用浓缩热溶液进行真空闪蒸直接得到绝热蒸发的效果使结晶析出的例子。操作时由一台鼓风机以 25～40m/s 高速度直接送入冷空气，溶液由中心部分吸入并被雾化，这时雾滴高度浓缩直接变为干燥结晶，附着在前方的硬质玻璃管上；或者变成两相混合的晶浆由末端排出，稠厚，离心过滤。此类结晶器设备紧凑简单，缺点是结晶粒度往往比较细小。

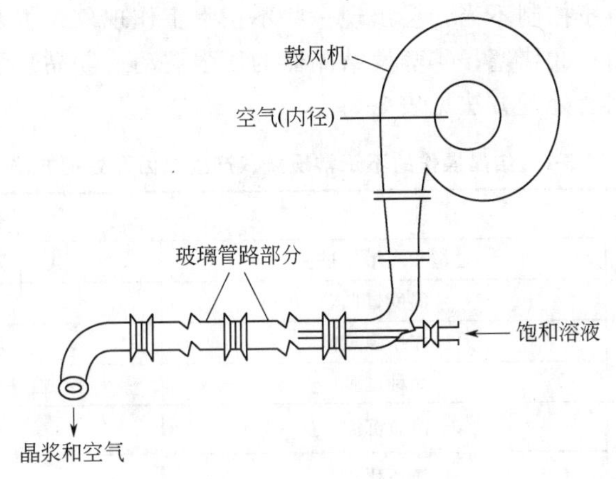

图 3-20　喷雾式结晶器

三、影响蒸发结晶过程的因素

由于蒸发过程过饱和度的控制要求较高，极易导致晶核形成的速率过大，溶液中会有大量晶核来不及长大，得到产品小而多或粒度大小参差不一的晶体。影响蒸发结晶过程的因素主要有如下方面。

1. 过饱和度的影响

过饱和度增高，一般使结晶生长速率增大，且溶液黏度增加，结晶速率受阻。

2. 蒸发速度的影响

快速的蒸发将使溶液很快地达到过饱和状态，甚至直接穿过介稳区，能达到较高的过饱和度而得到大量的细小晶体；反之，缓慢蒸发，得到很大的晶体。

四、蒸发结晶器操作与维护

1. 蒸发结晶操作的控制原则

“控制结晶操作过程中溶液始终保持在介稳状态”。控制结晶的原则不仅适用于冷却结晶操作，也适用于蒸发及真空冷却结晶操作。不过，真空冷却结晶较难于控制，溶液进入不稳区的危险更大，因此有必要更加小心。该原则也同样适用于反应结晶，例如，用光卤石冷分解反应生产 KCl 的过程，如不加控制，则仅能产生粒度很细小的 KCl 晶体。如在反应液中加晶种，并以抑制光卤石分解速率的方法控制反应液中 KCl 的过饱和度，则可取得粒度较大的 KCl 晶体。

2. 间歇蒸发结晶的最佳操作程序

间歇结晶操作在获得良好质量的晶体产品的前提下，也要求能尽量缩短间歇操作所需的时间，以得到尽可能多的产品。对于不同的结晶物系，应能确定一个适宜的操作程序，使得在整个间歇结晶过程中，能维持一个恒定的最大允许的过饱和度，使晶体能在指定的速率下生长。在整个过程中过饱和度既不允许超过此值，以致影响产品质量；也不允许低于此值，以致降低设备的生产能力。但是要做到这一点是困难的，因为在晶体表面积与溶液的能量传递速率（也就是溶剂的蒸发或溶液的冷却速率）之间有较为复杂的关系。在每次操作之始，物系中只有为数很小的由晶种提供的晶体表面，因此不太高的能量传递速率就足以使溶液中形成巨大的过饱和度，使操作偏离正常状态。随着晶体的长大，晶体表面积增大，则可相应地逐步提高能量传递速率。在建立此适宜操作程序之前，应在实验室中测得此临界过饱和度或适宜的生长速率。

3. 结晶操作的故障判断和处理

在结晶操作中，由于控制不当，会出现一些不正常工作现象，主要有以下方面：①晶体颗粒太细；②产生晶垢；③堵塞；④蒸发结晶器的压强波动；⑤晶浆泵不上量；⑥稠厚器下料管堵。具体产生原因及处理方法见表3-1。

表3-1 结晶操作的不正常现象、产生原因及处理方法

现　　象	原　　因	相应处理方法
晶体颗粒太细	过饱和度增加过多	降低过饱和度
	温度过低	提高温度
	操作压强过低	增加操作压强
	晶种过多	控制晶种或增加细晶消除系统
晶垢	溶质沉淀	防止沉淀
	滞留死角	防止死角
	流速不匀	控制流速均匀
	保温不均	保温均匀
	搅拌不均	搅拌均匀
	杂质	去除杂质
堵塞	母液中含杂质	除去杂质
	不能及时地清除细晶	消除细晶
	产生晶垢	除去晶垢，及时地清洗结晶器
	晶体的取出不畅	通过加热及时地取走晶体
蒸发结晶器的压强波动	换热器的传热不均	均匀传热
	结垢	消除结垢
	溶液的过饱和度	控制溶液的过饱和度
	排气不畅	清洗结晶器及换热器及管路
	结晶器的液面、溢流量过高	控制结晶器的液位及液流量
晶浆泵不上量	叶轮或泵壳磨损严重	停泵检修更换
	管线或阀门被堵	停泵清洗或清扫
	叶轮被堵塞	水洗或汽冲
	晶浆固液比过高	减少取出量或带水输送
	泵反转或漏入空气	维修可更换填料
稠厚器下料管堵	稠厚器内存料过多	减少进料量，用水带动取出
	管线阀门被堵	用水洗或吹蒸汽
	器内掉有杂物	停车放空取出杂物

五、连续式蒸发结晶操作的参数控制

1. 投入量的控制

在投入量的恒稳控制系统中，流量的测量仪表应选用电磁流量计或堰式流量计等。投入量的变化直接影响结晶器内溶液过饱和度的大小。此外，投入量还与产量成正比。

2. 取出量的控制

取出量的控制是个重要但未能妥善解决的问题。许多连续结晶器在晶浆取出管路上安装调节阀来调节取出量，但这样做并不可靠，因为这种阀常有堵塞的可能。可加装定时器，使阀每隔1～2min全开一次以清除堆积在阀门处的晶体，从而避免堵塞现象。调节阀堵塞的发生与产品的粒度关系很大，一般情况下只有产品粒度很细时才能使用节流方法来调节取出量。目前，也有用考克或改用胶管阀的，便于晶疤堵塞时清理。在冬季，取出管最容易结疤堵塞。在取出时还可采用变速泵，根据结晶器内的液位高低来控制变速泵的转速。这个方法的缺点在于泵的转速与取出量的关系是非线性的，因而调节特性不良，且可调范围亦较窄。现在更常采用的方法是在结晶器的排料口处，将一股母液引回到取出管中去，以降低管中的晶浆密度，低密度晶浆的流量可以在很宽的范围内调节。这个方法的缺点是所取出的晶浆必须先经过一个沉降槽或增稠器，使晶浆密度增至适合于过滤或离心分离的程度。

3. 液位控制

绝大多数的真空冷却结晶器需在恒定的液位高度下操作，所以液位控制系统须能保证液位与预期高度相差在150mm之内。对于DTB结晶器，液位高度是指结晶器的进料口与器内沸腾表面之间的高度差。过高的液位使循环晶浆中的晶粒不能被充分地送入产生过饱和度的液体表面层。液位过低时，液位的微小变化可能切断导流筒上缘的循环通道，破坏结晶器的运行。真空冷却结晶器的液位控制系统中，变送器可采用压差变送器，其低压测压口与结晶器的气液分离室相连。压差变送器可以是法兰插入式，也可以用测压连接管与结晶器相连，而连接管内可被清洗，但清洗溶液的温度应较低，以防止它在连接管中沸腾而干扰液面控制。一般情况下，液位控制系统以进料量作为调节参数，但在有些情况下则以母液的再循环量或取出量为调节参数。

4. 绝对压强的控制

真空冷却结晶器的操作压强（绝压）必须仔细控制，因为它的变化可直接影响结晶温度。结晶器内的绝压由真空系统的排气速率控制。绝压控制系统应能使器内温度保持在预置点正负0.5K之间。通常在结晶器顶部安装压强变送器。

5. 加热蒸汽量的控制

对于蒸发结晶器，溶液的过饱和度主要取决于输入的热流强度。控制加热蒸汽压强或流量皆可达到控制热流强度的目的，经验证明最好是控制蒸汽流量。对于大多数的蒸发结晶设备，加热蒸汽流量直接正比于结晶器的生产速率、循环晶浆的单程温升及热交换温差。控制系统不但应能监测此温差值，据以重新设置加热蒸汽流量的给定值，还须具有内部自锁功能，当驱动循环泵或螺旋桨的电机因过载或断电而停止转动时，应能自动切断蒸汽的输入。

6. 晶浆密度的控制

结晶器内的晶浆密度是一个重要的操作参数，可用悬浮液中两点间的压差来表征晶浆密度，此两点在垂直方向上必须有足够大的距离，使测量仪表有较大的读数，如晶浆有较大的密度，则两测压点间的垂直距离可为150～250mm。一般情况下，此两测压点可设置在结晶器主体的液面下方。对于强制外循环结晶器，两测压点安装在晶浆循环管路上也能成功地测量晶浆密度。液体的湍流运动使输出信号存在相当强的噪声，故须在测压连接管上加装阻尼阀或采用适当的电子阻尼器。在晶浆控制系统中，按压差变送器输出的信号，调节清母液溢流速率，保持结晶器内晶浆密度恒定。

7. 其他需要监测的参数

结晶系统需要测量温度的点包括进料、出料、液氨、冷却水或其他载冷体等，还需要监测加热器的温差以及各种母液成分的变化。循环泵或循环螺旋桨的电机的电流波动，也需监测。还需经常监测晶浆泵电机的电流大小。

任务实施

一、资讯

解读工作任务要求，了解工作任务的相关工作情境和背景知识，明确工作任务中核心信息与要点。

二、决策、计划与实施

根据工作任务要求和生产特点初步确定结晶方法及设备；通过分组讨论和学习，进一步了解所确定结晶方法的工艺特点、结晶流程与设备特点，进而确定结晶工艺条件，并初步编制操作方案。

实施过程中，可根据本生产工艺特点，首先确定采用蒸发除去部分溶剂的结晶方式，并选择蒸发结晶器（如DTB型蒸发结晶器等）和操作方式（如可选择采用连续结晶操作方式等）；其次依据硫酸钠的溶解度曲线，分析确定应控制的结晶温度和过饱和度，初步确定结晶过程的工艺条件；再次，根据所选择的结晶器（如DTB型蒸发结晶器）的特点，归纳结晶过程的操作控制要点和可能出现的故障及其处理方法；最终完成工作的编制。

三、检查与评估

教师可通过检查各小组的工作方案与听取小组研讨汇报，及时掌握学生的工作进展，适时地归纳讲解相关知识与理论，提出建议与意见，并指导学生修订和完善操作方案，及时对各小组任务完成情况、实际操作情况进行检查与评估，及时进行点评、归纳与总结。

任务三 项目拓展——盐析结晶与反应结晶方案的制定

在联合制碱的生产工艺中，盐析氯化铵结晶过程是一个相对复杂的生产过程，其结晶过程首先是盐溶解于母液中，由于同离子效应形成NH_4Cl过饱和，然后析出NH_4Cl结晶。

在头孢菌素类药物头孢羟氨苄的生产中，普遍存在的问题是头孢羟氨苄DMF复盐晶型较差，如果采用冷却结晶和蒸发结晶制备成品，由于初始过饱和度很高，导致较高的初级成核速率，最终造成细小晶体的聚结，或生成针状、片状产品，严重的还可能生成无定形沉淀。采用反应结晶工艺制备可以得到晶型良好的产品。

工作任务要求

（1）查阅联合制碱法盐析结晶工艺过程及相关工艺信息；

（2）查阅头孢菌素类药物头孢羟氨苄的反应结晶的工艺过程及相关工艺信息；

（3）分析联合制碱的生产工艺中，影响氯化铵盐析结晶操作的主要因素；

（4）分析在头孢菌素类药物头孢羟氨苄的生产，影响沉淀操作的主要因素。

技术理论与必备知识

一、盐析结晶

1. 盐析结晶的概念

盐析一般是指溶液中加入无机盐类而使某种物质溶解度降低而析出的过程。盐析结晶是指在盐溶液体系中，加入某种电解质盐析剂，由于盐析剂离子的水合作用比原溶液中其他盐较强，它使溶液中自由水分子数减小，从而提高溶液中欲结晶物质在溶液中的有效浓度，使欲结晶物质在溶液中结晶析出。

水对阴、阳离子都有较强的溶剂化作用，但对阳离子比阴离子有更大的溶剂化作用。因此盐析剂作用主要表现在盐析剂阳离子溶剂化作用上。盐析剂与水结合越强烈，盐析效应越强。由于水合数与离子的大小有关，离子越小，水合数就越大，盐析效应也越强。同时盐析剂所含阳离子半径越小，电荷越多，则对被盐析离子的水化层影响越大，使被盐析离子脱水越易，其盐析效应越强。所以化工生产中常用的盐析剂多是离子势较大的阳离子 Li^{+}、Al^{3+}、Fe^{3+}、Mg^{2+}、Sn^{2+} 等形成的盐。

2. 影响盐析结晶的因素

(1) 搅拌强度　增强晶浆的搅拌强度可以减小液膜厚度或者增强表面更新速度，有利于增强扩散传质过程及传热过程，有利于晶体的成长，尤其有利于扩散传质的均匀成长，减少初级晶核的成核速率。

此外，增强搅拌可以减小结晶器底部与顶部液相的浓度差，因此减小了结晶器底部的盐粒液膜中的这部分浓度增量，减小了液膜中的浓度梯度，有利于抑制初级晶核的产生。但是单纯以提高搅拌器转速增强搅拌强度，会产生较多的次级晶核，工业生产中一般通过改进搅拌方式或者增大搅拌器直径，以尽量减慢转速来实现盐析结晶操作。

(2) 结晶器生产强度　高的生产强度要求相应提高传质推动力，尤其是增大盐粒表面液膜中的溶质的过饱和度，使液膜中产生初级晶核的概率增大。因此过多增大生产强度虽然也增大结晶的生长速率，但成核速率增大更快，这对结晶生长不利。

(3) 结晶器中晶浆浓度及盐浆浓度　提高结晶器中晶浆浓度及盐浆浓度，增大传质面积，不仅有利于扩散传质过程，也有利于溶液中过饱和的消除。同时，提高结晶器中晶浆浓度及盐浆浓度增大了两种晶粒的相互接触机会，有利于接触传质。随着扩散传质及接触传质过程加强，盐粒表面液膜中的溶质的过饱和度降低，从而抑制了液膜中的相变传质过程，减少了初级晶核的产生，有利于结晶生长。因此结晶器中应该有足够高的溶质晶浆浓度，也应有适当数量的盐浆浓度。

(4) 盐粒大小　细小的盐粒可以增大表面积，有利于扩散传质。过大的盐粒虽可增大盐粒与溶液的相对运动，但溶质扩散表面积大大减少，不利于扩散传质。

(5) 结晶温度　随着温度升高，盐的溶解速率增大，有利于扩散传质过程。在同样生产强度时可以减小液膜中的浓度梯度，有利于抑制初级晶核的产生。因此适当升高温度对盐析生长是有利的。但盐析温度升高将减少盐析过程中盐的溶解量和溶质的析出量，增大动力消耗。

二、反应结晶（沉淀）

反应结晶（沉淀）是利用两个或两个以上可溶性物质的化学反应产生一种难溶物质，从而进行结晶（沉淀）的过程。在反应结晶过程中，固体的形成分为两步：第一步是反应过程，第二步是结晶（沉淀）过程。

反应结晶的过饱和度往往是通过液流混合产生的，通过加入第三组分包括沉淀剂、稀释剂、反应剂等改变溶液的组成从而产生过饱和度。与冷却结晶和蒸发结晶不同，反应结晶过程常具有不可逆性。

反应结晶的其他主要特点有：①反应过程非常迅速，产品物质的溶解度非常小；②结晶过程的过饱和度非常高；③结晶过程（晶核的形成和晶体的生长）的进程非常快；④反应过程一般会伴随其他过程；⑤反应结晶的成核一般为初级成核，二次成核的比例较小。

反应结晶的操作方式分为间歇操作和连续操作两种方式。

在反应结晶（沉淀）过程中，通常还伴随着粒子的老化（Ostwald 熟化、相转移）、聚结和破裂等二次过程，同时，混合对反应结晶（沉淀）过程往往也有较大的影响。

1. 老化

老化通常在沉淀物产生之后开始，并对最终的晶体产品产生影响。老化的两种形式为：Ostwald 熟化和相的转移。当两相混合系统达到平衡时，系统中总的相界面积达到最小。当相界面积的减小是通过从高界面曲率区域向低界面曲率区域质量传递时，这种相界面积减小的过程称为 Ostwald 熟化。Ostwald 熟化的结果是小粒子溶解，大粒子继续长大。

2. 聚结与破裂

反应结晶（沉淀）中，晶体聚结往往决定产品粒子的重要性质。有些化学物质在结晶过程中聚结，而有的则不聚结。事实上，在 10～1000μm 的粒度范围内，聚结是很平常的。一般地，聚结过程可以描述为以下三步：①由于流体运动粒子间发生碰撞；②通过弱作用力（如范德华力）而相互黏附；③通过晶体生长产生化学键，聚结体固化。

测 试 题

一、简答题

1. 什么是结晶单元操作？结晶过程有哪些类型？
2. 冷却结晶器有哪几类？试简要说明常见冷却结晶器的结构特点。
3. 什么是溶解度？溶解度曲线随温度变化有哪几种不同的类型？
4. 溶解度曲线的变化对冷却结晶操作的指导意义。
5. 什么是介稳区？介稳区对于结晶操作的意义？
6. 蒸发结晶器有哪几类？试简要说明常见蒸发结晶器的结构特点。
7. 选择结晶设备的原则是什么？
8. 影响结晶操作的因素有哪些？
9. 分析在结晶操作中，哪些参数的控制是主要的？
10. 什么是盐析结晶，其特点是什么？

二、操作题

某化工有限公司要以连续操作的方式使生产醋酸钠溶液结晶，生产带 3 个结晶水的醋酸钠（$CH_3COONa \cdot 3H_2O$）。已知条件如下：原料液（醋酸钠水溶液）温度为 353K、质量分数的 40%，进料量为 2000kg/h，操作压强（绝压）为 2.64kPa，溶液的沸点为 302K，质量热容为 3.50kJ/(kg·K)，结晶热为 144kJ/kg，结晶操作结束时母液中溶质的含量为 0.54kg/kg（水）。试分析：(1) 醋酸钠溶解度的特点？(2) 在本操作中选择何种方式结晶方式？依据是什么？(3) 请为本操作选择一台合适的结晶器。(4) 选择什么介质作为本工艺中的冷却介质？(5) 计算每小时的结晶产量。

项目四

干燥操作与控制

项目学习目标

知识目标

1. 掌握湿空气的性质、湿度图及其应用，固体物料中湿分的性质，干燥过程的物料衡算；掌握典型干燥器的操作维护、常见故障及处理方法，干燥操作的安全及节能措施。

2. 理解干燥过程的传热与传质机理，干燥速率及其影响因素；理解干燥过程的物料衡算、热效率计算和恒定干燥时间的计算方法；理解常见干燥器的自控变量及简单控制原理。

3. 了解固体物料去湿与干燥的基本概念，干燥的类型、特点及工业应用；了解干燥曲线的测定及干燥曲线的应用；了解不同干燥方式与典型干燥设备的结构特点、工作原理及适用场合。

能力目标

1. 能根据生产任务和物料性质对典型干燥设备（如气流干燥设备）实施基本操作，并能根据生产任务和干燥系统特性制定干燥操作的安全操作规程。

2. 能运用干燥基本理论与工程技术观点对典型干燥器操作过程中出现的故障进行初步分析和排除。

3. 能根据工艺过程需要正确查阅和使用一些常用的工程计算图表、手册、资料等，并进行必要的工艺计算（如水分蒸分量计算、空气消耗量计算、热效率计算、干燥时间计算等）和设备的选型（如风机的选择）。

素质目标

1. 培养学生的工程技术观念、独立思考、逻辑思维和运用干燥理论解决实际问题的能力。

2. 增强干燥操作节能、环保意识和严格按操作规程实施安全生产的职业操守。

3. 增强与他人协作共同完成一定任务的能力。

主要符号说明

英文字母

c——比热容，kJ/(kg·K)；
H——湿空气的湿度，kg 水汽/kg 干气；
G——湿物料的质量流量，kg/s；
G_c——干物料的质量流量，kg/s；
I——焓，kJ/kg；
L——空气消耗量，kg 干气/s；
l——单位空气消耗量，kg 干气/kg 水；
M——摩尔质量，kg/kmol；
n——物质的量，mol；
p——湿空气总压，Pa；
p_v——水汽分压，Pa；
p_s——饱和蒸气压，Pa；
Q——传热速率，W；
Q_D——单位时间内干燥器的补充热量，W；
Q_P——单位时间内预热器消耗的热量，W；
Q_L——热损失，W；
r——汽化潜热，kJ/(kg·K)；
A——干燥面积，m^2；
t——干球温度，℃；
t_{as}——绝热饱和温度，℃；
t_d——露点温度，℃；
t_w——湿球温度，℃；
u——干燥速率，kg/(m·s)；
v——比体积（比容），m^3/kg（干气）；
V——体积流量，m^3/s；
w——湿基含水量，kg 水/kg 湿物料；
W——水分蒸发量，kg/s；
X——干基含水量，kg 水/kg 干料。

希文字母

η——干燥热效率；
θ——湿物料干球温度，℃；
τ——干燥时间，s；
φ——相对湿度。

下标

g——干空气的；
H——湿空气的；
s——饱和的；
s——绝干的；
v——水汽的；
w——湿基的。

项目导言

一、干燥概述

1. 固体湿物料的去湿方法

化工生产中为了满足产品输送、储存或使用过程中的要求，常常需要除去悬浮液、膏状物料或各种形状湿物料中的过多的水分或有机溶剂（常称为湿分），这种操作统称为“去湿”。去湿的方法有很多，化工生产中常用的主要有三类。

（1）机械去湿法　当物料中含湿量较大时，可先用沉降、过滤、压榨、离心分离等机械方法除去大部分湿分。此法脱水快且经济，但去湿程度不高，如离心分离后水分含量为5%～10%（质量分数），板框压滤后水分含量为50%～60%（质量分数）。此类方法能耗较低，但除湿不彻底，一般用于初步去湿。

（2）化学去湿法　又称吸附去湿法，它用吸湿性物料吸附湿物料中的水分，如生石灰、浓硫酸、磷酸酐、无水氯化钙、硅胶、片状烧碱、分子筛等。该法只能除去少量湿分，而且操作费用高，操作麻烦，通常用于小批量固体物料的去湿，如液体或气体中水分的除去。

（3）热能去湿法　即用热能使湿水分从物料中汽化，并排除所生成的蒸汽来除去湿分的方法。这种去湿操作称为固体的干燥操作，简称干燥。该法除湿较彻底，能除去湿物料中的大部分湿分，但能耗较高。

化工生产中为使去湿操作经济有效，去湿的惯用做法是先用比较经济的机械去湿方法（如蒸发、过滤、离心分离等）除去湿物料中的大部分湿分，然后再进行热能去湿（干燥操作），以制成符合规定的产品。

2. 工业干燥方法

工业干燥方法的分类方式很多，通常可按以下方式进行分类。

（1）按传热方式分　可将干燥方法分为传导干燥、对流干燥、辐射干燥、介电加热干燥和冷冻干燥，以及上述两种或多种方式组合成的联合干燥。

① 传导干燥　又称为间接加热干燥，湿物料与加热介质不直接接触，热能以传导的方式通过固体壁面传给湿物料。此法热能利用率高，但物料温度不易控制，易过热而变质。

② 对流干燥　又称为直接加热干燥，载热体（即干燥介质，常为热气流）将热能以对流传热的方式传给与其接触的湿物料，使水分汽化并被带走。在对流干燥中，干燥介质的温度易于调节，物料不易过热，但干燥介质离开干燥器时，将相当大的一部分热能带走，热能的利用率低。

③ 辐射干燥　热能以热辐射（如红外线）的形式由辐射器发射到湿物料表面，被湿物料吸收再转变为热能，将水分加热汽化而达到干燥的目的。辐射器可分为电能的（如红外线灯泡）和热能的（如金属或陶瓷红外线发射板）两种。辐射干燥比上述的传导干燥或对流干燥的生产强度要大几十倍，产品干燥均匀而洁净，但能耗高。

④ 介电加热干燥　此法是将待干燥物料置于高频电场内，由于高频电场的交互作用，使物料内部的极性分子（如水分子）产生振动，其振动能量使物料发热而达到干燥的目的。根据电场频率的不同，可将介电加热干燥分为两类：电场频率低于300MHz的称为高频加热；频率在300MHz至300GHz之间的超高频加热称为微波加热。此法加热速度快，加热均匀，热量利用率高；但投资大，操作费用较高（如更换磁控管等元件）。

⑤ 冷冻干燥　又称真空冷冻干燥。是将含水物料温度降到冰点以下，使水分冷冻成冰，然后在较高真空度下使冰直接升华而除去水分的干燥方法。操作时，需将物料冷却到0℃以下，并将干燥器抽成真空，载热体进行循环，对物料提供必要的升华热，使冰升华为水汽，水汽用真空泵排出。由于冰的蒸气压很低，0℃时为6.11Pa（绝对压强），所以冷冻干燥需要很低的压强或高真空。冷冻干燥法常用于药品、生物制品及食品的干燥。

（2）按操作压强不同分　可将干燥分为常压干燥与真空干燥。真空干燥具有操作温度低、干燥速度快、蒸汽不易泄漏、热能利用的经济性好等特点，适用于热敏性产品（如维生素、抗生素等）、易燃易爆及在空气中易氧化的物料、含有溶剂或有毒气体的物料以及要求低含水量产品的干燥。

（3）按操作方式不同分　可将干燥分为连续干燥和间歇干燥。连续干燥具有生产稳定、生产能力大、产品质量均匀、热效率高以及劳动条件好等优点，主要用于大型工业化生产，工业干燥多属此类。间歇干燥适用于处理小批量、多品种或要求干燥时间较长的场合。

化工生产中以连续操作的对流干燥应用最为普遍，超过85%的工业干燥设备是以热空气或直接燃烧气体作为干燥介质的对流型设备，被除去的湿分为水或其他化学溶剂，其中超过99%的应用涉及水分的去除。所以本模块主要讨论以不饱和热空气为干燥介质，湿分为水的干燥过程，亦即空气－水系统，其他系统的干燥原理与此完全相同。

3. 干燥在工业生产中的作用

一般而言，干燥在工业生产中的作用主要有以下几个方面。

（1）对原料或中间产品进行干燥以满足工艺要求　如以湿矿（俗称尾砂）生产硫酸时，为满足反应要求，首先要对尾砂进行干燥，尽可能除去其水分；再如涤纶切片的干燥，是为了防止后期纺丝出现气泡而影响丝的质量。

（2）对产品进行干燥以提高产品中的有效成分和产品质量　如化工生产中的尿素、聚氯乙烯，食品加工中的奶粉、饼干，药品制造中的很多药剂，其生产过程中的最后一道工序都是干燥，其干燥的好坏直接影响到产品的性能、形态和质量等。如尿素优等品的含水量不能超过0.3%，若为0.35%则只能降为一等品，如果达到0.6%等级又降低为合格品；而一等品聚氯乙烯含水量不能超过0.3%（以上均为质量分数）。此外，对产品进行干燥，也是为了满足运输、储藏和使用等的需要。

随着相关产业的发展，干燥的应用越来越广泛，对干燥的要求也越来越多样化。为了满足产品对干燥的要求，开发了很多新型干燥装置并实现工业化，比如，脉冲燃烧干燥器、运用超临界流体使气溶胶脱湿、热泵干燥装置、过热蒸汽干燥装置等；为了满足节能对干燥的要求，一些新技术被引入到工业干燥中，比如脉冲燃烧、感应加热、热泵技术以及机电一体化技术、加工制造标准化、自动控制技术等，干燥技术也因此得到提升。

二、项目情境设计

某化工企业主要生产PVC树脂和卡托普利原料药，树脂车间采用悬浮法生产紧密型聚氯乙烯（PVC）塑料粒子，年产3.0万吨PVC（360天计），其中有一干燥工段需要将聚氯乙烯湿物料从湿基含量4%（质量分数，下同）干燥至不大于0.2%；卡托普利车间以3-乙酰巯基-2-甲基丙酰氯和L-脯氨酸为原料，经缩合、水解、精制、离心甩滤后所得卡托普利粗产品含水量5%，现需干燥至含水量为0.05%的成品。学生分小组以车间技术员的身份分别进入上述两生产车间干燥工段工作，并负责工段干燥岗位的技术改造、工艺管理与操作工作。现接到公司技改任务，要求根据生产装置情况，对干燥器进行工艺改造，并按下列要求完成相应的工作任务：

（1）根据不同产品及相应的生产工艺要求初步选用干燥设备；

（2）根据初步方案确定干燥工艺条件，估算空气消耗量及干燥时间；

（3）根据干燥工艺条件选配风机，确定预热器加热负荷；

（4）干燥器自动控制方案的确定；

（5）干燥器的操作与维护；

（6）任务拓展：干燥设备的安全操作与节能。

任务一　依据生产特点选用干燥设备

工作任务要求

通过本任务的实施，应完成如下工作要求：

（1）查阅悬浮法生产紧密型聚氯乙烯的工艺过程及相关工艺信息；

（2）识别各种干燥工艺流程、干燥器及相关部件以及应用范围；

（3）根据生产要求选择合理的干燥器形式，并编制初步方案。

技术理论与必备知识

一、对流干燥过程分析

目前化工生产中使用最广泛的是对流干燥。对流干燥是一个传热和传质相结合的过程。图 4-1 为典型对流干燥流程框图。空气经预热器预热至一定温度后进入干燥器，干燥器内热空气（气相）与湿物料（固相）直接接触，气-固两相间进行着热、质传递。

图 4-2 是用热空气除去湿物料中水分的干燥原理示意图，它表达了对流干燥过程中干燥介质与湿物料之间传热与传质的一般规律。在对流干燥过程中，温度较高的热空气将热量传给湿物料表面，大部分在此供水分汽化，还有一部分再由物料表面传至物料内部，这是一个热量传递过程，传热的方向是由气相到固相，热空气与湿物料的温差是传热的推动力；与此同时，由于物料表面水分受热汽化，使得水在物料内部与表面之间出现了浓度差，在此浓度差作用下，水分从物料内部扩散至表面并汽化，汽化后的蒸汽再通过湿物料与空气之间的气膜扩散到空气主体内，这是一个质量传递过程，传质的方向是由固相到气相，传质的推动力是物料表面的水汽分压与热空气中水汽分压之差。由此可见，对流干燥过程是一个传热和传质同时进行的过程，两者传递方向相反、相互制约、相互影响。因此，干燥过程进行的快慢与好坏，是由湿物料和热空气之间的传热、传质速率共同控制、决定的。

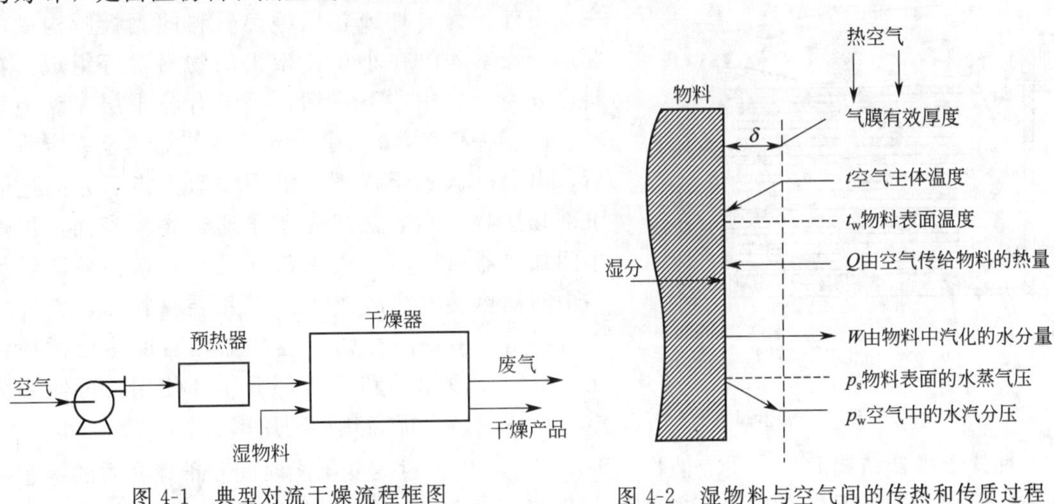

图 4-1　典型对流干燥流程框图

图 4-2　湿物料与空气间的传热和传质过程

二、常用的工业干燥设备

1. 工业干燥设备的要求

实现物料干燥过程的设备称为干燥器。由于物料的多样性，为了满足各种物料的干燥要求，干燥器的形式和干燥操作的组织也是多种多样的。为确保优化生产、提高效益，选用的干燥器一般都应具备如下特性。

（1）能满足生产的工艺要求　即达到规定的干燥程度；干燥均匀；保证产品具有一定的形状和大小等。由于不同物料的物理、化学性质以及外观形状等差异很大，对干燥设备的要求也就各不相同，干燥器必须根据物料的这些不同特征而确定不同的结构。

（2）生产能力要高　设备的生产能力取决于物料达到规定干燥程度所需的时间。干燥速率越快，所需的干燥时间越短，同样大小设备的生产能力越大。

(3) 热效率要高　在对流干燥中，提高热效率的主要途径是减少废气带走的热量。干燥器的结构应有利于气－固接触，有较大的传热和传质推动力，以提高热能的利用率。

(4) 干燥系统的流动阻力要小，以降低动力消耗。

(5) 操作控制方便，劳动条件良好，附属设备简单。

2. 工业干燥设备的分类

干燥器通常按照加热方式的不同进行分类，如表4-1所示。

表4-1　干燥器的分类

干燥器
- 对流干燥器——厢式干燥器、转筒干燥器、气流干燥器、流化床干燥器、喷雾干燥器等。
- 传导干燥器——滚筒式干燥器、耙式干燥器、间接加热干燥器。
- 辐射干燥器——红外线干燥器。
- 介电加热干燥器——微波干燥器。
- 冷冻干燥器——冻干机。

3. 常用的工业干燥器

(1) 厢式干燥器（盘式干燥器）　厢式干燥器又称盘式干燥器，一般将小型的称为烘箱，大型的称为烘房，它们是典型的常压间歇操作干燥设备，也是最古老的干燥器之一，目前仍广泛应用在工业生产中。根据物料的性质、状态和生产能力大小分为：水平气流厢式干燥器、穿流气流厢式干燥器、真空厢式干燥器、隧道（洞道）式干燥器、网带式干燥器等。

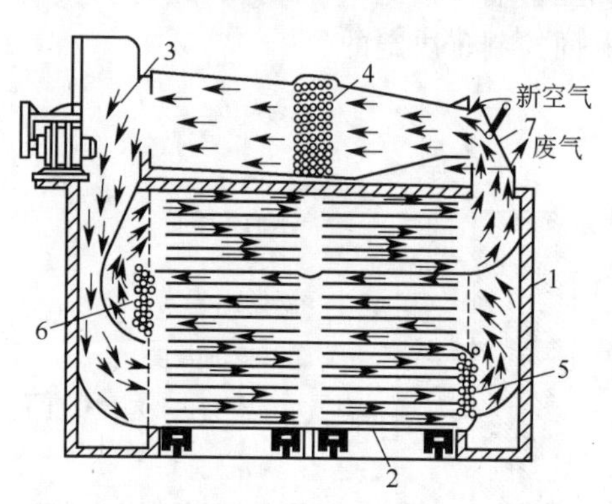

图4-3　厢式干燥器

1干燥室；2—小车；3—风机；4～6—加热器；7—蝶形阀

图4-3为水平气流厢式干燥器的结构示意图。它主要由外壁为砖坯或包以绝热材料的钢板所构成的厢形干燥室和放在小车支架上的物料盘等组成。物料盘分为上、中、下三组，每组有若干层，盘中物料层厚度一般为10～100mm。空气加热至一定程度后，由风机送入干燥器，沿图中箭头指示方向进入下部几层物料盘，热风是水平通过物料表面，再经中间加热器加热后进入中部几层物料盘，最后经另一中间加热器加热后进入上部几层物料盘，废气一部分排出，另一部分则经上部加热器加热后循环使用。空气分段加热和废气部分循环使用，可使厢内空气温度均匀，提高热量利用率。

厢式干燥器结构简单，适应性强，干燥程度可以通过改变干燥时间和干燥介质的状态来调节，但厢式干燥器具有物料不能翻动、干燥不均匀、装卸劳动强度大、操作条件差等缺点。可用于实验室或中试车间干燥小批量的粒状、片状、膏状、不允许粉碎和较贵重的物料。

(2) 气流干燥器　气流干燥是一种连续式高效固体流态化干燥方法。它把呈泥状、粉粒状或块状的湿料送入热气流中，与之并流，从而得到分散成粒状的干燥产品。目前，气流干燥器在化工、医药、染料以及塑料等工业中得到了广泛的应用。

气流干燥的基本流程如图4-4所示。它是利用高速流动的热空气，使物料悬浮于空气中，在气力输送状态下完成干燥过程。操作时，热空气由鼓风机经加热器加热后送入气流管下部，以20～40m/s的速度向上流动，湿物料由加料器加入，悬浮在高速气流中，并与热空气一起向上流动，由于物料与空气的接触非常充分，且两者都处于运动状态，因此，气固之间的传热和传质系数都很大，使物料中的水分很快被除去。被干燥后的物料和废气一起进入气流管出口处的旋风分离器，废气由分离器的升气管上部排出，干燥产品则由分离器的下部引出。气流干燥器有直管型、脉冲管型、倒锥型、套管型、环型和旋风型等。

气流干燥器具有结构简单、造价低、占地面积小、干燥时间短（通常不超过 5～10s）、操作稳定、便于实现连续化操作与自动化控制等优点。特别适合于热敏性物料的干燥。其缺点是气流阻力大，动力消耗多，设备太高（气流管通常在 10m 以上），产品易磨碎，旋风分离器负荷大。气流干燥器广泛用于化肥、塑料、制药、食品和染料等工业部门。

（3）流化床干燥器　流化床干燥器又称为沸腾床干燥器，是流态化技术在干燥领域的应用。图 4-5 为单层圆筒流化床干燥器，散粒状湿物料从加料口加入，热气体穿过流化床底部的多孔气体分布板，形成许多小气流射入物料层，当控制操作气速在一定范围时，颗粒物料即悬浮在上升的气流中，但又不被带走，料层呈现流化沸腾状态，料层内颗粒物料上下翻滚，彼此间相互碰撞，剧烈混合，从而大大强化了气、固两相间的传热传质过程，使物料得以干燥。干燥后的产品经床侧出料管卸出，废气从床层顶部排出并经旋风分离器分离出夹带的少量细微粉粒后，由引风机抽出排空。

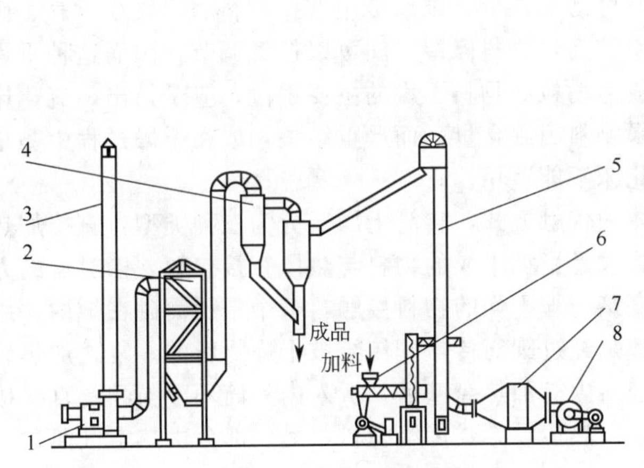

图 4-4　气流干燥流程示意图

1—抽风机；2—袋滤器；3—排气管；4—旋风分离器；5—干燥管；6—螺旋加料器；7—加热器；8—鼓风机

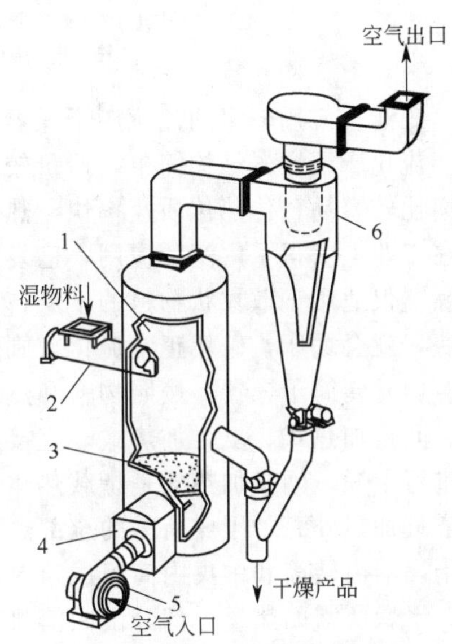

图 4-5　单层圆筒流化床干燥器

1—沸腾室；2—进料器；3—多孔分布板；4—加热器；5—风机；6—旋风分离器

图 4-6 为卧式多室流化床干燥器。干燥器为一长方形箱式流化床，底部为多孔筛板，筛板的开孔率一般为 4%～13%，孔径 1.5～2.0mm。筛板上方有竖向挡板，将流化床分隔成 8 个小室，每块挡板可上下移动，以调节其与筛板的间距。每一小室的下部，有一进气支管，支管上有调节气体流量的阀门。湿物料由摇摆颗粒机连续加料于干燥器的第 1 室内，由第 1 室逐渐向第 8 室移动。干燥后的物料由第 8 室卸料口卸出。而空气经过滤器到加热器加热后，分别从 8 个支管进入 8 个室的下部，通过多孔板进入干燥室，流化干燥物料。其废气由干燥器顶部排出，经旋风除尘器、袋式除尘器，由抽风机排到大气。卧式多室流化床干燥器对多种物料适应性较大。它较厢式干燥器占地面积小，生产能力大，热效率高，干燥后产品湿度也较均匀。同气流式干燥器比较，可调节物料在床层内的停留时间，易于操作控制，而且物料颗粒粉碎率较小，因此应用较为广泛。但它的热效率比多层流化床干燥器为低，特别是采用较高热风温度时更为明显。若在不同室调整进风量及风温，逐室降低风量、风温和

热风串联通过各室，可提高热效率。另外，物料过湿会在第1、2室内产生结块，需经常清扫。

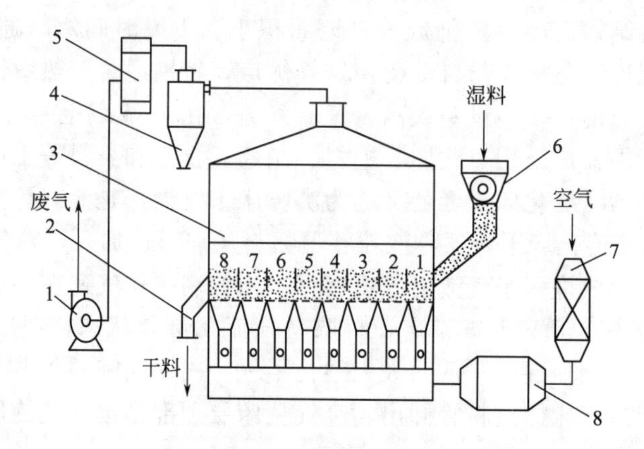

图 4-6 卧式多室流化床干燥器

1—抽风机；2—卸料管；3—干燥器；4—旋风除尘器；5—袋式除尘器；6—摇摆颗粒机；7—空气过滤器；8—加热器

工业上应用较多的流化床干燥器还有多层流化床干燥器、振动流化床干燥器等形式。

流化床干燥器结构简单，造价较低，可动部件少，维修费用低，物料磨损较小，气、固分离比较容易，传热传质速率快，热效率较高，物料停留时间可以任意调节，因而这种干燥器在工业上获得了广泛的应用，已发展成为粉粒状物料干燥的主要手段。应予指出，流化床干燥器仅适用于散粒状物料的干燥，如果物料因湿含量高而严重结块，或在干燥过程中黏结成块，就会塌床，破坏正常流化，则流化床不能适用。

(4) 转筒干燥器　按照物料和热载体的接触方式，转筒干燥器分为三种类型：直接加热式、间接加热式、复合加热式。直接加热式是指被干燥的物料与热风直接接触，以对流的方式进行干燥。间接加热式是指载热体不直接与被干燥的物料接触，整个干燥筒砌在炉内，用烟道气加热外壳，干燥所需的全部热量都是经过圆筒传热壁传给被干燥物料的。复式加热转筒干燥器由转筒和中央内筒组成，热风进入内筒加热筒壁后，折入内外筒环隙与物料直接接触。干燥所需的热量一部分由内筒热壁面以热传导方式传给物料，另一部分由热空气通过对流的方式直接传给物料。

图 4-7 所示的是用热空气直接加热的一逆流操作转筒干燥器，又称回转圆筒干燥器，俗称转窑。干燥器的主体为一倾斜角度为 0.5°～6°的横卧旋转圆筒，直径为 0.5～3m，长度几米到几十米不等。圆筒的全部重量支撑在托轮上，筒身被齿轮带动而回转，转速一

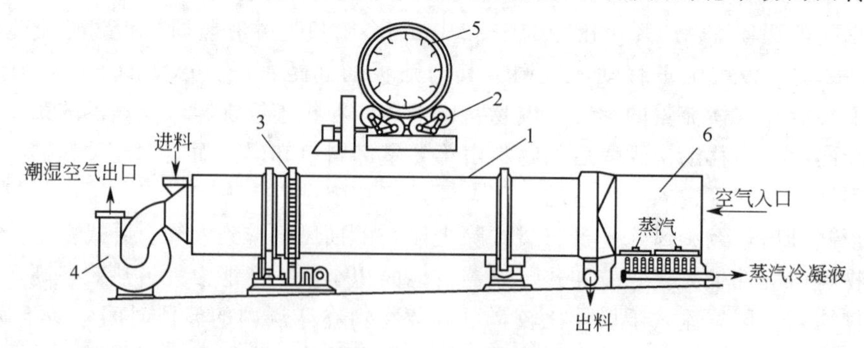

图 4-7 转筒干燥器

1—转筒；2—托轮；3—齿轮（齿圈）；4—风机；5—抄板；6—蒸汽加热器

般1～8r/min。物料从转筒高的一端进入，与低端进入的热空气逆流接触。物料在转筒的旋转过程中被壁面上的抄板不断抄起、撒落，使得物料与热空气充分接触，同时在撒落的过程中受重力和转筒倾斜角的作用，物料逐渐向低端运动，至低端时干燥完毕而排出。为防止物料在筒壁粘连，往往在转筒干燥器的外侧筒身错落安装有衡铁，随转筒的旋转自动击打筒体。

转筒干燥器的生产能力大，气体阻力小，操作方便，操作弹性大，可用于干燥粒状和块状物料。其缺点是钢材耗用量大，设备笨重，基建费用高。物料在干燥器内停留时间长，且物料颗粒之间的停留时间差异较大，不适合用于对湿度有严格要求的物料，主要用于干燥硫酸铵、硝酸铵、复合肥以及碳酸钙等物料。

(5) 喷雾干燥器　喷雾干燥器是干燥溶液、浆液或悬浮液的装置。其工作原理是先将液状物料通过雾化器喷成雾状细滴并分散于热气流中，使水分迅速汽化而获得微粒状干燥产品。由于料液被雾化成直径仅为30～60μm的细滴，其表面积增加了数千倍，因此，干燥时间很短，仅需5～30s。

喷雾干燥流程如图4-8所示，空气经预热器预热后通入干燥室的顶部，料液由送料泵压送至雾化器，经喷嘴喷成雾状而分散于热气流中，雾滴在向下运动的过程中得到干燥，干晶落入室底，由引风机吸至旋风分离器回收产品。废气经引风机抽出排空。

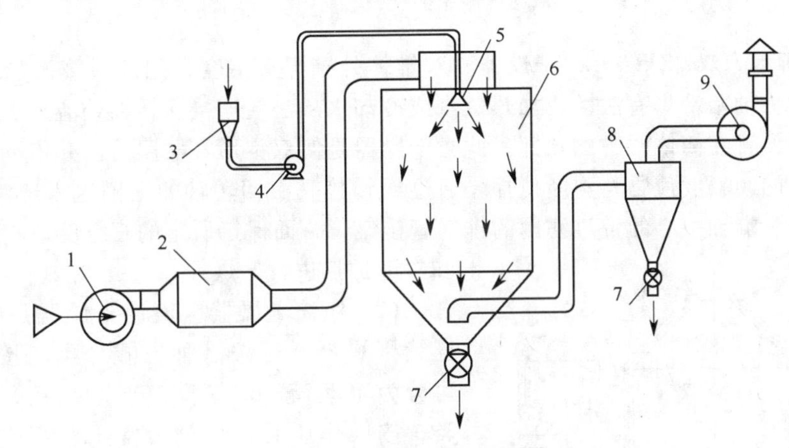

图4-8　喷雾干燥流程

1—送风机；2—预热器；3—料液槽；4—泵；5—雾化器；
6—干燥器筒体；7—卸料阀；8—分离器；9—引风机

将料液分散为雾滴的雾化器是喷雾干燥的关键部件，目前常用的有三种雾化器。

① 离心式雾化器　如图4-9(a) 所示，料液在高速转盘（圆周速度90～160m/s）中受离心力作用从盘边缘甩出而雾化。

② 压力式雾化器　如图4-9(b) 所示，用高压泵使液体获得高压，高压液体通过喷嘴将压力能转变为动能而高速喷出时分散为雾滴。

③ 气流式雾化器，如图4-9(c) 所示，采用压缩空气或蒸汽以很高的速度（≥300m/s）从喷嘴喷出，靠气液两相间的速度差所产生的摩擦力，使料液分裂为雾滴。

喷雾干燥器的优点是：干燥速率快，可以从料浆直接得到粉末产品；能够避免粉尘飞扬，改善了劳动条件；操作稳定，便于实现连续化和自动化生产。其缺点是设备庞大，能量消耗大，热效率较低。喷雾干燥器特别适合于干燥热敏性物料，如牛奶、蛋制品、血浆、洗衣粉、抗生素、酵母和染料等，已广泛应用于食品、医药、燃料、塑料及化学肥料等行业。

(6) 双锥回转真空干燥器　双锥回转真空干燥器的干燥室为双锥形，常用的结构形式有双斜锥回转真空干燥器和双锥回转真空干燥器。

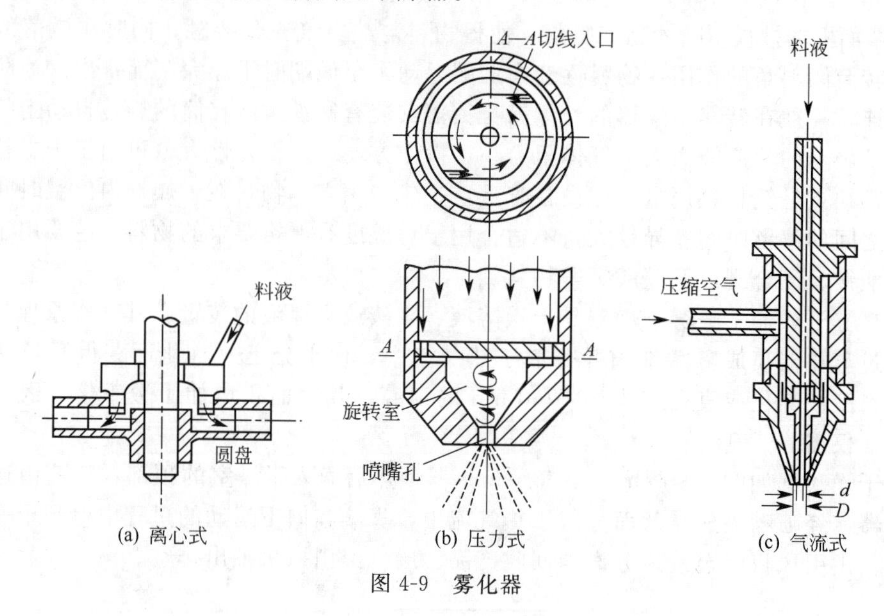

图 4-9 雾化器

图 4-10 所示为双锥回转真空干燥器，双锥体外壁焊有夹套，用以通蒸汽加热或通水冷却。双锥体对称轴两端焊有法兰，加热蒸汽或冷却水从法兰连接回转轴处流入、流出锥体夹套，进出料口设置在筒体圆锥的顶部。此类干燥器是使双锥形容器回转，并借助内部的提升器或锥体本身的倾斜度使物料不断搅拌，通过回转接头由回转轴的一侧送入蒸汽或载热体，并借助设于另一端轴中心的带过滤网的排气管排气，一面保持所定的真空度，一面利用间接和辐射加热进行干燥。

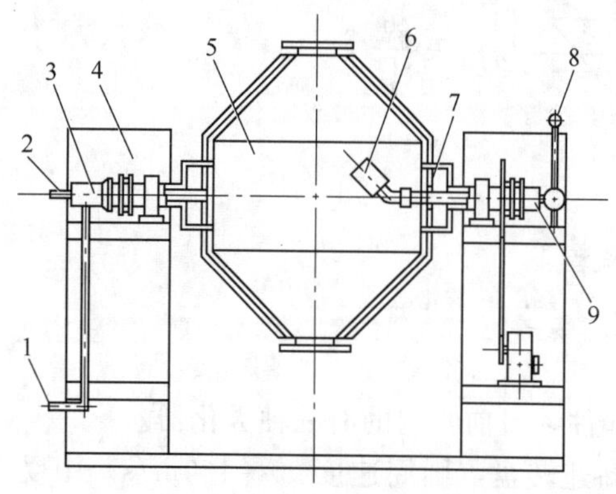

图 4-10 双锥回转真空干燥器

1—冷凝水或回流水；2—进热源；3，9—旋转接头；4—机架；5—罐体；6—真空过滤器；7—密封座；8—真空压强表

(7) 滚筒干燥器 滚筒干燥器是间接加热的连续干燥器。可按多种方式分类，按滚筒数量，可分为单滚筒、双滚筒（或对滚筒）、多滚筒三类；按操作压强，可分为常压和真空操作两类；按滚筒的布膜方式，又可分为浸液式、喷溅式、对滚筒间隙调节式和铺辊式等类型。一般单滚筒和双滚筒适用于流动性物料的干燥，如溶液、悬浮液、膏糊状物料等，而多滚筒则适用于薄层物料如纸、织物等的干燥，不适用于含水量过低的热敏性物料的干燥。

图 4-11 所示为双滚筒干燥器，滚筒为中空的金属圆筒。干燥时，两滚筒以相反方向旋转，部分表面浸在料槽中，从料槽中转出来的那部分表面沾上了厚度为 0.3～5mm 的薄层料浆。加热蒸汽通入滚筒内部，通过筒壁的热传导，使物料中的水分蒸发，水汽与夹带的粉尘由滚筒上方的排气罩排出。滚筒转动一周，物料即被干燥，被滚筒壁上的刮刀刮下，经螺旋输送器送出。

滚筒干燥器属于传导干燥器，热效率较高，一般可达 70%～90%，与喷雾干燥器相比，具有动能消耗低，投资少、维修费用省，干燥温度和时间容易调节等优点，但在生产能力、劳动强度和条件等方面则不如喷雾干燥器。

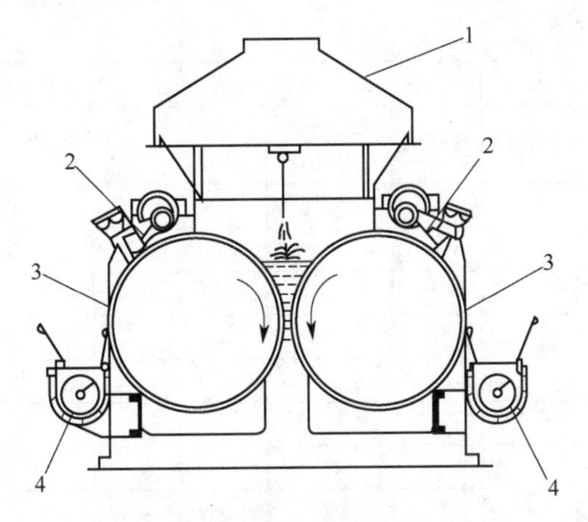

图 4-11　中央进料的双滚筒干燥器

1—排气罩；2—刮刀；3—蒸汽加热滚筒；4—螺旋输送器

任务实施

一、资讯

在教师的指导与帮助下学生解读工作任务要求，了解工作任务的相关工作情境和背景知识，明确工作任务中的核心信息与要点。

二、决策、计划与实施

根据工作任务要求和不同产品的生产特点初步确定干燥方法及干燥设备类型；通过分组讨论和学习，进一步了解所确定干燥设备的结构特点、干燥工艺流程，确定工作方案。

具体工作时，可分别根据聚氯乙烯和卡托普利生产工艺特点，首先确定相应的干燥方式，并了解常见干燥器的大致结构、工作原理、相关适用条件，从需要干燥物料形态、物料性质、加热方式、操作压强和操作温度等方面综合考虑选择相应的干燥设备［如聚氯乙烯可采用气流干燥器或流化床干燥器（最常用），卡托普利因其热敏性可选择双锥回转真空干燥器等真空干燥器］；其次了解相关干燥器的通常安装工艺流程，完成初步方案的确定。

在选择干燥器时，通常需考虑如下因素。

(1) 物料的形态　选择干燥器的最初方式是以原料为基础的，如在处理液态物料时所选择的设备通常限于喷雾干燥器、转鼓干燥器（常压或真空）、搅拌间歇真空干燥器等。表 4-2 给出了干燥器适应的原料类型，供选择时参考。

表 4-2　以原料形态选择干燥器

干燥器	液态		滤饼			可自由流动的物料					成型物件
	溶液	糊状物	膏状物	离心分离滤饼	过滤滤饼	粉	颗粒	易碎结晶	片料	纤维	
对流型											
带式干燥器							√	√	√	√	√
闪急干燥器				√	√	√	√			√	
流化床干燥器	√	√		√	√	√	√		√		

续表

干燥器	液态		滤饼			可自由流动的物料					成型物件
	溶液	糊状物	膏状物	离心分离滤饼	过滤滤饼	粉	颗粒	易碎结晶	片料	纤维	
转筒干燥器				√	√	√	√		√	√	
喷雾干燥器	√	√	√								
托盘干燥器（间歇）				√	√	√	√	√	√	√	√
托盘干燥器（连续）				√	√	√	√	√	√	√	
传导型											
转鼓干燥器	√	√	√								
蒸汽夹套转筒干燥器				√	√	√	√		√	√	
蒸汽管转筒干燥器				√	√	√	√		√	√	
托盘干燥器（间歇）				√	√	√	√	√	√	√	
托盘干燥器（连续）				√	√	√	√	√	√	√	

(2) 物料的性质　物料的性质主要有热敏性、含水量、水分结合方式及黏附性。物料的热敏性决定了干燥过程中物料的温度上限，但物料承受温度的能力还与干燥时间的长短有关。通常情况下，热敏性物料宜采用快速干燥，如气流干燥、喷雾干燥及沸腾干燥等。

对于吸湿性物料或临界含水量很高的物料，应选择干燥时间长的干燥器，如间接加热转筒干燥器；而对临界含水量很低的物料干燥，应选择干燥时间很短的干燥器，例如气流干燥器等。具体可参照表 4-3 的对流和传导干燥器中物料的停留时间来选择合适的干燥器。

表 4-3　对流和传导传热干燥器中物料的停留时间

干燥器	在干燥器内典型的停留时间				
	0～10s	10～30s	5～10min	10～60min	1～6h
对流型					
带式干燥器				√	
闪急干燥器	√				
流化床干燥器				√	
转筒干燥器				√	
喷雾干燥器		√			
托盘干燥器（间歇）					√
托盘干燥器（连续）				√	
传导型					
转鼓干燥器		√			
蒸汽夹套转筒干燥器				√	
蒸汽管转筒干燥器				√	
托盘干燥器（间歇）					√
托盘干燥器（连续）					√

物料的黏附性也影响到干燥器的选择，它关系到干燥器内物料的流动以及传热与传质的进行，应充分了解物料从湿状态到干燥状态黏附性的变化，以便选择合适的干燥器。

(3) 物料的加热方式　不同的干燥器有不同的加热方式，其适应的干燥对象也不同。对流加热是干燥颗粒、糊状或膏状物料最通用的方式；传导加热干燥器更适用于薄层物料或很湿的物料；而辐射加热通常用于干燥高价值产品或湿度场的最终调整。

(4) 操作压强和操作温度　大多数干燥器在接近大气压时操作，微弱的正压可避免外界向内部泄漏；当不允许向外界泄漏时则采用微负压操作；而真空操作费用昂贵，仅仅当物料必须在低温、无氧以及在中温或高温产生异味和在溶剂回收、起火、有致毒危险的情况下才推荐采用。

一般而言，高温操作对干燥更为有效，因为对于给定的蒸发量可采用较低的气体流量和较小的设备；在可获得低温热能或可从太阳能收集获得热能以及处理热敏性物料时可选择低温操作，但这些干燥器的尺寸往往较大；而真空冷冻干燥，虽然真空操作费用昂贵（如咖啡的冷冻干燥价格为喷雾干燥的2～3倍），但产品质量和香味保存得更好。

(5) 干燥中物料的处理方法　被干燥物料的处理方法对干燥器的选择也是关键因素之一，在某些情况下物料需经预处理或预成型，以使其适宜在某种特殊干燥器中干燥。例如，重新加水使滤饼成糊状可泵送去雾化或喷雾干燥，或造粒后在流化床中干燥，见表4-4。

表4-4　以物料的处理方法选择干燥器

方　法	典型的干燥器	典型的物料
物料不运送	托盘干燥器	各种膏状物料、颗粒物料
物料因重力而降落	转筒干燥器	可流动的颗粒物料
物料由机械运送	螺旋输送干燥器、桨叶式干燥器	糊状物、膏状物
在小车上运送物料	隧道干燥器	各种物料
形成幅状的物料，贴在滚筒上	转鼓干燥器	纸、织物、浆
在输送带上运送物料	带式干燥器	各种固体物料（颗粒状物料、谷物）
物料悬浮在空气中	流化床、闪急干燥器	可流动的颗粒
在空气中雾化的糊状物或溶液	喷雾干燥器	牛奶、咖啡等

(6) 选择干燥器前的试验　在选择合适干燥器前应根据原料和产品要求（如原料预脱水情况、化学性质，干产品的规格与性质等）进行针对性的试验，以获得合理的工艺流程参数及其他相关的干燥数据资料。

(7) 干燥产品的特定质量要求　干燥食品、药品等不能受污染的物料，所用干燥介质必须纯净，或采用间接加热方式干燥。有的产品不仅要求有一定的几何形状，而且要求有良好的外观，这些物料在干燥过程中，若干燥速度太快，可能会使产品表面硬化或严重收缩发皱，直接影响到产品的价值，因此，应确定适宜的干燥条件，选择适当的干燥器，缓和其干燥速度。对于易氧化的物料，可考虑采用间接加热的干燥器。

(8) 能源价格、安全操作和环境因素　逐渐上升的能源价格、防止污染、改善工作条件和安全性方面日益严格的立法，对设计和选择工业干燥器具有直接的作用。

选择干燥器时，在满足干燥的基本要求前提下，尽量选择热效率高的干燥器；而对某一给定的干燥系统，从节能的角度可以考虑气体再循环或封闭循环操作、多级干燥、排气的充分燃烧等。

干燥装置因尘埃和气体的排放而造成空气污染，有时甚至洁净的水蒸气雾流也会造成污染。因而，有害气体应采用吸收、吸附或焚烧等办法去除；排气中颗粒含量过高应采用高效收尘装置或采用多级除尘。如旋风分离器、袋式过滤器和静电除尘器通常用于颗粒收集和浆状、片状物料干燥的气体净化。

最后，必须考虑噪声问题。根据噪声要求的严格性，防噪设施的价格有时可达总系统价格的20%。通常风机是主要的噪声源，此外，如泵、变速箱、压缩机、雾化设备、燃烧器及混合器也都会产生噪声。

三、检查

教师可通过检查各小组的工作方案与听取小组研讨汇报，及时掌握学生的工作进展，适

时地归纳讲解相关知识与理论，并提出建议与意见。

四、实施与评估

学生在教师的检查指点下继续修订与完善项目实施初步方案，并最终完成初步方案的编制。教师对各小组完成情况进行检查与评估，及时进行点评、归纳与总结。

任务二 干燥工艺条件的确定

工作任务要求

通过本任务的实施，应满足如下工作要求：

1. 确定预热器进出口、干燥器进出口等处湿空气的性质参数；
2. 估算干燥过程中蒸发水分量；
3. 估算原始空气消耗量，确定对流干燥器风机风量，并依此初选干燥器风机尺寸；
4. 估算空气预热器热负荷并初估干燥器热效率和干燥所需时间。

技术理论与必备知识

一、湿空气的性质与湿度图

（一）湿空气的性质

用空气干燥固体物料时，由于空气含有一定的水分，因此，作为干燥介质的空气实际上是湿空气，即是干空气与水蒸气的混合物。湿空气中的含水量对干燥产生直接影响。所以，研究干燥操作过程，必须要研究湿空气的性质及其含水量。

1. 湿空气的绝对湿度 H

绝对湿度简称湿度或湿含量，是指湿空气中单位质量绝干空气所带有的水蒸气的质量。以 H 表示，其单位为 kg 水/kg 干空气。即：

$$H=\frac{\text{湿空气中水蒸气的质量}}{\text{湿空气中绝干空气的质量}}=\frac{M_v n_v}{M_g n_g}=\frac{18n_v}{29n_g} \tag{4-1}$$

式中 M_v，M_g——湿空气中水蒸气和绝干空气的相对分子质量（$M_v=18$、$M_g=29$）；

n_v，n_g——湿空气中水蒸气和绝干空气的物质的量，kmol。

在干燥操作中，一般操作压强较低，湿空气可视为理想气体，由分压定律可知，理想气体混合物中各组分的摩尔比等于其分压比，故式（4-1）可表示为：

$$H=\frac{18}{29}\times\frac{p_v}{p-p_v}=0.622\,\frac{p_v}{p-p_v} \tag{4-2}$$

式中 p——湿空气的总压，Pa；

p_v——湿空气中水蒸气的分压，Pa 。

由式（4-2）可知，湿空气的湿度与总压及其中的水蒸气分压有关，当总压一定时，则空气的湿度由其水蒸气分压决定。

如果湿空气中水蒸气分压与同温度下的饱和蒸气压相等，则表明湿空气呈饱和状态，此时的湿度称为饱和湿度，用 H_s 表示。

$$H_s = 0.622\frac{p_s}{p - p_s} \tag{4-3}$$

式中　H_s——湿空气的饱和湿度，kg 水/kg 干空气；

p_s——在湿空气的温度下，纯水的饱和蒸气压，Pa。

2. 湿空气的相对湿度

空气的相对湿度是指在一定温度和总压下，湿空气中的水蒸气分压与同温度饱和水蒸气分压的比值或百分数，用符号 φ 表示：

$$\varphi = \frac{p_v}{p_s} \times 100\% \tag{4-4}$$

由上式可知：当 $p_v = 0$ 时，$\varphi = 0$，表明该空气为绝干空气，吸水能力最大；当 $p_v = p_s$ 时，$\varphi = 100\%$，表示湿空气中的水蒸气含量已达饱和，该湿空气已失去了吸水能力。可见，相对湿度表明了空气吸湿能力，φ 值越大，该湿空气越接近饱和，其吸湿能力就越差；反之，φ 值越小，该湿空气的吸湿能力就越强。

由式（4-2）和式（4-4）可得：

$$H = 0.622\frac{\varphi p_s}{P - p_s} \tag{4-5}$$

式（4-5）表明，当总压一定时，湿空气的湿度 H 随空气的相对湿度 φ 和空气的温度 t 而变。

3. 湿空气的比体积

1kg 干空气及其所带 H（kg）水汽的总体积称为湿空气的比体积或湿容积，用符号 v_H 表示，单位为 m^3/kg（干空气）。

常压下，干空气在温度为 t℃时比体积（v_g）为：

$$v_g = \frac{22.4}{28.96} \times \frac{t + 273}{273} = 0.773\frac{t + 273}{273}$$

常压下，水汽在温度为 t℃时的比体积（v_v）为：

$$v_v = \frac{22.4}{18} \times \frac{t + 273}{273} = 1.244\frac{t + 273}{273}$$

根据湿空气比容的定义，其计算式应为：

$$v_H = v_g + Hv_v = (0.773 + 1.244H)\frac{t + 273}{273} \tag{4-6}$$

由式（4-6）可知，湿空气的比体积与湿空气温度及湿度有关，温度越高，湿度越大，比体积越大。

4. 湿空气的比热容

常压下，将 1kg 干空气和所含有的 H（kg）水汽的温度升高 1K 所需要的热量，称为湿空气的比热容，简称湿热，用符号 c_H 表示，单位为 kJ/(kg 干气・K)。

若以 c_g、c_v 分别表示干空气和水汽的比热容，根据湿空气比热容的定义，其计算式为：

$$c_H = c_g + Hc_v$$

工程计算中，常取 $c_g = 1.01$kJ/(kg・K)，$c_v = 1.88$kJ/(kg・K)，代入上式，得：

$$c_H = 1.01 + 1.88H \tag{4-7}$$

由式（4-7）可知，湿空气的比热容仅与湿度有关。

5. 湿空气的比焓

1kg 干空气的焓和其所含有的 H(kg) 水汽共同具有的焓，称为湿空气的比焓，简称为湿焓。用符号 I_H表示，单位为 kJ/kg 干气。

若以 I_g、I_v分别表示干气和水汽的比焓，根据湿空气的焓的定义，其计算式为：

$$I_H = I_g + I_v H$$

在工程计算中，常以干气及水（液态）在 0℃时的焓等于零为基准，且水在 0℃时的汽化潜热 $r_0 = 2490$kJ/(kg·K)，则：$I_g = c_g t = 1.01t$，$I_v = c_v t + r_0 = 1.88t + 2490$，代入上式，整理得：

$$I_H = (1.01 + 1.88H)t + 2490H = c_H t + 2490H \tag{4-8}$$

由式（4-8）可知，湿空气的焓与其温度和湿度有关，温度越高，湿度越大，焓值越大。

6. 空气的干球温度和湿球温度

干球温度是空气的真实温度，即用普通温度计的感温球露在空气中，所测出的湿空气的温度，为了与湿球温度加以区别，称这种真实温度为干球温度，简称温度，用 t 表示。

湿球温度是将温度计的感温球用纱布包裹，纱布用水保持湿润（见图 4-12），这样的温度计称为湿球温度计，它在空气中所达到的平衡或稳定的温度称为空气的湿球温度，用符号 t_w表示。

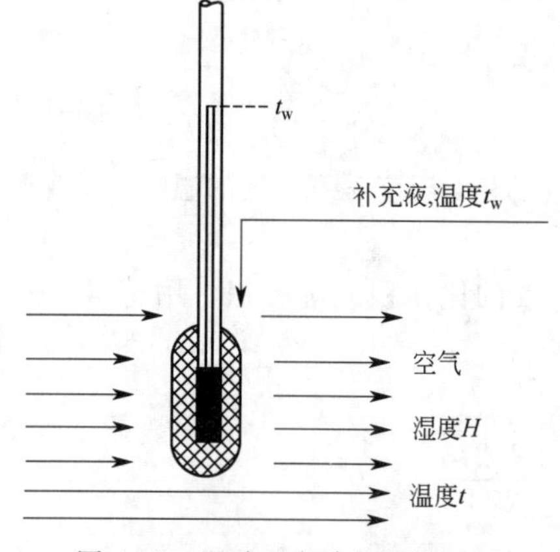

图 4-12　湿球温度计的测量原理

测定空气湿球温度的机理如下：设有大量的不饱和空气，其温度为 t，水汽分压为 p，湿度为 H。该空气以高速（通常气速＞5m/s，以减少辐射和热传导的影响）通过湿球温度计的湿纱布表面。假设开始时湿纱布水分的初温与空气温度相同，由于空气是不饱和的，必然会发生湿纱布中的水分汽化并向空气流中扩散的过程。同时，由于空气和水分间没有温度差，因此，水分汽化所需的潜热不可能来自空气，只能取自水分本身，从而使水的温度下降。当水温低于空气的干球温度时，热量则由空气传向纱布中的水分，其传热速率随着两者温差增大而增大，当由空气传入纱布的传热速率恰好等于自纱布表面汽化水分所需的传热速率时，则两者达到平衡状态，湿纱布中的水温即保持恒定。此时湿球温度计所指示的平衡温度称为该空气的湿球温度。因湿空气的流量大，故自湿纱布表面向空气汽化的水分量对湿空气的湿度影响很小，可以忽略不计。同理，因湿空气是大量的，纱布中少部分水汽化所需的热量，对湿空气的温度影响也很小，通常可认为湿空气的 t 和 H 均不发生变化。应当指出：湿球温度实际上是湿纱布中水分的温度，而并不代表空气的真实温度，只是表明空气状态和性质的一种参数。湿球温度由空气的干球温度和相对湿度所决定。对一定干球温度的空气，空气的湿度越低，则水分从湿纱布表面汽化到空气中的速率越快，汽化时吸取湿纱布中的热量越大，湿球温度就越低。反之，空气的湿度越大，则湿球温度越接近干球温度。通常不饱和空气的湿球温度总是低于其干球温度，当空气达饱和时（即相对湿度为 100%时），湿球温度才与干球温度相等。所以，人们常常根据干、湿球温度差来测定空气的湿度。

在干燥过程中，对于表面保持湿润的湿物料，其表面温度即可看作空气的湿球温度。空气与湿物料表面的传热温度差为干湿球温度的差值。

7. 露点

使不饱和的湿空气在总压和湿度不变的情况下冷却降温达到饱和状态时的温度称为该湿空气的露点，用符号 t_d 表示，单位为℃或 K。处于露点温度的湿空气的相对湿度 φ 为 100%，即湿空气中的水汽分压 p_v 等于饱和蒸气压 p_s，由式（4-2）可得：

$$p_s = \frac{Hp}{0.622 + H} \tag{4-9}$$

由式（4-9）可知，在总压一定时，湿空气的露点只与其湿度有关。在确定露点温度时，只需将湿空气的总压 p 和湿度 H 代入式（4-9），求得 p_s，然后通过饱和水蒸气表查出对应的温度，即为该湿空气的露点 t_d。

湿空气在露点温度时的湿度为饱和湿度，其数值等于未冷却前原空气的湿度，若将已达到露点的湿空气继续冷却，则会有水珠凝结析出，湿空气中的湿含量开始减少。冷却停止后，每千克干气析出的水分量等于湿空气原来的湿度与终温下的饱和湿度之差。

8. 绝热饱和温度

图 4-13 所示为一绝热饱和器，设有温度为 t、湿度为 H 的不饱和空气在绝热饱和器内与大量的水密切接触，水用泵循环，若设备保温良好，则热量只是在气、液两相之间传递，而对周围环境是绝热的。这时可认为水温完全均匀，故水在空气中汽化时所需的潜热，只能取自空气中的显热，这样，空气的温度下降，而湿度增加，即空气失去显热，而水汽将此部分热量以潜热的形式带回空气中，故空气的焓值可视为不变（忽略水汽的显热），这一过程为空气的绝热降温增湿过程，也称等焓过程。

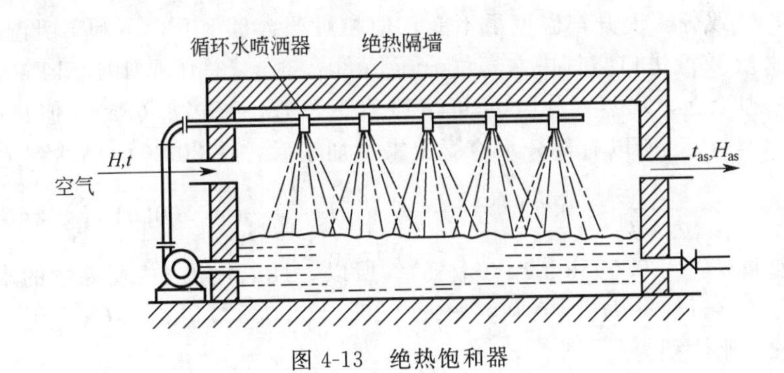

图 4-13 绝热饱和器

绝热增湿过程进行到空气被水汽所饱和，则空气的温度不再下降，且等于循环水的温度，此时该空气的温度称为绝热饱和温度，用符号 t_{as} 表示。

绝热饱和温度 t_{as}、湿球温度 t_w 是两个完全不同的概念，但是两者都是湿空气 t 和 H 的函数。特别是对于空气－水蒸气系统，两者在数值上近似地相等，给干燥的计算带来一定的方便。在计算空气湿度 H 时，可先测定湿球温度 t_w，利用 $t_{as} = t_w$，就可以根据空气的温度 t 和绝热饱和温度 t_{as}，从空气的湿度图中，很快查得空气的湿度 H。

从以上的讨论可以看出，表示空气性质的三个温度，即干球温度 t、湿球温度 t_w（或绝热饱和温度 t_{as}）和露点 t_d 之间，存在如下关系：对于不饱和的湿空气，有 $t > t_w = t_{as} > t_d$，而对于已达到饱和的湿空气，则有：$t = t_w = t_{as} = t_d$。

例 4-1 空气在 277K 和 101.3×10^3 Pa 下的湿度是 0.005kg/kg（干气），试计算：（1）相对湿度 φ_1；（2）比体积；（3）温度升高到 303K 时，空气的相对湿度 φ_2；（4）总压提高到 114.6×10^3 Pa，温度仍是 303K 时空气的相对湿度 φ_3；（5）总压提高到 1013kPa、湿

度仍是 303K 时，$1m^3$湿空气所冷凝出来的水分量。

解 (1) 相对湿度 φ_1 查附录饱和水蒸气表，在 277K 时，$p_s = 813.3Pa$，有：

$$H_1 = 0.622 \times \frac{p_v}{p - p_v} = 0.005 \ [\text{kg/kg(干气)}]$$

解出：$p_v = 807.8Pa$。所以，相对湿度：

$$\varphi_1 = \frac{p_v}{p_s} = \frac{807.8}{813.3} = 0.993 = 99.3\%$$

(2) 湿空气的比体积　由式 (4-6) 得：

$$v_H = (0.773 + 1.244 \times 0.005) \times \frac{277}{273} = 0.7906 \ [\text{m}^3\text{(湿气)/kg(干气)}]$$

(3) 相对湿度 φ_2　303K 时，查附录，得水的饱和蒸气压 $p_s = 4241Pa$，所以，相对湿度：

$$\varphi_2 = \frac{p_v}{p_s} = \frac{807.8}{4241} = 0.190 = 19\%$$

即温度上升，空气相对湿含量下降，吸湿能力上升。

(4) 相对湿度 φ_3　如果总压提高到 $114.6 \times 10^3 Pa$，温度仍是 303K，湿度不变，有：

$$H_3 = 0.622 \times \frac{p_v}{p - p_v} = 0.622 \times \frac{p_v}{114.6 \times 10^3 - p_v} = 0.005$$

解得：$p_v = 913.87Pa$。所以，相对湿度 φ_3 为：

$$\varphi_3 = \frac{p_v}{p_s} = \frac{913.87}{4241} = 0.215 = 21.5\%$$

总压增大，导致分压上升，温度虽不变，但相对湿含量上升，不利于吸湿。

(5) 除去水量 W　进口空气中水蒸气分压是 807.8Pa（总压是 101.3kPa），空气总压提高到 1013kPa，理论上，水蒸气分压 p_v 可达到 $10 \times 807.8 = 8078$ (Pa)，但只能是饱和蒸气压（303K 时）4241Pa，所以有部分水冷凝出来。加压后，在 303K 时已达到饱和，所以：

$$H_2 = 0.622 \times \frac{p_v}{p - p_v} = 0.622 \times \frac{4241}{1013 \times 10^3 - 4241} = 0.00261 \ [\text{kg/kg(干气)}]$$

加压前的湿度 $H_1 = 0.005$kg/kg（干气）。所以，1kg 干空气中所除去的水分是：

$$\Delta H = H_1 - H_2 = 0.005 - 0.00261 = 0.00239 \ [\text{kg/kg(干气)}]$$

在 303K 时，比体积为

$$v_H = (0.773 + 1.244 \times 0.005) \times \frac{303}{273} = 0.865 \ [\text{m}^3\text{(湿气)/kg(干气)}]$$

所以，$1m^3$、303K 时的湿空气中干空气质量为：

$$m_{干气} = 1/v_H = 1/0.865 = 1.156 \ [\text{kg(干气)}]$$

所以，除去水分量：

$$W = 0.00239 \times 1.156 = 0.00276 \text{(kg)}$$

可以看出，加压是不利于干燥的，但有利于冷凝。

（二）湿空气的湿度图

1. 湿度图

用前述公式计算湿空气的性质比较烦琐，为此将空气的参数间的函数关系绘成曲线图，利用曲线图，就可迅速查出空气的其他参数。常用的图有湿度-焓（H-I）图、温度-湿度（t-H）图等，本项目介绍 H-I 图。

图 4-14 为常压下湿空气的 H-I 图，为使各关系曲线分散开，采用两坐标夹角为 135°的

坐标图，以提高读数的准确性。同时为了便于读数及节省图的幅面，将斜轴（图中没有将斜轴全部画出）上的数值投影到辅助水平轴上。图 4-14 是按总压为常压（即 1.0133×10^5 Pa）制得的，若系统总压偏离常压较远，则不能应用此图。

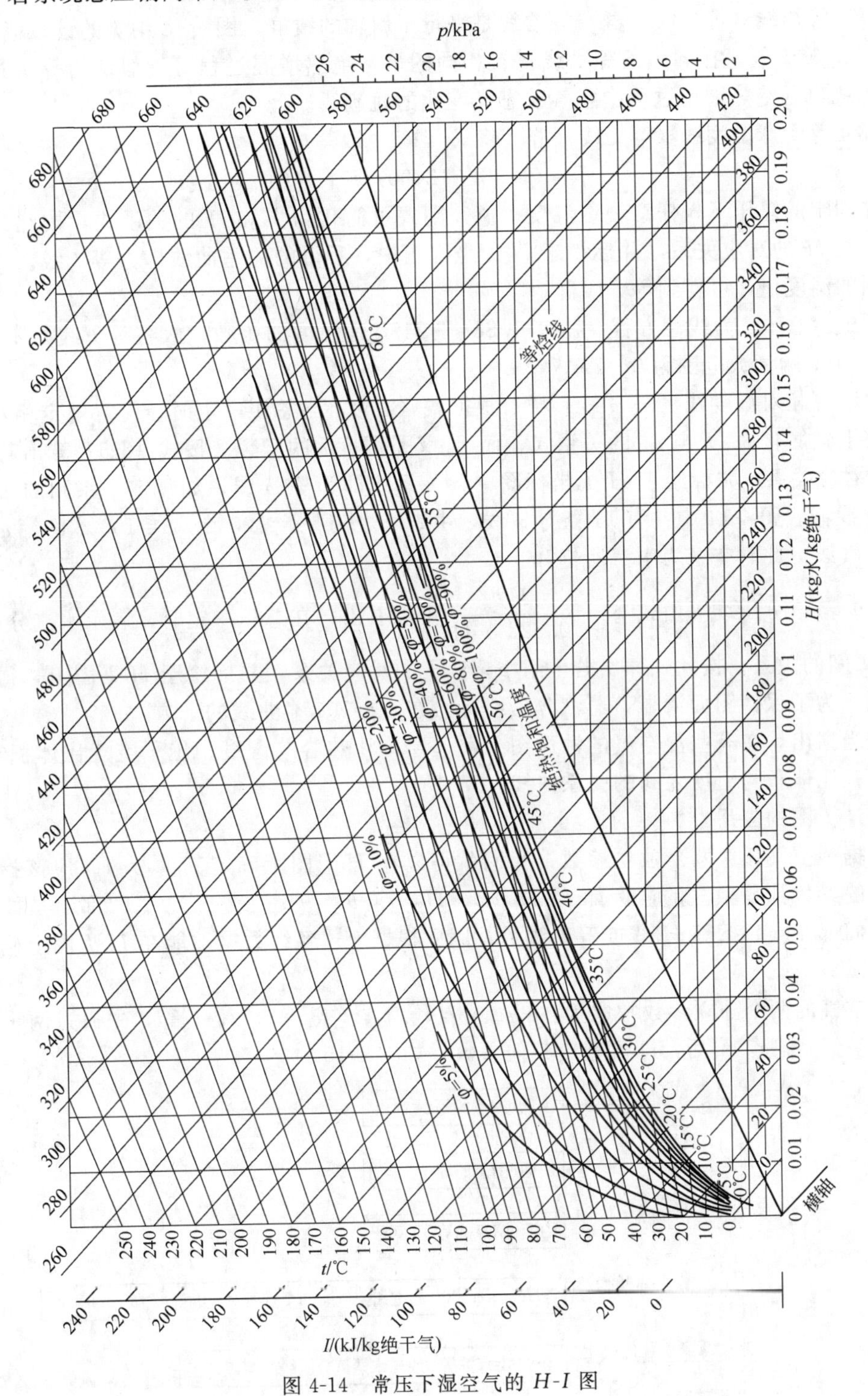

图 4-14　常压下湿空气的 H-I 图

湿空气的 H-I 图由下列线群组成。

(1) 等湿度线（等 H 线）群　等湿度线是平行于纵轴的线群，图 4-14 中 H 的读数范围为 0～0.20kg 水/kg 绝干气。在同一条等 H 线上不同点所代表的湿空气的状态不同，但具有相同的湿度。

(2) 等焓线（等 I 线）群　等焓线是平行于斜轴的线群，图 4-14 中 I 的读数范围为 0～680kJ/kg 绝干气。在同一条等 I 线上有相同的焓，绝热增湿过程可近似认为等 I 过程，所以等 I 线也是绝热增湿过程中空气状态点变化的轨迹线。

(3) 等干球温度线（等 t 线）群　将式（4-8）改写成：

$$I=(1.88t+2490)H+1.01t \tag{4-10}$$

在固定的总压下，任意规定温度 t 值，则式可简化为 I 和 H 的关系式，按此式算出若干组 I 与 H 的对应关系，并标绘于 H-I 坐标图中，所得的关系曲线即为等 t 线。因此规定一系列的温度值，可得到等 t 线群。

因式（4-10）为线性方程，斜率 $1.88t+2490$ 是温度的函数，故各等 t 线是不平行的。图 4-14 中 t 的读数范围为 0～250℃。

(4) 等相对湿度线（等 φ 线）群　根据式（4-5），当总压一定时，任意规定相对湿度 φ 值，将上式简化为 H 与 p_s 的关系式，而 p_s 又是温度 t 的函数。按式（4-5）算出若干组 H 与 t 的对应关系，并标绘于 H-I 坐标图中，关系线即为等 φ 线，如规定一系列的 φ 值，可得等 φ 线群。图 4-14 中共有 11 条等 φ 线，由 $\varphi=5\%$ 到 $\varphi=100\%$ 。$\varphi=100\%$ 的等 φ 线称为饱和空气线，此时空气为水汽所饱和。

(5) 蒸汽分压线　由式 $p_v=\dfrac{Hp}{0.622+H}$ 可以看出，在总压一定时，表示水汽分压 p_v 与湿度 H 间的关系，按此式算出若干组 p_v 与 H 的对应关系，并标绘于 H-I 图上，得到整齐分压线。为了保持图面清晰，蒸汽分压线标绘在 $\varphi=100\%$ 曲线的下方。

应当指出，在有些湿空气的性质图上，还绘出比热容与湿度、绝干空气比体积与温度、饱和空气比体积与温度之间的关系曲线。

2. *H*-*I* 图的应用

根据湿空气任意两个独立参数，我们就可以在 H-I 图上确定其他参数。应该指出，并非所有的参数都是独立的，例如 t_d-H，p_v-H，t_d-p_v，t_{as}（或 t_w）-I 间都不是彼此独立的，它们都在同一条等 H 线或等 I 线上，因此根据上述各组数据不能在 H-I 图上确定空气状态点。

湿空气的两个独立参数常取为：t-φ、t-H、t-t_{as}（或 t_w）、t_d-I 等，先通过两个独立参数确定空气状态点 A 后，即可查出其他参数，如图 4-15。

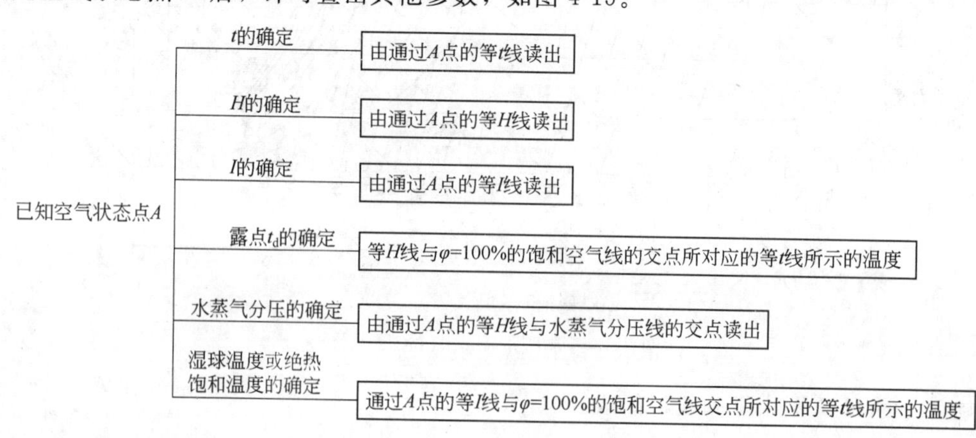

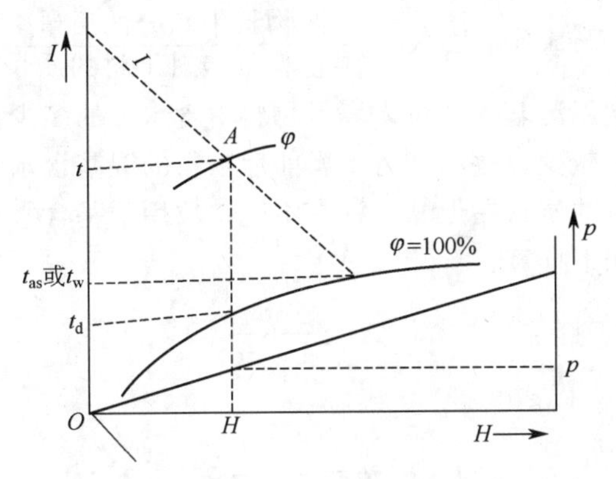

图 4-15　H-I 图的应用

干球温度 t、露点 t_d 和湿球温度 t_w（或绝热饱和温度 t_{as}）都是由等 t 线确定的。露点是在湿空气湿度 H 不变的条件下冷却至饱和时的温度，因此，通过等 H 线与 $\varphi=100\%$ 的饱和湿度线交点所对应的等 t 线温度即为露点，如图 4-15 所示。

对水蒸气-空气系统，湿球温度 t_w 与绝热饱和温度 t_{as} 近似相等，因此由通过空气状态点（图 4-15 中的 A 点）的等 I 线与 $\varphi=100\%$ 的饱和湿度线交点的等 t 线温度即为 t_w 或 t_{as}。

由湿空气状态点 A 查空气其他参数的方法如图 4-16 所示。若已知湿空气的一对参数各为 t-t_{as}（或 t_w），t-t_d，t-φ，这三种条件下湿空气的状态点 A 的确定方法分别示于图 4-16（a）、（b）、（c）中。

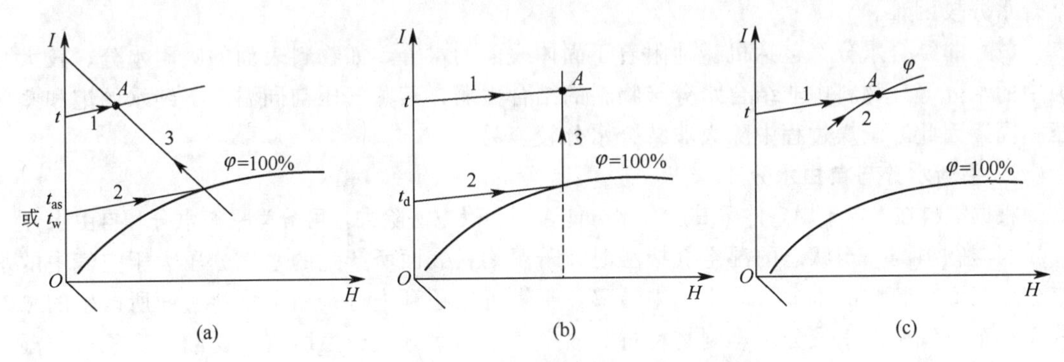

图 4-16　在 H-I 图中确定湿空气的状态点

二、干燥过程的物料衡算

（一）物料含水量的表示方法

在干燥过程中，物料的含水量通常用湿基含水量或干基含水量表示。

1. 湿基含水量

即以湿物料为计算基准时物料中水分的质量分数，用符号 w 表示。

$$\text{湿基含水量}\ w=\frac{\text{湿物料中水分的质量}}{\text{湿物料的总质量}}\times 100\%$$

2. 干基含水量

不含水分的物料通常称为绝对干物料或称干料。以绝对干物料为基准时，湿物料中含水量称为干基含水量，亦即湿物料中水分质量与绝对干料的质量之比，用符号 X 表示，即

$$干基含水量\ X=\frac{湿物料中水分的质量}{湿物料中绝对干料的质量}$$

在工业生产中，通常用湿基含水量来表示物料中含水分的多少。但因湿物料的质量在干燥过程中失去水分而逐渐减少，故不能将干燥前后物料的湿基含水量直接相减来表示干燥所除去的水分。而绝对干料的质量在干燥过程中不变，故用干基含水量计算较为方便。这两种含水量之间的换算关系如下换算：

$$X=\frac{w}{1-w} \tag{4-11}$$

或

$$w=\frac{X}{1+X} \tag{4-11a}$$

（二）物料中所含水分的性质

干燥过程中物料脱水的快慢不仅与干燥介质（空气）的状态有关，而且还与物料本身结构以及物料中的水分性质有关。

1. 结合水分与非结合水分

根据物料与水分结合力的状况，可将物料中所含水分分为结合水分与非结合水分。

（1）结合水分　包括物料细胞壁内的水分、物料内毛细管中的水分及以结晶水的形态存在于固体物料之中的水分等。这种水分是借化学力或物理化学力与物料相结合的，由于结合力强，其蒸气压低于同温度下纯水的饱和蒸气压，致使干燥过程的传质推动力降低，故除去结合水分较困难。

（2）非结合水分　包括机械地附着于固体表面的水分，如物料表面的吸附水分、较大孔隙中的水分等。物料中非结合水分与物料的结合力弱，其蒸气压与同温度下纯水的饱和蒸气压相同，因此，干燥过程中除去非结合水分较容易。

2. 平衡水分与自由水分

根据物料在一定干燥条件下其所含水分能否用干燥方法除去，可分为平衡水分和自由水分。

当湿物料与一定状态的湿空气接触时，若湿物料表面所产生的水汽分压大于空气中的水汽分压，湿物料中的水分将向空气中转移，干燥可以顺利进行；当湿物料表面所产生的水汽分压小于空气中的水汽分压，则物料将吸收空气中的水分，产生所谓“返潮”现象；若湿物料中表面产生的水汽分压等于空气中的水汽分压，两者处于动态平衡状态，湿物料中的水分不会因为与湿空气接触时间的延长而有增减，湿物料中水分含量为一定值，该含水量就称为该物料在此空气状态下的平衡含水量，又称平衡水分，用 X^* 表示，单位为 kg 水/kg 干料。湿物料中所含的水分大于平衡水分的那一部分，称为自由水分（或游离水分）。

湿物料的平衡水分可由实验测得。图 4-17 为实验测得的几种物料在 25℃时的平衡水分 X^* 与湿空气相对湿度 φ 之间的关系——干燥平衡曲线。从图 4-17 中可以看出，不同的湿物料在相同的空气相对湿度下，其平衡水分不同；同一种湿物料的平衡水分，随着空气的相对湿度的减小而降低，当空气的相对湿度减小为零时，各种物料的平衡水分均为零。即要想获得一个干物料，就必须有一个绝对干燥的空气（$\varphi=0$）与湿物料进行长时间的充分接触，实际生产中是很难做到的。

图 4-18 所示，可以看出四种水分之间的定量关系。从图中看出，结合水分、非结合水分的含量与空气的状态无关，是由物料自身的性质决定的；而平衡水分与自由水分的含量，与空气状态有关，是由物料性质及空气状态共同决定的。图中 B 点为平衡曲线与 $\varphi=100\%$

垂线的交点，B 点以下的水分是结合水分，而大于 B 点的水分是非结合水分。平衡曲线上的 A 点表示在空气的相对湿度 $\varphi=70\%$时物料的平衡水分，而大于 A 点的水分是自由水分。

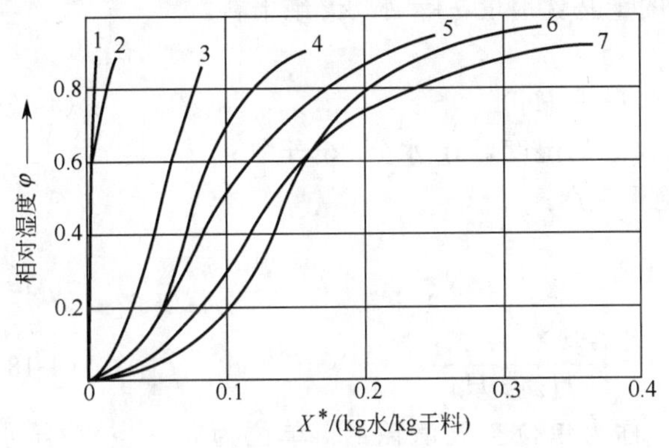

图 4-17　某些物料的平衡曲线（25℃）

1—石棉纤维板；2—聚氯乙烯（50℃）；3—木炭；4—牛皮纸；5—黄麻；6—小麦；7—土豆

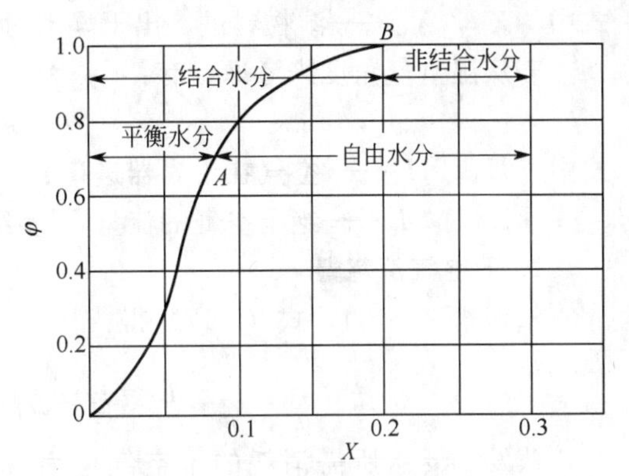

图 4-18　固体物料中的水分性质

(三) 干燥过程的物料衡算

物料衡算要解决的问题是：①从物料中除去水分的数量，即水分蒸发量；②空气消耗量；③干燥产品的流量。

对于干燥器的物料衡算而言，通常已知条件为单位时间（或每批量）物料的质量、物料在干燥前后的含水量、湿空气进入干燥的状态（主要指温度、湿度等）。

1. 水分蒸发量

在干燥过程中，湿物料的含水量不断减少，但绝对干料量却不会改变。以 1s 为基准，围绕图 4-19 所示的连续干燥器作水分的物料衡算。

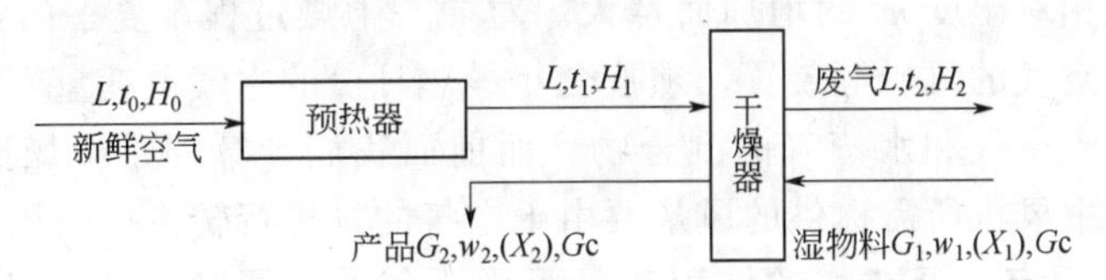

图 4-19　各流股进出逆流干燥器的示意图

若不计干燥过程中物料损失量，即：

$$G_c=G_1(1-w_1)=G_2(1-w_2) \tag{4-12}$$

式中　G_1，G_2——湿物料进、出干燥器时的流量，kg 湿物料/s；

G_c——湿物料中绝对干料量，kg/s。

干燥器的总物料衡算式是：

$$G_1=G_2+W \tag{4-13}$$

式中　W——单位时间水分蒸发量，kg/s。

水分的物料衡算式是：

$$G_1 w_1=G_2 w_2+W \tag{4-14}$$

式中　w_1，w_2——干燥前后湿物料的最初和最终湿基含水量（质量分数）。

从以上方程式可以很容易地算出水分蒸发量为：

$$W=G_1-G_2=G_1\frac{w_1-w_2}{1-w_2}=G_2\frac{w_1-w_2}{1-w_1} \tag{4-15}$$

若已知物料最初和最终的干基含水量 X_1 和 X_2，则水分蒸发量可用下式计算，即

$$W=G_c(X_1-X_2) \tag{4-16}$$

式中 X_1，X_2——湿物料进、出干燥器时的干基含水量，kg 水/kg 绝干料。

若从湿空气角度来考虑，有：

$$W=L(H_2-H_1) \tag{4-17}$$

式中 H_1，H_2——空气在干燥器进口、出口处的湿度，kg 水分/kg 干气；

L——绝干空气的流量，kg 绝干气/s；

2. 干空气消耗量

整理式（4-16），式（4-17）得：

$$L=\frac{W}{H_2-H_1}=\frac{G_c(X_1-X_2)}{H_2-H_1} \tag{4-18}$$

蒸发 1kg 水所需消耗的干空气量为 l，称为单位空气消耗量，单位为kg干空气/kg水分，即

$$l=\frac{L}{W}=\frac{1}{H_2-H_1} \tag{4-19}$$

因空气经预热前、后的湿度不变，故 $H_0=H_1$。则式（4-18）和式（4-19）可改写为：

$$L=\frac{W}{H_2-H_0} \tag{4-20}$$

$$l=\frac{L}{W}=\frac{1}{H_2-H_0} \tag{4-21}$$

式中 H_0，H_1，H_2——湿空气在预热器进口、干燥器进出口时的湿度，kg /kg（绝干气）。

由式（4-21）可知，空气单位消耗量仅与 H_2、H_0 有关，与路径无关，H_0 愈大，l 亦愈大。而 H_0 是由空气的初温 t_0 及相对湿度 φ_0 所决定，所以在其他条件相同的情况下，空气消耗量 l 将随 t_0 及相对湿度 φ_0 的增加而增大。对同一干燥过程，夏季的空气消耗量比冬季的大，故选择输送空气的风机等装置，须按全年最热月份的空气消耗量而定。

风机输送的是干空气和水蒸气的混合物，而前面我们计算的是干燥操作所需干空气的量，所以干燥装置中风机所需提供的风量要由干空气的量进行转换。鼓风机所需风量根据湿空气的体积流量 V 而定，湿空气的体积流量可由干气的质量流量 L 与比体积的乘积来确定，即

$$V=Lv_H=L(0.773+1.244H)\times\frac{t+273}{273}\times\frac{1.013\times10^5}{p} \tag{4-22}$$

式中，空气的湿度 H、温度 t 和压强 p 与风机所安装的位置有关。

例 4-2 在一连续干燥器中，每小时处理湿物料 1000kg，经干燥后物料的含水量由10%降至 2%（均为湿基）、以热空气为干燥介质，初始湿度 H_1 为 0.008kg 水/kg 绝干气，离开干燥器时湿度 H_2 为 0.05kg 水/kg 绝干气。假设干燥过程中无物料损失，试求：(1) 水分蒸发量；(2) 空气消耗量；(3) 干燥产品量。

解 (1) 水分蒸发量 W 先将物料的湿基含水量换算为干基含水量，即

$$X_1=\frac{w_1}{1-w_1}=\frac{0.1}{1-0.1}=0.111(\text{kg 水 /kg 绝干料})$$

$$X_2=\frac{w_2}{1-w_2}=\frac{0.02}{1-0.02}=0.0204(\text{kg 水 /kg 绝干料})$$

进入干燥器的绝干物料量为：

$$G_c = G_1(1-w_1) = 1000 \times (1-0.1) = 900 \text{(kg 绝干料 /h)}$$

故水分蒸发量为：

$$W = G_c(X_1 - X_2) = 900 \times (0.111 - 0.0204) = (81.5\text{kg 水 /h)}$$

(2) 空气消耗量

$$L = \frac{W}{H_2 - H_1} = \frac{81.5}{0.05 - 0.008} = 1940 \text{(kg 绝干气 /h)}$$

原湿空气的消耗量为：

$$L' = L(1 + H_1) = 1940 \times (1 + 0.008) = 1956 \text{(kg 原空气 /h)}$$

(3) 干燥产品量　因干燥过程中无物料损失，则干燥产品量为：

$$G_2 = G_1 \frac{1-w_1}{1-w_2} = 1000 \times \frac{1-0.1}{1-0.02} = 918.4 \text{(kg/h)}$$

或

$$G_2 = G_1 - W = 1000 - 81.5 = 918.5 \text{(kg/h)}$$

三、干燥过程的热量衡算

通过干燥系统的热量衡算，可以求得：①预热器消耗的热量；②向干燥器补充的热量；③干燥过程消耗的总热量。这些内容可作为计算预热器传热面积、加热介质用量、干燥器尺寸以及干燥系统热效应等的依据。

(一) 热量衡算的基本方程

图 4-20 为连续干燥过程的热量衡算示意图。

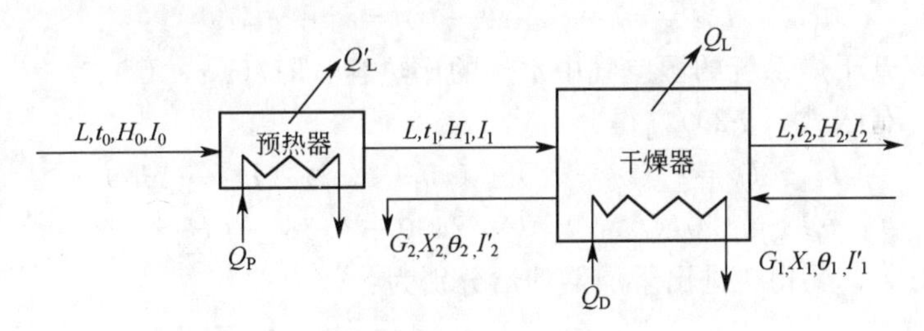

图 4-20　连续干燥过程的热量衡算示意图

图 4-20 中各符号意义如下：

I_0，I_1，I_2——新鲜湿空气进入预热器、离开预热器（即进入干燥器时）和离开干燥器时的焓，kJ/kg绝干气；

Q_P——单位时间内预热器消耗的热量，kW；

θ_1，θ_2——湿物料进入和离开干燥器时的温度，℃；

I'_1，I'_2——湿物料进入和离开干燥器时的焓，kJ/kg（绝干料）；

Q_D——单位时间内向干燥器补充的热量，kW；

Q_L，Q'_L——干燥器和预热器的热损失速率，kW。

参考图 4-20，以秒为基准，列出以下各部位的热量衡算。

1. 预热器消耗的热量

对图 4-20 的预热器热量衡算，得：

$$LI_0 + Q_P = LI_1 + Q'_L \tag{4-23}$$

故单位时间内预热器消耗的热量为：

$$Q_P = L(I_1 - I_0) + Q'_L \tag{4-24}$$

2. 向干燥器补充的热量

再对图 4-20 的干燥器热量衡算，得：

$$LI_1 + G_c I'_1 + Q_D = LI_2 + G_c I'_2 + Q_L$$

故单位时间内向干燥器补充的热量为

$$Q_D = L(I_2 - I_1) + G_c(I'_2 - I'_1) + Q_L \tag{4-25}$$

3. 干燥系统消耗的总热量

干燥系统消耗的总热量 Q 为 Q_P 与 Q_D 之和，将式（4-24）与式（4-25）相加，并整理得：

$$Q = Q_P + Q_D = L(I_2 - I_0) + G_c(I'_2 - I'_1) + Q_L + Q'_L \tag{4-26}$$

式中 Q——干燥系统消耗的总热量，kW。

为了能较方便地计算 Q，应将式（4-26）中的 $(I_2 - I_0)$ 及 $(I'_2 - I'_1)$ 作进一步的处理。

(1) $(I_2 - I_0)$　根据焓 I 的定义，先将 I_0 及 I_2 分别写成：

$$I_0 = c_g(t_0 - 0) + I_{v0} H_0 = c_g t_0 + I_{v0} H_0 \tag{4-27}$$

及

$$I_2 = c_g(t_2 - 0) + I_{v2} H_2 = c_g t_2 + I_{v2} H_2 \tag{4-28}$$

式中，I_{v0} 及 I_{v2} 分别为进入与离开干燥系统时空气中水汽的焓，二者的数值相差不大，故近似地取 $I_{v0} \approx I_{v2}$。于是，式（4-28）减去式（4-27），得：

$$I_2 - I_0 = c_g(t_2 - t_0) + I_{v2}(H_2 - H_0) \tag{4-29}$$

根据水汽焓的定义可以写出：

$$I_{v2} = r_0 + c_{v2}(t_2 - 0) = r_0 + c_{v2} t_2 \tag{4-30}$$

式中 c_{v2}——离开干燥系统的湿空气中水气的比热容，kJ/(kg·℃)。

将式（4-30）代入式（4-29），得：

$$I_2 - I_0 = c_g(t_2 - t_0) + (r_0 + c_{v2} t_2)(H_2 - H_0)$$

或

$$I_2 - I_0 = 1.01(t_2 - t_0) + (2490 + 1.88 t_2)(H_2 - H_0) \tag{4-31}$$

(2) $(I'_2 - I'_1)$　湿物料进出干燥器的焓分别为：

$$I'_1 = c_1(\theta_1 - 0) = c_1 \theta_1$$

$$I'_2 = c_2(\theta_2 - 0) = c_2 \theta_2$$

式中，c_1 及 c_2 均为湿物料的比热容，kJ/(kg·℃)（湿物料）。

由于 c_1 及 c_2 的值相差不大，故假设两者近似等于它们的算术均值 c_m，上二式相减得：

$$I'_2 - I'_1 = c_2 \theta_2 - c_1 \theta_1 \approx c_m(\theta_2 - \theta_1) \tag{4-32}$$

式中 c_m——湿物料进出干燥器的算术平均比热容，kg/(kg·℃)（湿物料）。

湿物料的比热容可用加和法求算：

$$c = c_s + X c_w \tag{4-33}$$

式中 c_s——绝干物料的比热容，kJ/(kg·℃)（绝干料）；

c_w——水的比热容，可取为 4.187kJ/(kg·℃)。

将式（4-31）及式（4-32）代入式（4-26），并整理得：

$$Q = Q_P + Q_D = 1.01L(t_2 - t_0) + W(2490 + 1.88 t_2) + G_c c_m(\theta_2 - \theta_1) + Q_L + Q'_L \tag{4-34}$$

上式与式（4-26）是等价的，但上式的物理意义明确，它表明干燥系统的总热量消耗于：①加热空气；②蒸发水分；③加热湿物料；④损失于周围环境中。

(二) 干燥系统的热效率

通常将干燥系统的热效率定义为

$$\eta=\frac{\text{蒸发水分所需的热量}}{\text{向干燥系统输入的总热量}}\times 100\% \tag{4-35}$$

蒸发水分所需的热量为：

$$Q_v=W(2490+1.88t_2)-4.187\theta_1 W$$

若忽略湿物料中水分带入系统中的焓，上式简化为：

$$Q_v\approx W(2490+1.88t_2)$$

上式代入式（4-35）得：

$$\eta=\frac{W(2490+1.88t_2)}{Q}\times 100\% \tag{4-36}$$

干燥系统的热效率愈高，表示热利用率愈好。由此可得，提高干燥操作的热效率的途径有：①回收出口废气中的热量用来预热冷空气或湿物料；②注意干燥设备和管路的保温隔热，以减少干燥设备和管道的热量损失；③适当增加出口废气的湿度，降低其温度，可减少空气消耗量，从而减少热耗量（但应注意，空气湿度的增加会使湿物料表面与空气流间的传质推动力下降，使干燥设备尺寸变大）。

四、干燥速率及其影响因素

1. 干燥速率

干燥速率为单位时间内在单位干燥面积上汽化的水分量，用 u 表示，单位为 kg 水/($m^2\cdot s$)，用微分式表示，则为：

$$u=\frac{dW}{A d\tau} \tag{4-37}$$

因为 $dW=-G_c dX$，所以，式（4-37）可改写为：

$$u=-\frac{G_c dX}{A d\tau} \tag{4-38}$$

式中 W——汽化水分量，kg；

A——物料的干燥表面积，m^2；

τ——干燥所需时间，s；

G_c——湿物料中绝干物料的量，kg；

X——湿物料的干基含水量，kg 水/kg 干物料 。

式（4-38）中的负号表示物料含水随着干燥时间的增加而减少。

2. 干燥速率曲线

物料的干燥速率由实验测定。干燥实验采用大量空气干燥少量湿物料，因此，空气进出干燥器的状态、流速以及与湿物料的接触方式均可视为恒定，即认为实验是在恒定干燥条件下进行的。

在恒定干燥条件下，测定物料的干基含水量 X 和物料表面温度 t' 随干燥时间 τ 的变化关系并绘成曲线，称为干燥曲线，如图 4-21 所示。将图 4-21 中 $X-\tau$ 曲线斜率 $-\frac{dX}{d\tau}$ 及实测的 G_c、A 等数据代入式（4-38），求得干燥速率 u，与物料含水量 X 标绘成图 4-22 所示的干燥速率曲线。该曲线能非常清楚地表示出物料的干燥特性，表明了在一定干燥条件下干

燥速率 u 与物料含水量的关系。

由图 4-21 和图 4-22 可得到如下结论：①湿物料的初始状态点为 A，在干燥开始的短时间内，若物料温度低于热空气温度，则物料从热空气中由于温差接受的热量主要用于物料的预热，物料的表面温度逐渐升高，从而传热速率降低而传质速率（即干燥速率）增高，含水量 X 降低，即图中的 AB 段，称为预热段。②自 B 点起，传热速率与传质速率达到动平衡，物料的表面温度趋于恒定，空气传给物料的热量均用于水分的汽化，如同湿球温度计上的湿纱布一样，其表面温度即为该空气的湿球温度，即图中的 BC 段。此阶段中空气与物料表面的温差一定，故传热速率恒定；相应的物料表面的饱和湿度与空气的湿度差也为恒定值，即传质速率也恒定，故 X-τ 曲线中的 BC 段的斜率不变，u-X 线中的 BC 段为一水平线。在此阶段中，干燥速率不随 X 减小而变，因此 BC 段称为恒速干燥阶段。③到 C 点以后，X-τ 线的斜率不断变小，即含水量的减少愈来愈慢，与此同时，t'-τ 曲线的斜率逐渐增加，物料表面温度逐渐升高，在 u-X 线上表现出随 X 降低干燥速率 u 也不断减小；干燥速率曲线与横轴的交点（E 点）为干燥终了点，与该点对应的物料含水量为平衡含水量（X^*），此点对应的干燥速率为零。此阶段由图中的 CDE 曲线所表示，称为降速干燥阶段。

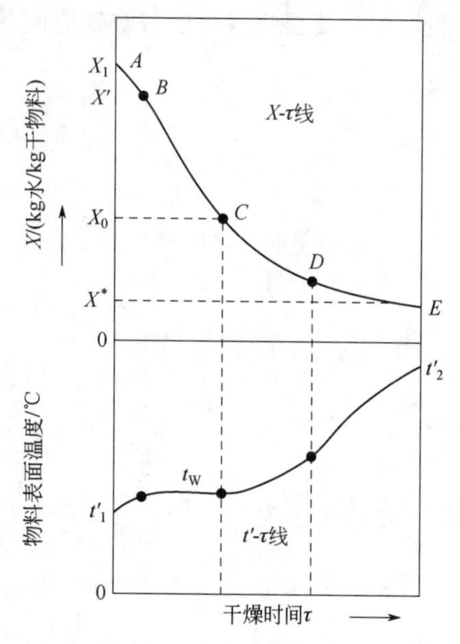

图 4-21　恒定干燥条件下某物料的干燥曲线

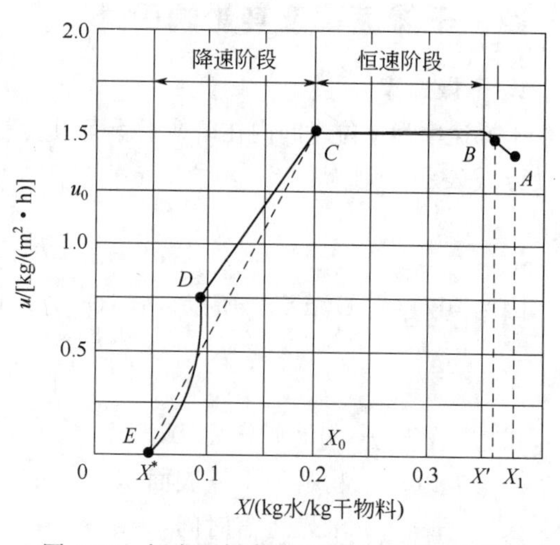

图 4-22　恒定干燥条件下的干燥速率曲线

由此可知，在恒定干燥条件下，干燥过程主要包括两个阶段：恒速干燥阶段（由于物料的预热阶段时间很短，常并入恒速干燥阶段）和降速干燥阶段。

（1）恒速干燥阶段　此阶段中物料表面充满着非结合水分，这是由于物料内部水分向表面的扩散速率大于表面水分的汽化速率，使物料表面始终被非结合水分充分润湿，物料表面的温度近似等于热空气的湿球温度，汽化的水分全部为非结合水分。因此，恒速干燥阶段的干燥速率只取决于物料表面水分的汽化速率，即取决于物料表面水分的汽化速率和空气的性质等物料外部的干燥条件，与物料的性质和含水量多少无关，因而恒速干燥阶段又称为表面汽化控制阶段。

（2）降速干燥阶段　当物料的含水量降至 C 点（对应的含水量为 X_0）之后，便转入降速阶段，故 C 点是一个临界点，X_0 称为临界水分或临界含水量。此时水分自物料的内部向表面的扩散速率开始低于物料表面水分的汽化速率，物料表面逐渐出现“干区”，结合水分开始发生汽化，物料的温度也随之上升，随着物料内部含水量的不断减少，水分向表面的扩散速率也不断降低，于是，汽化表面逐渐向物料内部移动，干燥速率也就愈来愈低。在此阶段中，干燥速率的大小取决于物料本身的结构、形状和尺寸，而与外部的干燥介质条件关系不大，所以降速干燥阶段又称为物料内部扩散控制阶段，此阶段除去的水分为剩余的非结合水分和部分结合水分。

降速干燥阶段干燥曲线的形状随物料结构与水分存在形态不同而异，一般均通过实验测得，如图 4-22 所示降速干燥阶段的干燥曲线又分为第一干燥阶段 CD 和第二降速阶段 DE，后者比前者随 X 减小降速更快。但也有物料干燥过程只有一种降速阶段。

(3) 临界水分 X_0　前述干燥过程的两个阶段以物料的临界水分 X_0来区分，X_0值越大，干燥过程将越早地转入降速阶段，使在相同的干燥任务下所需的干燥时间越长。

实际上，在工业生产中，物料不会被干燥到平衡含水量，而是在临界含水量和平衡含水量之间，这需视产品要求和经济核算而定。临界含水量 X_0的值不仅与物料的性质、尺寸大小或堆积厚度有关，还与干燥介质条件（t、H、流速等）及干燥器类型有关。在一定的干燥条件下，物料层越厚，物料内部水分的扩散阻力越大，X_0也越高；干燥介质的温度或流速越高，湿度越低，则恒速阶段的干燥速率越大，进入降速干燥阶段越早，即 X_0越大。临界含水量一般由实验测定。

3. 影响干燥速率的因素

影响干燥速率的因素主要有三个方面：湿物料、干燥介质和干燥设备。其中较为重要的影响因素如下。

(1) 物料的性质与形状　湿物料的物理结构、化学组成、形状和大小、物料层的厚薄及水分的结合方式等都影响干燥速率。纤维类物料具有多孔性，内部水分迁移阻力小，易于干燥；块状物料，随尺寸的增大，水分的迁移距离也增大，干燥速率相应减慢；物料结构愈致密，干燥愈困难。

(2) 物料本身的温度　物料的温度越高，则干燥速率越大。但物料的温度与干燥介质的温度和湿度有关。

(3) 物料的含水量　物料的最初、最终以及临界含水量决定干燥各阶段所需时间的长短。

(4) 干燥介质的温度与湿度　干燥介质（空气）的温度越高，湿度越低，则恒速干燥阶段的干燥速率越大，但以不损坏物料为原则。温度与相对湿度相比，温度是显著的主导因素。但温度过高会引起物料表层甚至内部的质变，干燥速率也因内部水分来不及扩散而增大甚微，所以，温度的提高是有限度的。有些干燥设备采用分段中间加热方式可以避免过高的介质温度。

(5) 干燥介质的流速和流向　在恒速干燥阶段，提高气速可提高干燥速度。介质流动方向垂直于物料表面时的干燥速率比平行时要大。在降速干燥阶段，气速和流向对干燥速率影响很小。

(6) 干燥器的结构　以上各因素都和干燥器的结构有关，许多新型的干燥器就是针对着某些因素而设计的。

五、恒定干燥条件下干燥时间的计算

1. 恒速干燥阶段

如物料在干燥之前的自由含水量 X_1大于临界含水量 X_0，则干燥必先有一恒速阶段。

忽略物料的预热阶段，恒速阶段的干燥时间 τ_1 由 $u_0=-\frac{G_c dX}{A d\tau}$ 积分求出。

$$\int_0^{\tau_1} d\tau = -\frac{G_c}{A u_0}\int_{X_1}^{X_0} dX$$

则

$$\tau_1=\frac{G_c}{A u_0}(X_1-X_0) \tag{4-39}$$

2. 降速干燥阶段

降速干燥阶段的干燥速率 u 随物料中的瞬时自由水分量（$X-X^*$）而变化，自由水分愈少，干燥速率愈小，故 u 可表示为（$X-X^*$）的函数，即有：

$$u=-\frac{G_c dX}{A d\tau}=f(X-X*)$$

若要求物料的最终含水量为 X_2，则降速干燥阶段所需的干燥时间 τ_2 为：

$$\tau_2=-\frac{G_c}{A}\int_{X_0}^{X_2}\frac{dX}{f(X-X^*)}=\frac{G_c}{A}\int_{X_2-X^*}^{X_0-X^*}\frac{d(X-X^*)}{f(X-X^*)} \tag{4-40}$$

若已知获得试验干燥速率曲线，则 $f(X-X^*)$、X_0、X^* 均为已知，可用图解积分法求取式（4-40）中的积分值，如图 4-23 所示，纵坐标为 $\frac{1}{f(X-X^*)}$，横坐标为（$X-X^*$），其积分限位（X_2-X^*）～（X_0-X^*）。

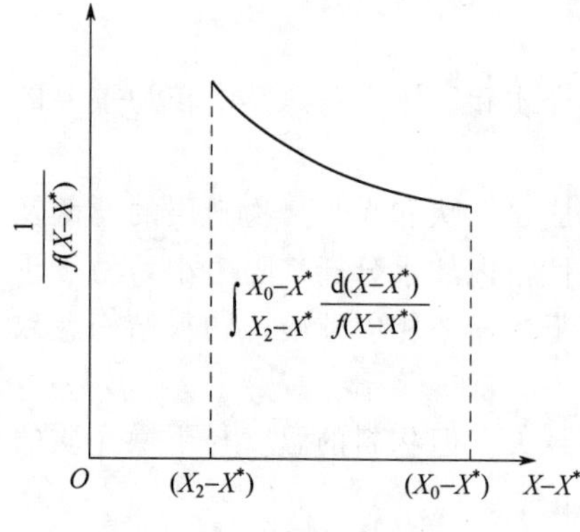

图 4-23　图解积分法求 τ

当缺乏物料在降速阶段的干燥速率实验曲线时，可用近似计算处理，即假设在降速阶段中 u 与物料中的自由水分含量（$X-X^*$）成正比，相当于图 4-22 中用 C 点（X_0）与 E 点（X^*）的连线 CE 代替 CDE 曲线，则可得：

$$u=-\frac{G_c}{A}\frac{dX}{d\tau}=K(X-X^*) \tag{4-41}$$

式中　K——比例系数，$kg/(m^2 \cdot h \cdot \Delta X)$，即 CE 线的斜率。

上式分离变量得：

$$\int_0^{\tau_2} d\tau=-\frac{G_c}{KA}\int_{X_0}^{X_2}\frac{dX}{X-X^*}=-\frac{G_c}{KA}\int_{X_0-X^*}^{X_2-X^*}\frac{d(X-X^*)}{X-X^*}$$

积分可得：

$$\tau_2=\frac{G_c}{KA}\ln\frac{X_0-X^*}{X_2-X^*} \tag{4-42}$$

物料所需的干燥时间 τ 为：

$$\tau=\tau_1+\tau_2 \tag{4-43}$$

例 4-3　在恒定干燥条件下的间歇式干燥器内，已得物料的干燥速率曲线如图 4-22 所示。若将该物料由湿基含水量 27% 干燥到 5%，湿物料的处理量为 200kg，其干燥表面积为 $0.025m^2/kg$ 干物料。试确定该物料干燥所需时间。

解　绝干物料量由式（4-12）得：

$$G_c=G_1(1-w_1)=200\times(1-0.27)=146(kg)$$

干燥总表面积为：$A=146\times0.025=3.65$（m^2）

物料的干基含水量为：

$$X_1=\frac{w_1}{1-w_1}=\frac{0.27}{1-0.27}=0.370\text{（kg 水 /kg 绝干料）}$$

$$X_2=\frac{w_2}{1-w_2}=\frac{0.05}{1-0.05}=0.0526\text{（kg 水 /kg 绝干料）}$$

由图 4-22 查得该物料的临界含水量 $X_0=0.20$kg 水/kg 干物料，平衡含水量 $X^*=0.05$kg 水/kg 干物料。

由于 $X_2<X_0<X_1$，所以此干燥过程包括恒速干燥与降速干燥两个阶段。

① 恒速干燥阶段：每 1kg 干物料除去的水分量为（X_1-X_0）。由图 4-22 查得 $u_0=1.5$kg/($m^2\cdot h$)，于是由式（4-39）得：

$$\tau_1=\frac{G_c}{Au_0}(X_1-X_0)=\frac{146}{3.65\times1.5}\times(0.370-0.20)=4.53\text{(h)}$$

② 降速干燥阶段：除去的水分量为（X_0-X_2），若用近似计算法，则 CE 线的斜率为：

$$K=\frac{u_0}{X_0-X^*}=\frac{1.5}{0.20-0.05}=10$$

于是，由式（4-42）得：

$$\tau_2=\frac{G_c}{KA}\ln\frac{X_0-X^*}{X_2-X^*}=\frac{146}{10\times3.65}\times\ln\frac{0.20-0.05}{0.0526-0.05}=16.22\text{ (h)}$$

因此，每批物料所需干燥时间（即物料在干燥器内需停留的时间）为：

$$\tau=\tau_1+\tau_2=4.53+16.22=20.75\text{ (h)}$$

由此可见，要干燥等量的水分，降速阶段所需的干燥时间远比恒速阶段长，且物料的含水量越接近平衡水分，干燥速率越低。

在实际干燥器中，空气的状态是在不断变化的，不可能保持恒定的干燥条件，这时往往需要将物料衡算、热量衡算与传热速率方程和传质速率方程联立求解，以确定干燥所需时间。

六、干燥操作条件的确定

1. 干燥介质的选择

干燥介质不能与被干燥物料发生化学反应，不能影响被干燥物料的性质，还要考虑干燥过程的工艺及可利用的热源，也就是说干燥介质的选择还应考虑介质的经济性及来源。

对流干燥介质可采用空气、惰性气体、烟道气及过热蒸汽等。当干燥操作温度不太高且氧气的存在不影响被干燥物料的性能时，可采用热空气作为干燥介质。对某些易氧化的物料，或从物料中会蒸发出易爆的气体时，则宜采用惰性气体作为干燥介质。烟道气适用于高温干燥，但要求被干燥的物料不怕污染，而且不与烟气中的 SO_2 和 CO_2 等气体发生作用。由于烟道气温度高，故可强化干燥过程，缩短干燥时间。

2. 流动方式的选择

逆流操作物料移动方向和介质的流动方向相反，整个干燥过程中的干燥推动力较均匀，适用于物料含水量高时不允许采用快速干燥的场合，耐高温的物料的干燥及要求干燥产品的含水量很低时的干燥过程等。

并流操作物料移动方向和介质的流动方向相同，开始时传热、传质推动力较大，干燥速率较大，随着干燥的进行速率明显降低，难以获得含水量很低的产品，但并流操作物料出口温度可选择较逆流低。适用于物料含水量较高时，允许进行快速干燥而不产生龟裂或焦化的物料，干燥后期不耐高温、易分解、氧化、变色等物料的干燥。

错流操作干燥介质与物料间运动方向互相垂直。各个位置上的物料都与高温、低湿的介质相接触，因此干燥推动力比较大，又可采用较高的气体速度，所以干燥速度很高，适用于无论在高或低的含水量时，都可以进行快速干燥的场合，耐高温的物料干燥及因阻力大或干燥器构造的要求不适宜采用并流或逆流操作的场合。

3. 干燥介质进入干燥器时的温度和流量

为了强化干燥过程和提高经济效益，干燥介质的进口温度易保持在物料允许的最高温度范围内，但也应考虑避免物料发生变色、分解等。对于同一种物料，允许的干燥介质进口温度随干燥器形式不同而异。例如，在厢式干燥器中，因物料是静止的，所以应选用较低的介质进口温度；在转筒干燥器、气流干燥器、沸腾床干燥器中，由于物料不断地翻动，致使干燥温度较高、较均匀、速度快、时间短，因此介质进口温度可高些。

增加空气的流量可以增加干燥过程的推动力，提高干燥速率。但空气量增加，会造成热损失增加，热效率下降，同时还会增加动力消耗，气速的增加，会造成产品回收负荷增加。生产中要综合考虑温度和流量的影响，合理选择。

4. 干燥介质离开干燥器时的湿度和温度

提高干燥介质离开干燥器的相对湿度 φ_2，可减少空气消耗量及传热量，即可降低操作费用；但同时相对湿度 φ_2 增大，介质中水汽的分压增高，干燥过程的平均推动力下降，为了保持相同的干燥能力，就需增大干燥器的尺寸，即加大了投资费用。所以，最适宜的 φ_2 值应通过经济衡算来决定。

对同一物料，不同类型的干燥器，适宜的 φ_2 值也不同。例如，对气流干燥器，由于物料在干燥器内的停留时间很短。就要求有较大的推动力以提高干燥速率，因此一般离开干燥器的气体中水汽分压需低于出口物料表面水汽分压的 50%～80%。

干燥介质离开干燥器的温度 t_2 与 φ_2 应综合考虑。若 t_2 降低，而 φ_2 又较高，此时湿空气可能在干燥器后面的设备和管路中析出水滴，因此破坏了干燥的正常操作。对气流干燥器，一般要求 t_2 较入口气体的绝热饱和温度高 20～50℃。

5. 物料离开干燥器时的温度

物料出口温度 θ_2 与很多因素有关，但主要取决于材料的临界含水量 X 及干燥第二阶段的传质系数。X_0 值愈低，物料出口温度 θ_2 愈低；传质系数愈高，θ_2 愈低。

任务实施

在完成任务一的前提下，按照行动导向教学要求，展开项目教学。首先，根据所提供的条件，干燥介质原始温度、相对湿度、压强以及干燥器出口温度、相对湿度等要求，利用解析法或湿度图计算确定干燥器、预热器进口处湿空气的性质参数；其次，利用物料衡算估算干燥过程中蒸发水分量、绝干空气消耗量，并根据湿空气比体积可计算出对流干燥器进口位置鼓风机或出口位置抽风机风量，从而根据风机风量初选干燥器风机；第三，利用热量衡算，估算空气预热器热负荷并初估干燥器热效率和干燥所需时间。

教师可通过检查各小组的工作方案与听取小组研讨汇报，及时掌握学生的工作进展，适

时地归纳讲解相关知识与理论，并提出建议与意见，同时对各小组完成情况进行检查与评估，及时进行点评、归纳与总结。

任务三 干燥操作自控方案的确定

工作任务要求

通过本任务的实施，应满足如下工作要求：

根据干燥工艺要求，选择合适的自动控制变量和参数，结合相关文献资料确定干燥器的自动控制方案。

技术理论与必备知识

一、干燥自动控制的目的

对干燥器的控制，其基本要求是保持干燥过程的稳定性，具体目的有以下几个方面。

（1）保持干燥产品的质量　干燥产品质量的主要指标是干燥产品的含水量，通常要求产品含水量的允许波动值相当小。此外，在干燥过程中保持产品的原有特性不发生变化也很重要，有时甚至对干燥产品的外观和色泽也会有很高的要求。控制的首要目的就是在各种干扰条件下，保持干燥产品含水量的一致性，同时保持干燥产品原有的特性。

（2）将干燥过程尽可能调节到最佳状态　也即在保持产品质量的前提下，使干燥器产量最高，能耗最低，干燥产品的损耗最小等等。

（3）节省人力　使人为因素失误的可能性降到最低，同时降低人工成本。

（4）提高干燥器运转的安全性　降低发生火灾、爆炸、产品报废、严重机械故障及大规模污染环境的可能。

二、干燥过程中的自动控制变量

干燥过程中的变量是干燥器控制系统的研究对象。按照控制理论可将这些变量分为两大类。

1. 控制量

即外界条件对干燥系统的影响因素，包括操作条件的人为变化和干扰两方面，具体有以下几种。

（1）加热速率，如间接加热干燥器中加热介质的温度，对流干燥器中热风的温度等。

（2）空气流量，这是对对流干燥器而言，空气流量的变化直接导致对流传热速率的变化。

（3）干燥物料馈送速率，即加料速度的变化。

（4）机械参数的变化，如搅拌干燥器的搅拌转速，振动干燥器的振动频率、激振力，离心喷雾干燥机中旋转雾化器的转速等等。

(5) 环境空气温度，这与对流干燥器的进风温度和所有干燥器的散热损失都有关系。

(6) 环境空气湿度，这个因素直接影响干燥速率和作为加热介质的热空气携带湿分的能力。

(7) 干燥物料的初始含水率及成分这包括物料含水率和成分的总体不一致性和内部分布不一致性。

以上 (1) ～ (4) 通常属于操作条件的人为变化，(5) ～ (7) 则属于外界的干扰因素。

2. 被控制量

被控制量是干燥系统对外界的输出量，也就是控制系统的控制目标。有以下几种：①干燥产品的湿含量；②干燥产品的质量，从干燥操作角度来说，常常指产品的颜色、外观、气味、粒径、活性，以及同干燥前比较其他物理、化学性质有无变化等等；③干燥器的尾气温度；④干燥器的尾气湿度。

通常，人们主要关注的是上述①、②两点，把它作为干燥器及其控制系统优劣的评判依据。可是，干燥产品质量的测定，尤其是在生产过程中在线测定往往非常困难或者极不经济，对于大多数干燥产品来说甚至找不到合适的传感器进行测量。因此，上述③、④两种被控制量就经常作为对干燥产品质量进行间接判断的一种推断被控制量，其中，尾气温度因其测量较为简单、准确、可靠和经济，是应用最为普遍的被控制量。可是，以测量一种被控制量判断并控制另一个被控制量的“推断控制”或称“间接控制”能否成立，首先取决于两处被控制量间的相关程度。

任务实施

依据工艺要求对必要的工艺控制变量选择适当的干燥器控制方案。具体实施过程中可参考以下常见干燥器的自动控制方案。

一、喷雾干燥器的控制

通常有两类控制方案。

(1) 调节进料速度和进风温度控制排气温度，并保持进风温度和进料速度恒定的控制系统，这是以控制排气温度间接控制干燥产品湿含量的推断控制系统，如图 4-24 所示。

(2) 调节进料速度控制干燥产品湿含量的控制系统，这需要在线测量干燥产品湿含量的

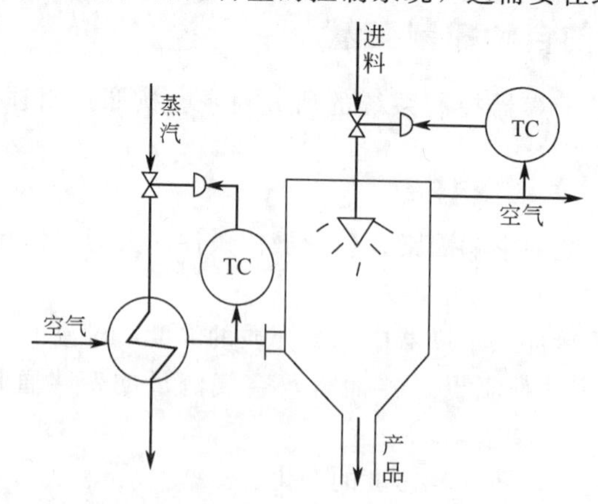

图 4-24 喷雾干燥器控制方案（一）

传感器，可是现在这类传感器仍很不完善。其控制方案如图4-25。在该控制方案中，对空气入口和出口分别设置了单回路控制系统，以此来保证产品质量。

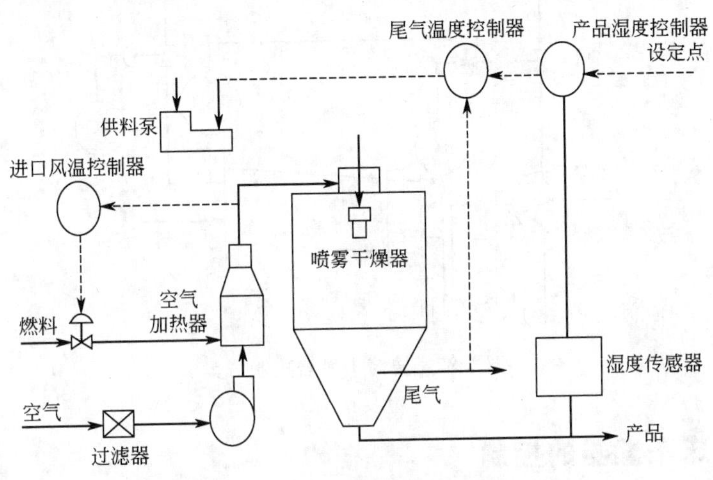

图4-25 喷雾干燥器控制方案（二）

二、滚筒干燥器的控制

其控制方案如图4-26所示。在滚筒转速保持恒定条件下，通过进料量调整维持液位恒定，再通过加热蒸汽量的调整维持出料湿度（MC为湿度控制仪表）的稳定。当湿度测量有困难时，可改用出口温度控制。

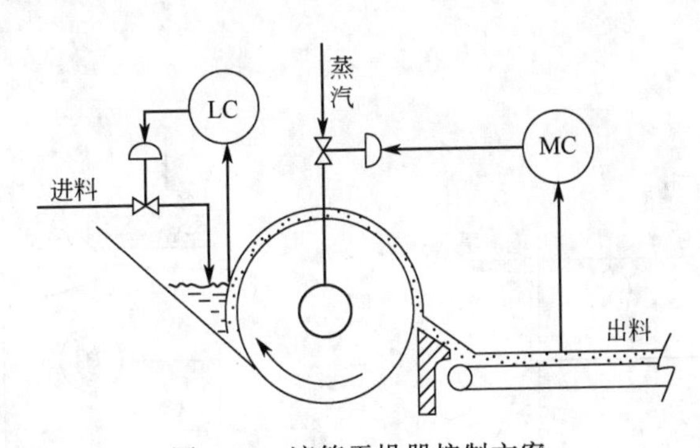

图4-26 滚筒干燥器控制方案

三、转筒干燥器的控制

其控制方案如图4-27所示。该工艺采用手动进料，为控制出料的湿度采用了空气入口温度控制，其给定值根据产品质量要求进行设定。为防止空气方面的干扰影响，对空气的压强和流量都采用了定值调节。不过两系统间存在有关联，在参数整定时，应注意将两系统的工作频率拉开，以削弱它们之间的关联。此外，该系统中还设置了一个安全联锁装置（图中TSH为高温连锁/开关控制仪表）。为防止干燥器过热（例如加料中断时），当空气出口温度过高时，通过电磁三通阀切断温度调节器去调节阀的信号，并使调节阀膜头通大气，膜头压强信号很快降为零，使调节阀立即关闭，停止给空气加热，从而保证空气出口温度不再升高。

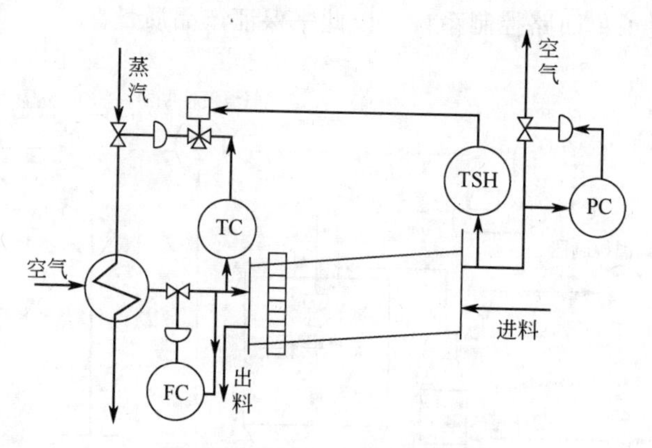

图 4-27　转筒干燥器控制方案

四、流化床干燥器的控制

流动床干燥器除通常的湿度和温度控制外，还有流动层的压强损失和流速的控制问题。流动层的压强损失与流速的关系曲线如图 4-28 所示。由图可以看出，流动层开始速度 U_{mf} 与终端速度 U_f 形成共存的稳定流层。这是干燥操作所必要的条件。因此，流动层的压差控制显得尤为重要，必须加以注意。图 4-29 所示为开放型流化床干燥器的控制方案。该方案通过调节加热蒸汽量来控制流化床中物料的温度；通过调节干燥成品的出料量控制流化床层的差压（P_dC 为差压控制仪表），通过上述控制维持操作的稳定。

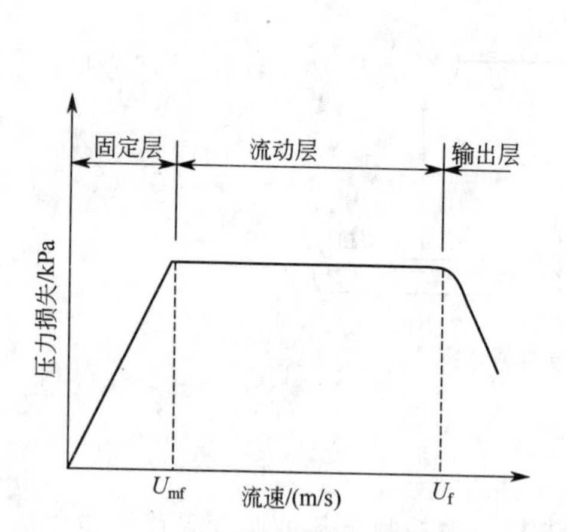

图 4-28　流化床干燥器压损与流速关系曲线

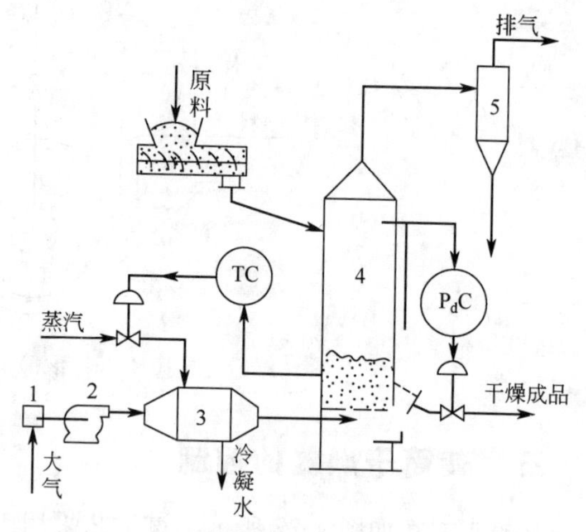

图 4-29　开放型流化床干燥器控制方案
1—过滤器；2—鼓风机；3—加热器；
4—流化床；5—分离器

实施过程中，教师可通过检查各小组的自控变量及自控方案与听取各小组汇报，及时掌握学生的工作进展及对知识的理解应用，适时地归纳讲解相关知识与理论，并提出建议与意见、进行点评、归纳与总结。

任务四 干燥操作与维护

工作任务要求

通过本任务的实施，应满足如下工作要求：

（1）能对干燥器进行正确维护与保养。

（2）能正确实施流化床干燥器、喷雾干燥器、双锥回转真空干燥器的开车准备（包括正确选用工具和正确穿戴劳保用品）、正常操作，实时运行控制和停车操作。

（3）能分析产品含水量高等不正常操作现象并及时调整消除。

技术理论与必备知识

干燥设备的操作由于设备差异、干燥物料以及干燥介质的不同而有很大差别，下面仅以厢式干燥器、沸腾床干燥器和喷雾干燥器为例说明干燥器的操作步骤、维护保养以及常见故障与处理方法。

一、厢式干燥器的操作、维护与常见故障处理

以热风循环烘箱操作为例介绍厢式干燥器的操作。

1. 厢式干燥器的操作

（1）启动前的准备工作

① 清扫　烘箱在运输到达目的地后应进行一次仔细的清扫，在通电测试运行前也要进行清扫。

② 电源供电　检查烘箱的电线是否接好，仔细检查烘箱电气控制箱中所有的保险丝和电路是否有短路现象，检查轴流风机的转向是否与电机的转向标牌一致。

③ 检查排湿阀　烘箱排湿手柄开关是否正常，通电前应打开排气阀门，以防爆炸。

④ 检查总开关　在烘箱的控制板上安装有一个总开关，它提供给电源给其他所有的电器。使用前要先检查自控装置是否失灵。

（2）操作运行

① 装入物料　打开烘箱门，放入所需干燥的物料，关上烘箱门。使用非防爆电烘箱，严禁带挥发性的物件进入烘箱内。

② 开始工作　总电源开关闭合，根据需要设置设定加热温度及报警温度，报警温度大于设定温度，打开循环风机开关，加热切换至自动状态。

③ 运行指示　在电气控制箱上装有烘箱运行进程指示灯，更详细地标明烘箱的工作进程。总电源指示灯显示总电源开关状态，同时注意观察循环风机指示灯、加热指示灯、电磁阀或电加热开关状态、温度显示、显示加热温度、报警指示灯。当新设定温度低于100℃以下，用二次升温方式，可杜绝温度“过冲”现象，如假设50℃，第一次设40℃，等温度过冲开始回落后再设定至50℃。加温过程中操作者不得离开。

④ 干燥　当温度达到设定值时，排湿，开始进行干燥，随时观察并调整箱内温度，应

符合烘件工艺要求的温度。

⑤ 冷却　干燥运行烘箱至需要的时间后，将电磁阀或电加热关闭，进入冷却阶段，排湿口打开，箱内空气流出烘箱，带走大量热量，使得箱内温度降低，关闭加热器，关循环风机。

⑥ 停止　当达到预置停止温度时，烘箱将停止工作，打开烘箱门，搬出干燥后的物料。打开烘箱门时必须先断电。

2. 厢式干燥器的维护保养

(1) 每年至少检查一次门缝，当烘箱损坏、移位时更须检查。

(2) 进风口设有初、中、高效过滤器。过滤器每个月检查一次，2～3个月清洗一次。

(3) 每个月检查一次加热器。

(4) 干燥箱外壳必须良好、有效接地，以保证安全。电器箱内所有的接线柱，每年检查预紧一次。

(5) 保持烘箱内清洁，检查和清除烘箱内电阻丝旁的氧化皮。烘箱在工作时不得进行清洁工作，更不得用汽油擦拭。

(6) 干燥箱内不得放入易腐、易燃、易爆物品干燥。经过汽油、煤油、酒精、香蕉水等易燃洗涤过的零件及喷漆过的产品，应在室温下停放15～30min，待绝大部分易燃液体挥发后，才能放入烘箱内烘烤。室内应注意通风。

3. 厢式干燥器常见故障及处理方法

厢式干燥器常见故障及处理方法见表4-5。

表4-5　厢式干燥器常见故障及处理方法

故障名称	产生原因	处理方法
无电源	① 插头未插好或断电 ② 熔断器烧断	① 插好插头或接好线 ② 更换熔断器
箱内温度不升	① 设定温度低 ② 电热器坏 ③ 控温仪坏 ④ 循环风机坏	① 调整设定温度 ② 换电热器 ③ 换控温仪 ④ 换风机
设定温度与箱内温度误差大	① 温度传感器坏 ② 控温仪坏	① 换传感器 ② 换控温仪

二、沸腾床（流化床）干燥器的操作、维护与常见故障处理

以GFG-500型高效沸腾干燥机操作为例。

1. 沸腾床干燥器的操作

(1) 启动前的准备工作

① 检查生产所用工具是否齐全、洁净、机器部件是否安装完毕。

② 检查蒸汽、压液气是否供应正常。

③ 检查生产物料是否与生产指定要求相符，外观是否合格。

(2) 操作运行

① 接通电源和压缩气源，根据需要设定进风温度。

② 将物料粒投入料斗，将料斗车推入箱体；待料斗车就位正确后，方可推入充气开关，上下气囊进入压缩空气，使料斗上下处于密封状态。

③ 开启加热气进出手动截止阀。

④ 按引风机启动键，待风机启动结束后，按启动搅拌键，则搅拌运转，干燥开始。

⑤ 进风温度通过自动控制系统慢慢上升到设定温度，保持进风温度，在设定温度左右（波动范围视工艺而定）进行颗粒干燥。

⑥ 干燥结束，拉出冷风门开关，用洁净的冷空气冷却颗粒数分钟。

⑦ 按风机停止键，使风机和搅拌同时停止（连锁），推拉捕集袋升降气缸数次，使袋上的积料抖下。

⑧ 拉出充气开关，等气囊放气后拉出料斗，取样检测水分符合要求可以收粒，不符合要求则要继续以上操作。

⑨ 水分符合要求后，将颗粒收集。

⑩ 操作结束，清洁沸腾干燥机。

2. 沸腾床干燥器的维护保养

（1）操作人员在每次操作之前先检查蒸汽阀、压缩空气及各量程表是否正常。

（2）检查上、下气囊密封圈是否有凸起，平头螺丝是否松脱，防止料车推入时撞坏。

（3）检查料斗的桨叶是否过紧，桨叶过紧加上物料的阻力，造成搅拌马达转动负荷增加，使传动凸块折断或马达烧毁。

（4）检查上、下气囊密封圈的气压是否合适，气压过高容易引起密封爆裂，过低起不到密封作用出现漏粉，影响生产效率及干燥质量。

（5）检查压缩空气压强是否过高。压缩空气压强过高，容易造成冷热风门气缸冲力过大，使风门活接折断或密封胶损坏而漏气，影响干燥效果；布袋柜架气缸推力过大，推杆容易弯曲。

（6）每个月对中效过滤袋清洗一次，从沸腾机风口进入，松脱框架螺丝，取出网袋先用清洁剂浸泡30min，再用清水冲洗、烘干。

（7）定期对搅拌装置中的变速箱清洗，加润滑油。定期对料车的传动齿轮加润滑油，填写设备润滑记录。

（8）当干燥机运行时出现异常噪声或振动时，必须立即停机，排除故障后方可使用。

3. 沸腾床干燥器常见故障及处理方法

沸腾床干燥器常见故障及处理方法见表4-6。

表4-6 沸腾床干燥器常见故障及处理方法

故障名称	产生原因	排除方法
发生死床	① 入炉物料太湿或块多 ② 热风量少或温度低 ③ 床面干料层高度不够 ④ 热风量分配不均匀	① 降低物料水分 ② 增加风量，提高温度 ③ 缓慢出料，增加干料层厚度 ④ 调整进风阀开度
流化状态不佳	① 到时间没有抖袋，布袋上吸附的粉末太多 ② 滤袋是否未锁紧 ③ 床层负压过高，粉末吸附在滤袋上 ④ 进风过滤器阻塞，风阻太大 ⑤ 油雾器缺油。	① 检查抖袋电磁阀、过滤袋 ② 检查锁紧压环 ③ 调小风机频率，抖袋清粉 ④ 检查清洗或更换过滤器 ⑤ 油雾器加油
排出空气中的细粉末较多	① 过滤袋破裂 ② 床层负压过高将细粉抽出 ③ 滤袋破旧	① 检查过滤袋，如有破口、小孔，必须补好，方能使用 ② 调小风机频率 ③ 更换滤袋

续表

故障名称	产生原因	排除方法
干燥颗粒时出现结块现象	① 部分湿颗粒在原料容器中压死 ② 抖袋周期太长	① 启动脉冲抖动按钮将颗粒抖散 ② 调节抖袋时间
制粒操作时分布板上结块	① 压缩空气压强太小 ② 喷嘴有块状物阻塞 ③ 喷雾出口雾化角度不好	① 检查喷嘴开闭情况是否灵活在可靠 ② 调节雾化压强 ③ 调节输流量，检查喷嘴排除块状异物；调整喷嘴的雾化角度
制粒时出现绿豆大的颗粒且不干	雾化质量不佳	调节输液量；调节雾化压强

三、喷雾干燥器的操作、维护与常见故障处理

以 LPG 系列离心喷雾干燥器为例。

1. 喷雾干燥器的操作步骤

(1) 启动前准备工作

① 检查供料泵、雾化器、送风机及出料机是否运转正常；

② 检查蒸汽、溶液阀门是否灵活好用，各种管路是否畅通；

③ 清理塔内积料和杂物；刮掉塔壁挂疤；

④ 排除加热器和管路中积水，并进行预热，向塔内送热风；

⑤ 清洗雾化器，达到流道通畅；

⑥ 开机前，请确认水、气、电已满足设备要求，请再次确认所有紧固件已收紧，检查门已关紧。

(2) 操作运行

① 启动循环风机 5～10min，开启加热系统，加热进气，待达到工艺设定温度并稳定。

② 开启雾化器，使其旋转，当转速正常后，启动供料泵，向雾化器输送物料，通常先喷溶剂，观察压力大小和输送量，以保证雾化器需要。

③ 出口温度达到预定排风温度，然后迅速转换为料液，料液调节必须由小逐渐加大，要十分当心，否则易产生粘壁现象。

④ 经常检查，调节雾化器喷嘴位置和转速，确保雾化颗粒大小合格；经常查看和调节干燥塔负压数值，一般控制在 100～300Pa。

⑤ 喷料完毕后，将原料液切换至溶剂，并喷雾 5～10min，但需调节雾化器频率保持出口温度不变，此后供料泵关闭。

⑥ 关闭进气加热热源，慢慢减小雾化器转速，待雾化器冷却到一定温度时，关闭雾化器。

⑦ 清扫干燥室壁及雾化器附近的积粉，关闭循环风机，关闭电源。

2. 喷雾干燥器的维护保养

(1) 雾化器、输送溶液管路和阀门停止使用时应清洗干净，或放净溶液，防止凝固堵塞，经常清理塔内粘挂物料，并对设备定期防腐。

(2) 进入塔内的热风不可过高，防止塔壁表皮碎裂。

(3) 定时巡回检查各转动设备的轴承温度和润滑状况，检查其运转是否平稳，有无摩擦和击撞声；定时巡回检查各种管路与阀门是否渗漏，各转动设备的密封装置是否泄露，做到及时调整和拧紧。

(4) 保持供料泵、风机、雾化器及出料机等转动设备的零部件齐全，定时检修。

（5）为延长使用寿命，建议用两台雾化器轮换使用。一般雾化器连续工作一段时间就需拆下雾化盘、料液分配盘、导向轴等零件清洗干净。导向轴承稍有擦伤可用细砂布打光。有严重擦伤应换新使用。如连续使用较长时间，配备冷却系统可延长使用时间。

3. 喷雾干燥器常见故障及处理方法

喷雾干燥器常见故障及处理方法见表4-7。

表4-7 喷雾干燥器常见故障及处理方法

故障名称	产生原因	排除方法
产品含水量高	排风温度过低；进料太快	适当减小进料量，以提高排风温度
塔顶有积粉	热风分配器没调好	调整直形导风板的上、下位置
喷雾后得不到干粉，回壁有湿粉	① 进料太快，不能充分蒸发 ② 进风温度太低 ③ 料液供给不稳定	① 适当减小进料量 ② 提高进风温度 ③ 保证物料有较好的流动性
蒸发量降低	① 整个系统空气量减少 ② 热风进口温度太低 ③ 设备漏风	① 检查风机转速是否正常，管道阀门开度是否恰当；检查加热器上的空气过滤器是否堵塞 ② 电压、电加热器是否正常 ③ 检查连接部位的密封性
产品夹杂度高	① 空气过滤器效果差 ② 焦粉混入产品或设备不清洁 ③ 料液夹杂度高	① 更换或清洗过滤器 ② 彻底清洗设备 ③ 喷雾前过滤料液
产品粉粒太细	① 料液浓度太低 ② 喷雾盘转速太快 ③ 进料量太小 ④ 喷嘴孔径太小 ⑤ 溶液压力太高	① 提高料液浓度 ② 如喷头电机可调速，降低雾化盘转速 ③ 提高进料量，相应提高进风温度，保持排风温度不变 ④ 换大孔径喷嘴 ⑤ 适当降低压力
产品得率低，跑粉损失大	① 旋风分离器效率低 ② 粉末粒度小 ③ 过滤袋破裂 ④ 风速大	① 检查旋风分离器是否有变形情况，提高旋风分离器出料口的气密性，检查内壁及出料口是否有积料堵塞现象 ② 增加二级除尘（如布袋除尘器） ③ 修补破口 ④ 降低风速
离心雾化器运转时有振动	① 喷雾盘上有残余物质 ② 轴产生永久变形	① 拆下雾化盘清洗 ② 调换变形轴
喷洒盘运转声音不正常	① 喷洒盘不平衡振动 ② 物料在盘上干结而振动 ③ 轴弯曲 ④ 润滑油供应不良	① 找到平衡 ② 用水洗喷洒盘 ③ 校直或更换 ④ 检查供油系统及油质
轴承温度明显升高	① 油孔堵塞油量减小 ② 油质不好 ③ 冷却水管堵塞 ④ 轴承磨损或损坏	① 停车检查 ② 换油 ③ 检查、疏通管路 ④ 更换

四、双锥回转真空干燥器的操作、维护与常见故障处理

1. 双锥回转真空干燥器操作步骤

（1）启动前准备工作

① 开启真空泵检查，管道连接处、填料函是否泄漏，进、出料口密封是否良好，真空表反应是否灵敏。

② 开启冷却水阀门检查载热管道连接处，填料函是否泄漏，压强表反应是否灵敏。

③ 检查电控柜各仪表、按钮、指示灯是否正常，检查接地线是否良好，有无漏电、短路现象存在。

④ 在各油杯中加满润滑脂，启动电机空车运转，听声音是否正常，若不正常，应查出噪声的来源，并加以排除。

（2）操作运行

① 将需干物料加入容器内（粉状、细小粒状、浆状物料采用真空进料），然后关闭进料孔盖，装料量不得超过总容积的50%，且物料中不得带有坚硬的块状物。若物料密度或含水量过大时，应适当减少进料量。

② 关闭排真空阀后，开真空泵，使干燥容器内呈特定要求负压。

③合上电源开关，启动电机，按下工作电钮，干燥机开始旋转工作。

④ 开启载热体阀门，让载热体进入干燥容器夹层内，按工艺要求检测。

⑤ 物料干燥完成后，先关闭载热体阀门，然后向夹层内注入冷却水，待物料冷却到常温后，停止抽真空。开启排真空阀，关电机，停止干燥机旋转，打开孔盖出料。

⑥ 主机运转时，主机周围不得有人员和杂物，以免被转动中的筒体打到；装料，卸料时确定主机关闭。

2. 双锥回转真空干燥器的维护保养

（1）滚动轴承内应选用复合钙基润滑脂，其最高使用温度150℃，每个月至少应检查一次，发现润滑脂变干时，应立即清洗，并换上新脂。

（2）圆柱蜗轮杆减速箱（或蜗轮蜗杆减速机）使用前必须加注润滑油并应定期更换润滑油，依据其说明书保养。

（3）链传动之链条，至少每个月加油一次。

（4）罐内的过滤器，干燥一次后，即清除周围吸着的粉末，使过滤器畅通。

（5）主机真空管与主机之间采用旋转轴承形式密封圈，当发现漏气时，应立即更换。

（6）一般设备在运转半年到一年后应检查修理一次，检修时应按原位置装配，并调整各部位间距和公差，且按规定更换或补充相应的润滑脂（油）。

3. 双锥回转真空干燥器常见故障及处理方法

以热水为加热介质的双锥回转真空干燥器常见故障及处理方法见表4-8。

表4-8 双锥回转真空干燥器常见故障排除方法

故障名称	产生原因	排除方法
罐体无温度	① 水泵不工作 ② 水、油泵阀门未打开 ③ 水箱没水 ④ 水箱水没加热	① 检查水泵线路和水泵 ② 打开阀门 ③ 水箱加水 ④ 加热水箱内水
罐内真空度不高	① 管道漏气 ② 真空泵太小 ③ 过滤袋受堵 ④ 旋转接头漏气	① 检查管路 ② 维修或更换真空泵 ③ 更换过滤袋 ④ 更换旋转接头

五、气流干燥器的操作、维护与常见故障处理

1. 气流干燥器操作步骤

（1）启动前准备工作　开机前先检查各设备控制点、机械传动点有无异常情况，所有传

动设备经盘转是否灵活、正常，蒸汽、压缩空气有无到位，检查各岗位就绪，安全无误方可升温、启动开车。

（2）操作运行

① 首先启动引风机，使蝶阀开启在所需的刻度，保证气体流量。

② 启动空气压缩机，控制调节多路压缩空气在设计压强工艺条件下作业。

③ 开启布袋脉冲控制器反吹系统，并调节反吹频率，保证气体进口压强在0.5～0.6MPa之间工作。

④ 将湿物料（投入前必须先测定出含水量）投入加料斗中，待启动螺旋进料器。

⑤ 加热热风炉，使气流干燥机的空气进口温度逐渐上升，当气流干燥机的空气出口温度超过110℃时，启动螺旋输料电机，调节控制加料速度，保证出口温度在60℃左右时稳定。待进口温度达到130～150℃时，重新调节输料电机速度，控制干燥机进、出口温度在设计温度工艺条件下作业。

⑥ 观察系统中各设备（及其他部位）运转是否正常。

⑦ 取样检测干粉料质量合格后包装、入库。

⑧ 停车时首先须停止螺旋加料器加料。

⑨ 将气流干燥机中余料继续吹干，并带出机外，半小时以后停掉热风炉，之后停止引风机。

⑩ 停止空气压缩机，停止布袋除尘器反吹系统。

⑪ 停止仪表控制，停总电源。

操作过程中如系统压强突然骤增，而又无法消除时，要马上切断电源，操作人员迅速离开操作现场，以防泄爆时伤害人身。操作过程中如泄爆阀突然打开，必须在第一时间内疏散人员并首先关掉引风机再关掉进料器。

2. 气流干燥器的维护保养

（1）各部位轴承按设备生产厂家说明进行润滑。

（2）停机后清理气流干燥器各设备内部各部分的残留物料；根据实际情况定期用皮锤敲击旋风分离器和布袋除尘器，以便清除壁上的积料。

（3）定期清除热交换器进风口滤网上附着的杂物。

（4）突然长时间停电时，气流干燥机内要进行清洗，以防机内湿料风干变硬、堵塞干燥机环隙，以致再开车时影响产品质量。

3. 气流干燥器常见故障及处理方法

气流干燥器常见故障及处理方法见表4-9。

表4-9 气流干燥器常见故障及处理方法

故障名称	产生原因	处理方法
气体出口温度高	进料速度过慢，进料量低	缓慢提高加料器转速，增加进料量；但当干燥塔内负压低时须降低加料速度待塔内负压回升稳定后再重新调节加料速度，保证出口温度为设计值
气体出口温度低	进料速度过快，进料量大	缓慢降低螺旋加料器转速，减少进料量
系统压强不平衡	① 系统有漏气或堵塞 ② 测压管是否有堵塞。	① 检查处理系统漏气或堵塞点 ② 疏通被堵塞的测压管
布袋除尘器气体出口冒粉料	布袋脱落或破损	及时更换、维修脱落或破损的布袋

任务实施

可利用学院实训装置，实施干燥器的操作训练，以达到相应的教学目标。老师须指导学生熟悉流程并绘制装置流程图，完成操作方案的编订，指导操作，正确填写操作工艺卡。

一、沸腾床干燥器的实操训练

1. 沸腾床干燥器操作实训装置工艺流程

图4-30所示为常州工程职业技术学院自主开发的沸腾床干燥操作实训装置工艺流程。该实训装置以空气为干燥介质，空气经过滤器、压缩机、流量计、预热器（E101）后进入沸腾床干燥器（T101）干燥湿硅胶细颗粒（湿硅胶为淡红色，干燥后硅胶为蓝色），尾气经旋风分离器（X101）后排出，气体流量还可通过旁路调节，尾气夹带的少量固体颗粒经旋风分离器分离收集。该实训装置可通过调节风量实现沸腾床干燥、固定床干燥（气速较小，床层稳定）及气流床干燥（气速较大，颗粒随气流流动）操作。

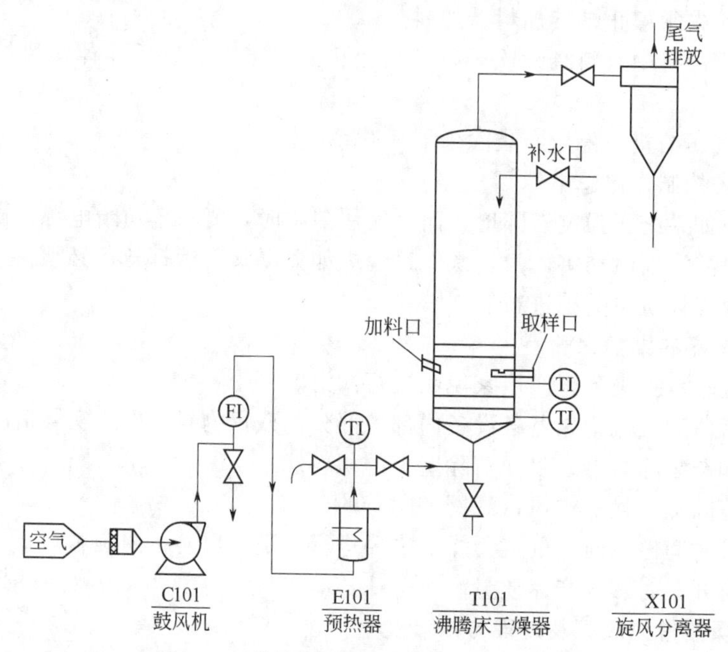

图4-30　沸腾床干燥实训装置工艺流程图

2. 沸腾床干燥器的操作

（1）开机前准备

① 电源　检查总电源供给是否正常。

② 湿物料　干燥器内物料量是否合适，如太少，则需从加料口加入一定量细颗粒硅胶；检查物料颜色是否为淡红色，如为蓝色需从高位水瓶中滴加少许水。

③ 检查仪表、风机是否正常　检查所有阀门启闭是否合适。

④ 选择装置介质的流通方向。

（2）开车

① 启动总电源，此时总电源指示灯亮；

② 打开流量计前旁通阀、关闭流量计前阀；

③ 按风机“启动”按钮，启动风机；

④ 微开流量计前阀；

⑤ 根据床层的流动形态，缓慢开大流量计前阀，并通过旁路辅助调节流量，使床层保持沸腾（流化）状态；

⑥ 按预热器电加热“启动”按钮，缓慢增大电加热电流，使进风温度保持在120℃，但需要关注气体温度，并及时调整加热负荷；

⑦ 观察床层颜色变化，并取样分析。

（3）停车

① 待床层物料（硅胶细颗粒）全部变为蓝色后，调节预热器加热电流为0，关电加热电源；

② 开大旁通，待预热器出口温度降至30℃后，关闭风机；

③ 收集干燥产品，打开旋风分离器料斗，回收部分被气流带出床层的干物料；

④ 关闭总电源；

⑤ 清理现场。

二、喷雾干燥器的实操训练

1. 喷雾干燥器操作实训装置工艺流程

图4-31所示为常州工程职业技术学院干燥实训室LPG-5型离心喷雾干燥操作实训装置工艺流程。该干燥装置以空气为干燥介质，进口未配备鼓风机，装置末端配有抽风机，空气经空气过滤器、预热器后进入干燥器顶部的空气分配器，热空气呈螺旋状均匀进入喷雾干燥器（X202），料液（选用接近饱和的硫酸钠溶液）经过离心雾化器，被雾化成极小的雾状液滴，料液和热空气并流接触，水分迅速蒸发，在极短的时间内干燥为成品，成品经旋风分离器（X201），布袋除尘器（V201）收集，废气被抽风机排出，湿空气风量通过抽风机前蝶阀调节。该喷雾干燥器的雾化器须经压缩空气驱动，由压缩空气带动雾化分散盘高速旋转；布袋除尘器也配有压缩空气反吹抖震。

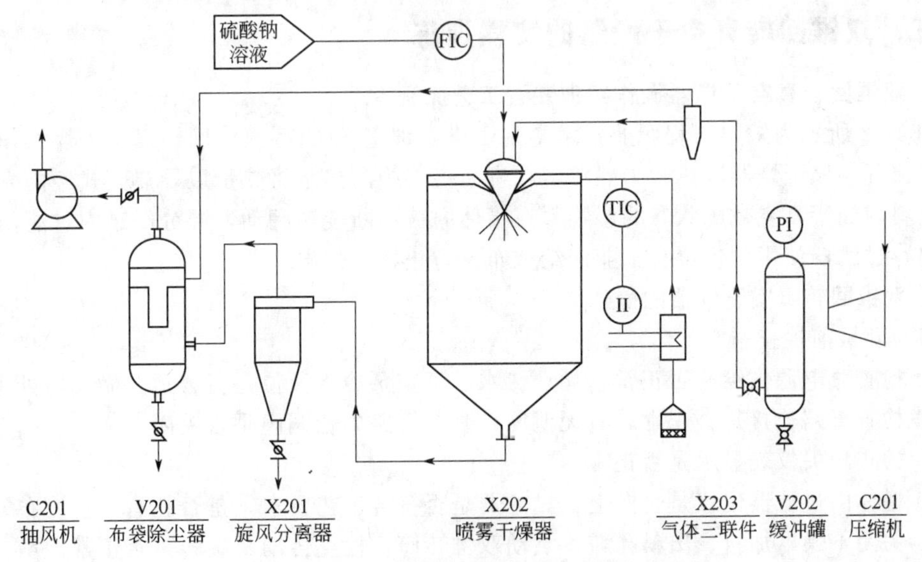

图4-31 LPG-5型喷雾干燥实训装置工艺流程图

2. 离心喷雾干燥器的操作

（1）启动前检查

① 检查加热器和进风管之间的连接，出风管和干燥室以及出风管和旋风分离器之间连接部位等密封是否完好。

② 授粉筒和出料口间密封是否完好，是否清洁、干燥。

③ 查看电源供给是否正常。

④ 离心风机首先用手转动，有无异常声，如有异常，应分析原因，予以排除。点动离心抽风机，判别离心风机运转时旋转方向是否正确，注意风机蝶阀不可关死。

⑤ 雾化器手转是否正常，检查雾化器转向从上往下看应为逆时针转向。

⑥ LPG-5 型喷头采用高压气体作为动力，为确保雾化器寿命，检查由压缩机出来的气体是否经气体三联件后进入雾化器。

⑦ 干燥室门是否关紧密封，以免被灼伤。

⑧ 检查干燥器上方两高位槽中水、无水硫酸钠溶液是否够量，如不够要加液。

⑨ 检查空气压缩机放空阀及压缩空气管路其他阀门是否关闭。

⑩ 选择装置介质的流通方向。

（2）开车　开总电源—调节抽风机蝶阀至适当开度—启动离心抽风机—开空气预热器电加热器—启动空压机，备好 0.3MPa 以上压强的压缩空气并输送至雾化器、布袋除尘器—开离心雾化器—开清水进口阀，用适当流量清水清洗喷雾头—关闭清水—开湿物料进料阀至适当开度，使雾化状态正常—开布袋除尘器反冲抖震—喷雾干燥 5min—关授粉筒上蝶阀—取样分析—调节进料量或热空气进口温度至合适—稳定运行。

（3）停车

① 关开湿物料进料阀—保持尾气温度不变开清水清洗雾化器 10min—关清水进口阀—关雾化器—关预热器电加热—待进口温降至室温后关抽风机—关授粉桶上部蝶阀—收集干燥产品—关干燥器总电源—关空气压缩机—放空压缩空气缓冲罐—关闭其他阀门。

② 开干燥室门—清扫干燥室壁以及雾化器附近的积粉—擦拭设备和清扫现场。

三、双锥回转真空干燥器的实操训练

1. 双锥回转真空干燥器操作实训装置工艺流程

图 4-32 所示为常州工程职业技术学院干燥实训室 SZG 型双锥回转真空干燥操作实训装置工艺流程。该干燥器以热水为热源，在密闭夹层中的热水将热量以导热方式经内壳传给被干燥物料，处于真空减压状态的湿物料在罐体内被不断旋转翻动，湿分经罐内过滤器被真空泵抽出。过滤器使用时包覆有工业涤纶绒布，防止物料带出。

2. 双锥回转真空干燥器的操作

（1）开机前检查

① 检查总电源供给是否正常，循环热水、真空泵冷水液位是否合适并做相应处理。

② 检查管路连接是否正常，有无泄漏，真空管路中各阀门是否关闭。

③ 检查相关仪表显示是否正常。

④ 罐体内过滤器位置是否向上，过滤器是否符合工艺要求，是否扎有工业滤布。

⑤ 关闭干燥器加料、出料孔盖，点动双锥转筒，检查传动及旋转是否正常。

（2）开车

① 打开进料孔盖，关闭放料孔盖，将适量待干燥的湿物料缓缓加入容器内。

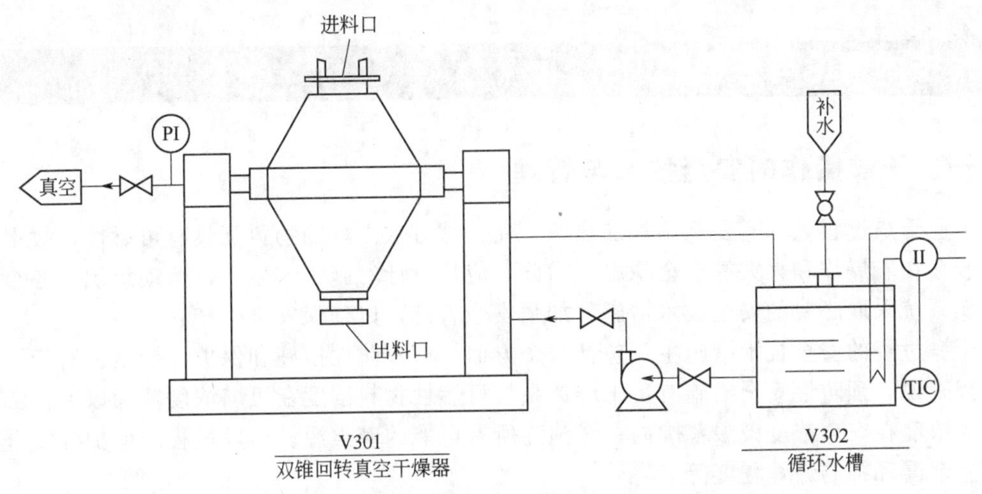

图 4-32　SZG 型双锥回转真空干燥实训装置工艺流程图

② 加料毕，擦去垫圈上物料，及时关闭进料盖，并要保证两孔盖密封性好。

③ 开真空管路阀门，关真空泵缓冲罐放空，开真空泵，使双锥罐内达到一定的真空度，如未真空度达到－0.092MPa，须检查双锥两孔盖及真空管路密封。

④ 开总电源，点动开启回转筒，使双锥转筒不断地绕水平轴线旋转，旋转前要保证旋转筒不伤及操作人员及其他器物。

⑤ 开热水管道泵前阀，启动管道泵，往双锥夹套通入热介质。

⑥ 开循环水槽电加热，设定温度 70℃。

⑦ 待循环热水槽温度达 70℃后，干燥 30min 以上。

(3) 停车

① 关闭热水循环泵，关泵前后阀。

② 关闭真空管路上相应阀门，停转双锥转筒并调节至出料口位置至恰当。

③ 开真空泵放空阀，关真空泵，开真空管路阀门，放空干燥器罐。

④ 开放料孔盖卸料。

⑤ 清扫罐内残留物料，清除罐内过滤器周围吸着的粉末，使过滤器畅通。

⑥ 关闭放料孔盖，以防灰尘进入罐内。

⑦ 擦拭设备，清扫现场。

任务五
项目拓展——干燥操作的安全节能技术

工作任务要求

通过本任务的实施，应满足如下工作要求：

1. 能依据干燥操作工艺要求对干燥操作设备及生产管理过程提出安全管理合理化建议；

2. 能借助相关资料对干燥操作工艺进行节能评价并提出改进措施。

技术理论与必备知识

一、干燥操作的安全技术与管理

工业干燥过程大都需要利用外加热源，而大部分被干燥的物料又具有可燃性，故干燥过程一般存在着爆炸和火灾等安全隐患。为此，应从设计、施工、生产、劳动组织等各个环节对干燥系统采取必要的安全技术措施和加强安全管理，以确保安全生产。

干燥过程的安全技术措施主要包括两个方面，即预防性措施和保护性措施。对于干燥操作过程来说，预防性安全措施有：①维持系统可燃性物料浓度在可燃浓度范围以下；②保证系统氧浓度在安全浓度极限范围内；③消除所有可能的着火源。干燥过程的保护性安全措施有防止泄漏和抑制爆炸程度等。

1. 爆炸的预防性措施

(1) 惰性化　惰性化的基本原理是造成一个燃烧反应不能发生的环境。常用的方法是把干燥系统用惰性气体（如 N_2、CO_2和烟道气等）来稀释。惰性气体的存在把气体混合物中氧浓度降低到维持燃烧所需的最低浓度 MOC 以下，一般为10%（体积分数）以内。惰性化也降低了最大爆炸压强和压强升高速率。

对于含有有机溶剂物料的干燥，干燥介质必须用惰性气体，图 4-33 所示的就是一个典型的半闭路循环喷雾干燥系统，部分废气循环干燥系统不仅提高了过程的热效率，而且也降低了系统的氧含量，这样的干燥系统又被称为自惰化系统。但必须注意，惰性化干燥系统的开车阶段，在系统氧含量没有达到燃烧浓度下限时，不应该投料。

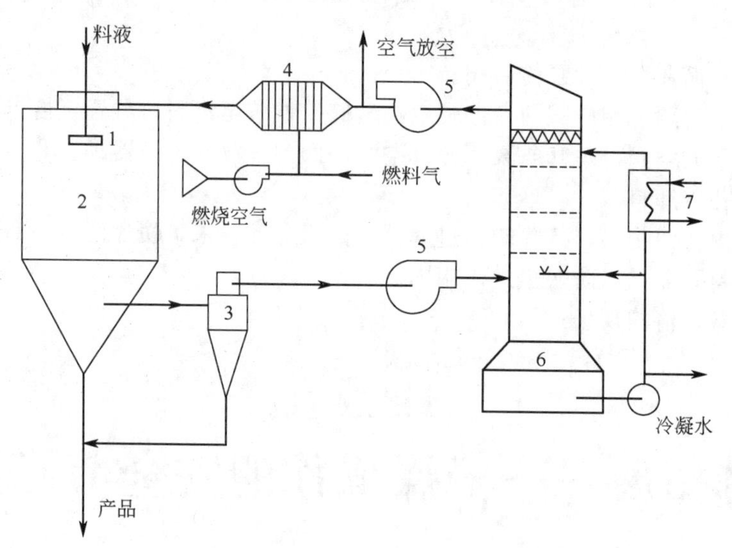

图 4-33　半闭路循环（自惰化）的喷雾干燥系统

1—雾化器；2—干燥室；3—旋风分离器；4—加热器；5—风机；6—冷凝—洗涤塔；7—换热器

(2) 避免粉尘云的形成　避免粉尘云形成的唯一安全措施就是控制系统干燥空气的速度，即在该速度下不发生粉尘的夹带。对于盘式或带式等少数几种干燥器来说，空气的速度容易控制；但对于颗粒悬浮的分散式干燥器而言，粉尘夹带的控制不容易或不大可能。

(3) 消除所有可能的着火源　为防止干燥系统爆炸事故的发生，应消除或控制下列所有可能的着火源。

① 直接加热系统　对于含有可燃性蒸气的干燥系统，一般不采用直接加热系统。当干燥系统采用部分废气循环操作流程时，如果要采用直接加热系统，必须保证没有可燃性粉尘颗粒带入燃烧室内；定期清扫加热炉，使其在适宜的空气－燃料配比下操作，确保燃烧完全；风机应处于无粉尘吸入的位置，否则，就应在风机入口处装一粉尘过滤器，并要定期检查和清扫。

② 静电火花　所有金属或良好导电体都能储存足够的电能，当放出全部电荷时，常发展为火花放电，进而可能引起干燥系统发生火灾或爆炸。为防止电荷累积，最常用的方法是将所有导电体接地，并定期检查。对于高电阻的绝缘体，直接接地移走电荷比较困难，常用的方法是加入某些导电体来减小电阻，例如，袋滤器的滤袋一般为合成纤维材料，其电阻相当高，可以加入某种钢材或碳纤维材料等加以降低。

③ 电气火花　接触式开关、熔断器、电路开关等电气元件都可能产生电火花，其能量比最小着火能量 MIE 要大，因此，必须保证这样一些电气设备不与粉尘或可燃蒸气接触，以免发生火灾或爆炸。

④ 摩擦火花或摩擦热　在干燥操作过程中，下列一些过程可能产生摩擦火花或摩擦热：a. 轴承过热；b. 铁铲或铁勺等工具与干燥器的撞击、摩擦；c. 风机叶轮与机壳的接触摩擦、撞击；d. 物料中碎金属杂质或石块进入干燥器内。

⑤ 自燃　应保证干燥操作的每一阶段，特别是开车或停车阶段，不要使物料温度达到自燃温度。尽可能避免干燥器的棱、角、缝等位置有粉尘层的形成，要定期清扫沉积物。

2. 爆炸的保护性措施

爆炸的保护性措施是指允许爆炸任其自然发生，但要保证安全，对操作人员和设备没有任何危险。爆炸的保护性措施主要有泄漏和抑制等方法。

(1) 泄漏法　泄漏法的基本原理是，在预定的压强升高 p_1 下，泄漏装置打开，把爆炸产物释放到安全区域。泄漏法是一种最便宜、最通用的爆炸保护性措施。如果爆炸产物有毒时，不能马上排放到系统附近，一般把泄漏口用管道连接起来，将有毒产物排放到安全区内。由于大多数干燥器在中低压下操作，因此，泄漏口的压强升高一般是 10kPa。对于泄漏口的选择和设计，最重要的是在指定的压强下完全打开且阻力小；当关闭时，要完全密封。

工业应用的爆炸泄漏装置有许多种形式，如防爆盘、弹簧式铰链盖或铰链门以及自动启动泄漏装置等。

在理想情况下，爆炸泄漏口的位置距着火源愈近愈好。然而，准确预测火种的位置几乎是不可能的。实际上，泄漏口应位于受内部构件影响较小的位置，以免火焰前沿穿过这些构件，增加了湍流程度。某些干燥器或主要附属设备的泄漏口位置如图 4-34 所示。

(2) 抑制法　抑制法即封锁法，即当爆炸刚刚开始的时刻（通常在 10^{-7}s 内），由于抑制剂的作用，把它封锁（即抑制）在起始阶段，这样，就阻止了会导致爆炸压强的进一步增加。

一般情况下，一个有效的爆炸抑制系统，将最大爆炸压强维持在 10kPa 以下。而抑制器的数量与设备的体积及空气流量有关。常用的抑制剂有卤代烃及碳酸钠或磷酸铵干粉等，而后者更为有效。当爆炸产物有毒或从泄漏口排放又不允许时，自动爆炸抑制系统有其独特的优越性。一般认为，对于大部分有机溶剂蒸气爆炸、粉尘爆炸、粉尘－蒸气－空气混合物爆炸以及燃料液滴爆炸，抑制法是有效的，但对于化学放热分解产生大量气体的反应过程，抑制法是无效的。

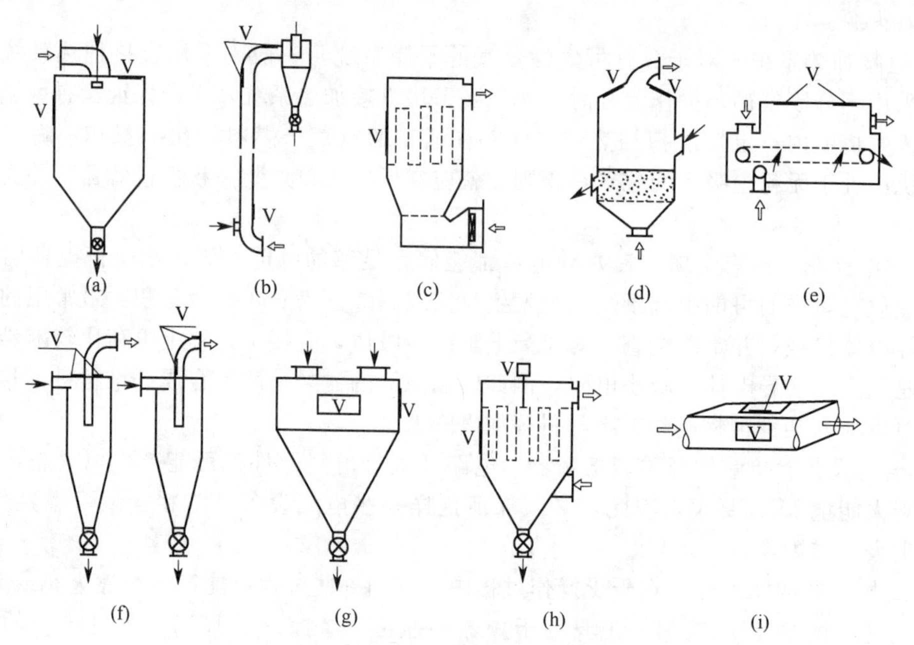

图 4-34　某些干燥器或主要附属设备的泄漏口位置

(a) 喷雾干燥器；(b) 气流干燥器；(c) 间歇流化床干燥器；(d) 流化床干燥器；(e) 带式干燥器；(f) 旋风分离器；(g) 料仓；(h) 袋滤器；(i) 管道；V 泄漏口

3. 干燥过程的安全管理

干燥装置的正常操作应该在安全、有效和经济的情况下进行。安全生产可以通过对设备的正确操作和维护而获得。如果操作不当，操作人员没有进行培训或操作说明书不正确，即使是设计水平最高的装置也会发生事故。据统计，人为差错引起的事故占工业事故的 90% 以上。因此，对干燥操作过程必须加强安全管理工作。

安全管理问题是一个复杂的系统工程，它是企业管理的一个组成部分。它的基本任务是发现、分散和消除生产过程中的各种危险，防止发生事故，避免各种损失，保障操作人员的人身安全。对于干燥过程的安全管理问题，主要是干燥系统的安全操作程序、设备的维护和操作人员的培训等。

(1) 干燥系统的安全操作　为保障干燥装置的正常运行和安全生产，所有的干燥装置都应配有清楚的操作说明书。

干燥装置的操作说明书一般应包括下列内容：①开车前的准备工作（主要是单机调试）；②开车程序；③正常运行；④正常停车；⑤紧急停车。

在装置的开车和停车期间，过程处于非平衡状态，被认为是一种特殊的危险期，过程很可能失去控制。这时，对空气和物料温度及流率的测量和控制非常重要。对于含有有机溶剂物料的干燥过程，其蒸气的浓度必须进行检测。另外，在装置运行期间，必须定期进行安全检查，尤其在设备、物料或操作条件改变时，这一点尤为重要。

(2) 设备的维护和操作人员的培训　在设备的维护工作中，尤其在进行焊接、切割、银焊或锡焊等热工操作时，必须严格遵循许可证制度。特别应该注意所有安全设备以及容易产生火源设备的维护工作。

操作人员的培训对装置的安全、有效和经济运行是必需的。操作人员应该学习操作说明书，不仅应该弄清装置的正常操作程序，而且还应该认识操作过程的危险情况，对于干燥物料的危险性要有充分的估计，同时应该准备在紧急情况下，采取一些应急的安全措施。

二、干燥操作的节能途径

由于干燥都要将液态水分变成气态，需要供给较大的汽化潜热，所以干燥是能量消耗最大的单元操作之一。从理论上讲，在标准条件（即干燥在绝热条件下进行，固体物料和水蒸气不被加热，也不存在其他热量交换）下蒸发1kg水分所需要的能量为2200～2700kJ。实际干燥过程的单位能耗比理论值要高得多，据统计，一般的间歇式干燥其单位能耗为2700～6500kJ/kg；对某些软薄层物料（如纸张、纺织品等）的干燥则高达5000～8000kJ/kg。因此，必须设法提高干燥设备的能量利用率，以节约能源。

目前，工业上常采取改变干燥设备的操作条件、选择热效率高的干燥装置、回收排出的废气中部分热量等措施来节约能源和降低生产成本。

1. 减少干燥过程的各项热量损失

一般说来，干燥器的热损失不会超过10%，大中型生产装置若保温适宜，热损失约为5%。因此要做好干燥系统的保温工作，但也不是保温层愈厚愈好，应当求取一个最佳保温层厚度。

为防止干燥系统的渗漏，一般在干燥系统中采用送风机和引风机串联使用，经合理调整使系统处于零压状态操作，这样可以避免对流干燥器因干燥介质的漏入或漏出造成干燥器热效率的下降。

2. 降低干燥器的蒸发负荷

物料进入干燥器前，通过过滤、离心分离或蒸发等预脱水方法，增加物料中固体含量，降低干燥器蒸发负荷，这是干燥器节能的最有效方法之一。例如将固体含量为30%的料液增浓到32%，其产量和热量利用率提高约9%。

对于液体物料（如溶液、悬浮液、乳浊液等），干燥前进行预热可以节能。对于喷雾干燥，料液预热还有利于雾化。

3. 提高干燥器入口空气温度、降低出口废气温度

由干燥器热效率定义可知，提高干燥器入口热空气温度t_1，有利于提高干燥热效率。但是，入口温度受产品允许温度限制。

一般来说，对流式干燥器的能耗主要由蒸发水分和废气带走这两部分组成，而后一部分占15%～40%，有的高达60%，因此，降低干燥器出口废气温度比提高进口热空气温度更经济，既可以提高干燥器热效率，又可增加生产能力。但出口废气温度受两个因素限制：一是要保证产品湿含量（出口废气温度过低，产品湿度增加，达不到要求的产品含水量）；二是废气进入旋风分离器或布袋过滤器时，要保证其温度高于露点20～60℃。

4. 部分废气循环

由于利用了部分废气中的部分余热，使干燥器的热效率有所提高，但随着废气循环量的增加而使热空气的湿含量增加，干燥速率将随之降低，使湿物料干燥时间增加而带来干燥装置设备费用的增加，因此，存在一个最佳废气循环量。一般的废气循环量为20%～30%。

5. 从干燥器出口废气中回收热量

除了上述这种利用部分废气循环来回收热量的节能方法外，还可以用间接换热设备来预热空气等节能途径，常用的换热设备有热轮式换热器、板式换热器、热管换热器、热泵等。

6. 从固体产品中回收显热

有些产品为了降低包装温度，改善产品质量，需对干燥产品进行冷却，这样可以利用冷

却器回收产品中的部分显热。常用的冷却设备有液－固冷却器（可以得到热水等）、流态化冷却器、振动流化床冷却器及移动床冷却器等（可以得到预热空气）。

7. 采用两级干燥法

采用两级干燥主要是为了提高产品质量和节能，尤其是对热敏性物料最为适宜。牛奶干燥系统就是一个典型的实例，它是由喷雾干燥和振动流化床两级干燥组成的，其单位能耗由单一喷雾干燥的5550kJ/kg降低为4300kJ/kg，同时又使奶粉的速溶性提高。牛奶两级干燥的另一种形式是把振动流化床位于喷雾干燥室的下部，这样就把两个单元合二为一，合理利用了干燥空气，其单位能耗降低为3620kJ/kg。

8. 利用内换热器

在干燥器内设置内换热器，利用内换热器提供干燥所需的一部分热量，从而减少了干燥空气的流量，可节能和提高生产能力1/3或更多。这种内换热器一般只适用特定的干燥器，如回转圆筒干燥器的蒸汽加热管、流化床干燥器内的蒸汽管式换热器等。

9. 过热蒸汽干燥

与空气相比，蒸汽具有较高的热容和较高的热导率，可使干燥器更为紧凑。如何有效利用干燥器排出的废蒸汽，是这项技术成功的关键。一般将废气用作工厂其他过程的工作蒸汽，或经再压缩或加热后重复利用。

过热蒸汽干燥的优点：可有效利用干燥器排出的废蒸汽，节约能源；无起火和爆炸危险；减少产品氧化变质的隐患，可改善产品质量；干燥速率快，设备紧凑。但目前还存在一些不足：工业使用经验有限；加料和卸料时难以控制空气的渗入；产品温度较高。

任务实施

一、资讯

在教师的指导与帮助下学生解读工作任务要求，了解工作任务的相关工作情境和背景知识，明确工作任务中的核心信息与要点。

二、决策、计划与实施

根据干燥设备及干燥操作过程的安全、节能要求，通过分组讨论对干燥操作设备及生产管理过程提出安全管理合理化建议，对干燥生产工艺进行节能评价并提出改进措施。

三、检查与评估

教师可通过检查各小组的工作方案与听取小组研讨汇报，及时掌握学生的工作进展，适时地归纳讲解相关知识与理论，并提出建议与意见，同时对各小组完成情况进行检查与评估，及时进行点评、归纳与总结。

测 试 题

一、简答题

1. 若你是某生产企业的干燥工段工段长，你会如何给你的新员工介绍干燥操作？常用的干燥方法有哪些？

2. 对流干燥过程的实质是什么？干燥过程得以进行的必要条件是什么？

3. 真空干燥有何特点，一般适用于什么场合？

4. 对干燥设备的基本要求是什么？常用对流干燥器有哪些，各有什么特点？

5. 沸腾床、气流床干燥器有何区别？

6. 工业上应用较多的流化床干燥有哪些类型？请查阅相关资料做简要介绍。

7. 喷雾干燥的雾化器常有哪些类型，各有何特点？

8. 洗衣粉液体料浆造粒，最适宜采用哪一种干燥器？并请介绍此种干燥器的特点。

9. 如果公司领导让你选择一套干燥器，你会从哪几个方面考虑？

10. 要想获得干物料，干燥介质应具备什么条件？实际生产中能否实现？为什么？

11. 什么叫空气的相对湿度？它与湿度有何区别？对干燥操作有何意义？在干燥操作中如何来降低相对湿度？

12. 湿空气的性质有哪些？湿空气、饱和湿空气、干气概念及相互关系如何？

13. 当湿空气的总压变化时，湿空气 H-I 图上的各线将如何变化？在 t、H 相同的条件下，提高压强对干燥操作是否有利？为什么？

14. 在一个通常的干燥工艺中，为什么湿空气通常要经预热后再送入干燥器？

15. 对一定的水分蒸发量及空气离开干燥时的湿度，试问应按夏天还是按冬天的大气条件来选择干燥系统的风机？为什么？

16. 湿物料中水分是如何划分的？平衡水分和自由水分、结合水分和非结合水分体现了物料的什么性质？

17. 何谓干燥速率，受哪些因素的影响？

18. 干燥过程分为哪几个阶段，各受什么控制？

19. 影响干燥操作的主要因素有哪些？调节、控制应注意哪些问题？

20. 采用废气循环的目的是什么？废气循环对干燥操作会带来什么影响？

21. 当空气的 t、H 一定时，某物料的平衡湿含量为 X^*，若空气的 H 下降，试问该物料的 X^* 有何变化？

22. 干燥操作过程中，只要选择合适的干燥介质就一定能干燥至无水状态，对吗？

23. 干燥操作的被控制量通常有哪些？其中哪些是干燥操作的重要评判指标？

24. 请简要说明喷雾干燥通常的自动控制方案。

25. 试举例分析干燥过程通常有哪些安全问题。

26. 作为一名基层管理人员，你认为工业干燥过程中可采用哪些预防爆炸的措施？

27. 作为一名某干燥工段的技术骨干，你会在工业干燥过程中采用哪些应对爆炸的保护性措施？

28. 如你负责一个干燥车间的运转，现在公司领导要求节能增效，你会考虑在干燥操作中采用哪些节能措施？

二、计算题

1. 已知空气的干球温度为60℃，湿球温度为30℃，试计算空气的湿含量 H、相对湿度 φ、焓 I 和露点温度。

2. 湿空气的总压为101.3kPa，温度为30℃，其中水汽分压为2.5kPa，试求湿空气的比容、焓和相对湿度。

3. 某湿空气的总压为100kPa，温度为40℃，相对湿度为85%，试求其露点温度；若将该湿空气冷却至30℃，是否有水析出？若有，每千克干气析出的水分为多少？

4. 已知湿空气的总压为100kPa，温度为40℃，相对湿度为50%，试求：（1）水汽分压、湿度、焓和露点；（2）将500kg/h的湿空气加热至80℃时所需的热量；（3）加热后的体积流量为多少？

5. 将温度为150℃、湿度为0.2kg水汽/kg干气的湿空气$100m^3$在100kPa下恒压冷却。试分别计算冷却至以下温度时，空气析出的水量：（1）100℃；（2）60℃；（3）30℃。

6. 在H-I图上确定本题附表中空格内的数值，并绘出解题示意图。

参数 序号	t /℃	t_W /℃	t_d /℃	H /(kg/kg绝干气)	φ /%	I /(kJ/kg绝干气)	p /kPa
1	(30)	(20)					
2		(70)					(9.5)
3	(60)			(0.03)			
4		(50)			(50)		
5	(50)					(120)	
6	(40)		(20)				

7. 湿空气（$t_0=20℃$，$H_0=0.02$kg水/kg干空气）经预热后送入常压干燥器。试求将该空气预热到120℃时相应的相对湿度值。

8. 湿度为0.018kg水/kg干空气的湿空气在预热器中加热到128℃后进入常压等焓干燥器中，离开干燥器时空气的温度为49℃，求离开干燥器时露点温度。

9. 湿物料从湿含量50%干燥至25%时，从1kg原湿物料中除去的湿分量，为湿物料从湿含量2%干燥至1%（以上均为湿基）时的多少倍？

10. 某干燥器处理的湿物料量为1200kg/h，湿、干物料中湿基含水量各为50%、10%，求汽化水分量、产品量？

11. 用一个干燥器干燥湿物料，已知湿物料的处理量为2000kg/h，含水量由20%降至4%（均为湿基），试求水分汽化量和干燥产品量。

12. 一个常压（100kPa）干燥器干燥湿物料，已知湿物料的处理量为2200kg/h，含水量由40%降至5%（湿基）。湿空气的初温为30℃，相对湿度为40%，经预热后温度升至90℃后送入干燥器，出口废气的相对湿度为70%，温度为55℃。试求：（1）干气消耗量；（2）风机安装在预热器入口时的风量（m^3/h）。

13. 用空气干燥某含水量为40%（湿基）的湿物料，每小时处理湿物料量1000kg，干燥后产品含水量为5%（湿基）。空气的初温为20℃，相对湿度为60%，经预热至120℃后进入干燥器，离开干燥器时的温度为40℃，相对湿度为80%。试求：（1）干燥产品量；（2）水分蒸发量；（3）干气消耗量和单位空气消耗量；（4）如鼓风机装在预热器进口处，风机的风量。

14. 在一连续干燥器中，每小时处理湿物料1000kg，经干燥后物料的含水量由10%降至2%（均为湿基），以$t_0=20℃$空气为干燥介质，初始湿度H_0为0.08kg水/kg干空气，离开干燥器时的湿度H_2为0.05kg水/kg干空气。假设干燥过程无物料损失，试求：（1）水分蒸发量；（2）空气消耗量和单位空气消耗量；（3）干燥产品量多少；（4）若鼓风机装在新鲜空气进口处，风机的风量为多少。

15. 用内直径为1.2m的转筒干燥器以干燥粒状物料，水分自30%干燥至2%（湿基）。

所用空气进入干燥器时干球温度为383K，湿球温度为313K，空气在干燥器内的变化为等焓过程，离开干燥器时干球温度为318K。规定空气在转筒内的质量速度不超过0.833kg干空气/(s·m^2)，以免颗粒被吹出。试求每小时最多能向干燥器加入若干千克湿物料？

16. 某湿物料的初始含水量为5%，干燥后的含水量为1%（即为湿基），湿物料处理量为0.5kg/s，空气的初始温度为20℃，初始湿含量为0.005kg水/kg干空气。假设所有水分皆在表面汽化阶段除去，干燥设备保温良好，空气的出口温度选定为70℃，试求将空气预热至150℃进入干燥器，此干燥过程所需供热量及热效率各为多少？

17. 若某LPG离心喷雾干燥机处理量为5kg/h，请问如要处理Na_2SO_4，最大流量应为多少（mL/min)？

18. SZG双锥回转真空干燥机的真空度为0.090MPa，请问加热热载体的温度应控制在多少以上合适？为什么？

19. 某湿物料10kg，均匀地平摊在长0.8m，宽0.6m的平底浅盘内，并在恒定的空气条件下进行干燥，物料的初始含水量为15%，干燥4h后含水量降为8%，已知在此条件下物料的平衡含水量为1%，临界含水量为6%（皆为湿基)，并假定降速阶段的干燥速率与物料的自由含水量（干基）呈线性关系，试求：

（1）将物料继续干燥至含水量为2%，所需要总干燥时间为多少？

（2）现将物料均匀地平摊在两个相同的浅盘内，并在同样空气条件下进行干燥，只需4h便可将物料的水分降至2%，问物料的临界含水量有何变化？恒速干燥阶段的时间为多少？

20. 将$t_0=25$℃、$\varphi_0=50\%$的常压新鲜空气与干燥器排出的$t_0=50$℃、$\varphi_2=80\%$的常压废气混合，两者中绝干气的质量比为1：3。试求（1）混合气体的湿度与焓；（2）将此混合气加热至90℃，再求混合气的湿度、相对湿度和焓。

三、操作题

1. 在沸腾床干燥器操作中，若尾气含尘量较大，处理的方法有哪些？

2. 流化床干燥器发生尾气含尘量大的原因有哪些？

3. 开启离心喷雾干燥机雾化开关，却发现雾化器没有转动，请问可能是什么原因造成的？

4. 在使用离心喷雾干燥时，发现得不到干粉，同时器壁有湿粉，请问可能是什么原因造成的？

5. 喷雾干燥如何判断雾化状态良好？如果大量液体沿干燥器内壁留下，该如何调试至正常？

6. 对流干燥操作过程中，发现尾气相对湿度变大，请问对产品质量有无影响？

7. 在使用烘箱时如发现箱内温度不升，一般会如何处理？

8. 在双锥回转真空干燥器停车操作时，已经关停转筒并关闭真空泵，可干燥转筒压盖却无法打开，可能是何原因？

9. 真空干燥时为何要先抽真空再缓慢加热，而不先加热再抽真空？

10. 真空干燥机在干燥过程中往往会出现真空度不够，试分析原因并消除故障。

11. 何谓流化床干燥操作中沟流现象？应如何克服？

12. 何谓流化床干燥操作中腾涌现象？应如何克服？

13. 如在操作喷雾干燥器时发现产品得率低，跑粉损失大，试分析是何原因造成的，应如何解决？

附录

一、某些气体的重要物理性质

名称	分子式	密度（0℃，101.3kPa）/（kg/m³）	比热容/[kJ/(kg·℃)]	黏度 μ/10⁻⁵Pa·s	沸点（101.3kPa）/℃	汽化热/（kJ/kg）	临界点		热导率/[W/(m·℃)]
							温度/℃	压强/kPa	
空气	—	1.293	1.0091	1.73	−195	197	−140.7	3768.4	0.0244
氧	O_2	1.429	0.6532	2.03	−132.98	213	−118.82	5036.6	0.0240
氮	N_2	1.251	0.7451	1.70	−195.78	199.2	−147.13	3392.5	0.0228
氢	H_2	0.0899	10.13	0.842	−252.75	454.2	−239.9	1296.6	0.163
氦	He	0.1785	3.18	1.88	−268.95	19.5	−267.96	228.94	0.144
氩	Ar	1.7820	0.322	2.09	−185.87	163	−122.44	4862.4	0.0173
氯	Cl_2	3.217	0.355	1.29（16℃）	−33.8	305	+144.0	7708.9	0.0072
氨	NH_3	0.771	0.67	0.918	−33.4	1373	+132.4	11295	0.0215
一氧化碳	CO	1.250	0.754	1.66	−191.48	211	−140.2	3497.9	0.0226
二氧化碳	CO_2	1.976	0.653	1.37	−78.2	574	+31.1	7384.8	0.0137
硫化氢	H_2S	1.539	0.804	1.166	−60.2	548	+100.4	19136	0.0131
甲烷	CH_4	0.717	1.70	1.03	−161.58	511	−82.15	4619.3	0.0300
乙烷	C_2H_6	1.357	1.44	0.850	−88.5	486	+32.1	4948.5	0.0180
丙烷	C_3H_8	2.020	1.65	0.795（18℃）	−42.1	427	+95.6	4355.0	0.0148
正丁烷	C_4H_{10}	2.673	1.73	0.810	−0.5	386	+152	3798.8	0.0135
正戊烷	C_5H_{12}	—	1.57	0.874	−36.08	151	+197.1	3342.9	0.0128
乙烯	C_2H_4	1.261	1.222	0.935	+103.7	481	+9.7	5135.9	0.0164
丙烯	C_3H_6	1.914	2.436	0.835（20℃）	−47.7	440	+91.4	4599.0	—
乙炔	C_2H_2	1.171	1.352	0.935	−83.66（升华）	829	+35.7	6240.0	0.0184
氯甲烷	CH_3Cl	2.303	0.582	0.989	−24.1	406	+148	6685.8	0.0085
苯	C_6H_6	—	1.139	0.72	+80.2	394	+288.5	4832.0	0.0088
二氧化硫	SO_2	2.927	0.502	1.17	−10.8	394	+157.5	7879.1	0.0077
二氧化氮	NO_2	—	0.315	—	+21.2	712	+158.2	10130	0.0400

二、某些液体的重要物理性质

名称	分子式	密度（20℃）/（kg/m³）	沸点（101.33kPa）/℃	汽化热/（kJ/kg）	比热容（20℃）/[kJ/(kg·℃)]	黏度（20℃）/mPa·s	热导率（20℃）/[W/(m·℃)]	体积膨胀系数 β×10⁴（20℃）/℃⁻¹	表面张力 σ×10³（20℃）/（N/m）
氯化钠盐水（25%）	—	1186（25℃）	107	—	3.39	2.3	0.57（30℃）	（4.4）	—
氯化钙盐水（25%）	—	1228	107	—	2.89	2.5	0.57	（3.4）	—

续表

名称	分子式	密度（20℃）/(kg/m^3)	沸点(101.33kPa)/℃	汽化热/(kJ/kg)	比热容(20℃)/[kJ/(kg·℃)]	黏度(20℃)/mPa·s	热导率(20℃)/[W/(m·℃)]	体积膨胀系数 $\beta\times10^4$(20℃)/℃$^{-1}$	表面张力 $\sigma\times10^3$(20℃)/(N/m)
硫酸	H_2SO_4	1831	340（分解）	—	1.47（98%）	—	0.38	5.7	—
硝酸	HNO_3	1513	86	481.1	—	1.17（10℃）	—	—	—
盐酸（30%）	HCl	1149	—	—	2.55	2（31.5%）	0.42	—	—
二硫化碳	CS_2	1262	46.3	352	1.005	0.38	0.16	12.1	32
戊烷	C_5H_{12}	626	36.07	357.4	2.24（15.6℃）	0.229	0.113	15.9	16.2
己烷	C_6H_{14}	659	68.74	335.1	2.31（15.6℃）	0.313	0.119	—	18.2
庚烷	C_7H_{16}	684	98.43	316.5	2.21（16℃）	0.411	0.123	—	20.1
辛烷	C_8H_{18}	763	125.67	306.4	2.19（15.6℃）	0.540	0.131	—	21.8
三氯甲烷	$CHCl_3$	1489	61.2	253.7	0.992	0.58	0.138（30℃）	12.6	28.5（10℃）
四氯化碳	CCl_4	1594	76.8	195	0.850	1.0	0.12	—	26.8
1,2-二氯乙烷	$C_2H_4Cl_2$	1253	83.6	324	1.260	0.83	0.14（50℃）	—	30.8
苯	C_6H_6	879	80.10	393.9	1.704	0.737	0.148	12.4	28.6
甲苯	C_7H_8	867	110.63	363	1.70	0.675	0.138	10.9	27.9
邻二甲苯	C_8H_{10}	880	144.42	347	1.74	0.811	0.142	—	30.2
间二甲苯	C_8H_{10}	864	139.10	343	1.70	0.611	0.167	10.1	29.0
对二甲苯	C_8H_{10}	861	138.35	340	1.704	0.643	0.129	—	28.0
苯乙烯	C_8H_9	911（15.6℃）	145.2	(352)	1.733	0.72	—	—	—
氯苯	C_6H_5Cl	1106	131.8	325	1.298	0.85	0.14（30℃）	—	32
硝基苯	$C_6H_5NO_2$	1203	210.9	396	1.47	2.1	0.15	—	41
苯胺	$C_6H_5NH_2$	1022	184.4	448	2.07	4.3	0.17	8.5	42.9
酚	C_6H_5OH	1050（50℃）	181.8（熔点 40.9）	511	—	3.4（50℃）	—	—	—
萘	$C_{16}H_8$	1145（固体）	217.9（熔点 80.2）	314	1.80（100℃）	0.59（100℃）	—	—	—
甲醇	CH_3OH	791	64.7	1101	2.48	0.6	0.212	12.2	22.6
乙醇	C_3H_5OH	789	78.3	846	2.39	1.15	0.172	11.6	22.8
乙醇（95%）	—	804	78.2	—	—	1.4	—	—	—
乙二醇	$C_2H_4(OH)_2$	1113	197.6	780	2.35	23	—	—	47.7
甘油	$C_3H_5(OH)_3$	1261	290（分解）	—	—	1499	0.59	5.3	63
乙醚	$(C_2H_5)_2O$	714	34.6	360	2.34	0.24	0.14	16.3	18
乙醛	CH_3CHO	783（18℃）	20.2	574	1.9	1.3（18℃）	—	—	21.2

续表

名称	分子式	密度（20℃）/(kg/m³)	沸点（101.33kPa）/℃	汽化热/(kJ/kg)	比热容（20℃）/[kJ/(kg·℃)]	黏度（20℃）/mPa·s	热导率（20℃）/[W/(m·℃)]	体积膨胀系数 $\beta\times10^4$（20℃）/$℃^{-1}$	表面张力 $\sigma\times10^3$（20℃）/(N/m)
糠醛	$C_5H_4O_2$	1168	161.7	452	1.6	1.15（50℃）	—	—	43.5
丙酮	CH_3COCH_3	792	56.2	523	2.35	0.32	0.17	—	23.7
甲酸	HCOOH	1220	100.7	494	2.17	1.9	0.26	—	27.8
醋酸	CH_3COOH	1049	118.1	406	1.99	1.3	0.17	10.7	27.8
醋酸乙酯	$CH_3COOC_2H_5$	901	77.1	368	1.92	0.48	0.14(10℃)	—	—
煤油	—	780～820	—	—	—	3	0.15	10.0	—
汽油	—	680～800	—	—	—	0.7～0.8	0.19(30℃)	12.5	—

三、某些固体材料的重要物理性质

名　称	密度/(kg/m³)	热导率/[W/(m·℃)]	比热容/[kJ/(kg·℃)]
(1) 金属			
钢	7850	45.3	0.46
不锈钢	7900	17	0.50
铸铁	7220	62.8	0.50
铜	8800	383.8	0.41
青铜	8000	64.0	0.38
黄铜	8600	85.5	0.38
铝	26700	203.5	0.92
镍	9000	58.2	0.46
铝	11400	34.9	0.13
(2) 塑料			
脲醛	1400～1500	0.30	1.3～1.7
聚氯乙烯	1380～1400	0.16	1.8
聚苯乙烯	1050～1070	0.08	1.3
低压聚乙烯	940	0.29	2.6
高压聚乙烯	920	0.26	2.2
有机玻璃	1180～1190	0.14～0.20	—
(3) 建筑、绝热、耐酸材料及其他			
干砂	1500～1700	0.45～0.48	0.8
黏土	1600～1800	0.47～0.53	0.75（－20～20℃）
锅炉炉渣	700～1100	0.19～0.30	—
黏土砖	1600～1900	0.47～0.67	0.92
耐火砖	1840	1.05（800～1100℃）	0.88～1.0
绝缘砖（多孔）	600～1400	0.16～0.37	—
混凝土	2000～2400	1.3～1.55	0.84
松木	500～600	0.07～0.10	2.7（0～100℃）
软木	100～300	0.041～0.064	0.96
石棉板	770	0.11	0.816

续表

名　称	密度/(kg/m³)	热导率/[W/(m·℃)]	比热容/[kJ/(kg·℃)]
石棉水泥板	1600～1900	0.35	—
玻璃	2500	0.74	0.67
耐酸陶瓷制品	2200～2300	0.90～1.0	0.75～0.80
耐酸砖和板	2100～2400	—	—
耐酸搪瓷	2300～2700	0.99～1.04	0.84～1.26
橡胶	1200	0.16	1.38
冰	900	2.3	2.11

四、干空气的物理性质（101.3kPa）

温度 t/℃	密度 ρ/(kg/m³)	比热容 c_p/[kJ/(kg·℃)]	热导率 λ/[10^{-2}W/(m·℃)]	黏度 μ/10^{-5}Pa·s	普朗特数 Pr
−50	1.584	1.013	2.035	1.46	0.728
−40	1.515	1.013	2.117	1.52	0.728
−30	1.453	1.013	2.198	1.57	0.723
−20	1.395	1.009	2.279	1.62	0.716
−10	1.342	1.009	2.360	1.67	0.712
0	1.293	1.005	2.442	1.72	0.707
10	1.247	1.005	2.512	1.77	0.705
20	1.205	1.005	2.593	1.81	0.703
30	1.165	1.005	2.675	1.86	0.701
40	1.128	1.005	2.756	1.91	0.699
50	1.093	1.005	2.826	1.96	0.698
60	1.060	1.005	2.896	2.01	0.696
70	1.029	1.009	2.966	2.06	0.694
80	1.000	1.009	3.047	2.11	0.692
90	0.972	1.009	3.128	2.15	0.690
100	0.946	1.009	3.210	2.19	0.688
120	0.898	1.009	3.338	2.29	0.686
140	0.854	1.013	3.489	2.37	0.684
160	0.815	1.017	3.640	2.45	0.682
180	0.779	1.022	3.780	2.53	0.681
200	0.746	1.026	3.931	2.60	0.680
250	0.674	1.038	4.288	2.74	0.677
300	0.615	1.048	4.605	2.97	0.674
350	0.566	1.059	4.908	3.14	0.676
400	0.524	1.068	5.210	3.31	0.678
500	0.456	1.093	5.745	3.62	0.687
600	0.404	1.114	6.222	3.91	0.699
700	0.362	1.135	6.711	4.18	0.706
800	0.329	1.156	7.176	4.43	0.713
900	0.301	1.172	7.630	4.67	0.717
1000	0.277	1.185	8.041	4.90	0.719
1100	0.257	1.197	8.502	5.12	0.722
1200	0.239	1.206	9.153	5.35	0.724

五、水的物理性质

温度/℃	饱和蒸气压/kPa	密度/(kg/m^3)	焓/(kJ/kg)	比热容/[kJ/(kg·℃)]	热导率/[10^{-2}W/(m·℃)]	黏度/10^{-5}Pa·s	体积膨胀系数/10^{-4}℃$^{-1}$	表面张力/(10^{-5}N/m)	普朗特数 Pr
0	0.6082	999.9	0	4.212	55.13	179.21	−0.63	75.6	13.66
10	1.2262	999.7	42.04	4.191	57.45	130.77	0.70	74.1	9.52
20	2.3346	998.2	83.90	4.183	59.89	100.50	1.82	72.6	7.01
30	4.2474	995.7	125.69	4.174	61.76	80.07	3.21	71.2	5.42
40	7.3744	992.2	167.51	4.174	63.38	65.60	3.87	69.6	4.32
50	12.34	988.1	209.30	4.174	64.78	54.94	4.49	67.7	3.54
60	19.923	983.2	251.12	4.178	65.94	46.88	5.11	66.2	2.98
70	31.164	977.8	292.99	4.187	66.76	40.61	5.70	64.3	2.54
80	47.379	971.8	334.94	4.195	67.45	35.65	6.32	62.6	2.22
90	70.136	965.3	376.98	4.208	68.04	31.65	6.95	60.7	1.96
100	101.33	958.4	419.10	4.220	68.27	28.38	7.52	58.8	1.76
110	143.31	951.0	461.34	4.238	68.50	25.89	8.08	56.9	1.61
120	198.64	943.1	503.67	4.260	68.62	23.73	8.64	54.8	1.47
130	270.25	934.8	546.38	4.266	68.62	21.77	9.17	52.8	1.36
140	361.47	926.1	589.08	4.287	68.50	20.10	9.72	50.7	1.26
150	476.24	917.0	632.20	4.312	68.38	18.63	10.3	48.6	1.18
160	618.28	907.4	675.33	4.346	68.27	17.36	10.7	46.6	1.11
170	792.59	897.3	719.29	4.379	67.92	16.28	11.3	45.3	1.05
180	1003.5	886.9	763.25	4.417	67.45	15.30	11.9	42.3	1.00
190	1255.6	876.0	807.63	4.460	66.99	14.42	12.6	40.0	0.96
206	1554.77	863.0	852.43	4.505	66.29	13.63	13.3	37.7	0.93
210	1917.72	852.8	897.65	4.555	65.48	13.04	14.1	35.4	0.91
220	2320.88	840.3	943.70	4.614	64.55	12.46	14.8	33.1	0.89
230	2798.59	827.3	990.18	4.681	63.73	11.97	15.9	31	0.88
240	3347.91	813.6	1037.49	4.756	62.80	11.47	16.8	28.5	0.87
250	3977.67	799.0	1085.64	4.844	61.76	10.98	18.1	26.2	0.86
260	4693.75	784.0	1135.04	4.949	60.48	10.59	19.7	23.8	0.87
270	5503.99	767.9	1185.28	5.070	59.96	10.20	21.6	21.5	0.88
280	6417.24	750.7	1236.28	5.229	57.45	9.81	23.7	19.1	0.89
290	7443.29	732.3	1289.95	5.485	55.82	9.42	26.2	16.9	0.93
300	8592.94	712.5	1344.80	5.736	53.96	9.12	29.2	14.4	0.97
310	9877.6	691.1	1402.16	6.071	52.34	8.83	32.9	12.1	1.02
320	11300.3	667.1	1462.03	6.573	50.59	8.3	38.2	9.81	1.11
330	12879.6	640.2	1526.19	7.243	48.73	8.14	43.3	7.67	1.22
340	14615.8	610.1	1594.75	8.164	45.71	7.75	53.4	5.67	1.38
350	16538.5	574.4	1671.37	9.504	43.03	7.26	66.8	3.81	1.60
360	18667.1	528.0	1761.39	13.984	39.54	6.67	109	2.02	2.36
370	21040.9	450.5	1892.43	40.319	33.73	5.69	264	0.471	6.80

六、饱和水蒸气表（以温度顺序排列）

温度/℃	压强（绝对压）/kPa	蒸汽的密度/(kg/m³)	液体的焓/(kJ/kg)	蒸汽的焓/(kJ/kg)	汽化热/(kJ/kg)
0	0.6080	0.00484	0	2491.3	2491.3
5	0.8728	0.00680	20.94	2500.9	2480.0
10	1.226	0.00940	41.87	2510.5	2468.6
15	1.706	0.01283	62.81	2520.6	2457.8
20	2.334	0.01719	83.74	2530.1	2446.3
25	3.168	0.02304	104.68	2538.06	2433.9
30	4.246	0.03036	125.60	2549.5	2412.6
35	5.619	0.03960	146.55	2559.1	2410.1
40	7.375	0.05114	167.47	2563.7	2389.5
45	9.581	0.06543	183.42	2577.9	2378.1
50	12.34	0.0830	209.34	2587.6	2366.5
55	15.74	0.1043	230.29	2596.8	2355.1
60	19.92	0.1301	251.21	2606.3	2343.4
65	25.01	0.1611	272.16	2615.6	2331.2
70	31.16	0.1979	293.08	2624.4	2315.7
75	38.54	0.2416	314.03	2629.7	2307.3
80	47.37	0.2929	334.94	2624.4	2295.3
85	57.86	0.3531	355.90	2651.2	2283.1
90	70.12	0.4229	376.81	2660.0	2271.0
95	84.54	0.5039	397.77	2668.8	2285.4
100	101.3	0.5970	418.68	2677.2	2258.4
105	120.8	0.7036	439.64	2685.1	2245.5
110	143.3	0.8454	460.97	2693.5	2232.4
115	169.1	0.9635	481.51	2702.5	2221.0
120	198.6	1.1199	503.67	2703.9	2205.2
125	232.1	1.293	526.38	2716.5	2193.1
130	270.2	1.494	546.38	2723.9	2177.6
135	313.0	1.715	565.25	2731.2	2166.0
140	361.4	1.962	589.08	2737.8	2148.7
145	415.6	2.238	607.12	2744.6	2137.5
150	476.6	2.543	932.21	2750.7	2118.5
160	618.1	3.252	675.75	2762.9	2087.1
170	792.4	4.113	719.29	2773.3	2054.0
180	1003	5.145	763.25	2782.6	2019.3
190	1255	6.378	807.63	2790.1	1982.5
200	1554	7.840	852.01	2795.5	1943.5
210	1917	9.567	897.23	2799.3	1902.1
220	2320	11.600	942.45	2801.0	1858.5
230	2798	13.98	988.50	2800.1	1811.6
240	3347	16.76	1034.56	2796.8	1762.2
250	3977	20.01	1081.45	2790.1	1708.6
260	4693	23.82	1128.76	2780.9	1652.1
270	5503	28.27	1176.91	2760.3	1591.4
280	6220	33.47	1225.48	2752.0	1526.5
290	7442	39.60	1274.46	2732.3	1457.8
300	8591	46.93	1325.54	2708.0	1382.5

续表

温度/℃	压强(绝对压)/kPa	蒸汽的密度/(kg/m³)	液体的焓/(kJ/kg)	蒸汽的焓/(kJ/kg)	汽化热/(kJ/kg)
310	9876	55.59	1378.71	2680.0	1301.3
320	11298	65.95	1436.07	2648.2	1212.1
330	12877	78.53	1446.78	2610.5	1113.7
340	14612	93.98	1562.93	2568.06	1005.7
350	16535	113.2	1632.20	2516.7	880.5
360	18663	139.6	1729.15	2442.6	713.4
370	21036	171.0	1888.25	2301.9	411.10

七、饱和水蒸气表(以压强顺序排列)

压强(绝对压)/kPa	温度/℃	蒸汽的密度/(kg/m³)	液体的焓/(kJ/kg)	蒸汽的焓/(kJ/kg)	蒸发热/(kJ/kg)
1	6.3	0.00773	26.48	2503.1	2746.8
1.5	12.5	0.01133	52.26	2515.3	2463.0
2	17.0	0.01486	71.21	2524.2	2452.9
2.5	20.9	0.01836	87.45	2531.8	2444.3
3	23.5	0.02179	98.38	2536.8	2438.4
3.5	26.1	0.02523	109.30	2541.8	2432.5
4	28.7	0.02867	120.23	2546.8	2426.6
4.5	30.8	0.03205	129.00	2550.9	2421.9
5	32.4	0.03537	135.69	2554.0	2418.3
6	35.6	0.04200	149.06	2560.1	2411.0
7	38.8	0.04864	162.44	2566.3	2403.8
8	41.3	0.05514	172.73	2571.0	2398.2
9	43.3	0.06156	181.16	2574.8	2393.6
10	45.3	0.06798	189.59	2578.5	2388.9
15	53.5	0.09956	224.03	2594.0	2370.0
20	60.1	0.13068	251.51	2606.4	235.9
30	66.5	0.19393	188.77	2622.4	2333.7
40	78.0	0.24975	315.93	2634.1	2312.2
50	81.2	0.30799	339.80	2644.3	2304.5
60	85.6	0.36514	358.21	2652.1	2293.9
70	89.9	0.42229	376.61	2659.8	2283.2
80	93.2	0.474807	390.08	2665.3	2275.3
90	96.4	0.53384	403.49	2670.8	2267.4
100	99.5	0.58961	416.90	2676.3	2259.5
120	104.5	0.69868	137.51	2684.3	2246.8
140	109.2	0.80758	457.67	2692.1	2234.4
160	113.0111	0.82981	473.88	2698.1	2224.2
180	6.6	1.0209	489.32	2703.7	2214.3
200	120.2	1.1273	493.91	2709.2	2204.6
250	127.2	1.3904	534.39	2719.7	2185.4
300	133.3	1.6501	560.38	2728.5	2168.0
350	138.8	1.9074	583.76	2736.1	2152.3
400	143.4	2.1618	603.61	2742.1	2138.5
450	147.7	2.4152	622.42	2747.8	2125.4
500	151.7	2.6673	639.59	2752.8	2113.2
600	158.7	3.1686	670.22	2761.4	2091.1

续表

压强（绝对压）/kPa	温度/℃	蒸汽的密度/(kg/m^3)	液体的焓/(kJ/kg)	蒸汽的焓/(kJ/kg)	蒸发热/(kJ/kg)
700	164.7	3.6657	696.27	2767.8	2071.5
800	170.4	4.1614	720.96	2773.7	2052.7
900	175.1	4.6525	741.82	2778.1	2036.2
1000	179.9	5.1432	762.68	2782.5	2019.7
1100	180.2	5.6339	780.34	2785.5	2005.1
1200	187.8	6.1241	797.92	2788.5	1990.6
1300	191.5	6.6141	814.25	2790.9	1976.7
1400	194.8	7.1033	829.06	2792.4	1963.7
1500	193.2	7.5935	843.86	2794.5	1950.7
1600	201.3	8.0814	857.77	2796.0	1938.2
1700	204.1	8.5674	870.59	2797.1	1926.5
1800	206.9	9.0533	883.39	2798.1	1914.8
1900	209.8	9.5392	896.21	2799.2	1903.0
2000	212.2	10.0338	907.32	2799.7	1892.4
3000	233.7	15.0075	1005.4	2798.9	1793.5
4000	250.3	20.0969	1082.9	2789.8	1706.8
5000	263.8	25.3663	1146.9	2776.2	1629.2
6000	275.4	30.8494	1203.2	2759.5	1556.3
7000	285.7	36.5744	1253.2	2740.8	1487.6
8000	294.8	42.5768	1299.2	2720.5	1403.7
9000	303.2	48.8945	1343.4	2699.1	1356.5
10000	310.9	55.5407	1384.0	2677.1	1293.1
12000	324.5	70.3075	1463.4	2631.2	1167.7
14000	336.5	87.3020	1567.9	2583.2	1043.4
16000	347.2	107.8010	1615.8	2531.1	915.4
18000	356.9	134.4813	1619.8	2466.0	766.1
20000	365.6	176.5961	1817.8	2364.2	544.9

八、某些气体或蒸气的热导率

气体或蒸气	温度 t/K	热导率 λ[W/(m·℃)]	气体或蒸气	温度 t/K	热导率 λ/[W/(m·℃)]
空气	273	0.0242	氨	213	0.0164
	373	0.0317		273	0.0222
	473	0.0391		323	0.0272
	573	0.0459		373	0.0320
苯	273	0.0090	乙酸乙酯	319	0.0125
	319	0.0126		373	0.0166
	373	0.0178		457	0.0244
	457	0.0263	乙醇	293	0.0154
	485	0.0305		373	0.0215
正丁烷	273	0.0135	氯乙烷	273	0.0095
	373	0.0234		313	0.0164
异丁烷	273	0.0138		457	0.0234
	373	0.0241		485	0.0263
二氧化碳	223	0.0118	乙醚	273	0.0133
	273	0.0147		319	0.0171
	373	0.0230		373	0.0227

续表

气体或蒸气	温度 t/K	热导率 λ[W/(m·℃)]	气体或蒸气	温度 t/K	热导率 λ/[W/(m·℃)]
	473	0.0313		457	0.0327
	573	0.0396		485	0.0362
二硫化碳	273	0.0069	乙烯	202	0.0111
	280	0.0073		273	0.0175
一氧化碳	84	0.0071		323	0.0267
	94	0.0080		373	0.0279
	273	0.0234	正庚烷	373	0.0178
四氯化碳	319	0.0071		473	0.0194
	373	0.0090	正己烷	273	0.0125
	457	0.0112		293	0.0138
氯	273	0.0074	己烯	273	0.0106
甲烷	173	0.0173		373	0.0189
	223	0.0251	氢	173	0.113
	273	0.0302		223	0.144
	323	0.0372		273	0.173
甲醇	273	0.0144		323	0.199
	373	0.0222		373	0.223
乙酸甲酯	373	0.0102		573	0.308
	293	0.0118	环己烷	375	0.0164
乙烷	203	0.0114	氮	173	0.0164
	239	0.0149		273	0.0242
	273	0.0183		323	0.0277
	373	0.0303		373	0.0312
丙酮	273	0.0098	氧	173	0.0164
	319	0.0128		223	0.0206
	373	0.0171		273	0.0246
	457	0.0254		323	0.0284
乙炔	198	0.0118		373	0.0821
	273	0.0187	正戊烷	273	0.0128
	323	0.0242		293	0.0144
	373	0.0298	异戊烷	273	0.0125
氯甲烷	273	0.0067		373	0.0220
	319	0.0085	丙烷	273	0.0151
	373	0.0109		373	0.0261
	485	0.0164	二氧化硫	273	0.0087
	273	0.0092		373	0.0114
二氯甲烷	319	0.00125	水蒸气	319	0.0208
	373	0.0163		373	0.0237
	457	0.0225		473	0.0324
	485	0.0256		573	0.0429
三氯甲烷	273	0.0066		673	0.0545
	319	0.0080		773	0.0763
	373	0.0100	硫化氢	273	0.0132
	457	0.0133	水银	473	0.0341

九、某些液体的热导率

液体		温度 t/℃	热导率 λ/[W/(m·℃)]	液体		温度 t/℃	热导率 λ/[W/(m·℃)]
醋酸	100%	20	0.171	橄榄油		100	0.164
	50%	20	0.35	正戊烷		30	0.135
丙酮		30	0.177			75	0.128
		75	0.164	氯化钾	15%	32	0.58
丙烯醇		25～30	0.180		30%	32	0.56
氨		25～30	0.50	氢氧化钾	21%	32	0.58
氨水溶液		20	0.45		42%	32	0.55
		60	0.50	硫酸钾	10%	32	0.60
正戊醇		30	0.163	乙苯		30	0.149
		100	0.154			60	0.142
异戊醇		30	0.152	乙醚		30	0.138
		75	0.151			75	0.135
苯胺		0～20	0.173	汽油		30	0.135
苯		30	0.159	三元醇	100%	20	0.284
		60	0.151		80%	20	0.327
正丁醇		30	0.168		60%	20	0.381
		75	0.164		40%	20	0.448
异丁醇		10	0.157		20%	20	0.481
氯化钙盐水	30%	30	0.55		100%	100	0.284
	15%	30	0.59	正庚烷		30	0.140
二硫化碳		30	0.161			60	0.137
		75	0.152	正己烷		30	0.138
四氯化碳		0	0.185			60	0.135
		68	0.163	正庚醇		30	0.163
氯苯		10	0.144			75	0.157
三氯甲烷		30	0.138	正己醇		30	0.164
乙酸乙酯		20	0.175			75	0.156
乙醇	100%	20	0.182	煤油		20	0.149
	80%	20	0.237			75	0.140
	60%	20	0.305	盐酸	12.5%	32	0.52
	40%	20	0.388		25%	32	0.48
	20%	20	0.486		38%	32	0.44
	100%	50	0.151	水银		28	0.36
硝基苯		30	0.164	甲醇	100%	20	0.215
		100	0.152		80%	20	0.267
硝基甲苯		30	0.216		60%	20	0.329
		60	0.208		40%	20	0.405
正辛烷		60	0.14		20%	20	0.492
		0	0.138～0.156		100%	50	0.197
石油		20	0.180	氯甲烷		−15	0.192
蓖麻油		0	0.173			30	0.154
		20	0.168	正丙醇		30	0.171

十、某些固体材料的热导率

1. 常用金属的热导率

热导率/[W/(m·℃)] \ 温度/℃	0	100	200	300	400
铝	227.95	227.95	227.95	227.95	227.95
铜	383.79	379.14	372.16	367.51	362.86
铁	73.27	67.45	61.64	54.66	48.85
铅	35.12	33.38	31.40	29.77	—
镁	172.12	167.47	162.82	158.17	—
镍	93.04	82.57	73.27	63.97	59.31
银	414.03	409.38	373.32	361.69	359.37
锌	112.1	109.90	105.83	101.18	93.04
碳钢	52.34	48.85	44.19	41.87	34.89
不锈钢	16.28	17.45	17.45	18.49	—

2. 常用非金属材料的热导率

材　料	温度 t/℃	热导率 λ /[W/(m·℃)]	材　料	温度 t/℃	热导率 λ /[W/(m·℃)]
软木	30	0.04303		−80	0.003485
玻璃棉	—	0.03489～0.06978	泡沫塑料	—	0.04662
保温灰	—	0.06979	木材横向	—	0.1396～0.1745
锯屑	20	0.04652～0.05815	纵向	—	0.3833
棉花	100	0.06978	耐火砖	230	0.8723
厚纸	20	0.1396～0.3489		1200	1.6398
玻璃	30	1.0932	混凝土	—	1.2793
	−20	0.7560	绒毛毡	—	0.04652
搪瓷	—	0.8728～1.163	85%氧化镁粉	0～100	0.06978
云母	50	0.4303	聚氯乙烯	—	0.1163～0.1745
泥土	20	0.6978～0.9304	酚醛加玻璃纤维	—	0.2593
冰	0	2.326	聚酯加玻璃纤维	—	0.2594
软橡胶	—	0.1291～0.1593	聚苯乙烯泡沫	25	0.04187
硬橡胶	0	0.1500		−150	0.001745
聚四氟乙烯	～	0.2419	聚乙烯	—	0.3291
泡沫玻璃	−15	0.004885	石墨	—	139.56

十一、101. 3kPa 压强下气体的比热容

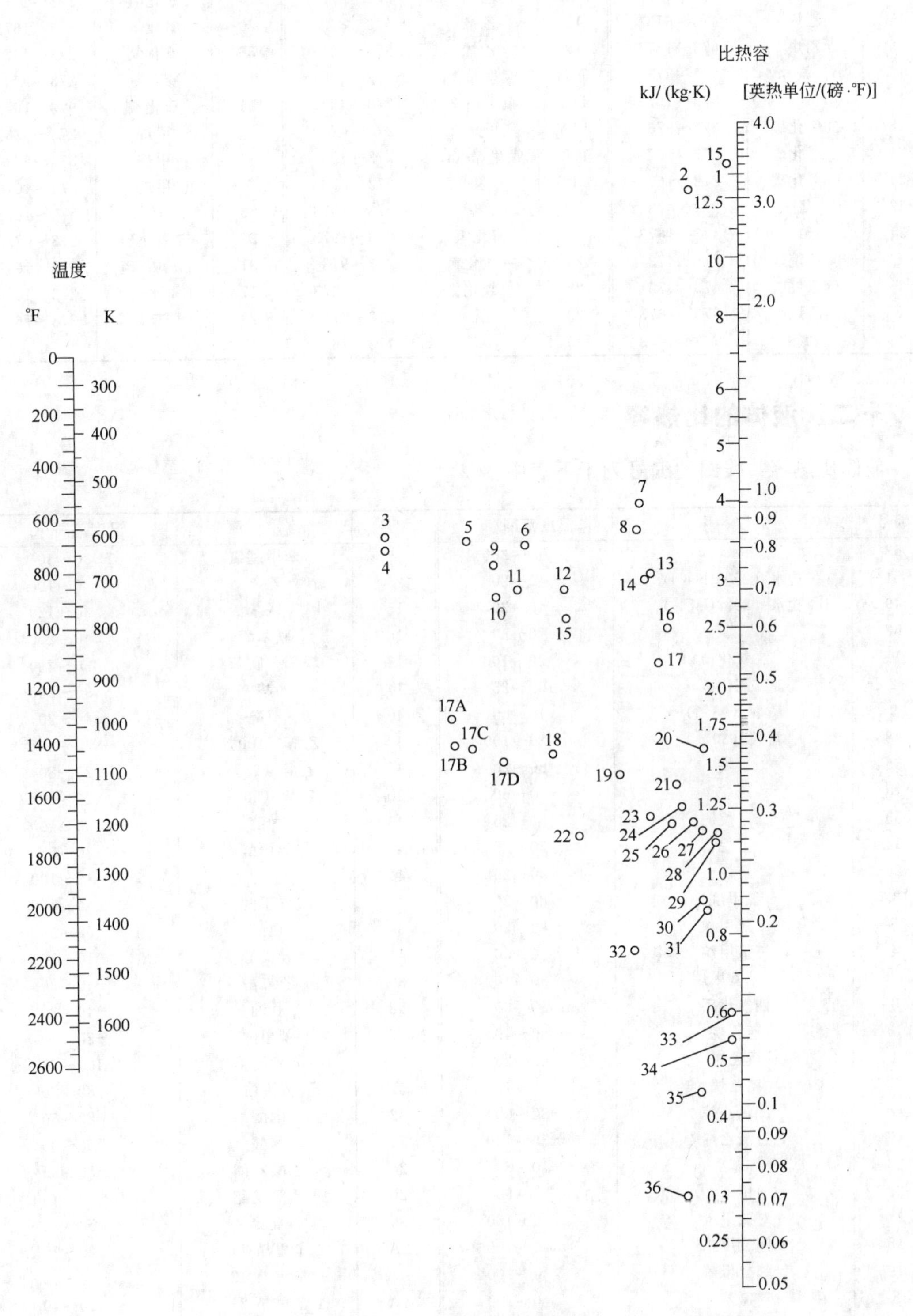

附录图 1　气体比热容共线图

气体比热容共线图的编号列于下表中：

序号	气体	温度范围/K	序号	气体	温度范围/K	序号	气体	温度范围/K
10	乙炔	273～473	4	乙烯	273～473	30	氯化氢	273～1673
15	乙炔	473～673	11	乙烯	473～873	20	氟化氢	273～1673
16	乙炔	673～1673	18	乙烯	873～1673	36	碘化氢	273～1673
12	氨	273～873	17B	氟里昂-11	273～423	19	硫化氢	273～973
14	氨	873～1673	17C	氟里昂-21	273～423	21	硫化氢	973～1673
18	二氧化碳	273～673	17A	氟里昂-22	273～423	5	甲烷	273～573
24	二氧化碳	673～1673	17D	氟里昂-113	273～423	6	甲烷	573～973
26	一氧化碳	273～1673	1	氢	273～873	7	甲烷	273～1673
32	氯	273～473	2	氢	873～1673	33	硫	573～1673
34	氯	473～1673	35	溴化氢	273～1673	22	二氧化硫	273～673
3	乙烷	273～473	25	一氧化氮	273～973	31	二氧化硫	673～1673
9	乙烷	473～873	28	一氧化氮	973～1673	17	水	273～1673
8	乙烷	873～1673	23	氧	273～773	27	空气	273～1673
26	氮	273～1673	29	氧	773～1673			

十二、液体的比热容

液体比热容共线图的编号列于下表中：

编号	名　称	温度范围/℃	编号	名　称	温度范围/℃
53	水	10～200	10	苯甲基氯	－30～30
51	盐水（25% NaCl）	－40～20	25	乙苯	0～100
49	盐水（25% $CaCl_2$）	－40～20	15	联苯	80～120
52	氨	－70～50	16	联苯醚	0～200
11	二氧化硫	－20～100	16	联苯－联苯醚	0～200
2	二氧化碳	－100～25	14	萘	90～200
9	硫酸（98%）	10～45	40	甲醇	－40～20
48	盐酸（30%）	20～100	42	乙醇（100%）	30～80
35	己烷	－80～20	46	乙醇（95%）	20～80
28	庚烷	0～60	50	乙醇（50%）	20～80
33	辛烷	－50～25	45	丙醇	－20～100
34	壬烷	－50～25	47	异丙醇	20～50
21	癸烷	－80～25	44	丁醇	0～100
13A	氯甲烷	－80～20	43	异丁醇	0～100
5	二氯甲烷	－40～50	37	戊醇	－50～25
4	三氯甲烷	0～50	41	异戊醇	10～100
22	二苯基甲烷	30～100	39	乙二醇	－40～200
3	四氯化碳	10～60	38	甘油	－40～20
13	氯乙烷	－30～40	27	苯甲醇	－20～30
1	溴乙烷	5～25	36	乙醚	－100～25
7	碘乙烷	0～100	31	异丙醚	－80～200
6A	二氯乙烷	－30～60	32	丙酮	20～50
3	过氯乙烯	－30～140	29	醋酸	0～80
23	苯	10～80	24	乙酸乙酯	－50～25
23	甲苯	0～60	26	乙酸戊酯	0～100
17	对二甲苯	0～100	20	吡啶	－50～25
18	间二甲苯	0～100	2A	氟里昂-11	－20～70
19	邻二甲苯	0～100	6	氟里昂-12	－40～15
8	氯苯	0～100	4A	氟里昂-21	－20～70
12	硝基苯	0～100	7A	氟里昂-22	－20～60
30	苯胺	0～130	3A	氟里昂-113	－20～70

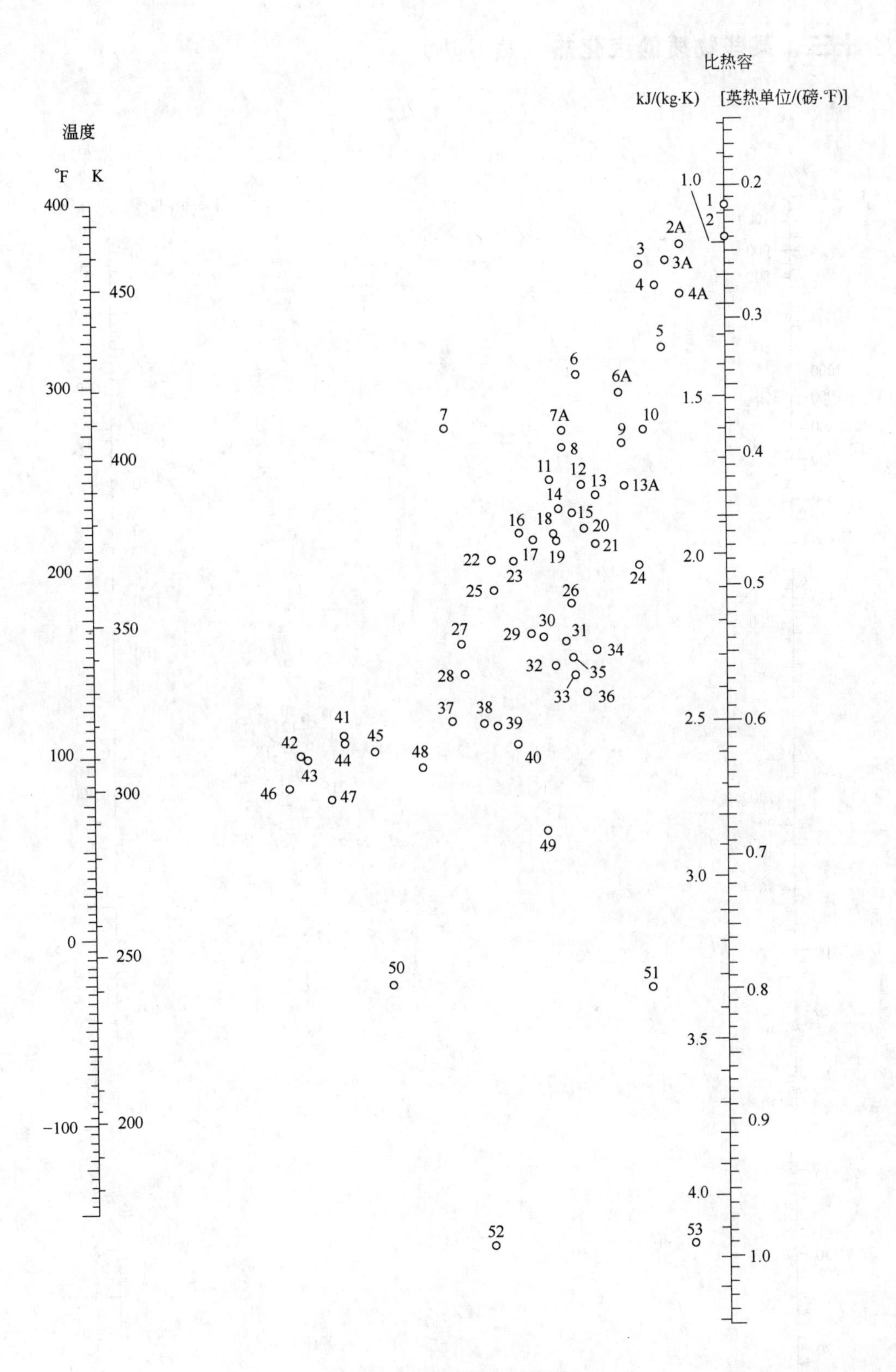

附录图 2 液体比热容共线图

十三、某些物质的汽化热（蒸发热）

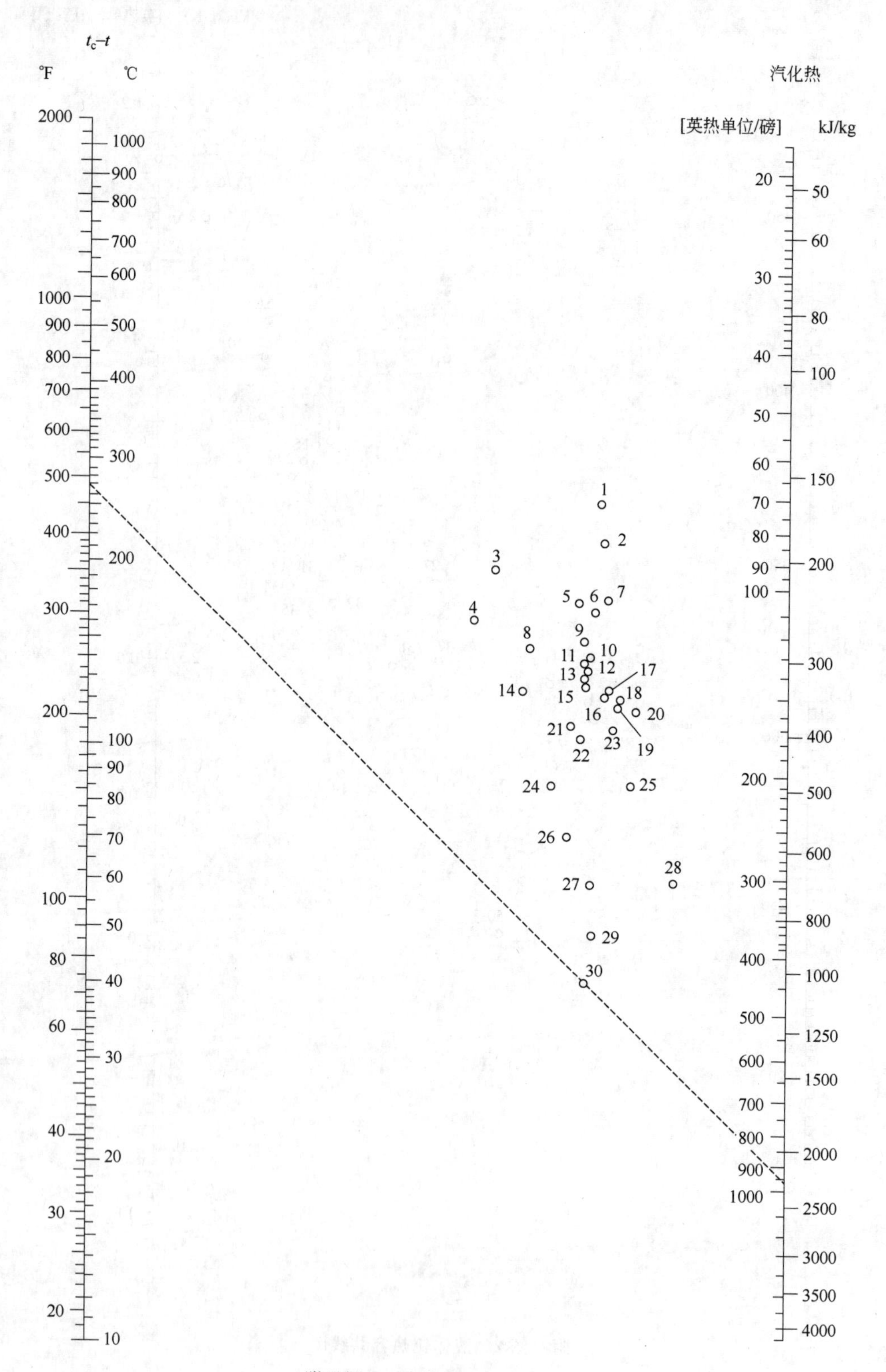

附录图 3　液体汽化热共线图

用法举例：求100℃水蒸气的汽化热。从表中查出水的编号为30，临界温度t_c为374℃，故：$t_c-t=374-100=274$（℃）。在共线图的温度标尺上找出相应于274℃的点，将该点与编号30的点相连，延长与汽化热标尺相交，由此读出100℃时水的汽化热为2257kJ/kg。

汽化热共线图的编号列于下表中：

编号	名　称	t_c/℃	(t_c-t) /℃	编号	名　称	t_c/℃	(t_c-t) /℃
30	水	374	100～500	7	三氯甲烷	263	140～275
29	氨	133	50～200	2	四氯化碳	283	30～250
19	一氧化氮	36	25～150	17	氯乙烷	187	100～250
21	二氧化碳	31	10～100	13	苯	289	10～400
4	二硫化碳	273	140～275	3	联苯	527	175～400
14	二氧化硫	157	90～160	27	甲醇	240	40～250
25	乙烷	32	25～150	26	乙醇	243	20～140
23	丙烷	96	40～200	24	丙醇	264	20～200
16	丁烷	153	90～200	13	乙醚	194	10～400
15	异丁烷	134	80～200	22	丙酮	235	120～210
12	戊烷	197	20～200	18	乙酸	321	100～225
11	己烷	235	50～225	2	氟里昂－11	198	70～250
10	庚烷	267	20～300	2	氟里昂－12	111	40～200
9	辛烷	296	30～300	5	氟里昂－21	178	70～250
20	一氯甲烷	143	70～250	6	氟里昂－22	96	50～170
8	二氯甲烷	216	150～250	1	氟里昂－113	214	90～250

十四、无机盐水溶液在101.3kPa下的沸点

溶　质	沸点/℃									
	101	102	103	104	105	107	110	115	120	125
	溶液的质量分数/%									
$CaCl_2$	5.66	10.31	14.16	17.36	20.00	24.24	29.33	35.68	40.83	45.80
KOH	4.49	8.51	11.97	14.82	17.01	20.88	25.65	31.97	36.51	40.23
KCl	8.42	14.31	18.96	23.02	26.57	32.62	36.47	—	—	—
K_2CO_3	10.31	18.37	24.24	28.57	32.24	37.69	43.97	50.86	56.04	60.40
KNO_3	13.19	23.66	32.23	39.20	45.10	54.65	65.34	79.53	—	—
$MgCl_2$	4.67	8.42	11.66	14.31	16.59	20.32	24.41	29.48	33.07	36.02
$MgSO_4$	14.31	22.78	28.31	32.23	35.32	42.86	—	—	—	—
NaOH	4.12	7.40	10.15	12.51	14.53	18.32	23.08	26.21	23.77	37.58
NaCl	6.19	11.03	14.67	17.69	20.32	26.09	—	—	—	—
$NaNO_3$	8.26	15.61	21.87	27.53	32.43	40.47	49.87	60.94	68.94	—
Na_2SO_4	15.26	24.81	30.73	31.83	—	—	—	—	—	—
Na_2CO_3	9.42	17.22	23.72	29.18	33.86	—	—	—	—	—
$CuSO_4$	26.95	39.98	40.83	41.47	46.15	—	—	—	—	—
$ZnSO_4$	20.00	81.22	37.89	42.92	46.15	—	—	—	—	—
NH_4NO_3	9.09	16.66	23.08	29.08	34.21	42.53	51.92	63.24	71.26	77.11
NH_4Cl	6.10	11.35	15.96	19.80	22.89	28.37	35.98	46.95		
$(NH_4)_2SO_4$	13.34	23.14	30.66	36.71	41.79	49.73	—	—	—	—

续表

溶质	沸点/℃								
	140	160	180	200	220	240	260	280	340
	溶液的质量分数/%								
$CaCl_2$	57.89	68.94	75.86	—	—	—	—	—	—
KOH	48.05	54.89	60.41	64.91	68.73	72.46	75.76	78.95	81.63
KCl	—	—	—	—	—	—	—	—	—
K_2CO_3	—	—	—	—	—	—	—	—	—
KNO_3	—	—	—	—	—	—	—	—	—
$MgCl_2$	38.61	—	—	—	—	—	—	—	—
$MgSO_4$	—	—	—	—	—	—	—	—	—
NaOH	48.32	60.13	69.97	77.53	84.03	88.89	93.02	95.92	98.47
NaCl	—	—	—	—	—	—	—	—	—
$NaNO_3$	—	—	—	—	—	—	—	—	—
Na_2SO_4	—	—	—	—	—	—	—	—	—
Na_2CO_3	—	—	—	—	—	—	—	—	—
$CuSO_4$	—	—	—	—	—	—	—	—	—
$ZnSO_4$	—	—	—	—	—	—	—	—	—
NH_4NO_3	87.09	93.20	96.00	97.61	98.84	—	—	—	—
NH_4Cl	—	—	—	—	—	—	—	—	—
$(NH_4)_2SO_4$	—	—	—	—	—	—	—	—	—

十五、管壳式热交换器系列标准（摘录）

（1）固定管板式

换热管为 ϕ19mm 的换热器基本参数（管心距 25mm）

公称直径 DN/mm	公称压强 PN/MPa	管程数 N	管子根数 n	中心排管数	管程流通面积/m^2	计算换热面积/m^2					
						换热管长度/mm					
						1500	2000	3000	4500	6000	9000
159	1.60	1	15	5	0.0027	1.3	1.7	2.6	—	—	—
219			33	7	0.0058	2.8	3.7	5.7	—	—	—
273	2.50	1	65	9	0.0115	5.4	7.4	11.3	17.1	22.9	—
	4.00	2	56	8	0.0049	4.7	6.4	9.7	14.7	19.7	—
325		1	99	11	0.0175	8.3	11.2	17.1	26.0	34.9	—
	6.40	2	88	10	0.0078	7.4	10.0	15.2	23.1	31.0	—
		4	68	11	0.0030	5.7	7.7	11.8	17.9	23.9	—
400	0.60	1	174	14	0.0307	14.5	19.7	30.1	45.7	61.3	—
		2	164	15	0.0145	13.7	18.6	28.4	43.1	57.8	—
		4	146	14	0.0065	12.2	16.6	25.3	38.3	51.4	—
450	1.00	1	237	17	0.0419	19.8	26.9	41.0	62.2	83.5	—
	1.60	2	220	16	0.019.4	18.4	25.0	38.1	57.8	77.5	—
		4	200	16	0.0088	16.7	22.7	34.6	62.5	70.4	—
500	2.50	1	275	19	0.0486	—	31.2	47.6	72.2	96.8	—
		2	256	18	0.0226	—	29.0	44.3	67.2	90.2	—
	4.00	4	222	18	0.0098	—	25.2	38.4	58.3	78.2	—

公称直径 DN/mm	公称压强 PN/MPa	管程数 N	管子根数 n	中心排管数	管程流通面积/m²	计算换热面积/m² 换热管长度/mm					
						1500	2000	3000	4500	6000	9000
600	0.60	1	430	22	0.0760	—	48.8	74.4	112.9	151.4	—
		2	413	23	0.0368	—	47.2	72.0	109.3	146.5	—
	1.00	4	370	22	0.0163	—	42.0	64.0	97.3	130.3	—
		6	360	20	0.0106	—	40.8	62.3	94.5	126.8	—
700	1.60	1	607	27	0.1073	—	—	105.1	159.4	213.8	—
	2.50	2	574	27	0.0507	—	—	99.4	150.8	202.1	—
		4	542	27	0.0239	—	—	93.8	142.3	190.9	—
	4.00	6	518	24	0.0153	—	—	89.7	136.0	182.4	—
800	0.60 1.00 1.60 2.50 4.00	1	797	31	0.1408	—	—	138.0	209.3	280.7	—
		2	776	31	0.0686	—	—	134.3	203.8	273.3	—
		4	722	31	0.0319	—	—	125.0	189.8	254.3	—
		6	710	30	0.0209	—	—	122.9	186.5	250.0	—
900		1	1009	35	0.1783	—	—	174.7	265.0	355.3	536.0
	0.60	2	988	35	0.0873	—	—	171.0	259.5	347.9	524.9
		4	938	35	0.0414	—	—	162.4	246.4	330.3	498.3
	1.00	6	914	34	0.0269	—	—	158.2	240.0	321.9	485.6
1000		1	1267	39	0.2239	—	—	219.3	332.8	446.2	673.1
	1.60	2	1234	39	0.1090	—	—	213.6	324.1	434.6	655.6
		4	1186	39	0.0524	—	—	205.3	311.5	417.7	630.1
	2.50	6	1148	38	0.0338	—	—	198.7	301.5	404.3	609.9
(1100)		1	1501	43	0.2652	—	—	—	394.2	528.6	797.4
		2	1470	43	0.1299	—	—	—	386.1	517.7	780.9
		4	1450	43	0.0641	—	—	—	380.8	510.6	770.3
	4.00	6	1380	42	0.0406	—	—	—	362.4	486.0	733.1

注：1. 表中的管程流通面积为各程平均值。2. 括号内公称直径不推荐使用。3. 管子为正三角形排列。

换热管为 ϕ25mm 的换热器基本参数（管心距 25mm）

公称直径 DN/mm	公称压强 PN/MPa	管程数 N	管子根数 n	中心排管数	管程流通面积/m²		计算换热面积/m² 换热管开度/mm					
					ϕ25×2	ϕ25×2.5	1500	2000	3000	4500	6000	9000
159	1.60	1	11	3	0.0038	0.0035	1.2	1.6	2.5	—	—	—
219			25	5	0.0087	0.0079	2.7	3.7	5.7	—	—	—
273	2.5	1	38	6	0.0132	0.0119	4.2	5.7	8.7	13.1	17.6	—
		2	32	7	0.0055	0.0050	3.5	4.8	7.3	11.1	14.8	—
325	4.00	1	57	9	0.0197	0.0179	6.3	8.5	13.0	19.7	25.9	—
		2	56	9	0.0097	0.0088	6.2	8.4	12.7	19.3	25.9	—
	6.40	4	40	9	0.0035	0.0031	4.4	6.0	9.1	13.8	18.5	—

续表

公称直径 DN/mm	公称压强 PN/MPa	管程数 N	管子根数 n	中心排管数	管程流通面积/m²		计算换热面积/m²					
							换热管开度/mm					
					ϕ25×2	ϕ25×2.5	1500	2000	3000	4500	6000	9000
		1	98	12	0.0339	0.0308	10.8	14.6	22.3	33.8	45.4	—
400		2	94	11	0.0163	0.0148	10.3	14.0	21.4	32.5	43.5	—
	0.60	4	76	11	0.0066	0.0060	8.4	11.3	17.3	26.3	35.2	—
		1	135	13	0.0468	0.0424	14.8	20.1	30.7	46.6	62.5	—
450		2	126	12	0.0218	0.0198	13.9	18.8	28.7	43.5	58.4	—
	1.00	4	106	13	0.0092	0.0083	11.7	15.8	24.1	36.6	49.1	—
		1	174	14	0.0603	0.0546	—	26.0	39.6	60.1	80.6	—
500		2	164	15	0.0284	0.0257	—	24.5	37.3	56.6	76.0	—
		4	144	15	0.0125	0.0113	—	21.4	32.8	49.7	66.7	—
	1.60	1	245	17	0.0849	0.0769	—	36.5	55.8	84.6	113.5	—
600		2	232	16	0.0402	0.0364	—	34.6	52.8	80.1	107.5	—
		4	222	17	0.0192	0.0174	—	33.1	50.5	76.7	102.8	—
	2.50	6	216	16	0.0125	0.0113	—	32.2	49.2	74.6	100.0	—
		1	355	21	0.1230	0.1115	—	—	80.0	122.6	164.4	—
700		2	342	21	0.0592	0.0537	—	—	77.9	118.1	158.4	—
		4	322	21	0.0279	0.0253	—	—	73.3	111.2	149.1	—
	4.00	6	304	20	0.0175	0.0159	—	—	69.2	105.0	140.8	—
		1	467	23	0.1618	0.1466	—	—	106.3	161.3	216.3	—
800	0.60 1.00 1.60 2.50 4.00	2	450	23	0.0779	0.0707	—	—	102.4	155.4	208.5	—
		4	442	23	0.0383	0.0347	—	—	100.6	152.7	204.7	—
		6	430	24	0.0248	0.0225	—	—	97.9	148.5	119.2	—
	0.60	1	605	27	0.2095	0.1900	—	—	137.8	209.0	280.2	422.7
900		2	588	27	0.1018	0.0923		—	133.9	203.1	272.3	410.8
		4	554	27	0.0480	0.0435		—	126.1	191.4	256.6	387.1
		6	538	26	0.0311	0.0282	—	—	122.5	185.8	249.2	375.9
	1.60	1	749	30	0.2594	0.2352	—	—	170.5	258.7	346.9	523.3
1000		2	742	29	0.1285	0.1165	—	—	168.9	256.3	343.7	518.4
		4	710	29	0.0615	0.0557	—	—	161.6	245.2	328.8	496.0
		6	698	30	0.0403	0.0365	—	—	158.9	241.1	323.3	487.7
	2.50	1	931	33	0.3225	0.2923	—	—	—	321.6	431.2	650.4
(1100)		2	894	33	0.1548	0.1404	—	—	—	308	414.1	624.6
		4	848	33	0.0734	0.0666	—	—	—	292.9	392.8	592.5
	4.00	6	830	32	0.0479	0.0434	—	—	—	286.7	384.4	579.9

注：1. 表中的管程流通面积为各程平均值。2. 括号内公称直径不推荐使用。3. 管子为正三角形排列。

（2）浮头式（内导流）换热器的主要参数

DN	N	n①		中心排管数		管程流通面积/m²			A②/m²							
		d				$d \times \delta_r$			L=3m		L=4.5m		L=6m		L=9m	
		19	25	19	25	19×2	25×2	25×2.5	19	25	19	25	19	25	19	25
325	2	60	32	7	6	0.0053	0.0055	0.0050	10.5	7.4	15.8	11.1	—	—	—	—
	4	52	28	6	4	0.0023	0.0024	0.0022	9.1	6.4	13.7	9.7		—	—	—
425 400	2	120	74	8	7	0.0106	0.0126	0.0116	20.9	16.9	31.6	25.6	42.3	34.4	—	—
	4	108	68	9	6	0.0048	0.0059	0.0053	18.8	15.6	28.4	23.6	38.1	31.6	—	—
500	2	206	124	11	8	0.0182	0.0215	0.0194	35.7	28.3	54.1	42.8	72.5	57.4	—	—
	4	192	116	10	9	0.0085	0.0100	0.0091	33.2	26.4	50.4	40.1	67.6	53.7	—	—
600	2	324	198	14	11	0.0286	0.0343	0.0311	55.8	44.9	84.8	68.2	113.9	91.5	—	—
	4	308	118	14	10	0.0136	0.163	0.0148	53.1	42.6	80.7	64.8	108.2	86.9	—	—
	6	284	158	14	10	0.0083	0.0091	0.0083	48.9	35.8	74.4	54.4	99.8	73.1	—	—
700	2	468	268	16	13	0.0414	0.0464	0.0421	80.4	60.6	122.2	92.1	164.1	123.7	—	—
	4	448	256	17	12	0.0198	0.0222	0.0201	76.9	57.8	117.0	87.9	157.1	118.1	—	—
	6	382	224	15	10	0.0112	0.129	0.016	65.6	50.6	99.8	76.9	133.9	103.4	—	—
800	2	610	366	19	15	0.0539	0.0634	0.0575	—	—	158.9	125.4	213.5	168.5	—	—
	4	588	352	18	14	0.0260	0.305	0.0276	—	—	153.2	120.6	205.8	162.1	—	—
	6	518	318	16	14	0.0152	0.0182	0.0165	—	—	134.9	108.3	181.3	145.5	—	—
900	2	800	472	22	17	0.0707	0.0817	0.0741	—	—	207.6	161.2	279.2	216.8	—	—
	4	776	456	21	16	0.0343	0.0395	0.0353	—	—	201.4	155.7	270.8	209.4	—	—
	6	720	426	21	16	0.0212	0.0246	0.0223	—	—	186.9	145.5	251.3	195.6	—	—
1000	2	1006	606	24	19	0.0890	0.105	0.0952	—	—	260.6	206.6	350.6	277.9	—	—
	4	980	588	23	18	0.0433	0.0509	0.0952	—	—	253.9	200.4	341.6	269.7	—	—
	6	892	564	21	18	0.0262	0.0326	0.0295	—	—	231.1	192.2	311.0	258.7	—	—
1100	2	1240	736	27	21	0.1100	0.1270	0.1160	—	—	320.3	250.2	431.3	336.8	—	—
	4	1212	716	26	20	0.0536	0.0620	0.0562	—	—	313.1	243.4	421.6	327.7	—	—
	6	1120	692	24	20	0.0329	0.0399	0.0362	—	—	289.3	235.2	389.6	316.7	—	—
1200	2	1452	880	28	22	0.1290	0.1520	0.1380	—	—	374.4	298.6	504.3	402.2	764.2	609.4
	4	1424	860	28	22	0.0629	0.0745	0.0675	—	—	367.2	291.8	494.6	393.1	749.5	595.6
	6	1348	828	27	21	0.0396	0.0478	0.0434	—	—	347.6	280.9	468.2	378.4	709.5	573.4
1300	4	1700	1024	31	24	0.0751	0.0887	0.0804	—	—	—	—	589.3	467.1	—	—
	6	1616	972	29	24	0.0476	0.0560	0.0509	—	—	—	—	560.2	443.3	—	—

① 排管数按正方形旋转45°排列计算。

② 计算换热面积按光管及公称压强2.5MPa的管板厚度确定。

参考文献

[1] 薛叙明主编．传热应用技术．北京：化学工业出版社，2008.
[2] 潘文群主编．传质分离技术．北京：化学工业出版社，2008.
[3] 姚玉英主编．化工原理．天津：天津科学技术出版社，2012.
[4] 陆美娟，张浩勤主编．化工原理．北京：化学工业出版社，2012.
[5] 陈亚东主编．化工技能实训．北京：高等教育出版社，2008.
[6] 初志会，金鹤等编．换热器技术问答．北京：化学工业出版社，2009.
[7] 杨祖荣主编．化工原理．北京：高等教育出版社，2009.
[8] 朱有庭，曲文海，于浦义主编．化工设备设计手册：上卷．北京：化学工业出版社，2005.
[9] 崔克清主编．化工单元运行安全技术．北京：化学工业出版社，2006.
[10] 夏清，陈常贵主编．化工原理．天津：天津大学出版社，2005.
[11] 钱颂文主编．换热器设计手册．北京：化学工业出版社，2002.
[12] 任晓善主编．化工机械维修手册：下卷．北京：化学工业出版社，2004.
[13] 陆建国主编．工业电器与自动化．北京：化学工业出版社，2013.
[14] 武平丽主编．过程控制及自动化仪表．北京：化学工业出版社，2007.
[15] 陆德民主编．石油化工自动控制设计手册．北京：化学工业出版社，2005.
[16] 邝生鲁主编．化学工程师技术全书：上册．北京：化学工业出版社，2002.
[17] 刘佩田，闫晔主编．化工单元操作过程．北京：化学工业出版社，2004.
[18] 张洪流主编．化工原理：下册．上海：华东理工大学出版社，2006.
[19] [加拿大] Arun SMujumdar 著．工业化干燥原理与设备．张慜等译．北京：中国轻工业出版社，2007.
[20] 潘永康主编．现代干燥技术．第2版．北京：化学工业出版社，2007.
[21] 中国化工节能技术协会组织编写．化工节能技术手册．北京：化学工业出版社，2006.
[22] 付家新等主编．化工原理课程设计．北京：化学工业出版社，2010.
[23] 袁一主编．化学工程师手册．北京：机械工业出版社，2002.
[24] 贺匡国主编．化工容器及设备简明设计手册．北京：化学工业出版社，2002.
[25] 崔继哲主编．化工机器与设备检修技术．北京：化学工业出版社，2000.
[26] 秦书经，叶文邦等编．换热器．北京：化学工业出版社，2003.
[27] 张建伟．氯化钠晶体在奥斯陆结晶器中的生长机理 [J]．中国井矿盐，2000，31 (1)：14-18.
[28] 张罡等．硝酸钾冷却结晶技术进展及应用 [J]．化肥设计，2008，46 (2)：59-64.
[29] 刘云琴等．试谈无水硫酸钠生产中的结晶问题 [J]．中国井矿盐，1999，2：32-35.
[30] 姚佩芳等．硫代硫酸钠连续结晶过程的研究 [J]．无机盐工业，1991，4：17-19.